码农的零门槛AI课
基于fastai与PyTorch的深度学习
Deep Learning for Coders with fastai and PyTorch

[澳]Jeremy Howard [法]Sylvain Gugger 著

陈志凯 熊英鹰 译

Beijing · Boston · Farnham · Sebastopol · Tokyo

O'Reilly Media, Inc. 授权电子工业出版社出版

電子工業出版社
Publishing House of Electronics Industry
北京·BEIJING

内 容 简 介

本书的两位作者用口语化且简单明了的方式描述了各种抽象的理论概念，希望通过本书能让尽可能多的人了解深度学习。这本书深入浅出地介绍了深度学习的概念，并为读者提供了掌握深度学习的详细指导。

本书的目标读者是对深度学习感兴趣的广大程序员，只要你有一些编程基础，即可通过这本书轻松上手深度学习。

版权贸易合同登记号 图字：01-2021-0818

图书在版编目（CIP）数据

码农的零门槛AI课：基于fastai与PyTorch的深度学习/（澳）杰里米·霍华德（Jeremy Howard），（法）西尔文·古格（Sylvain Gugger）著；陈志凯，熊英鹰译. —北京：电子工业出版社，2023.6
书名原文：Deep Learning for Coders with fastai and PyTorch
ISBN 978-7-121-45572-8

Ⅰ.①码… Ⅱ.①杰… ②西… ③陈… ④熊… Ⅲ.①机器学习 Ⅳ.①TP181

中国国家版本馆CIP数据核字（2023）第081725号

责任编辑：张春雨
封面设计：Karen Montgomery 张健
印　　刷：三河市良远印务有限公司
装　　订：三河市良远印务有限公司
出版发行：电子工业出版社
　　　　　北京市海淀区万寿路173信箱　　邮编：100036
开　　本：787×980　1/16　　印张：35.75　　字数：784千字
版　　次：2023年6月第1版
印　　次：2023年6月第1次印刷
定　　价：179.00元

凡所购买电子工业出版社图书有缺损问题，请向购买书店调换。若书店售缺，请与本社发行部联系，联系及邮购电话：（010）88254888，88258888。
质量投诉请发邮件至zlts@phei.com.cn，盗版侵权举报请发邮件至dbqq@phei.com.cn。
本书咨询联系方式：faq@phei.com.cn。

O'Reilly Media, Inc.介绍

O'Reilly以"分享创新知识、改变世界"为己任。40多年来我们一直向企业、个人提供成功所必需之技能及思想，激励他们创新并做得更好。

O'Reilly业务的核心是独特的专家及创新者网络，众多专家及创新者通过我们分享知识。我们的在线学习（Online Learning）平台提供独家的直播培训、互动学习、认证体验、图书、视频，等等，使客户更容易获取业务成功所需的专业知识。几十年来O'Reilly图书一直被视为学习开创未来之技术的权威资料。我们所做的一切是为了帮助各领域的专业人士学习最佳实践，发现并塑造科技行业未来的新趋势。

我们的客户渴望做出推动世界前进的创新之举，我们希望能助他们一臂之力。

业界评论

"O'Reilly Radar博客有口皆碑。"

——*Wired*

"O'Reilly凭借一系列非凡想法（真希望当初我也想到了）建立了数百万美元的业务。"

——*Business 2.0*

"O'Reilly Conference是聚集关键思想领袖的绝对典范。"

——*CRN*

"一本O'Reilly的书就代表一个有用、有前途、需要学习的主题。"

——*Irish Times*

"Tim是位特立独行的商人，他不光放眼于最长远、最广阔的领域，并且切实地按照Yogi Berra的建议去做了：'如果你在路上遇到岔路口，那就走小路。'回顾过去，Tim似乎每一次都选择了小路，而且有几次都是一闪即逝的机会，尽管大路也不错。"

——*Linux Journal*

本书赢得的赞誉

如果你想要找到一本可以从基础开始，带你一路学习到最先进的研究深度学习知识的图书，那么这本书你一定不能错过。不要让博士们独享深度学习的乐趣——你也可以使用深度学习来解决实际的问题。

Hal Varian

加州大学伯克利分校名誉教授，谷歌首席经济学家

随着人工智能进入深度学习时代，所有人都应该尽量了解深度学习的工作原理。为程序员写的深度学习图书是迈向这个目标的绝佳起点，但初学者也可以从这本书开始学习，因为本书简化了很多人觉得困难的事情。

Eric Topol

Deep Medicine 一书的作者，斯克里普斯研究所教授

杰里米和西尔文将提供一场互动式旅程，带领你穿越深度学习的损失低谷和性能高峰。本书包含了作者多年来开发和教授机器学习过程中所经历的有趣的事情，以及实践过程中的一些经验教训，在复杂的技术概念和轻松的对话环境之间达到了罕见的平衡。本书真正贯彻落实了 fast.ai 在线上教学中取得巨大成功的哲学，为你带来最先进并且实用的工具，以及实际工作中使用这些工具的案例。无论你是新手还是老手，本书都能够加快你的深度学习旅程，带你达到深度学习新的高度和深度。

Sebastian Ruder

deepmind 研究科学家

杰里米和西尔文成功地通过这本精彩绝伦的著作，搭起了人工智能领域和其他领域之间的桥梁。如果你对深度学习感兴趣，这是一本非常实际并且有深度的入门读物，在这个领域中，本书可被喻为众多图书中的北极星。

Anthony Chang

橘郡儿童医院智能与创新办公室主任

如何顺利地学到深度学习的精髓？如何使用示例和程序来快速学习概念、经验及一些奇技淫巧？答案就在本书中。不要错过这本深度学习实践领域中新的经典之作！

Oren Etzioni

华盛顿大学教授，艾伦人工智能研究所执行董事长

本书是一颗珍贵的宝石，它是由一系列精心制作并且有着高效教学效果的课程浓缩而成的产物。这些课程历经多年的反复淬炼，成就了成千上万名学子。我就是其中的一名学生，fast.ai 用十分美妙的方式改变了我的人生，相信它也可以为你做到同样的事情。

Jason Antic

DeOldify 创始人

本书是一个让人惊讶的资源。这本书不会浪费你的时间，前几章直接讲解了如何有效地使用深度学习，然后通过全面却又十分平易近人的方式介绍了机器学习模型和框架的内部工作原理，让你可以更好地理解它们，并且在理解的基础之上，学会如何建构相应的系统。如果我在学习深度学习的时候就能看到这本书，那该多好！这是一本当代的经典图书！

Emmanuel Ameisen

Build Machine Learning Powered Application 一书的作者

正如本书第 1 章第 1 节所讲的那样，"人人都可以学会深度学习"，虽然可能也有其他的图书提出过类似的观点，但本书确实将这个观点付诸实践。本书的两位作者都拥有这个领域内丰富的知识，能够让具备程序设计经验，但不具备机器学习经验的读者轻松地理解机器学习。本书先展示案例，然后只在具体场景的例子下介绍理论知识，这对于大多数人来说是最好的学习方式。本书介绍的计算机视觉、自然语言处理、表格数据处理的内容让人印象深刻，而且书中还包含了在一些其他图书中没有探讨过但十分重要的主题，如数据伦理。总之，本书是程序员精通深度学习的最佳资源之一。

Peter Norvig

谷歌公司研究总监

杰里米和西尔文为所有哪怕只写过极少代码的人提供了十分理想的资源。本书和 fast.ai 的课程都采用了动手实践的风格，以简单且实际的方式揭开了深度学习的面纱，并且提供了现成的代码，方便你进行探索和重复使用。你再也不需要苦读抽象的理论和数学证明了。在第 1 章中，你就能做出你的第一个深度学习模型。在看完本书后，你还将知道如何阅读和理解任何一篇深度学习论文中讲述的方法。

Curtis Langlotz

斯坦福大学医学和影像信息学人工智能中心（AIMI 中心）主任

本书揭开了最黑的黑盒子：深度学习的面纱，它使用完整的 Python notebook 程序来快速地进行实验，并且深入地探讨了人工智能的道德含义，解释了如何防止它变成反乌托邦的技术。

Guillaume Chaslot

Mozilla 成员

身为一位来自钢琴演奏领域的 OpenAI 研究者，很多人经常问我如何进入深度学习领域，我的答案一直都是 fastai。本书解决了很多看似不能解决的问题——它不但以易懂的方式解释了复杂问题，还提供了许多资深从业者也会喜欢的先进技术。

Christine Payne

OpenAI 研究员

这是一本很容易读懂的图书，它可以帮助任何人快速进入深度学习这一研究领域。这是一本清晰易懂并且很实在的深度学习实践指南，无论是初学者，还是管理者，都可以从中获得帮助。真希望我几年前就能看到这本书!

Carol Reiley

Drive.ai 创始人兼董事长

由于杰里米和西尔文在深度学习领域的能力、在机器学习方面的实践经验，以及许多宝贵的开源贡献，他们已经是 PyTorch 社区中十分重要的人物了。这本书是他们的研究和 fast.ai 社区工作的延续，让机器学习更加平易近人，并且造福了整个人工智能领域。

Jerome Pesenti

Facebook 的 AI 副总裁

深度学习是当代最重要的技术之一，为人工智能领域带来了许多惊人的进展，它曾经是相关博士们的独占领域，但以后再也不是了! 本书以非常热门的 fast.ai 课程为基础，让每一个编写过程序的人都可以使用深度学习。本书通过优秀的实践案例和可互动的网站来教授大家怎么玩这个"游戏"，而且，即使是博士也可以在这本书中学到很多东西。

Gregory Piatetsky-Shapiro

KDnuggets 总裁

这本由两位当代顶尖的深度学习专家编写的图书是我多年来不断推荐的 fast.ai 课程的延伸，它将带领你在几个月之内，从初学者晋升为合格的从业者。2020 年总算有好事要发生!

Louis Monier

Altavista 创始人，Airbnb AI Lab 前负责人

我们强烈推荐这本书！本书使用更高阶的抽象框架来快速完成具体且实际的人工智能和自动化任务，将省下来的时间用来讨论经常被忽略的主题，例如，如何将模型安全地投入生产环境，以及迫切需要被关注的数据伦理问题。

John Mount 和 Nina Zumel

Practical Data Science with R 一书的作者

这本书是"写给程序员"的，读者也不需要获得博士学位，但是我有博士学位，不是程序员，他们为什么邀请我评价这本书呢？其实是为了让我告诉你这本书有多棒！

本书第 1 章的前几页就告诉你如何只用 4 行代码和不到 1 分钟的计算时间，利用先进的神经网络来对猫狗图像进行分类。第 2 章从模型将你带到生产环境中，展示了如何在不使用任何 HTML、JavaScript、自建服务器的情况下，立刻提供 Web 应用程序的服务。

我觉得这本书就像是一个洋葱，它是一套使用最佳设定来运作的完整方案。如果要做任何修改，你可以剥掉外层的内容，如果还有修改，可以继续剥。还没结束？你可以继续往里深入，单纯地使用 PyTorch。这本 500 多页的图书使用了 3 种不同的讲解角色来陪伴你完成整个历程，为你提供专业的指导和个人的观点。

Alfredo Canziani

纽约大学计算机科学系教授

本书是一本平易近人、对话式的图书，它用一种全局概览的方式教授深度学习的概念，用实际的例子让你亲手实操，而且只在必要的时候才提供参考的概念。在本书的前半部分，读者可以通过实际操作案例进入深度学习的世界，但是当阅读到本书后半部分的时候，会自然而然地接触到并理解更深层的概念，不会让读者在读完整本书之后心中遗留任何谜团。

Josh Patterson

Patterson 顾问

目录

第 II 部分　理解 fastai 的应用

第 4 章　深入探索谜底：训练数字分类器 125

第 11 章　使用 fastai 的中间层 API 来处理数据 339

第 Ⅲ 部分　深度学习基础

第 12 章　从零开始制作语言模型 357

前言

深度学习是一项很强大的技术，因此我们认为，很多学科都可以使用这一强大的技术实现更进一步的发展。不同领域专家的加入能够发现更多应用深度学习的机会，所以我们希望能够有更多的人加入其中，一起开始学习并使用深度学习。

这就是杰里米创建 fast.ai 的意义——通过免费的线上课程和软件，使得深度学习更容易被使用。西尔文是 Hugging Face 的研究工程师，他之前是 fast.ai 的研究科学家，也曾担任过数学和计算机科学的教师——负责指导即将步入法国高等学校的学生。两人合作完成这本书的目的也是为了让尽可能多的人掌握深度学习这项技术。

本书读者对象

如果你完全没有接触过深度学习和机器学习，没关系，我们十分欢迎你。在本书中，我们期望你至少对如何编写程序有一些了解，最好对 Python 语言有一定的了解。

完全没有经验？没关系！

即使你没有编写过程序也没有任何关系！我们会在前 3 章让主管、产品经理等人也能清楚地了解深度学习中的一些重要知识。当你在书中看到代码的时候，可以先尝试阅读这些代码，通过你的直觉判断这部分代码是做什么的，我们也会逐行对这些代码进行解释。与其了解语法的细节，不如对整个事情的来龙去脉有一个更高层次的认识。

如果你之前就对深度学习有过一定的了解以及实操，那我们相信你可以在本书中学到更多知识。本书将会告诉你，在通用的数据集上怎样做出最好的结果，包括使用一些前沿的技术。你将会看到，做到这一切，其实不需要完成高阶的数学学习或者有长年累月的积累，你只需具备一些常识和学习下去的毅力就可以了。

你需要知道的一些知识

如上所述，阅读本书的先决条件是你需要知道怎么编写程序（通常来说，有一年的编程经验就够了），你最好对 Python 语言有一定的了解，而且至少要学习过高中的数学知识。就算你已经忘记了大部分内容也没有关系，我们会视情况对这些知识进行复习。Khan Academy（参见链接 1）[注1] 上有很多很棒并且免费的线上课程可以为你提供帮助。

我们的意思不是说深度学习不会用到高中以上的数学知识，而是说，我们会在你需要特定的基础知识时把稍微复杂一些的数学知识教给你（或者告诉你可以在哪里找到这些学习资源）。

本书会从概览开始，逐渐深入，所以有时候你可能需要先将整本书的学习进程稍微搁置一下，穿插学习一下其他相关主题（比如，学习代码的编写及一些数学知识）。这种学习方法没有任何问题，我们也希望你用这个方法来阅读本书。你可以先简要地浏览全书，然后在需要的时候寻找其他资料。

线上资源

本书中所有的案例代码都会以 Jupyter notebook 的形式放在网上（请别担心，第 1 章会告诉你什么是 Jupyter notebook），它是本书的一个可互动的版本，你可以在上面实际执行代码，并且对这些代码进行修改和试验。详情可以参考本书的网站（参见链接 2），网站中有各种各样的工具及最新的信息和设置，还会有一些额外的彩蛋章节。

你将学到什么

在阅读完本书后，你将学到以下知识。

- 如何训练模型，在以下领域内取得顶尖的结果：
  - 计算机视觉，包括图像分类（例如，按照品种来对宠物的照片进行分类）、图像定位、图像检测（例如，找出图像中的动物）。
  - 自然语言处理（NLP），包括文本分类（例如，对影评进行情感分析）和语言建模。
  - 表格数据（例如，对销量的预测）等，主要包含类别数据、连续型数据及混合型数据，还包括与时间序列数据相关的处理。
  - 协同过滤（例如，电影推荐）。

注1　书中提到的参考链接及部分图片的彩色版本可扫描本前言最后"读者服务"处的二维码获取。

- 如何将模型转换成 Web 应用程序。
- 深度学习模型是怎样运作的，为什么要这样运作，以及如何使用相关的知识来改善模型的准确率、速度、可靠性。
- 在实操中非常重要的前沿的深度学习技术。
- 如何阅读深度学习领域的研究论文。
- 如何从零开始实现深度学习算法。
- 如何从伦理的角度思考深度学习的使用，以确保你可以让这个世界变得更加美好，而且不会因工作成果被滥用而受到伤害。

虽然你可以在目录中看到完整的列表，但为了满足你的好奇心，我们对之后会讨论的一些技术进行了罗列（如果你对其中的一些技术完全不了解也不用担心，因为很快就会学到它们）：

- 仿射函数和非线性
- 参数和激活值
- 随机初始化和迁移学习
- 随机梯度下降、动量、Adam 和其他优化方法
- 卷积
- 批次归一化
- dropout
- 数据增强
- 权重衰减
- ResNet 和 DenseNet 网络架构
- 图像分类和回归
- 嵌入向量
- 循环神经网络（RNN）
- 分割
- U-Net
- 还有更多内容!

各章的问题

在每一章的结尾都会给出一些问题，它是让你复习这一章所学内容的好地方。因为我们希望在每一章结束的时候，你能够回答列出的所有问题。其实，有一位审校人员（感谢弗雷德）说，他喜欢先把问题看一遍，然后再阅读那一章的内容，这样他就知道该注意哪些地方了。

O'Reilly 在线学习平台（O'Reilly Online Learning）

O'REILLY® 近40年来，O'Reilly Media 致力于提供技术和商业培训、知识和卓越见解，来帮助众多公司取得成功。

我们拥有由独一无二的专家和革新者组成的庞大网络，他们通过图书、文章、会议和我们的在线学习平台分享他们的知识和经验。O'Reilly 的在线学习平台允许你按需访问现场培训课程、深入的学习路径、交互式编程环境，以及 O'Reilly 和 200 多家其他出版商提供的大量文本和视频资源。有关的更多信息，请访问 *http://oreilly.com*。

如何联系我们

请将对本书的评价和存在的问题通过如下地址告知出版者。

美国：

O'Reilly Media, Inc.
1005 Gravenstein Highway North
Sebastopol, CA 95472

中国：

北京市西城区西直门南大街 2 号成铭大厦 C 座 807 室（100035）
奥莱利技术咨询（北京）有限公司

O'Reilly 的每一本书都有专属网页，你可以在那里找到图书的相关信息，包括勘误列表、示例代码及其他信息。本书的网址是：

https://oreil.ly/deep-learning-for-coders

关于本书的评论和技术性的问题，请发送电子邮件到：

errata@oreilly.com.cn

关于我们的图书、课程、会议和新闻的更多信息，请参阅我们的网站 *http://www.oreilly.com*。

在 Facebook 上找到我们：*http://facebook.com/oreilly*
在 Twitter 上关注我们：*http://twitter.com/oreillymedia*
在 YouTube 上观看我们：*http://www.youtube.com/oreillymedia*

读者服务

微信扫码回复：45572

- 获取本书配套资料
- 加入本书读者交流群，与更多同道中人互动
- 获取【百场业界大咖直播合集】（持续更新），仅需 1 元

序

深度学习在短时间内已经成为一项应用十分广泛的技术，它可以用来解决计算机视觉、机器人、医疗、物理及生物学等多个领域内的问题，并能够对给出的解决方案实施自动化操作。深度学习中的一个十分核心的特性，即它相对简单，现在已经有人做出了很多十分强大且有效的与深度学习相关的软件，让普通人也可以快速方便地上手进行深度学习的试验，你也可以在几周之内就了解并且熟悉这些技术的基本知识。

这个特性为我们开启了一个充满创造力的空间，你可以用它来处理已有的数据，然后看着机器用巧妙的方法来解决当下的问题。与此同时，你可能会发现自己在使用深度学习的过程中，离一个巨大的障碍越来越近，即虽然你已经做出了一个深度学习的模型，但是模型的效果可能会不如预期。这就是时候进入下一个阶段了，我们需要寻找并阅读最前沿的与深度学习相关的研究资料。

然而，深度学习领域蕴含着大量的知识，隐藏在其中的是那长达三十年的理论、技术和工具的积累。在阅读这些研究资料的过程中，你会发现作者有时用非常复杂的方式来解释简单的事情，科学家们在这些论文里使用的是陌生的文字和数学符号，你也无法在教科书或者博客文章中找到能以简单的方法介绍清楚这些必要背景知识的内容。工程师和程序员都假设你已经知道 GPU 是如何工作的，并默认你已经了解一些相关工具的使用方法了。

此时，你希望有良师益友可以和你交流。他曾经也经历过你现阶段的处境，了解这些工具的使用，并掌握相关的数学知识，可以教会你最好的研究方法、最先进的技术及高阶的工程方案，并且能把这些内容以有趣、简单的方式呈现给你。我在十年前刚进入机器学习领域的时候也经历过和你类似的情况。多年来，我费尽心思地阅读包含各类数学知识的论文，虽然有很多优秀的导师给了我很大的帮助，但我仍然花费了好几年的时间才算熟悉了机器学习和深度学习领域的相关知识，这也促使我和其他作者一起共同设计出 PyTorch 这一让深度学习更加易于使用的软件框架。

杰里米和西尔文也同样经历过类似的情况，他们也想学习和使用机器学习，尽管他们从未参加过任何正式的机器学习相关的科学研究或工程培训。杰里米、西尔文都和我一样，经历了许多年的缓慢摸索才成为这个领域的专家和领导者。但是他们和我不同的是，他们自发地投入了大量的精力来确保别人不会重蹈他们的覆辙，进而打造了一个非常棒的名为 fast.ai 的学习课程，使得仅具备基本代码开发知识的人就可以轻松地使用先进的深度学习技术。这个课程已经成就了成千上万名渴望学习深度学习知识的学生，开辟了从入门走向实践的道路。

杰里米和西尔文孜孜不倦地完成了这本书。在本书中，他们创造了一段深度学习的神奇之旅。他们用简单的文字介绍了每一个概念，却为你带来了最先进的深度学习技术和最前沿的研究工作成果，最重要的是，整个学习过程都尽可能地被简化并易于理解。

在这本 500 多页的图书中，你将了解到计算机视觉最新的研究成果，深入探索自然语言处理的相关内容，并学习一些基本的数学知识。这个过程不仅充满了乐趣，还可以协助你将想法付诸实践。你可以将 fast.ai 的社区看成一个大家庭，里面有成千上万名从业者，随着你对该社区的不断了解，你会发现，不管你处于什么水平、什么阶段，不论你的问题是什么，都会有像你一样的人和你一起讨论并且设计大大小小的解决方案。

很高兴你发现了这本书，希望这本书能够鼓励你好好利用深度学习解决各类实际问题。

Soumith Chintala
PyTorch 联合创始人

第 1 部分

上手实践深度学习

第 1 章

你的深度学习之旅

感谢选择此书，不管你是否熟悉深度学习这个领域，都可以通过阅读此书沉浸式体验深度学习的畅学之旅！在第 1 章，我们会先讲解一部分本书中有意思的内容，向你介绍深度学习背后的重要概念，并且还会带领你在不同任务中训练出你的第一个模型。倘若你没有非常专业的技术或数学背景也没关系（当然有这类背景更好），我们写这本书的目的就是希望让更多的人了解深度学习。

人人都可以学会深度学习

很多人都以为，要学好深度学习，需要储备大量难以获取的强大资源。但是，我们想通过此书告诉你，这些人所谓的学好深度学习的各种前提并不正确。事实上，学好深度学习不一定需要满足这些前提假设。在面对世界级难度的深度学习时，即使你只是一位初学者，也完全不需要受限于所谓的前提假设（表 1-1 中列举了学习深度学习不需要储备的资源或能力）。

表1-1：学习深度学习不需要储备的资源/能力

前提假设（事实并非如此）	真相
大量极专业的数学背景	高中以上的数学背景知识就足够了
大量的数据	目前我们已知，许多破纪录的成果所需的训练数据都不超过 50 项
大量昂贵的电脑	可以通过各种途径来免费获取所需的资源，从而完成最前沿的工作

深度学习的应用很广泛，它在从人类语音识别到动物图像分类等很多方向上都有所应用。深度学习是这样一项技术，它利用多层神经网络对原始数据进行提取和转换来产生特征。其中，多层神经网络中的每一层都会以其前一层的输出结果作为输入，从而每一层都会不断地优化本层的参数。这些层经由算法训练后，层的输出误差将会变小，输出的准确

率将会提升。神经网络会通过这种方式，学习如何处理好每一个特定任务。在下一节中，我们将会详细讲解在深度学习中，如何对多层神经网络进行算法训练。

深度学习技术有强大的能力，并且足够灵活且简单。正是考虑到深度学习的这些特性，我们相信它可以被应用在各个领域，如社会科学、物理科学、艺术、医药、金融和科学研究等领域。例如，作者杰里米（Jeremy）本人虽然没有医药背景，但还是成立了Enlitic 健康科技公司，这家公司主打的技术就是利用深度学习算法来诊断各种疾病。在公司成立的几个月里，公司就一直在优化内部的技术能力。目前，公司内部的算法能力已经可以支持更精准地识别并判断各类恶性肿瘤，算法的准确率已经超过了放射科医生人为判断的准确率（参见链接 3）。

现如今，各个领域中成千上万项的任务都应用了深度学习技术，还有非常多的方法极度依赖深度学习技术。以下列举了当今世界上不同领域应用深度学习最成功的任务和方法。

自然语言处理（NLP）
  智能问答系统、语音识别、文档摘要、文档分类、在文档中查找名字和数据等、智能搜索某个概念的相关文章。

计算机视觉（CV）
  用卫星和无人机进行图像识别（例如，用于防灾）、人脸识别、图像理解、交通标志识别、自动驾驶场景中的行人和车辆定位。

医药
  在计算机断层扫描(CT)、核磁共振(MRI)成像和 X 射线等放射影像中辨别异常情况，病理切片特征计量，超声特征测量，糖尿病性的视网膜病变诊断。

生物
  蛋白质折叠、蛋白质分类、众多基因组学任务（例如，肿瘤测序和临床可控基因突变分类）、细胞分类、蛋白质分析／蛋白质相互作用分析。

图像生成
  图像上色、提高图像分辨率、消除图像噪声、将普通图像特效化生成名家艺术作品。

推荐系统
  网页搜索、产品推荐、首页布局推荐。

游戏
  AlphaGo 围棋人工智能、雅达利（Atari）游戏以及许多实时策略类游戏。

机器人

操控（如透明、发光或缺少纹理场景下）难以定位或难以选中的物体。

其他应用

金融分析预测、文字转语音等诸多领域……

需要注意的是，尽管深度学习的应用如此广泛，但是几乎所有的深度学习技术都是基于一个创新模型构建而成的，这个创新模型就是神经网络。

实际上，神经网络并不是一个全新的概念。要想在这个领域看得更广，有必要先稍微了解一下神经网络的历史。

神经网络简史

1943 年，神经心理学家 Warren McCulloch 和数理逻辑学家 Walter Pitts 两人共同建立了基于人工神经元的数学模型，这个模型本质上是一个模拟人类大脑神经元的结构和工作原理的模型。他们合作发表了论文 "A Logical Calculus of the Ideas Immanent in Nervous Activity"。他们在这篇论文中表明了以下观点：

> 由于神经活动"全或无"的特性（神经系统要么发射信号，要么不发射信号），并且神经事件及各种神经事件之间的关系可以用命题（propositional）逻辑的方式来处理，所以我们发现，每一个神经网络的行为都可以用同样的逻辑方式来描述。

McCulloch 和 Pitts 发现，只需使用简单的加法或对阈值做适当的调整，就可以搭建一个简单真实的神经元模型，如图 1-1 所示。Pitts 是自学成才的。早在 Pitts 12 岁的时候，Bertrand Russell 就邀请他来剑桥大学就读，做自己的研究生，然而 Pitts 并没有答应。实际上，Pitts 一辈子都没有选择去接受任何高等学位或权威职位。我们听闻过 Pitts 的大多数成就，都是他自己在穷困潦倒的时候所达成的。尽管 Pitts 没有官方认证的职位，并且也越来越被社会孤立，但丝毫不影响他与 McCulloch 的合作。他们合作得出的研究成果也一直深远地影响着之后神经网络的发展。且不久之后，心理学家 Frank Rosenblatt 延续了他们的研究理念，得出了神经网络研究的新成果。

Rosenblatt 进一步发展了人工神经元，赋予它学习能力。更重要的是，他制造了第一台运用人工神经元原理的设备——Mark I 感知机（Perceptron）。Rosenblatt 在 "The Design of an Intelligent Automaton" 中写道："我们将目睹这台模拟人类大脑的机器诞生，这台机器无须任何人为训练或控制，便可自我感知、辨认和识别周围环境。"他发明的这台感知机能完成一些简单的视觉处理任务。

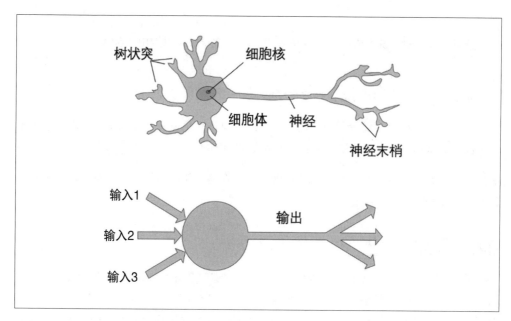

图1-1：天然神经元和人工神经元

麻省理工学院的 Marvin Minsky 教授（AI 之父），曾与 Rosenblatt 在同一所中学上学。随着对神经网络研究的深入，Minsky 与 Seymour Papert 共同写了一本名为 *Perceptrons* 的书（这本书后来在麻省理工学院出版社出版），他们在书中主要阐明了两个观点：第一，单层感知机无法解决一些简单但很重要的线性不可分问题，比如不能解决 XOR（异或）问题；第二，在感知机上使用多层神经元可以突破这些限制。遗憾的是，人们普遍只认可第一点。全球的学术界几乎完全放弃了神经网络，对神经网络的研究一度处于停滞状态。于是，在 20 世纪 70 年代，人工神经网络领域发展陷入低潮，进入了第一个寒冬期。

在过去的 50 年中，多卷 *Parallel Distributed Processing*（PDP）是神经网络最核心的研究成果，这些图书由 David Rumelhart、James McClelland 和 PDP 研究小组共同创作而成，并在 1986 年由麻省理工学院出版社出版。*Parallel Distributed Processing* 的第一章就阐述了 Rosenblatt（罗森布拉特）曾提出的畅想：

> 人类比现在的计算机更聪明，他们往往很擅长解决自然信息处理任务……这是因为人类的大脑采用了一种基本的计算结构，而这种计算结构更适合解决自然信息处理任务中的核心问题。我们将会引入一个模拟人类认知过程的计算框架，而这种计算框架与其他框架相比，似乎更接近人脑的计算风格。

传统的计算机程序与大脑的运作方式大不相同，大脑能轻松处理一些任务（如识别图像中的物体），但是当时的计算机程序在处理这些简单的任务时表现得十分差劲，这也是并行分布处理 PDP 得以应用的原因。作者认为，PDP 方法比其他框架更接近大脑的运作方式，因此，PDP 也许能更好地处理这类自然信息处理任务。

实际上，在 PDP 中提出的方法与现在在神经网络中使用的方法非常相似。本书提供了一个通用的框架来定义并行分布处理（PDP），这个框架主要包括 8 个方面：

- 一组处理单元。
- 处理单元的激活状态。
- 每个处理单元的输出函数。
- 处理单元之间的联结模式。
- 通过联结传播激活的传递规则（以单元输出上的函数表示）。
- 把处理单元的输入与当前状态结合起来产生激活值的激活规则（用于组合送到单元的输入，以确定单元有新的激活值，由当前激活值和传播函数表示）。
- 通过经验修改联结模式的学习规则。
- 系统运行必要的环境（样本集合）。

我们还将会在此书中详细讲解，现在的神经网络为何能满足上述框架。

20 世纪 80 年代的大多数模型都由两层神经元构建，这也避免了 Minsky 和 Papert 指出过的缺陷问题，即单层感知机的处理能力非常有限，只能做线性划分，应通过"单元间的联结模式"来运行函数。事实上，在 20 世纪 80 年代和 90 年代，神经网络被广泛应用于各类工程的实际案例中。然而，人们对理论的误解再次阻碍了神经网络这个领域的发展。虽然从理论角度来看，我们只要再多增加一层神经元，就足以让神经网络逼近任何一个数学函数。但就实际表现来看，这样的神经网络因太大、太慢而不够实用。

尽管在 30 年前就有研究人员指出，我们可以通过构建更多层的神经元来获得良好且实用的性能。但直到近十年，这一理论才得到更广泛的重视和应用。由于可以添加更多的层，计算机硬件也在不断优化，而且越来越多的数据变得可用，同时算法一直在被调优，所以现代神经网络的潜力才终于得以充分发挥，训练才能够更快速和轻松地完成。我们现在已经实现了 Rosenblatt 的畅想："创造出一台无须任何人为训练或控制，便可自我感知、辨认并识别周围环境的机器。"

你也可以在本书中学习如何创造出这样的机器。在之后的学习过程中，我们会持续为你讲解深度学习相关的内容。现在，不妨先了解一下本书的作者吧！

作者介绍

我们是这本书的作者西尔文（Sylvain）与杰里米（Jeremy），也是诸位此次深度学习之旅的向导。我们希望通过这本书，带大家领略深度学习的魅力！

杰里米投身机器学习的应用与教学已经长达 30 年左右，他在 25 年前就开始涉足神经网络领域。在此期间，杰里米主导建设了众多以机器学习为核心能力的公司和项目，他也成立了第一家专注于深度学习的 Enlitic 医疗公司，之前他是全球最大的机器学习平台 Kaggle 的总裁和首席数据科学家。他和雷切尔·托马斯（Rachel Thomas）博士二人是 fast.ai 课程的联合创始人。本书的内容也和 fast.ai 课程紧密相关，此书实际上就是根据 fast.ai 课程的主要内容编纂而成的。

你会多次在本书中下面这样的发言栏处看到两位作者的发言，比如，在下方发言栏中杰里米补充道：

杰里米说

大家好，我是杰里米！你们可能会好奇，作者本人竟然没有任何专业的技术教育背景。我本科主修哲学，但成绩并不好。相比于理论研究，我更喜欢做真实的项目实践，因此大学期间我一直在麦肯锡公司（McKinsey and Company）担任全职顾问。假如你也不想花好几年时间学习抽象的理论概念，而是喜欢上手进行实践，你就会明白我是怎么开始学习深度学习的！请注意发言栏中我给出的评论和看法，我希望这些见解可以帮助那些缺乏高等数学背景或专业技术背景的学习者（也就是和我背景差不多的人）。

另一个主角西尔文对理论方面的知识可谓了如指掌，他参与编撰了 10 本数学教材，这其中包括整个法国最前沿的高等数学教材！

西尔文说

我与杰里米的背景不同，我并没有长期编写以及应用机器学习算法的实践经历。然而，最近我也在关注杰里米的 fast.ai 课程上的视频，开始学习如何应用机器学习的算法。因此，如果你还没有打开终端并在命令行中输入代码，那么我极力推荐你来看一看这门课程的视频。在我的发言栏中，你可以找到最适合我这类人群的学习方法，我的方法会更适合那些具备数学或技术专业知识背景却缺乏实际代码实践的人群。

在世界各地，已经有各行各业的数十万学生学习了 fast.ai 课程。在教授课程期间，杰里米对西尔文印象很深刻，这也是西尔文后来加入 fast.ai 团队的一个契机，他们俩共同制作了 fastai 软件库。

结合这个团队的特点，你将可以享受以下几个领域最好的师资优势。拥有 1. 软件从业人员：比其他所有人都更了解软件，因为他们正在开发软件；2. 专家：数学方面的专家以及擅长编写代码和机器学习的专家；3. 从零基础开始学习并上手深度学习的从业人员：作为过来人，他们更理解学习软件、数学和代码实践上的困难，并为"小白们"提供解决方案。

观看过体育比赛的人都知道，即使有一支由两人组成的解说团队，也还是需要第三位"特别解说员"。在 fast.ai 团队，有一位特别解说员，他是亚历克西斯·加拉格尔（Alexis Gallagher）。他的职业背景很丰富：他曾是数理生物学的研究人员，也是编剧、脱口秀演员、麦肯锡的咨询顾问（和杰里米一样）、Swift 程序员和首席技术官。

亚历克西斯说

对我而言，现在有必要学习这些 AI 知识！说真的，我几乎尝试过其他各种各样的方法……但我真的在机器学习的建模方面没有任何基础，非常缺乏这个领域的专业背景。不过，学习 AI 知识到底能有多难呢？和你一样，我也正要学习这本书。你可以注意我后续的发言，我会分享在学习过程中那些对我有用的学习技巧，希望我分享的见解也能对你有所帮助。

如何学习深度学习

哈佛大学教授戴维·珀金斯（David Perkins）撰写了 *Making Learning Whole*（Jossey-Bass）这本书，他在书中表达了自己的教学理念，他认为教学应该像教学生如何玩游戏一样。他在书中举了一个例子：如果你要教学生怎么打棒球，首先要带他们去看棒球比赛或让他们练习打棒球。你不需要教他们如何从缠绕细线开始去制作棒球，也不需要去教他们抛物线的物理原理，更不需要告诉他们球在棒球棒上的摩擦系数。

目前在 K-12 做数学老师的保罗·洛克哈特（Paul Lockhart）是哥伦比亚大学的一名数学博士，也是布朗大学的前教授，他在自己那篇颇具影响力的论文 "A Mathematician's Lament"（参见链接 4）中描绘了一个噩梦般的虚拟世界，在这个世界中，老师们用教数学的方式去教授音乐和艺术。在音乐教学中，孩子们在花了十多年的时间掌握音乐的符号和理论，并学会将乐谱转换成不同的声调之后，才被允许去听音乐和演奏音乐。在艺术课上，学生首先要学习分辨颜色、学习怎么用画笔，但直到他们上了大学，才有机会真正开始画画。听起来是不是很不可思议？而其实这种方式，就是现在老师们教授数学的方式，学生们必须花很多年时间去死记硬背，学习无趣且脱离实践的基础知识。虽然现在人们口口声声称这些基础知识总有一天会用上，但是死记硬背这些知识的过程却导致大部分学生早早就放弃了学习数学。

不幸的是，很多有关深度学习的教学依旧重蹈覆辙——老师们要求学生遵循 Hessian 的定义和损失函数的泰勒近似定理（Taylor approximation），但却没有给学生提供实际可运行的代码案例。我们不是在诋毁微积分这门课程，我们也很喜欢微积分，甚至西尔文在大学也教过这门课程，但是我们认为学习微积分并不是学习深度学习最好的出发点！

在深度学习中，如果你希望通过优化模型，使其能获得更好的性能，那么你在现在这个阶段努力学好相关理论，确实会获得不错的结果。但是在这之前，你首先需要构建一个模型。在这本书中，我们会通过实际的案例来讲解相关的内容。我们会不断深入构建这些案例，并且引领你去优化项目。也就是说，你可以不断地在书里学习所需的理论基础知识，并通过这样的学习方式来了解理论的重要性和运用理论的方式。

因此，本书承诺将遵循以下原则。

实践教学

　　首先，我们会向你展示学习的大纲，包括如何使用完整的、有效的、可用的、最新的深度学习网络，并展示如何用简单且直观的工具来解决实际的问题。然后，我们将逐渐深入学习，帮助你去理解如何构建深度神经网络中的各种工具，以及这些工具间的联系，等等。

用实际案例教学

　　我们保证本书不会开篇就介绍复杂的操作和难以理解的代数符号公式，我们希望通过实际的代码案例让你更直观地理解书中案例的内容和目的。

一切从简

　　我们用很长时间创造了工具，并且得出了我们独特的教学方法，它可以让复杂的问题变得更简单。

排除阻碍

　　到目前为止，很多人认为深度学习是比较难接触和深入的领域。我们希望通过本书的教学来打破这个传统观念，并保证每个只有一些理科背景的人都能了解和掌握深度学习。

在学习深度学习的过程中，最难的是躬行实践：我们如何才能知道目前的数据量是否充足，数据的格式是否正确，模型的训练过程是否合理呢？如果不知道，我们又要怎样应对和处理？这也是我们一直主张在实践中学习的原因。在学习数据科学这类基础技能时，我们需要通过多次的上手实践来不断加深理解，学好深度学习也是如此。在理论上花过多时间可能会适得其反，学好的要领是直接上手写代码，并尝试用代码去解决实际遇到的问题：倘若你懂得如何使用深度学习解决问题，并且热衷于不断尝试，你也就能自然而然地理解理论本身了。

在之后的学习之旅中，你有时可能会觉得有些吃力，有时甚至可能会感觉学不下去了。但千万不要放弃！你可以重新翻阅这本书，找到你能理解的那部分内容，然后从那里开始慢慢地读，当你遇到一处自己感觉不太明白的内容时，就开始输入相关的代码进行试验，去用搜索引擎搜索遇到的问题，然后自行找到问题的解决方案。通常情况下，你会发现有各种各样的方法可以解决你所遇到的问题。另外，第一次读这本书时遇到不理解的地方（尤其是代码模块），是很正常的。如果感觉自己继续阅读下去会吃不消，请你尝试静下心来通读全书，以便从各个章节中了解更多的知识。在通读完整本书后，你会发现自己的理解能力上了一个台阶，之前遇到的困难也迎刃而解了！因此，如果你确实难以理解某个部分，请试着继续阅读并记录你的问题和难点，以备后用。

记住，你不需要非常专业的学术背景，也可以学好深度学习。很多没有博士学位的人在这个领域的研究中也取得了众多重要的突破，例如，亚历克·雷德福（Alec Radford）在读大学本科时就发表了近十年最具影响力的论文之一 "Unsupervised Representation Learning with Deep Convolutional Generative Adversarial Networks"（参见链接 5），他的这篇论文被引用了 5000 多次；同时，特斯拉企业也秉持着同样的观点，这个企业现在正在挑战制造出完全自动的无人驾驶新能源汽车（参见链接 6），特斯拉企业的首席执行官埃隆·马斯克（Elon Musk）就表示：

> 博士学位不是选取人才的硬性要求。我认为一个优秀的人才需要能深刻理解人工智能，并有实打实的能力来运用人工神经网络，不过有实力这点真的很难。如果你有实力，我甚至都不在乎你是不是仅从高中毕业了。

倘若想要获取成功，你更需要注意的是，将你在这本书中学到的知识应用到个人项目中，并始终坚持这样进行实践。

你的项目和思维模式

不管你现在有什么激动人心的想法（比如，从植物的叶子图像中判别出植物是否患病，自动生成编织图案，通过 X 射线诊断结核病，确定浣熊何时会使用你的猫洞），我们都将在之后的教学中帮助你尽快上手深度学习来实现你的想法，并且通过其他人预先训练好的模型来帮你尽快解决你的问题，最后我们再一起来逐步探究更多细节。你将在阅读下一章的前三十分钟内，学习如何使用深度学习来实现你的想法！（如果你迫切希望立即上手写代码，请立即跳过这里。）现阶段有一种谬论，称我们需要拥有和谷歌规模一样多的计算资源和数据集才能进行深度学习，但事实并非如此，我们在本书开始就介绍了深度学习不需要储备这些能力和资源。

那么，创建什么样的任务才能算得上是不错的测试用例呢？你可以试着训练模型来区分毕加索和莫奈的绘画，或者从你儿女的照片中分辨出你女儿的照片。钻研过程可以帮助你更专注于去完成并满足自己的爱好和热情——不要一开始就想去埋头解决一个大问题，你可以先给自己设定四五个小项目，这样的效果会更好。因为面对一个很大的问题，你会感觉到困难重重，过早雄心勃勃地去解决这类大问题通常会适得其反。只有掌握好了基础知识，接下来才可以去尽力完成各种各样你想做的事情，相信你会为之引以为傲的！

杰里米说

深度学习几乎可以用来解决任何问题。例如，我创业的第一家公司是 FastMail，它在 1999 年成立之时就开始提供优化好的电子邮件服务（至今仍然如此）。2002 年，我使用了深度学习的一种原始形式——单层神经网络，我们为客户提供拦截垃圾邮件的服务，帮助他们做好电子邮件的分类。

深度学习学得好的人都有一些共通的性格特征，他们爱玩且对新知识保持好奇心。物理学家理查德·费曼（Richard Feynman）在深度学习领域取得了公认的极具影响力的杰出成就，他就是这样一个爱玩且有很强好奇心的人。他对亚原子粒子运动的理解，就源于看到学生把盘子丢到空中玩杂要后，好奇盘子是怎么转的，他觉得很有意思就开始研究。几番研究后，最终他获得了里程碑式的成就。

现在，让我们关注接下来要学习的内容，就从构建模型相关的库和运行环境开始吧。

构建模型相关的库和运行环境：PyTorch、fastai 和 Jupyter（它们都不重要）

我们已经使用过数十种软件库和多种编程语言，完成了数百个机器学习的项目。在 fast.ai 课程中，我们使用了众多当今主流的深度学习和机器学习库来编写这门课程。在 PyTorch 于 2017 年问世之后，我们花了 1000 多个小时对 PyTorch 进行测试，测试通过后，才决定将它用于今后的课程教学、软件开发和相关研究的工作。自那时以来，PyTorch 已成为世界上发展最快的深度学习库，并且大多数顶级会议的研究论文都使用了 PyTorch。这些论文的成果最终都会被应用于工业产品设计和相关服务上。种种这些实际应用，都再一次证明了 PyTorch 的权威性。同时，我们发现 PyTorch 是最灵活且最直观、最易于使用的深度学习库。它并没有为了易用性而降低软件运行的速度，而是很好地将两者结合在了一起。

PyTorch 作为一个十分优秀的较为底层的基础库，它为高层的功能提供了许多基本操作。fastai 是一个基于 PyTorch 构建的深度学习库，它有许多高层的功能，也是一个十分受欢迎的库。fastai 库特别符合本书的教学目的，因为在提供高层次的软件架构方面，它的作用是独一无二的，甚至现在有学者专门研究了构建 fastai 的 API 接口，并发表了同行评审学术论文（参见链接 7）。在本书中，随着之后越来越深入地学习深度学习的基础，我们也将越来越深入地了解 fastai 的各个层。本书使用的是 fastai 库的 V2 版本，V2 新版本对 V1 版本进行了全面的迭代，V2 版本的 fastai 库里重写了许多独特的新特性。

但是，使用哪种软件库进行学习并不重要，因为从一个库切换到另一个库只需花几天时间去重新学习就好了。对我们来说，真正重要的是打好深度学习的基础、学好相关的技术。不过，你需要注意，在表述学习的一些概念时，最好能清晰地使用代码去实现。在书中，对于高层概念那部分内容，我们会使用高层 fastai 的代码帮助你理解。相应地，对于底层概念那部分内容，我们会使用底层 PyTorch 代码甚至全部用 Python 代码教会你相应的原理。

如今看来，新的深度学习库正在迅速发展，面对未来几个月或几年的快速发展，你需要时刻做好准备。越来越多的人会涌入这个领域，他们会得出更多的技巧和更新颖的想法，并且会尝试更多的细分方向。在学习之前，你应该做好一些心理准备，那就是现在学习的所有特定的库和软件很可能会在一两年后就过时了。想想 Web 编程这个领域，这个领域比深度学习更为成熟，并且相比之下发展还较为缓慢，但是其中的库和技术栈的数量却无时无刻不在变化。因此，我们进一步坚信，学习深度学习的重点应该是了解基础技术，以及知道如何在实践中加以应用；同时还应当学会在新工具和技术出现时，怎样能够快速地将现有的专业知识应用在实践中，保证自己跟上知识变化的步伐。

阅读完此书，你就几乎可以理解所有 fastai（以及大部分 PyTorch）的代码，因为在每一章中，我们都会深挖本质，向你展示在实际中，我们构建和训练模型的方法。这意味着，你将学到现在深度学习中使用的最重要且最有效的实践技巧，这其中不仅仅包含使用这些技巧的方式，还包括这些技巧能有效果背后蕴含的原理。如果你想在其他框架中使用这些方法，所有需要的相关知识你都会在本书中学习到。

由于在学习深度学习的过程中，最重要的事情就是写代码和上手进行试验，因此我们有必要使用一个稳定性高的代码试验平台。目前最受欢迎的编程平台是 Jupyter（参见链接 8），我们在本书中也会使用这个编程平台。我们将向你展示如何使用 Jupyter 训练和测试模型，并在数据预处理和模型开发流程中的每个阶段使用 Jupyter 进行分析。现在有许多充分的理由证明，对于使用 Python 进行数据科学研究的人群而言，Jupyter 是最受欢迎的运行代码的工具。它功能强大，灵活且易用。我们相信你也会喜欢使用 Jupyter 的！

让我们在实践中使用 Jupyter，并开始训练我们的第一个模型吧。

你的第一个模型

正如我们之前所说，在解释模型为什么起作用之前，我们会先教你如何构建好模型。按照这种自上而下的方法，我们先开始着手训练图像分类器，尽可能让图像分类器能100% 区分开狗和猫。要训练这个模型并顺利开展试验，你需要先做一些初始设置，它并不像看起来那么难。

西尔文说

即使一开始就上手来设置，看起来令人生畏，但也请你不要跳过这个设置过程，特别是如果你很少或从来没有使用过终端或命令行。大多数操作不是必需的，常见的网页浏览器就可以设置为最简单的服务器。要想学好这本书中介绍的知识，你有必要一边看书，一边自己上手进行试验。

找一台拥有合适 GPU 的计算机用于深度学习

要完成本书中的所有任务，你需要配备好装有 NVIDIA GPU 的计算机（遗憾的是，主流的深度学习库未完全支持其他品牌的 GPU）。但是，我们不建议你专门去购买这类计算机。实际上，即使你已经有了，我们也不建议你立即使用它！进行计算机的设置需要时间和精力，我们希望你现阶段能把所有精力都集中在深度学习上。因此，我们建议你去租一台已预先安装好了所需配置并可以直接使用的计算机。每小时的费用只要 0.25 美元，有些选项甚至是免费的。

术语：图形处理器（GPU）

GPU 也称为图像显卡，是计算机中的一种特殊处理器，可以同时处理数千个单元的任务。在计算机上玩游戏，需要 GPU 来处理游戏里显示的 3D 画面。这些需要处理的基本任务与神经网络非常相似，因此 GPU 可以常规 CPU 数百倍的速度运行神经网络。所有现代计算机都配置了 GPU，但大部分计算机中的GPU 都没达到深度学习要求的最低配置。

随着相关公司的变动和价格的变化，本书中使用的 GPU 服务器的最佳选择将随着时间而改变。我们在本书的配套网站（参见链接 9）上保留了推荐选项的列表，因此请立即转到此处并按照说明进行操作，以连接到 GPU 深度学习服务器。不用担心，在大多数平台上只需花两分钟即可完成设置，而且许多平台甚至不需要付费或者信用卡担保即可开始使用。

亚历克西斯说

以下是我的一点个人见解：请留意一下我的建议哦！如果你喜欢计算机，你会倾向于按照自己习惯的设定进行设置。这确实是可行之举，但我想和你说，这样操作可能会出乎意料地花费你更多的时间和精力。因为这本书也不会向你详

细地介绍某些内容，比如"所有你想知道的 Ubuntu 系统管理"、"NVIDIA 驱动程序安装"、"apt-get"、"conda"、"pip"及"Jupyter notebook 的配置"这些内容。你可以从其他图书中了解到这些内容（这些内容完全可以写成另外一本书）。在设计并部署好机器学习的工作环境后，你会发现整个过程对你来说是有好处的，但是这个过程和机器学习建模是没有关联的，而机器学习建模的最好方式就是开始建模。

网站上显示的每个选项都有教程指引；看完这些教程后，你将得到一个如图 1-2 所示的页面。

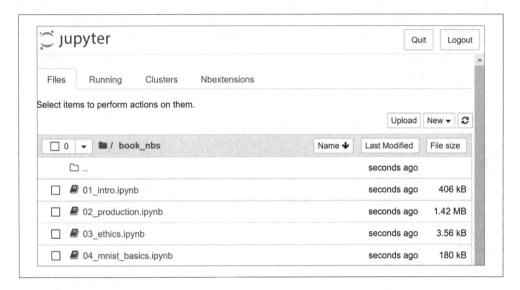

图1-2：Jupyter notebook的初始视图

现在你可以运行你的第一个 Jupyter notebook 程序了!

术语：Jupyter notebook
这款软件可以让你在单个交互文档中编辑带格式的文本、代码、图像和视频等内容。Jupyter 凭借其广泛的用途和在许多学术领域和行业中产生了重大影响，获得了软件最高荣誉——ACM 软件系统奖。对数据科学家来说，Jupyter notebook 是最广泛用于开发深度学习模型并可以用来做交互的软件。

运行你的第一个 notebook

我们将按照本书的章节顺序对你的 notebook 进行编号。因此，现在你需要使用列表中的第一个 notebook。你可以使用这个 notebook 来训练识别猫和狗的模型。现在你需要去下载包含猫和狗图像的数据集，并使用该数据集来训练模型。

数据集只是一堆数据——可以是图像、电子邮件、相关的财务指标、声音或其他任何东西。现在有许多免费的并且可用于训练模型的数据集，其中许多数据集是由学术机构创建的，它们通常使用这样的数据集来推进学术研究；也有许多数据集会用于竞赛（在这些竞赛中，数据科学家可以通过比较谁的模型最准确来和对方进行竞争），还有一些是其他任务处理过程中留下的副产品（例如，财务档案）。

完整版和删减版的 notebook

目前有两个不同版本的 notebook 文件夹。完整版的文件夹中包含用于构建本书对应的 notebook，这些 notebook 会包含所有对应的解释以及输出结果。而删减版的 notebook 虽然也有相同的标题和代码单元格，但是删除了所有输出和解释的内容。我们建议你每读完本书的一个部分后，就合上书，在删减版的 notebook 上进行实践。看看在执行代码之前，是否可以预知将显示的运行结果。同时，也尝试回忆一下代码所展示的内容。

要想打开一个 notebook，只要单击对应的 notebook 就可以了！ notebook 打开后的页面类似于图 1-3。（请注意，在不同的浏览器平台上所展现的页面信息可能会有细微的差异；你完全可以忽略这些差异。）

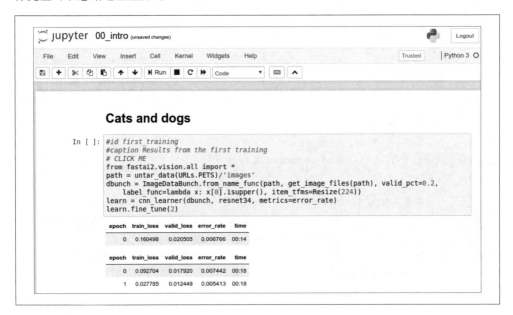

图 1-3：一个 Jupyter notebook 页面

一个 notebook 包含多个单元格。这些单元格主要有两种形式：

- 包含格式化的文本、图像等的单元格。很快你就可以学习 Markdown 格式的单元格。

- 包含可执行代码的单元格，执行代码后会立即在下方单元格显示输出结果（可以输出纯文本、表格、图像、动画、声音，甚至可以输出交互式应用程序）。

Jupyter notebook 有两种快捷键模式，可以选择编辑模式或命令模式。使用编辑模式的快捷键方式时，页面中出现光标后，你就可以按常规方式往单元格中键入代码或文本，且命令模式下的快捷键不生效。但是，使用命令模式的快捷键方式时，你看不到任何闪烁的光标，且键盘上的每个按键都有特殊的功能，编辑模式下的快捷键不生效。

在继续操作之前，请按键盘上的 Escape 键以开启命令模式（如果你已经处于命令模式，则不会有任何影响，以防万一，请按一下 Escape 键）。要查看所有可用功能的完整快捷键列表，请按 H 键查看帮助；按 Escape 键会退出快捷键帮助页面。请注意，与大多数程序不同的是，在命令快捷键模式下，输入命令时不需要按住 Control 键、Alt 键或其他类似的辅助键，按所需的对应的字母键即可。

你可以按 C 键来复制单元格的内容（首先需要选中该单元格，单元格会呈现灰色的选中状态；如果没显示被选中，请再单击选中一次），然后按 V 键粘贴单元格的内容。

单击选中以"# CLICK ME"开头的单元格，这个单元格中的第一个字符表示字符后的内容是用 Python 写的注释，因此执行单元格时系统会忽略该注释。毋庸置疑，该单元格的其余部分是一个完整的系统，可以创建和训练猫狗图像识别的模型。所以，现在我们就开始训练模型吧！要开始训练，你只需同时按键盘上的 Shift 键和 Enter 键，或单击工具栏上的"Play"按钮。等待几分钟，就会得到以下结果：

1. 一个名为 Oxford-IIIT 的宠物数据集（参见链接 10）将被从 fast.ai 数据集集合中下载到你正在使用的 GPU 服务器中，该数据集包含 37 个品种的 7349 张猫和狗的图像，这些图像将会被提取出来。

2. 将会从互联网上下载一个已经对 130 万张图像进行过训练的预训练模型，而且该模型结构是经过比赛验证出来的优胜模型。

3. 会使用迁移学习中的最新技术对预训练模型进行微调，从而创建猫狗识别任务的自制模型。

前两个步骤仅需在 GPU 服务器上运行一次。如果再次运行该单元格，它将使用经过第一次运行并下载好的数据集和模型，而不是再次下载这些内容。我们看一下单元格中的内容和结果（见表 1-2）：

```
# CLICK ME
from fastai.vision.all import *
path = untar_data(URLs.PETS)/'images'
```

```
def is_cat(x): return x[0].isupper()
dls = ImageDataLoaders.from_name_func(
    path, get_image_files(path), valid_pct=0.2, seed=42,
    label_func=is_cat, item_tfms=Resize(224))
    learn = cnn_learner(dls, resnet34, metrics=error_rate)
    learn.fine_tune(1)
```

表1-2：第一次训练的结果

epoch	train_loss	valid_loss	error_rate	time
0	0.169390	0.021388	0.005413	00:14

epoch	train_loss	valid_loss	error_rate	time
0	0.058748	0.009240	0.002706	00:19

你运行后的结果可能与此处显示的结果不完全相同，这是因为在训练模型的过程中，会涉及许多微妙的随机变量。但是，在此案例中，我们通常会看到错误率（error_rate）是远低于0.02的。

训练时间（Training Time）

根据你的网络速度，可能需要花费几分钟来下载预训练的模型和数据集。运行fine_tune函数可能需要花一分钟左右的时间。与你自己的模型一样，本书中的模型通常需要花费几分钟的时间进行训练，因此，你最好能充分利用这段时间。例如，在训练模型时继续阅读下一部分，或者打开另一个notebook写写代码。

本书就是用多个 Jupyter notebook 编撰而成的

我们使用 Jupyter notebook 编写了本书，包括几乎所有的图表、表格和相应的计算。我们将向你展示准确无误的代码，你只需自行在 notebook 中复现相对应的代码。因此，在本书中，你会经常看到表格、图片或文本中的一些代码。你可以前往本书的指定网站（参见链接9）找到书中所有出现的代码，并尝试运行和修改我们提供的每个案例。

我们在上文中呈现了在一个单元格中输出一个表格的案例。接下来，你可以看到在一个单元格中输出文本的案例：

```
1+1
2
```

如果模型能有效运行的话，Jupyter 始终会打印输出或显示最后一行的结果。例如，下方是输出图像的案例：

```
img = PILImage.create('images/chapter1_cat_example.jpg')
img.to_thumb(192)
```

那么，如何知道模型是否有效呢？你可以在表格的最后一栏看到错误率，即图像被错误识别的比率。我们通常根据错误率来评估模型的质量，使用错误率进行评估很直观且易懂。如你所见，即使训练时间只有几秒钟（不包括一次性下载数据集和预训练的模型），我们的这个模型也几乎是完美的。现在，你训练达到的准确率已经比十年前很多人训练的准确率都要高得多了！

最后，让我们检查一下训练的这个模型是否真实有效。现在去拍一张狗或猫的照片；如果不是很方便拍照，直接从网上搜索你需要的图像并下载好即可。紧接着，开始运行我们最开始定义好的 uploader 模块。结果会输出一个可以单击的按钮，接下来选择需要分类的图像：

```
uploader = widgets.FileUpload()
uploader
```

⬆ Upload (0)

现在，你可以将下载好的文件传递给模型。确保文件中是一条狗或一只猫的清晰图像，而不只是简单的线条笔画、卡通图或类似的模糊图像。你的 notebook 程序会分辨出文件中是狗还是猫，以及得出它自己评估的准确指数。你会如愿以偿地发现，自己的模型还是很优秀的：

```
img = PILImage.create(uploader.data[0])
is_cat,_,probs = learn.predict(img)
print(f"Is this a cat?: {is_cat}.")
```

```
print(f"Probability it's a cat: {probs[1].item():.6f}")
Is this a cat?: True.
Probability it's a cat: 0.999986
```

恭喜你已经训练成功了第一个分类模型!

但是,这个结果有什么意义呢?你是否了解你实际上做了什么才有这样的结果的呢?要弄清楚这一点,我们需要跳出细节看全局!

什么是机器学习

在上一节中,你所构建的分类模型就是一种深度学习模型。正如先前我们提到过的,深度学习模型使用的神经网络最早可以追溯到 20 世纪 50 年代,并且由于近年的迅猛发展而变得非常强大。

另一个很关键的点在于,深度学习只是机器学习这个常规学科下的现代化新领域。你无须了解深度学习,就可以理解你所训练出来的分类模型能有效运作的原理。应用机器学习这个概念,就能训练出模型,你只需知道这一点就够了。

因此,在本节中,我们将详细介绍机器学习。我们会介绍机器学习的起源和发展,带你一起探索和领略机器学习的主要概念。

机器学习(Machine Learning)和常规编程一样,都是一种能使计算机完成某项特定任务的方式。但是,如果使用常规编程的话,我们需要怎样编程才能完成上一节中所做的猫狗图像识别的任务呢?我们必须写下每一个确切的步骤,才能让计算机理解需要执行的步骤并完成这项任务。

通常,在编写程序时,我们很容易写好要完成任务需要的每一个步骤。我们只需理清在手动完成某一任务时,需要采取的步骤,然后将其转换为代码就好了。例如,我们编写一个对列表进行排序的函数。通常情况下,需要编写一个类似图 1-4 所示的函数(其中的输入可能是未排序的列表,而最终得到的结果是已排序的列表)。

图1-4: 一个简单的程序

但是面对识别照片中的物体这样的任务,常规程序处理起来还是有点棘手的。当需要识别图像中的物体时,我们会采取怎样的步骤来完成识别任务呢?我们真的不清楚其中的细节，因为我们的大脑会直接给出识别的判断和结果，我们往往都不会意识到要成功识别的过程具体包括哪些步骤!

早在 1949 年，那时正是计算机的黎明时期，IBM 的研究人员亚瑟·塞缪尔（Arthur Samuel）就开始用与众不同的方式让计算机去自行完成各种任务，他称这种独特的方式为机器学习。他在 1962 年的经典文章 "Artificial Intelligence: A Frontier of Automation" 中写道：

> 使用计算机对这样的计算进行编程的确是一项艰巨的任务，这并不主要是因为计算机本身固有的复杂性，而是因为在编程过程中，对于烦琐的细节，计算机编程也需要去详细解释这些过程中的每一个步骤。所有程序员都会和你说，计算机不是最强大脑。

塞缪尔认为：不要告诉计算机解决问题的具体步骤，而是向计算机展示各种问题的案例，然后让计算机自行得出解决问题的最佳方法。事实证明，在不直接针对问题进行编程的情况下，赋予计算机一个研究领域，让它自行摸索学习这样的方式非常有效：1961 年，塞缪尔编写的西洋跳棋的计算机程序经过智能学习，自己摸索出一套有效的下棋方法，并击败了当时康涅狄格州的跳棋冠军! 以下是塞缪尔自己所说的一些看法（来自之前提到的同一篇文章）：

> 假设我们设置了一种自动化的方式并提供一种机制，能自动根据模型的实际性能测试当前所有权重分配的有效性，并优化权重分配的方式让性能最优。我们不需要深入研究这一过程的细节，就能完全实现自动化，并且可以看到这样自动编程过的机器可以从其经验中"学习"。

这段简短的描述中包含了许多重要概念：

- "权重分配"的含义。
- 权重分配影响"实际的模型性能"的事实。
- 要求测试性能有所谓的"自动的方式"。
- 通过更改权重分配方式以提高性能的"机制"（如另一种自动过程）的需求。

让我们逐一了解这些概念，以了解它们是如何运用在实践中的。首先，我们需要理解塞缪尔对权重分配（weight assignment）的定义。

权重只是一串变量，而权重分配则指的是从这串变量值中进行选择的过程。程序的输入是一段被处理过的值，其目的是使程序产生对应的结果。例如，将图像像素作为输入，并返回类别标签"狗"作为分类的结果。和权重不同的是，程序中权重的分配定义了运行程序的方式。

由于权重分配会影响程序，所以在某种意义上权重分配是另一种输入。考虑到这一点，我们需要优化图 1-4 所示的基础结构，并改进成图 1-5 所示。

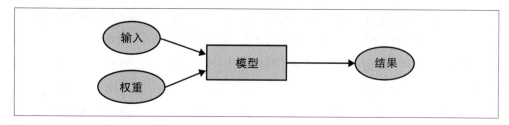

图1-5: 使用权重分配的程序

我们已经将方框中的"程序"这个表达改成了"模型"。这样改名称的目的一是遵循现代术语的用法，二是这能反映出模型其实也是一种特殊的程序：模型会根据权重进行许多不同的操作，模型也可以以多种不同的方式来实现。例如，在塞缪尔的跳棋程序中，不同权重值将得出不同的跳棋策略。（提醒一下，塞缪尔所说的"权重"现在通常被称为模型参数。为了解释清楚特定类型的模型参数，我们还是保留术语"权重"这一说法。）

接下来，塞缪尔说，在他的跳棋程序中，"实际的模型性能"取决于模型的运行情况。你可以将两个模型设置为相互竞争的模式，看看哪个模型总是胜出，从而自动测试出两个模型的性能高低。

最后，他说，我们需要提供一种可以改变权重分配的机制，以使性能最优。例如，我们可以查看获胜模型和失败模型之间的权重差异，并在获胜方向上进一步调整权重分配的比例以进行多次优化。

我们现在可以明白为什么他说程序可以完全自动化……并且可以看到这样自动编程过的机器可以从其经验中"学习"了。如果调整权重也是自动的，那么学习就会变成完全自动的，也就是说，我们不是通过手动调整权重来迭代模型，而是依赖一种根据实际的模型性能，用一种自动调整的机制来迭代模型。

图 1-6 展示了塞缪尔训练机器学习模型的架构。

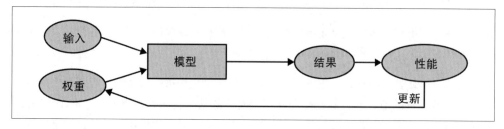

图1-6: 训练机器学习模型

请注意区分模型的输出结果与模型的性能，输出结果和性能并不是一类东西。举例来说，模型的输出结果可以是跳棋游戏中模型选择的走向，而性能可以是是否赢得比赛，或是获胜速度要变得多快。

还需要注意的一点是，一旦模型训练后，模型就被分配好了最终的、最好的、最喜欢的权重，由于我们不再需要去区分模型的输出结果和模型的性能，因此可以把权重看作模型的一部分。

因此，我们实际需要用到的训练后的模型如图 1-7 所示。

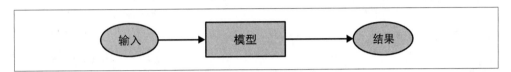

图1-7：程序中所使用的训练模型

这看起来与我们在图 1-4 中的原始图相同，只是用模型替换了程序这一说法。这其实是一个重要的知识点：我们可以像用常规计算机程序一样的方式去对待经过训练的模型。

术语：机器学习
计算机从经验中学习而非通过人工对各个步骤编程来训练程序。

什么是神经网络

不难想象一个跳棋程序的模型的构建方式。可能有一系列的跳棋策略编码，可能有某种搜索机制，然后根据所选择的策略、搜索后棋盘关注的部分等不同，权重也会有所差异。但对于图像识别程序、文本理解或其他我们可以想到的有趣问题而言，我们也不能确切地知道模型的实际表现。

我们想要的是某种足够灵活的函数，只需更改其权重就可以用来解决任何给定的问题。真的很神奇，这样的函数确实存在！就是我们之前已经讨论过的神经网络。也就是说，如果将神经网络视为一种数学函数，那么它实际上是会根据权重灵活调整的函数。有一种数学定理是通用近似定理，这个定理在理论上而言，表明了神经网络函数可以把任何问题解决到任何准确率水平。神经网络如此灵活，这也意味着，在实践中，神经网络总是一种合适的模型，你可以集中精力在模型的训练过程上，也就是集中精力找到合适的权重分配。

但是这个训练过程是怎样的呢？我们可以想象，可能需要找到一种新的机制，这种机制能针对每个问题自动改变权重。这听起来很难实现。在这里我们说的是有一个完全通用的方法能改变一个神经网络的权重，以使它在任何指定的任务中都能自行改进。这种方法也是存在的，确实很方便！

我们称这种方法为随机梯度下降（SGD, stochastic gradient descent）。我们将在第 4 章看到神经网络和随机梯度下降运作的细节，也会在第 4 章解释通用近似定理。然而，现在我们将复用塞缪尔自己的话：我们不需要深入研究这一过程的细节，就能完全实现自动化，并且可以看到这样自动编程过的机器可以从其经验中"学习"。

杰里米说

不用担心，随机梯度下降和神经网络从数学层面上来看都不复杂。虽然其中会涉及大量的加法和乘法，但这些任务几乎都只需要用加法和乘法这些运算就能完成。学生们看到其中的运算细节时，大多数人最多的反应是："就这么点东西吗？"

一句话概括就是，就像塞缪尔最初定义的那样，神经网络是一种特定的机器学习模型。神经网络的特殊之处在于它具有高度的灵活性，这意味着只要找到合理的权重，神经网络就可以解决非常多的问题。而随机梯度下降为我们提供了一种可以自动找到这些权重的方法，这是很强大的。

说完了宏观层面的理论，现在让我们回归案例，用塞缪尔的框架重新分析我们的图像分类问题。

其中，输入就是这些图像，权重就是神经网络中的权重。我们的模型是一个神经网络，最终的输出结果是由神经网络这个模型所计算得出的值，如可以得出"狗"或"猫"这样的输出结果。

那么"根据模型的实际性能，设定一种自动测试的方式，来测试当前所有权重分配的有效性"意味着什么呢？评定"实际性能"非常简单，简单到我们可以直接将模型的性能定义为预测出正确答案的准确率。

总而言之，假设随机梯度下降是更新权重分配的机制，我们就可以看到图像分类器其实就是一个机器学习模型，这样的结果和塞缪尔设想的如出一辙。

一些深度学习的术语

20 世纪 60 年代，塞缪尔正致力于研究工作，也是从那时起，术语开始发生了变化。回顾我们之前讨论过的所有内容，以下列举一些现代深度学习术语。

- 模型（model）的功能形式被称为架构（architecture），但需要注意的是，有时候人们会混淆两者的概念，把模型当作架构的同义词。
- 权重（weight）可以被称为参数（parameter）。
- 自变量（independent variable）计算得出预测（prediction），预测包含数据，但不包含标签。
- 模型的输出结果（result）可以被称为预测（prediction）。
- 模型的性能（performance）评估结果可以被称为损失（loss）。
- 损失不仅取决于预测，也和正确的标签高度相关，也常称标签为目标或因变量，例如，"狗"或"猫"就是标签。

更改好术语之后，图 1-6 可以更新为图 1-8 了。

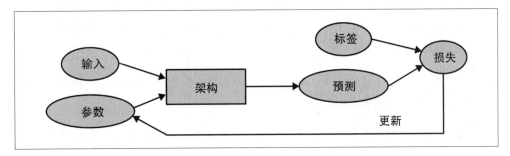

图1-8：详细的训练循环

机器学习的局限性

从图 1-8 中我们可以看到与训练深度学习模型相关的一些基础知识：

- 没有数据无法创建出一个模型。
- 模型只能学习处理用于训练模型的输入数据中所存在的模式。
- 这种学习方法仅能给出对某一问题的预测，并不能直接得出最终的决策。
- 仅有输入数据的案例是不够的；我们还需要为这些数据添加标签（例如，仅有狗和猫的图像不足以训练模型，还需要为它们标上标签，说明哪些是狗，哪些是猫）。

一般而言，大多数组织都会说他们没有足够多的数据，这实际上等同于说他们没有足够的标签数据。如果有组织想使用模型做一些事情，那么他们大概率有过运行模型的计划，并得到了一些输入数据。而且他们可能已经做过一段时间了（例如，手动或直接使用某种启发式程序），所以从中获得了数据！例如，我们都知道，几乎所有放射科都会存放好医学扫描的档案（因为他们需要查看患者的病情进展），但是这些扫描内容中可能没有包含诊断或干预措施的结构化标签（因为放射科医生通常按照自己的方式写报告，而不是用结构化数据去写报告）。由于在实践中区分标签非常重要，所以在本书中，我们会花很多篇幅来讨论打标签的方法。

因为这些机器学习的模型只能用于预测（比如尝试去复制标签），所以会导致模型具有的能力很难帮助实现组织的预期目标。比如说，在这本书中，你会学到如何创建一个推荐系统（recommendation system），这个推荐系统可以预测买家可能会购买的商品。在很多电商场景中，商家经常会使用这样的推荐系统，例如，他们会在首页展示销量最高的商品。但是这样的模型，通常需要分析用户和他们的历史购买记录（输入），以及分析用户打算购买的商品或浏览中的商品（标签），再得出预测结果，然后进行推荐，也就是说，这个模型很可能会告诉你用户已经买过或已经了解过的商品是什么，而不是告诉你他们最可能会对什么商品更感兴趣。这和你在线下书店买书的体验很不同，通常书店的销售人员会问你一些问题，他们了解到了你的喜好之后，会向你介绍一些你以前从未听说过的作家的图书或丛书系列。

在考虑模型如何与其环境进行交互的过程中，我们得到了另一个重要的启示。下面会介绍创建反馈回路机制的场景和结果：

1.	根据过去的逮捕地点创建预测警务模型。在实践中，实际上这并不是去预测犯罪，而是预测逮捕，因此在某种程度上，这个模型只是简单反映了现有警务流程中存在的偏差。

2.	执法人员可能会使用预测警务模型来决定在何处集中开展治安活动，从而提高这些地区的逮捕人数。

3.	这些额外逮捕的数据将进一步被反馈，根据反馈的数据会重新训练模型，并得出迭代版本的新模型。

这是一个正反馈回路机制：使用的模型越多，就会有越多的偏差数据，从而模型的偏差就越大，依此类推。

在商业场景中，反馈回路也会产生问题。例如，面向最大体量的用户，视频推荐系统可能会在用户喜好消费的视频内容推荐上产生偏差（例如，和平均水平相比，阴谋理论家和极端主义者倾向于观看更多在线视频内容），偏差会使用户消费视频的数量增多，并进一步使得推荐系统继续去推荐此类视频。我们将在第 3 章中进一步讨论这个问题。

既然你已经了解了推荐系统的原理，让我们继续分析代码案例，深入了解代码是如何完美对应上我们描述的进程的。

图像识别器工作的方式

我们一起来看看图像识别器的代码是如何实现这些想法的。我们可以把每一行分成独立的单元格，并查看每个单元格中的操作。我们不会在这里就开始向你详细解释每个参数具体的内容，但目前我们会介绍 bit（存储每个像素所用的位数）这个重要的概念，并且之后详细讲解 bit。我们先在第一行中导入所有的 fastai.vision 库：

```
from fastai.vision.all import *
```

这行代码提供了创建各种计算机视觉模型所需的所有函数和类。

杰里米说

在大型的软件开发项目中，使用 import* 语法导入整个库，常常会导致出现一些问题，因此许多用 Python 的程序员建议最好避免使用这样的操作方式。然而，在 Jupyter notebook 中做这类交互工作，运行效果却非常好。其中的 fastai 库是专门用作此类交互的，fastai 库只会将必要的部分导入运行环境。

如果你之前没有下载过标准数据集，也没有提取过数据集，那么运行第二行代码会从 fast.ai 数据集集合中（参见链接 11）将标准的数据集下载至你的服务器，然后提取这个标准数据集，并返回一个包含提取位置的路径对象：

```
path = untar_data(URLs.PETS)/'images'
```

运行这段代码后，你将从 fastai PETS 数据集集合中下载并提取图像。PETS 是猫和狗图像的集合。

西尔文说

我学习 fast.ai 有一段时间了，到现在为止，我已经学习了很多高效的编码实践。fast.ai 库和 fast.ai notebook 中有各种各样有意思的小窍门，这些小窍门帮我更深入地理解编程。例如，fastai 库不仅能返回一个包含数据集路径的字符串，还能返回一个 Path 对象。这是 Python 3 标准库中一个很有用的类，它可以更便捷地访问文件和目录。如果你之前没有了解过，请务必先查看它的说明文档或教程，然后再尝试使用。请注意，本书的网站中附上了每章的推荐教程链接。只要我发现有用的编程小技巧，就会记录下来分享给你。

在第三行中，我们定义了一个函数，即 is_cat 函数，这个函数会根据数据集创建者提供的文件名的规则来为图像打上猫的标签，这个函数会根据宠物的名称对图像进行分组：

```
def is_cat(x): return x[0].isupper()
```

在第四行中，我们使用了这个函数，它告诉 fastai 我们有什么样的数据集以及该数据集

的构造方式:

```
dls = ImageDataLoaders.from_name_func(
    path, get_image_files(path), valid_pct=0.2, seed=42,
    label_func=is_cat, item_tfms=Resize(224))
```

对于不同类型的深度学习数据集和不同的问题,会有不同的类——在这里我们使用的是 ImageDataLoaders。每个类的名称的第一部分通常是用你所拥有的数据类型来表示的,比如类名称的第一部分会叫 Image 或 Text。

另一个重要的信息是:我们必须告诉 fastai 如何从数据集中获取标签。图像的标签是文件名或路径的一部分,最常见的是上层文件夹的名称,计算机视觉数据集通常就是以这种方式构建的。fastai 提供了许多标准的加标签方法,你也可以自己定义加标签的方法。在这里,我们就让 fastai 使用刚刚定义的 is_cat 函数。

最后,定义我们需要的转换方法 Transforms。转换方法的代码在训练期间会被自动应用:fastai 中包含许多预定义的转换方法,添加新的转换方法就像创建 Python 函数一样简单。目前有两种类型的转换方法:一是应用 item_tfms 函数来处理每一个数据(本例中,每一个数据都会被调整为边长为 224 像素的正方形);二是应用 batch_tfms 函数并使用 GPU 来同时处理一批数据,而由于使用了 GPU,batch_tfms 函数会运行得非常快(我们会在书中看到许多类似的示例)。

为什么是 224 像素?虽然从先前的示例上来看,224 像素是标准尺寸,经过预训练的旧模型也被要求使用这个尺寸,但是你也可以输入其他任何尺寸的数据。如果把尺寸变大,就可以关注到更多细节,通常你也会因此训练得出效果更好的模型,但这样做会降低速度和消耗更多内存;如果把尺寸缩小,训练效果会更差,但速度会提高、内存消耗更少。

术语:分类与回归

在机器学习中,分类(classification)与回归(regression)的定义都很明确。我们也将会在本书中研究这两种主流类型的模型。分类模型是一种试图预测类或类别的模型。也就是说,分类模型会根据一些离散的可能性来进行预测,例如,预测"狗"或"猫"。而回归模型是一种试图预测一个或多个数值的模型,例如,预测温度或位置。有时人们用"回归"这个词来指代一种叫作线性回归模型(linear regression model)的特殊模型;不过这种说法不太好,所以本书不会使用这个术语。

宠物数据集中包含 37 个猫和狗品种的图像,共 7390 张。每张图像都用自己的文件名作为标签:例如,*great_pyrenees_173.jpg* 这张图像是数据集中"大比利牛斯"这个犬种的第 173 个示例图像。如果是猫的图像,那图像文件名以大写字母开头,而狗的图像,文件名则以小写字母开头。我们必须告诉 fastai 如何才能通过读取文件名获取标签：可以通过调用 from_name_func 和 x[0].isupper() 来实现。from_name_func 函数可以使用一个应用文件名的函数来提取文件名，而对于 isupper() 函数而言，在输入为猫的情况下，得出的第一个字母是大写，计算结果为 True。

在这里值得一提的是，最重要的参数是 valid_pct=0.2。这个参数要求 fastai 保留 20% 的数据，并且完全不使用这 20% 的数据来训练模型。保留的这 20% 的数据用于验证，这 20% 的数据就称为验证集（validation set）；该模型将仅对其余 80% 的数据进行训练，这 80% 的数据就称为训练集（training set）。验证集用来衡量模型的准确率（准确率 =1- 错误率），你可以使用准确率来验证模型性能。默认情况下，我们随机选出 20% 的数据。在每次运行这段代码时，参数 seed=42 会将随机种子（random seeds）设置为相同的值，也就是说，每次以这种方式运行后，我们都会得到同样的验证集；如果改变模型并重新对模型进行训练，可以确信，所有差异都来自模型的不同，而并不来自随机验证集的变化。

fastai 不使用训练集来评估模型的准确率，而是通过验证集来评估准确率。这一点至关重要，因为如果花大量时间来训练一个足够大的模型，而它最终只记住了数据集中每个项目的标签！训练的结果也并不能说明它是一个有用的模型，因为我们关心的是模型在之前没见过的图像上的性能表现。

即使模型没有完全记住所有训练过的数据，也能记住早期训练的数据中的一部分。因此，你训练模型的时间越长，训练集上的准确率就越高；而验证集的准确率也会在一段时间内得到提高，但模型会开始去记忆训练集，而不是在数据中寻找通用的底层模式，因此最终的结果会开始变得更糟糕。出现这种情况时，我们通常称这是模型发生了过拟合（overfitting）。

通过一个简单的案例，也就是只有一个参数和一些基于函数 x**2 随机生成的数据，就能得出图 1-9 所示的过拟合情况。如图所示，尽管过拟合模型对观测数据点附近的数据的预测是准确的，但一旦超出数据点范围，准确率就会发生偏离。

在培训所有机器学习从业人员和训练所有算法的过程中，过拟合是最重要且最具挑战的问题。如你所见，根据训练好的准确数据，创建一个模型能得出出色的预测非常容易，但是模型面对从未见过的数据，要预测得出一定程度的准确率就变得困难得多。当然，在实践中，解决这类数据的问题是很重要的。例如，如果你要创建一个手写数据分类器（我们不久就会做这件事了），并使用它来识别支票上写的数字，之后你是不可能将模型训练所用到的所有数字都全部准确识别好的——因为每张支票的书写形式都会有些许出入。

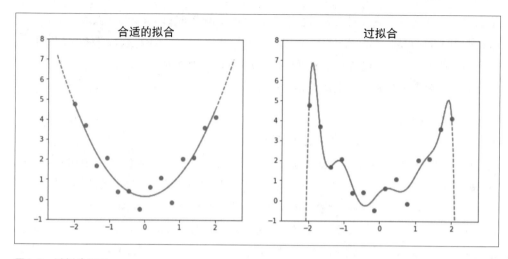

图1-9：过拟合图示

为了解决这类问题，你将在本书中学到多种避免出现过拟合的方法。但是，只有在你确认了过拟合正在发生，也就是在训练过程中观察到了验证准确率在降低时，才能去应用这些避免过拟合的方法。我们经常看到从业人员即使有足够多的数据，也会去使用其实不需要用到的避免过拟合的技术，最终他们训练得出的模型可能还不如正常训练得出的模型的准确率高。

验证集

在训练模型的过程中，一定少不了使用训练集和验证集，你必须在验证集上验证模型的准确率。如果没有足够的数据却训练了很长时间，你会发现模型的准确率就开始变差了，这种现象称为过拟合。fastai 默认将 valid_pct 设置为 0.2，因此即使你忘记手动创建验证集，fastai 也会默认为你创建一个验证集！

训练图像识别器的第五行代码，能够让 fastai 去创建卷积神经网络（CNN），并能确定要使用的结构，也就是能确定要创建的模型类型，同时还能确定我们要训练的数据和指标：

```
learn = cnn_learner(dls, resnet34, metrics=error_rate)
```

为什么要使用 CNN 呢？目前创建计算机视觉模型的最新方法正是 CNN。我们将在本书中全面了解它的运行原理。由于受到人类视觉系统运行原理的启发，我们已经得出了卷积神经网络的结构。

我们将在本书中介绍 fastai 中的众多架构，并在之后讨论如何自己创建架构。然而，在深度学习过程中的大多数时候，选择架构并不是非常重要的。研究人员热衷于讨论这个话题，但在实践中，你不需要在这方面花太多时间。现在有一些架构在大多数情况下都能运作得很标准化，我们将这种架构称作 ResNet。ResNet 面向大多数的数据集和问题，表现既快速又准确，我们也会在本书中对它展开讨论。resnet34 中的 34 指的是这种架构中变体的层数（层数可以更改，我们还会看到选项为 18、50、101 和 152）。模型的架构使用的层数越多，就需要花费越长的时间来训练，并且会变得更容易出现过拟合（也就是说，为了不让验证集的准确率变得更差，你不能训练过多的周期）。另一方面，使用更多数据的话，模型可能会更变得准确一些。

那什么是指标呢？指标（metric）是一种函数，其使用验证集来验证模型的预测质量，并且指标会在每个周期训练结束时被打印出来。在某种特定的情况下，比如提示验证集中图像分类的百分比不正确这种情况，我们会使用 fastai 中提供的 error_rate 函数。另一个常见的分类指标是准确率 accuracy（accuracy 等于 1.0-error_rate 的值），fastai 中有很多方面都会与这类指标相关，我们后续也会在本书中展开讨论。

指标这个概念可能会让你想起"损失（loss）"，但注意它们有一个很大的区别。loss 的最终目标是定义训练系统中用来自动更新权重所使用的"性能度量"。换句话说，loss 更适用于随机梯度下降。但是指标是人为定义的，因此一个好的指标应该是好理解的，并且能尽可能实现你想完成的效果。有时，你可能认为 loss 函数是一个还不错的指标，但实际上并非如此。

cnn_learner 中有一个默认为 True 的预训练的参数（所以即使未指定参数也没关系）。这个参数将你的模型中的权重设置为值，专家团队会训练好这些值，这些值可以在 130 万张照片中识别出上千种不同的分类。你可以使用大家都知道的 ImageNet 数据集（参见链接 12）对 130 万张照片进行分类。已经用数据集训练好的模型，称为预训练模型（pretrained model）。你总会用到预训练模型，因为这意味着不用展示任何数据，你的模型就已经可以运作。显而易见的是，几乎不需要考虑项目细节，深度学习模型就有能力提供你所需的东西。例如，部分预训练模型会进行多项任务中都需要处理的边缘、梯度轮廓和颜色检测。

在使用预训练模型的过程中，cnn_learner 需要定制化原始训练任务（即 ImageNet 数据集分类），因此它会移除掉最后一层，并用一个或多个具有随机权重的新层来替换，并且这样的新层的尺寸需要和你正在使用的数据集相匹配。这个预训练模型的最后一部分称为 head，head 是获取网络输出内容的网络。head 利用之前提取的这些特征做出预测。

我们必须允许自己用更少的数据、更少的时间和更少的钱去更快速地训练更精确的模型，其中最重要的方法就是使用预训练模型。你可能会因此认为预训练模型的使用将是深度学习领域里研究最多的领域……但这样理解就大错特错了。在大多数课程、图书或软件库功能中，通常都不会讲解或讨论预训练模型的重要性，哪怕是学术论文，也很少会考虑这一点。我们在 2020 年初撰写这本书的时候，情况才刚刚开始发生变化，但这可能需要一段时间去改变。所以希望你注意这个要点：大多数人可能会大大低估完成深度学习所需要的资源量，因为他们可能不会深刻理解如何使用预训练模型。

使用预训练模型去完成不同于最初模型训练的特定任务时，这样的操作称为迁移学习（transfer learning）。然而，由于对迁移学习的研究不足，因此很少有什么领域能提供预训练模型。例如，目前医学上几乎没有预训练模型，这使得在该领域中很难使用迁移学习。另外，面对诸如时间序列分析之类的任务时，现在的模型还不能做到很好地理解如何使用迁移学习。

术语：迁移学习

为了训练不同于原始训练任务的新任务，使用了预训练的 CNN 模型，这种方法称为迁移学习。由于在样本数据不规范的情况下，从头开始训练并不是一个明智的选择，所以我们可以使用预训练模型来做迁移学习。通过沿用一些经典的神经网络在大型数据集上训练好的模型，并使用自定义数据集继续更新其中部分层的权重，最终可以实现在较少的时间下取得不错的训练效果。

在代码的第六行中，交代了 fastai 如何拟合模型：

```
learn.fine_tune(1)
```

正如我们所讨论的那样，这个架构只是描述相关数学函数的一套模板（template）；在我们为架构中包含的数百万个参数提供值之前，这个架构不会有任何实际操作。

这就是深度学习的关键所在，也就是深度学习要决定如何拟合模型的参数，从而让模型能帮你解决问题。要拟合模型，我们至少得提供一条信息：每幅图像要看多少次（也称为周期的数量）。你选择的周期数量在很大程度上取决于你有多少时间可以用来训练，以及在实践中模型拟合需要多长时间。如果选择的数字太小，那么之后你可以训练更多个周期。

但是为什么把这个方法称为 fine_tune（微调），而不是 fit（拟合）呢？fastai 中确实有一个叫作 fit 的方法，这种方法确实可以拟合一个模型（即多次查看训练集中的图像，每次更新参数会使预测越来越接近目标标签）。但是在这个案例中，我们需要先从一个预训练模型开始，并且不想丢弃这个模型已拥有的能力。你在本书中也会学习到一些重要的技巧，这些技巧可以使一个预训练模型适应新的数据集，这个适应的过程称为模型微调（fine-tuning）。

术语：微调

微调是一种迁移学习技术，通过使用不同于预先训练的任务，训练额外的周期来更新预训练模型的参数。

当使用 fine_tune 方法时，fastai 会使用这些技巧。你可以设置一些参数（我们之后会讨论具体的参数），但是按照这里显示的默认参数，它会执行以下两个步骤：

1. 要获得让数据集顺利运行的新的随机 head，需要模型的一些模块来实现，我们可以使用一个周期来拟合模型的这些模块。

2. 在调用该方法时，使用所需数量的周期来拟合整个模型，靠后的网络层（特别是 head）的权重比靠前的网络层的权重更新得更快（我们会看到，这些靠前的网络层通常不需要对预训练好的权重做太多更改）。

模型的 head 是针对新数据集而新添加的特定部分。一个周期是对数据集的一次完整的训练流程。在每次调用 fit 之后，每个周期后的结果都会被打印出来，打印结果会展示周期编号、训练集和验证集的损失（用于训练模型的"性能指标"），还会展示你所请求的任何指标（在本例中，这个指标指的是错误率）。

因此，通过上述案例，我们可以得知，使用这些代码，模型就可以通过有标记的例子来学习如何识别出猫和狗。但是这具体是怎样做到的呢？

图像识别器在学习什么

在这一阶段，我们有了一个能运行得很好的图像识别器，但是我们不知道它做了什么得以运行得这么好。虽然许多人会抱怨深度学习训练出了令人费解的"黑匣子"模型（给出预测但没人能理解的模型），但是这个模型给出的结果确实很符合事实。我们可以看到大量相关的研究成果介绍了深入检查深度学习模型并在模型中总结丰富经验的方法。话虽如此，但要完全理解各种机器学习模型（包括深度学习模型和传统统计学模型），还是很有挑战性的事情，尤其遇到与训练数据截然不同的数据时，我们需要考虑模型将会如何表现。我们之后会继续在书中讨论这个问题。

2013 年，马特·泽勒（Matt Zeiler）博士和他的导师罗伯·费格斯（Rob Fergus）发表了一篇 CNN 领域可视化理解的开山之作，也就是 "Visualizing and Understanding Convolutional Networks" 这篇文章。文章中展示了对模型在每一层学习到的神经网络权重可视化的方法。他们在书中细致分析了在 2012 年 ImageNet 比赛上夺冠的模型，并根据分析结果进一步优化模型，也因此在 2013 年的比赛中获奖。图 1-10 所示的是他们发布的第一层权重的图像（图 1-10 的彩色图像参见"参考链接 .pdf"文件中的图 1-10）。

我们分析一下这张图像。从每一层来看，带有浅灰色背景的图像部分表示重构的权重，而底部较大的部分表示在训练图像中与每一组权重高度匹配的部分。如果看第一层的话，我们可以看到模型已经发现了代表对角线、水平边缘和垂直边缘的权重，以及发现了各种梯度。（注意，每一层只显示特征的一个子集；实际上，在各个层中都有数千个子集。）

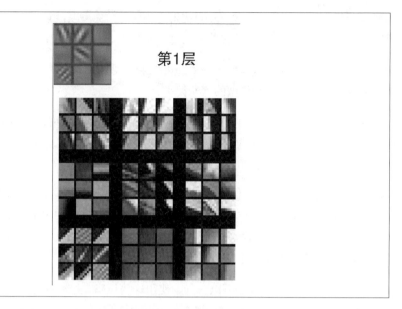

图1-10: 被激活的CNN的第一层（由马特·泽勒和罗伯·费格斯提供）

这些是模型为了处理计算机视觉任务而学习到的十分基础的视觉信息。神经科学家和计算机视觉的研究人员分析了大量基础的视觉信息，他们发现，这些学习好的基础的视觉信息与人眼视觉下的基础的视觉信息是很相似的，并且与早于深度学习的人为定义的计算机视觉特性很相似。图 1-11 显示了下一层。

图1-11: 被激活的CNN的第二层（由马特·泽勒和罗伯·费格斯提供）

通过观察第二层，我们可以看到权重重构的九个案例，可以用来解释模型发现的每个特征，并且模型已经学会了创建特征检测器来寻找角落、重复的线、圆和其他简单的模式。它们由第一层得出的基本信息块构建而成。右图表示与这些特征最匹配的实际图像中的小块。例如，第 2 行第 1 列中的特定模式和夕阳相关的梯度和纹理是匹配的。

图 1-12 展示了对第三层的特征进行重构得出的结果图像。

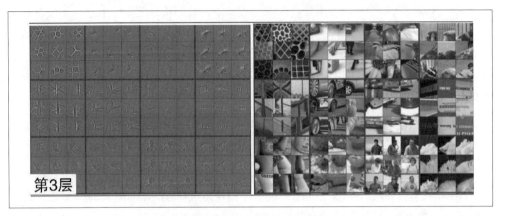

图1-12：被激活的CNN的第三层（由马特·泽勒和罗伯·费格斯提供）

如图 1-12 的右图所示，这些特征现在能够识别和匹配高级语义组件，如汽车车轮、文本和花瓣。使用这些组件，第 4 层和第 5 层甚至可以识别更高层的概念，如图 1-13 所示。

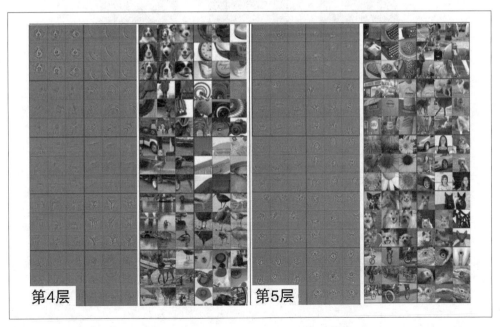

图1-13：被激活的CNN的第四层和第五层（由马特·泽勒和罗伯·费格斯提供）

这篇文章研究的是 AlexNet 这个只有五层的旧模型，文章发布以后，神经网络不断发展。现在我们设计的网络可以有数百层，因此，你可以想象这些模型所能具有的特征可以多么丰富！

当我们在早期对预训练模型进行微调时，通常会对模型最后一层神经元所关注的内容（可能是花、人或者动物等）进行调整。在这个场景下，我们使模型专注于对猫狗进行分类的任务。如果把这个案例泛化，可以使用预先训练好的模型，在经过不同调整后可以应用在各种不同的任务上。接下来让我们看一些案例。

图像识别器可处理非图像任务

顾名思义，图像识别器只能用来识别图像。但是很多东西都可以用图像这类格式来表示，这也就意味着，图像识别器其实是可以学习并完成其他多种任务的。

例如，声音可以转换为声谱图，声谱图是一张显示音频文件中每个时间点的信号频率的图表。fast.ai 的学生伊森·苏丁（Ethan Sutin）曾经使用这种方法，利用 8732 个城市声音的数据集，轻松击败了当时一流的环境声音检测模型（参见链接 13）的准确率。如图 1-14 所示，fastai 的 show_batch 函数清楚地显示了每个声音都有一张非常独特的声谱图。

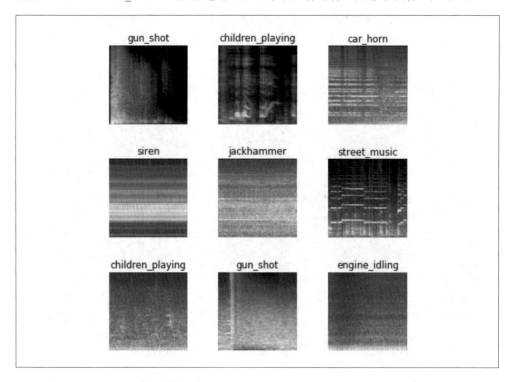

图1-14：show_batch函数得出的声谱图结果

时间序列也很容易被转换为图像，只要直接将时间序列的变化情况在图表上绘制出来即可。然而，在表示数据时，最好能轻易地提取最重要的部分。在时间序列中，最容易被关注到的部分大概率是数据的周期性和异常情况。

各种各样的转换都可以由时间序列数据实现。例如，fast.ai 的学生 Ignacio Oguiza 使用一种叫作 Gramian 角差场（GADF，Gramian Angular Difference Field）的技术，将橄榄油分类任务的时间序列数据集转换为了图像，结果如图 1-15 所示。然后他把这些图像输入一个我们在本章已经看到过的图像分类模型。尽管他使用的训练集中只有 30 张图像，但最终的结果却远超 90% 的准确率，接近最先进的分类性能。

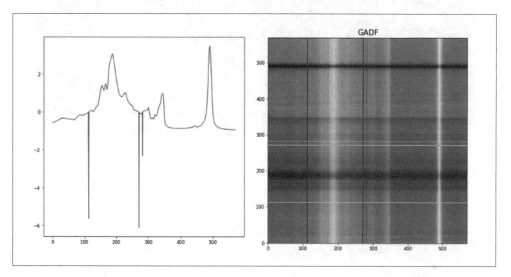

图1-15：将时间序列转换为图像

另一个有趣的 fast.ai 课程案例是学生格莱布·埃斯曼（Gleb Esman）所做的项目。他在 Splunk 从事诈骗检测工作，使用的是用户鼠标移动和鼠标点击的数据集。他通过自己绘制图像来将这些数据集转换为图像，而绘制的图像（如图 1-16 所示）通过使用彩色线条来显示鼠标指针的位置、速度和加速度，并通过小的彩色圆圈显示鼠标的点击（参见链接 14）。他将这些数据输入我们本章使用过的一个图像识别器中，模型最后运行出来的结果特别棒，因此他的这种欺诈分析的方法（将鼠标行为转换为图像的方法）获得了专利！

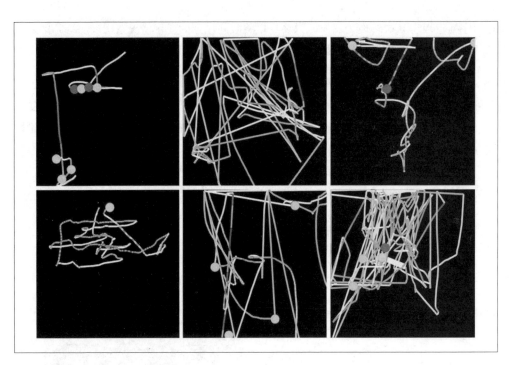

图1-16: 将鼠标的行为转换为图像

另一个转换图像的例子来自马哈茂德（Mahmoud Kalash）等人发表的论文"Malware Classification with Deep Convolutional Neural Networks"（参见链接15），论文中提出了这样一个观点：恶意软件的二进制文件被分成8比特的序列，把它们转换成等价的十进制值，然后再将这串十进制的向量进行重排列，生成一个代表恶意软件样本的灰度图像，整个流程如图 1-17 所示。

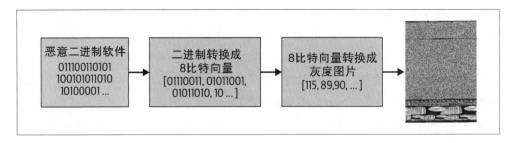

图1-17: 恶意软件分类过程

论文作者随后展示了不同类别的恶意软件通过此过程生成的"图像"，如图 1-18 所示。

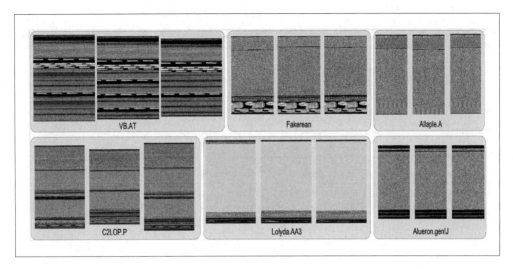

图1-18：恶意软件案例

如你所见，不同类型的恶意软件在人们眼中看起来差异很明显。在恶意软件分类方面，研究人员基于这种图像表示形式所训练出来的模型，比任何先前学术文献中提供的方法都更准确。也就是说，我们可以借鉴将数据集转换为图像表示的思路：如果人眼可以从图像中识别类别，那么深度学习模型也应该能够做到。

一般来说，如果你可以用有新意的方式来表示数据，你就会发现，只需使用几个深度学习的常见方法，就会非常有效！这些方法并不是别人之前说的"黑客解决方案"，你不要道听途说，因为我们现在使用的方法（如此处所示的）总是可以超过之前的最优结果。我们现在所介绍的方法才是对这些存在的问题进行思考的正确方法。

术语回顾

我们在前文中介绍了很多内容，所以有必要简单回顾一下。表 1-3 提供了一系列术语和它的相关含义，熟读它可以方便你进行理解和阅读。

表 1-3：深度学习的术语及含义

术语	含义
标签（label）	试图预测的数据，例如"狗"或"猫"
架构（architecture）	尝试去拟合的模型的模板，也就是要传递输入数据和参数的实际数学函数
模型（model）	架构与一组特定参数的组合
参数（parameter）	模型中的值，根据执行的任务可以进行改变，并通过模型训练更新
拟合（Fit）	更新模型的参数，让使用输入数据的模型的预测与目标标签匹配

术语	含义
训练（train）	拟合的同义词
预训练模型（pretrained model）	已使用大型数据集训练过的模型，并且之后将对其进行微调
微调（fine-tune）	针对不同任务优化预训练模型
周期（epoch）	对所有输入数据进行一轮完整训练
损失（loss）	对模型的质量进行评估的指标，通过 SGD 来进行训练
指标（metric）	用验证集对模型进行评价，通常由人来制定
验证集（validation set）	一组不包含在训练集中的数据，仅用于衡量模型的效果
训练集（training set）	用于拟合模型的数据，不包含验证集中的任何数据
过拟合（overfitting）	以一种可以记住输入数据特定特征的方式来训练模型，其不能很好地泛化到训练期间未见过的数据
CNN	卷积神经网络，一种对计算机视觉任务特别有效的神经网络

这张术语表汇集了现阶段学习过的所有重要的概念。希望你能花点时间回顾一下这些定义，并阅读接下来的总结部分。理解并掌握这些术语的含义后，相信你能快速理解我们后续的讨论内容。

机器学习是一门学科，在这门学科中，我们不需要完全自行编程，可通过学习数据中的特点来定义程序。深度学习是机器学习领域的一个特定的研究领域，它使用多层神经网络，其中图像分类（也称为图像识别）就是一个典型的例子。我们从带有标签的数据开始学习，也就是针对一组图像，并给其中的每张图像分配了一个标签，标签也就是它所代表的内容。我们的目标是生成一个程序，也就是生成一个模型，输入一个新图像至模型后，生成的这个模型将对这张新图像所代表的内容做出准确的预测。

每个模型都会从选择架构开始，架构是一种描述模型内部运作方式的通用模板。训练（或拟合）模型的过程是找到一组参数值（或权重），将通用的模型架构转变成能够在某些特定类型的数据上进行预测或分类的决策模型。要定义一个模型在单一预测上的表现，我们需要定义一个损失函数（loss function），这个函数可评定预测结果是好还是坏，类似于用这个函数对结果进行打分。

为了使训练过程进行得更快，可以先使用一个预训练模型（已经用别人的数据训练好的模型）。然后，可以用数据继续训练它，使这个训练模型适应我们的数据，这样的过程被称为微调（fine-tuning）。

训练一个模型时，需要确保模型能够泛化（generalize），也就是具有泛化性：泛化性指的是模型使用我们的数据进行训练，学习到一些通用的特征，这些特征也适用于其他新类别，因此模型也可以对这些新类别做出良好的预测。但是训练也存在风险，如果模型学习不到通用的特征，而只是记住在训练过程中所见到的内容，那么就会导致这个模型对新图像做出糟糕的预测，这种现象被称为过拟合（overfitting）。

为了避免出现这种情况，我们需要将数据分成训练集和验证集两部分。在训练模型时只使用训练集，然后根据模型在验证集上的表现来评估模型的好坏。通过这种方式，可以检查模型从训练集学到的通用特征是否适用于验证集。为了评估模型在验证集上的整体表现，我们定义了一个指标（metric）。在训练过程中，当模型在训练过程中看过了训练集中的每一个数据时，我们就把这个过程称为训练完了一轮或一个周期（epoch）。

上述所说的所有概念都适用于机器学习。这些概念适用于通过训练数据来定义模型的各种方案。深度学习与众不同之处在于它采用了基于神经网络的特殊架构。特别是像图像分类这样的任务极度依赖卷积神经网络，我们将在下文将对此展开讨论。

深度学习不仅仅用于图像分类

近年来，深度学习在图像分类方面的有效性引起了人们的广泛讨论，甚至在 CT 扫描识别恶性肿瘤等复杂任务上也表现出了超人的效果。但深度学习能做的远不止这些，我们会继续介绍应用深度学习的其他任务。

举个例子，我们来聊聊现在很热门的自动驾驶汽车使用的技术：定位图像中的物体。如果一辆自动驾驶汽车不知道路上的行人在哪里，那么它就不知道如何避开行人！创建一个能够识别图像中每个像素内容的模型称为分割（segmentation）。下面我们将介绍如何使用 CamVid 数据集的子集（参见链接 16）在 fastai 中训练后对模型进行分割。CamVid 数据集是第一个具有目标类别语义标签的视频集合，来自 Gabriel J. Brostow 等人的论文"Semantic Object Classes in Video：A High-Definition Ground Truth Database"（参见链接 17）。

```
path = untar_data(URLs.CAMVID_TINY)
dls = SegmentationDataLoaders.from_label_func(
    path, bs=8, fnames = get_image_files(path/"images"),
    label_func = lambda o: path/'labels'/f'{o.stem}_P{o.suffix}',
    codes = np.loadtxt(path/'codes.txt', dtype=str)
)

learn = unet_learner(dls, resnet34)
learn.fine_tune(8)
```

epoch	train_loss	valid_loss	time
0	2.906601	2.347491	00:02

epoch	train_loss	valid_loss	time
0	1.988776	1.765969	00:02
1	1.703356	1.265247	00:02
2	1.591550	1.309860	00:02
3	1.459745	1.102660	00:02
4	1.324229	0.948472	00:02
5	1.205859	0.894631	00:02
6	1.102528	0.809563	00:02
7	1.020853	0.805135	00:02

我们不会一行一行地阅读并分析这段代码，因为这段代码与我们前面的案例几乎一模一样！（我们将在第15章深入研究分割模型，以及在本章简要介绍过的所有模型和其他现在还没有提及的模型。）

我们可以通过要求模型对图像的每个像素上色来完成可视化任务。如你所见，模型几乎完美地对对象的每个像素进行了分类。例如，模型给所有的汽车上了相同的颜色，给所有的树上好了相同的颜色（在下面的每组图像中，左边的图像是正确结果的标签，右边是模型的预测）：

```
learn.show_results(max_n=6, figsize=(7,8))
```

目标 / 预测结果

在过去几年里，深度学习领域中发展显著的另一个方向是自然语言处理（NLP）。现在的计算机可以创建文本，自动将一种语言翻译为另一种语言，对评论进行分析，给句子中的单词贴上标签等。以下是训练一个对影片进行情感分类的模型所需的全部代码，通过这些代码训练出来的模型，比五年前的任何方法实现的效果都要好：

```
from fastai.text.all import *

dls = TextDataLoaders.from_folder(untar_data(URLs.IMDB), valid='test')
learn = text_classifier_learner(dls, AWD_LSTM, drop_mult=0.5, metrics=accuracy)
learn.fine_tune(4, 1e-2)
```

epoch	train_loss	valid_loss	accuracy	time
0	0.594912	0.407416	0.823640	01:35

epoch	train_loss	valid_loss	accuracy	time
0	0.268259	0.316242	0.876000	03:03
1	0.184861	0.246242	0.898080	03:10
2	0.136392	0.220086	0.918200	03:16
3	0.106423	0.191092	0.931360	03:15

Andrew Maas 等人发表了论文"Learning Word Vectors for Sentiment Analysis"，这个模型使用了这篇论文中提到的 IMDb Large Movie Review 数据集进行训练。这个模型可以很好地对各式各样的电影评论进行处理。我们可以用它测试一条简短的评论，看看它运行后的结果：

```
learn.predict("I really liked that movie!")
('pos', tensor(1), tensor([0.0041, 0.9959]))
```

根据结果可以看到，模型认为这条影评是积极正面的。结果的第二部分是我们在数据词汇表中索引"pos"，最后一部分是每个类别的概率（"pos"的概率为99.6%，"neg"的概率为0.4%）。

现在轮到你来试试了！自己写一篇简短的影评，或者直接从网上复制一篇，你就可以看到这个模型对你的影评的判断了。

顺序的重要性

在 Jupyter notebook 中，每个单元格的执行顺序很重要。它不像 Excel 那样，只要你在任何地方输入内容，表格中的所有内容都会更新。使用 notebook 时，每次运行单元格后会更新。例如，当你运行 notebook 的第一个单元格（带有"CLICK

ME"注释）时，会创建一个名为 learn 的对象，该对象包含一个图像分类问题的模型和数据。

如果直接运行上文所说的（预测影评是积极的还是消极的）单元格，模型会返回错误，因为这个 learn 对象不包含文本分类模型。这个单元格需要在包含以下内容时才能成功运行：

```
from fastai.text.all import *

dls = TextDataLoaders.from_folder(untar_data(URLs.IMDB), valid='test')
learn = text_classifier_learner(dls, AWD_LSTM, drop_mult=0.5,
                                metrics=accuracy)
learn.fine_tune(4, 1e-2)
```

输出本身会造成误解，因为显示的结果可能还是上次执行单元格的结果；如果你只更改了单元格内的代码，但没有运行单元格，原来的结果就会依旧保留在单元格中，这可能就会造成误解了。

除非我们明确说了注意事项，否则应按顺序从上至下依次运行本书网站上提供的 notebook。通常，在上手操作时，为了加快试验速度，你会发现自己可以以任意顺序去运行单元格（Jupyter notebook 功能的特点之一），但是一旦你完成了探索，并且得出最终版本的代码时，请一定依次运行 notebook 中的单元格。

在命令模式下，键入两次 0 将重新启动 kernel（这是将 notebook 中的代码进行编译的引擎）。重启 kernel 将清除状态，恢复至重启 notebook 时的状态。从单元格菜单中选择"Run All Above"，会在你现在的位置开始运行所有单元格。我们在开发 fastai 库时发现它很有用。

如果你对 fastai 方法有任何疑问，可以使用 doc 函数，对它传递方法名称：

```
doc(learn.predict)
```

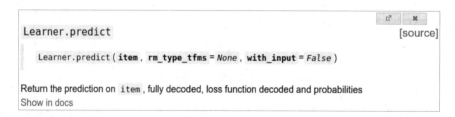

运行这个单元格后会弹出一个窗口，弹窗里有一行简短的解释。点击"show in docs"，可以跳转到完整的文档链接中（参见链接18），在这个文档中，你可以找到所有细节和

大量案例。另外，fastai 的大多数方法都只有几行代码，因此你可以单击"source"链接来查看其背后运行的原理。

接下来，我们聊聊不那么有意思但在商业上广泛应用的内容：用纯表格数据构建模型。

 术语：表格（Tabular）
指表格形式的数据，例如，电子表格、数据库或逗号分隔值（CSV）文件里面的数据。表格模型是一种试图用表的其他列中的信息来预测表格中某一列内容的模型。

下面这段代码其实和之前演示过的代码非常相似。以下代码训练出来的模型可以根据一个人的社会经济背景来预测他是否是高收入者：

```
from fastai.tabular.all import *
path = untar_data(URLs.ADULT_SAMPLE)

dls = TabularDataLoaders.from_csv(path/'adult.csv', path=path, y_
names="salary",
    cat_names = ['workclass', 'education', 'marital-status', 'occupation',
                 'relationship', 'race'],
    cont_names = ['age', 'fnlwgt', 'education-num'],
    procs = [Categorify, FillMissing, Normalize])

learn = tabular_learner(dls, metrics=accuracy)
```

就像代码里所展示的一样，我们必须告诉 fastai 哪些列用来表示类别（类别里面的值是一组离散选项中的一个值，例如，occupation），哪些列是连续值（包含一个代表数量的数字，例如，age）。

一般没有可用于此任务的预训练模型（通常来说，预训练模型不能广泛用于任何表格建模任务，只有一些组织创建过且仅供内部使用），因此此处不使用 fine_tune。但是我们可以使用 fit_one_cycle，这是从零开始（无须进行迁移学习）训练 fastai 模型的最常用方法：

```
learn.fit_one_cycle(3)
```

epoch	train_loss	valid_loss	accuracy	time
0	0.359960	0.357917	0.831388	00:11
1	0.353458	0.349657	0.837991	00:10
2	0.338368	0.346997	0.843213	00:10

该模型使用的是 Adult 数据集（参见链接 19），这个数据集来自罗恩·科哈维（Ron

Kohavi）的论文"Scaling Up the Accuracy of Naive-Bayes Classifiers：a Decision-Tree Hybrid"（参见链接 20）。Adult 数据集包含一些有关个人信息的人口统计数据（例如，一些人的教育程度、婚姻状况、种族、性别以及他们的年收入是否超过 5 万美元）。使用这个数据集，我们最终训练的模型的准确率超过 80%，且只花费了 30 秒左右的训练时间。

我们再来看一些其他有意思的方向吧！推荐系统是一个很重要的研究领域，尤其在电商中应用非常广泛。像 Amazon 和 Netflix 这样的公司都在使用推荐系统努力推送用户可能喜欢的产品或电影。以下代码使用了 MovieLens 数据集（参见链接 21）来训练模型，这个模型可以根据用户之前的观看习惯来预测他们可能喜欢的电影：

```
from fastai.collab import *
path = untar_data(URLs.ML_SAMPLE)
dls = CollabDataLoaders.from_csv(path/'ratings.csv')
learn = collab_learner(dls, y_range=(0.5,5.5))
learn.fine_tune(10)
```

epoch	train_loss	valid_loss	time
0	1.554056	1.428071	00:01

epoch	train_loss	valid_loss	time
0	1.393103	1.361342	00:01
1	1.297930	1.159169	00:00
2	1.052705	0.827934	00:01
3	0.810124	0.668735	00:01

epoch	train_loss	valid_loss	time
4	0.711552	0.627836	00:01
5	0.657402	0.611715	00:01
6	0.633079	0.605733	00:01
7	0.622399	0.602674	00:01
8	0.629075	0.601671	00:00
9	0.619955	0.601550	00:01

这个模型预测的电影评分范围为 0.5 到 5.0，平均误差在 0.6 左右。由于我们要预测的是连续数字，而不是类别，因此必须使用 y_range 参数来告诉 fastai 我们的目标范围。

虽然我们确实没有使用预训练模型（和表格模型是不适用的原因一样），但是在这个案例中，fastai 仍然允许我们使用 fine_tune（会在第 5 章介绍使用 fine_tune 的方法以及原理）。有时，我们最好对 fine_tune 和 fit_one_cycle 都试试，这样才能更好地了解哪种方法更适合你的数据集。

同样可以使用 show_results 函数来查看用户 ID 和电影 ID、实际评分和预测：

```
learn.show_results()
```

	userId	movieId	rating	rating_pred
0	157	1200	4.0	3.558502
1	23	344	2.0	2.700709
2	19	1221	5.0	4.390801
3	430	592	3.5	3.944848
4	547	858	4.0	4.076881
5	292	39	4.5	3.753513
6	529	1265	4.0	3.349463
7	19	231	3.0	2.881087
8	475	4963	4.0	4.023387
9	130	260	4.5	3.979703

数据集：模型的食物

你已经在本节中看到了很多模型，每个模型都使用了不同的数据集进行训练，各自用来运行不同的任务。人们常常低估创建数据集的英雄们，但是在机器学习和深度学习中，没有数据将寸步难行。因此，那些创建数据集的人，对我们成功训练模型至关重要。一些很有用且重要的数据集成为学术研究的基准，这些数据集也经常被研究人员广泛研究并用于比较算法之间的差异。其中一些数据集已经变得家喻户晓（至少在训练模型领域），例如，MNIST 数据集、CIFAR-10 和 ImageNet 数据集。

本书中使用的数据集都是经过精心挑选的，因为使用这些数据集可以提供各种典型的数据案例，并且很多学术文献中的模型都使用过这些数据集，你可以用学术论文中的模型结果和你的模型结果进行对比。

本书中的许多数据集，都耗费了创建者大量的精力。例如，随后我们会展示如何创建一个英法互译的模型。模型的主要输入是宾夕法尼亚大学的克里斯·卡利森-伯奇教授在 2009 年编写的法语 / 英语平行文本语料库。这个数据集包含超过 2000 万条法语和对应的英语语句。他用一种非常聪明的方式构建了这个数据集：先浏览数百万个加拿大语言版本的网页（这些网页通常是多语言的），然后使用一组简单的步骤将法语版本网页的 URL 和具有相同内容的英语版本网页的 URL 一一对应。

当你看本书所展示的数据集时，可以想想它们可能来自哪里，是通过怎样的方式被构建出来的。然后你可以想一想创建自己的项目时可以选择哪些有趣的数据集。（我们也会带你一步一步快速创建自己的图像数据集。）

fast.ai 花了很多时间来创建流行的数据集的简版，是为了让你快速产出模型原型和操作试验，让学习变得更简单。在本书中，我们通常会先使用一个简化版的数据集，然后再使用完整的数据集（就像本章中的做法）。这是世界顶级的建模从业者的做法，他们在大部分的试验和原型设计中都使用数据的子集，只有当他们看清了试验的眉目后，才会使用完整的数据集。

我们训练的每个模型都会显示出训练和验证的损失。一个好的验证集对模型训练必不可少。可为什么验证集这么重要呢？接下来我们一起来探索原因，并学会如何创建一个好的验证集吧！

验证集和测试集

正如之前已经讨论过的，模型的目标是对数据进行预测。但是从本质上而言，模型训练过程其实不太聪明。如果用所有的数据来训练一个模型，然后用相同的数据评估模型，我们将无法判断模型在它没有见过的数据上的表现是好是坏。如果没有这些非常有价值的信息来指导，模型很有可能会变得很擅长对现有的数据进行预测，但在新数据预测上表现不佳。

为了避免模型发生这种情况，可以将数据集分成两个集合：训练集和验证集，训练集指的是模型在训练中用的数据集，验证集也称为开发集，只用于后续评估模型。通过这种方式，可以测试模型是否能从训练集学习，并泛化至新数据（验证集）。

也可以用另一种方式理解这种情况，在某种意义上，我们不希望模型通过"作弊"得到好的结果。如果它对一个数据做出了准确的预测，那应该是因为它已经了解了这类数据的通用特征，而不是因为模型之前看过这张图像，记住了这张图像的一些特点而产生的好结果。

把验证集的数据和训练集的数据分开，意味着模型在训练过程中永远不会看到验证集中的数据，因此模型结果不会受到验证集中的数据的影响，也不会以任何其他方式作弊。分析下来的结论似乎是这样的，没错吧？

但是事实并非如此简单，现实情况更加微妙。这是因为在实际情况下，很少对模型的参数只做一次训练。可能会通过网络架构、学习率、数据增强策略和其他因素进行探索，来实现更多版本的模型。这些不同因素的选择可以称为超参数的选择，这个词反映了它们是参数的参数，是控制参数权重的高级选择。

目前的问题是，即使是学习权重参数值的常规训练，也只是根据训练的数据给出的预测结果进行训练的。但从我们的视角看模型训练的话，这个流程可不是这样的。对于构建模型的我们来说，在探索模型各种新的超参数的值时，可以根据预测结果在验证集上的表现好坏，得出对最终模型的判断。因此，模型的后续版本是由看到验证数据间接形成的。正如自动训练过程存在着训练数据过拟合的风险，我们自己的训练过程中也存在着人为的试错和探索导致的风险，可能会导致验证数据过拟合的风险。

要解决这个难题，可以引入测试集，测试集是一种更高级别的完整数据集。就像在训练过程中需要保留验证数据一样，我们也必须自己构建一个测试集。测试集不能用来改进模型，只能用于最后评估我们千辛万苦训练出来的模型。实际上，我们需要自行定义训练和建模过程中各种数据集的可见程度，从而定义数据切割的层次结构：也就是训练的数据集完全可见，验证数据集较少可见，测试数据集完全不可见。这种数据切割的层次结构与不同类型的建模和评估的做法很相似——包括带有反向传播的自动训练过程。在训练过程中会手动尝试不同的超参数，以及对最终结果的评估。

只有测试集和验证集中有足够多的数据，才能确保模型在预估准确率上表现良好。例如，如果你要创建一个识别猫的检测器，那么通常情况下，你的验证集中至少要有 30 只猫的数据。我们进一步来看，这意味着，如果你有一个包含数千项数据的数据集，使用默认的 20% 的验证集的数据其实可能会过比实际所需的验证集数据多（本来只需要 30 只猫的数据，1000 项数据的 20% 就有 200 项数据，这 200 项数据远超 30 项数据）。另一方面，如果有大量的数据，使用一些数据进行验证大概率没有任何坏处。

使用两类"保留数据"（验证集和测试集）似乎有点夸张，其中测试集不能被训练模型的人可见。但是，训练人员往往很有必要去使用这两类保留数据，因为模型通常倾向于用最简单的方法来进行预测（记忆）。可是，人的特点之一是容易犯错，我们总是倾向于欺骗自己，麻醉自己说自己创建的模型性能有多么好。因此，我们很有必要使用测试集，老老实实进行测试可以让我们保持理智。但这也并不意味着总是需要一个单独的测试集——如果数据很少，你可能只需要一个验证集——但通常情况下，最好还是用一个测试集去测试一下模型性能的好坏。

如果打算外包给第三方来协助你构建模型，那么需要确定好同样的评价指标，这一点很重要。第三方可能不能准确地理解你的需求，或者说他们可能会误解你的需求。一个好的测试集可以大大降低这些风险，让你更方便地评估他们的工作是否解决了你的实际问题。

说得更直白一些，如果你是组织中的高级决策者（或是为高级决策者提建议的人），那么综合以上的讨论，你能得到的最重要的收获是：如果在你的工作场景中，你确保能真正了解测试集和验证集是什么以及它们的重要性，那么将有很大可能避免你所在的组织盲目地使用 AI 人工智能来完成这类任务，因为你从本质上已经了解清楚了 AI 的原理和它的可用范围。例如，如果你正在考虑引入外部供应商或服务，请确保你保留了一些供应商永远看不到的测试数据。然后你可以根据你在实践中要考虑的因素来使用合适的指标，并利用该指标在测试数据上检查自己的模型，最后确定大概怎样的性能才是合理的。（对你来说，自己尝试构造一个简单的基准模型也许会是一个好主意，因为你会知道一个真正简单的模型大概可以达到怎样的水平。通常情况下，你会发现简单模型的性能与外部"专家"产出的模型性能一样好！）

根据判断定义测试集

为了定义出一个好的验证集（可能还有测试集），你不能只从原始数据集中抓取一部分数据。需要注意的是，验证集和测试集的关键属性是它们必须能够代表你将来会看到的新数据。这听起来是不可能的事情！从我们刚刚的定义来看，你是从未见过这类数据的，但是通常情况下，在构建数据的过程中，你仍然会得到一些非常相关的信息。

上一段话听起来可能有点抽象，你可以查看一些案例，分析这些案例能够很好地帮助你了解这一概念。Kaggle 平台（参见链接 22）上有许多预测建模竞赛的案例，预测建模竞赛的案例可以充分展现你在实践中可能遇到的问题和解决方法。

你之后可能会遇到两种情况。第一种情况是，你在实践过程中可能会需要处理时间序列数据。对于时间序列而言，选择数据的随机子集作为测试数据会太简单（你可以在要预测日期的前后处理相关的数据），并且对于大多数业务用例来说，这类随机子集的数据不具有代表性（使用历史数据来建立用于预测未来的模型的情况下）。如果你的数据包含日期，并且你正在构建未来使用的模型，那么应该选择一个以最新日期为结尾的连续部分作为验证集（例如，使用最后两周或最后一个月的可用数据作为验证集）。

假设你想将图 1-19 所示的时间序列数据分为训练集和验证集。

选择一个随机子集并不明智（因为太容易填补该数据的空缺，并且不能清楚地表明你的模型究竟想要得到什么样的结果），正如图 1-20 所示。

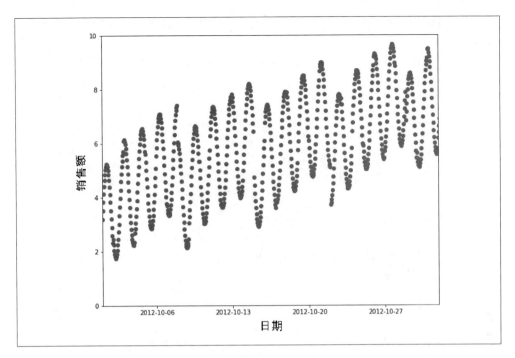

图1-19：时间序列

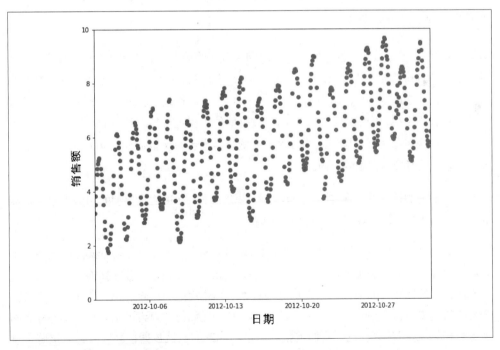

图1-20：训练能力不强的子集

你可以使用较早的数据作为训练集（并且将较晚的数据作为验证集），如图 1-21 所示。

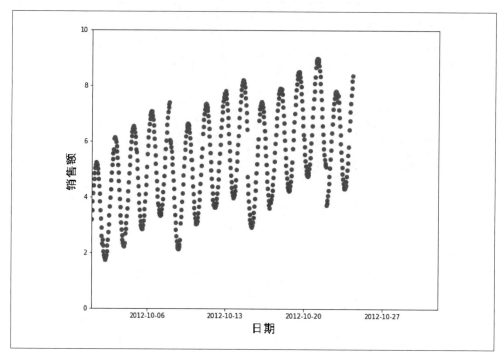

图1-21：训练能力强的子集

例如，Kaggle 举办过一个预测厄瓜多尔连锁杂货店的销售额的比赛（参见链接 23）。比赛中采用的训练数据的时间范围是 2013 年 1 月 1 日到 2017 年 8 月 15 日，测试数据的时间范围处于 2017 年 8 月 16 日到 2017 年 8 月 31 日。通过这种方式，赛事组织者可以确保参赛者的模型，能够起到对未来的一段时间的数据进行预测的目的。这个比赛用类似于量化对冲基金交易员做回测的方式，来检验参赛者的模型是否能够根据过去的数据预测未来一段时间内数据的走向。

另外一种常见的情况是，在能轻松预测数据的情况下，你所构建模型的预测数据很可能会与你训练模型必需的数据的品质有所不同。

在"Kaggle 驾驶员分心检测竞赛"（参见链接 24）中，自变量是司机驾驶时的图像，因变量是诸如发短信、吃饭或安全向前看等类别。如图 1-22 所示，很多图像都是同一司机在不同位置的照片。如果你是一家从这些数据中构建模型的保险公司，请注意，你最需要关注的是模型在遇到它之前从未见过的司机时表现如何（因为可能只有一小部分人的训练数据）。认识到这一点，我们就很容易给出比赛的测试数据，测试数据应该是由没有出现在训练集中的人的图像组成的。

图1-22: 两张来自训练数据的图像

如果将图 1-22 中的一张图像放入训练集，另一张图像放入验证集，则模型将很容易对验证集中的那一张图像做出预测，所以与在验证集中遇到新的人物相比，验证集和训练集相似的场景会让我们误以为模型表现得还不错。另外，如果你使用所有人员的数据来训练模型的话，则你的模型可能过拟合到某些特定的人，而不能学习到一些人物发短信、吃东西之类的状态。

类似的例子在 Kaggle 的渔业比赛中也有所体现（参见链接 25）。这个比赛的目的是识别渔船捕捞的鱼类种类，以减少非法捕捞濒危鱼类的数量。测试集由没有出现在训练集数据中的船的图像组成，因此在本例中，你的验证集中的船的图像不应该出现在训练集中。

有时我们可能不清楚验证集和训练集之间的差异。例如，对于使用卫星图像的问题，你需要收集更多信息来了解清楚训练集是只包含特定地理位置的信息，还是包含不同的地理位置的信息。

现在我们已经初步了解了构建模型的方式，接下来可以决定要深入研究的内容了。

选择你想要冒险探索的方向

如果你想了解更多有关如何在实践中使用深度学习模型的信息，包括如何识别和修复错误、创建真正有效的网页应用程序以及避免模型对整个组织或社会带来不可预估的问题，请继续阅读后面两章的内容。如果你想开始学习深度学习的基础知识，可以跳至第 4 章进行学习。（你小时候是否曾经读过 *Choose Your Own Adventure* 这本书呢？坦白地和你说，我们这本书的风格和它比较像……除了本书会包含更多的深度学习之类的知识。）

如果你希望进一步提高自己的技能的话，建议你最好阅读完本书的所有章节，但是可以根据自己的阅读习惯决定阅读顺序。每个章节相互独立。如果你跳到第 4 章学习，我们会在章节最后提醒你回去阅读你跳过的章节，然后再继续深入学习。

问题

在阅读了前面的内容之后，你可能不太知道哪些内容是真正需要关注和记住的重点。因此，我们在每章的结尾都准备了一系列问题，并提出了后续的建议步骤。所有问题的答案都在本章的正文内容中，因此，如果你在回答问题时有任何不确定的地方，请重新阅读相应部分的内容并确保你已经理解其中的概念。你也可以从本书的网站上去找这些问题的答案。如果你在阅读的过程中遇到了困难，可以访问论坛（参见链接 26），从论坛中的小伙伴那里获取帮助。

1. 深度学习需要以下背景吗？（T 代表是，F 代表不是。）

   - 极专业的数学背景 T/F
   - 大量难获得的数据 T/F
   - 大量昂贵的计算机设备 T/F
   - 一个博士学位 T/F

2. 请列举出目前深度学习应用得最好的五个领域。

3. 第一个基于人工神经元原理的设备叫什么？

4. 根据同名的图书，并行分布式处理（PDP）的要求有哪些？

5. 哪两个理论误解阻碍了神经网络研究的发展？

6. GPU 是什么？

7. 打开一个 notebook 并在单元格中执行 1+1，会有怎样的结果呢？

8. 跟着本章的 notebook 中每个单元格中的代码操作。在运行每个单元格之前，猜猜运行对应的单元格会有什么结果。

9. 完成 Jupyter notebook 的在线附录（参见链接 27）。

10. 为什么用传统的计算机程序很难识别出照片中的图像？

11. 塞缪尔说的"权重分配"是什么意思？

12. 在深度学习中，我们通常用什么术语来表示塞缪尔所说的"权重"？

13. 画一幅图来总结塞缪尔对机器学习模型的观点。

14. 为什么很难理解深度学习模型能做出特定预测的原因？

15. 哪一个理论表明了神经网络可以用任意准确率解决所有数学问题？

16. 训练一个模型需要些什么？

17. 反馈回路是如何影响警务预测模型的输出的？

18. 猫的识别模型必须每次都使用 224 像素 × 224 像素的图像作为输入吗？

19. 分类和回归有何区别？

20. 什么是验证集？什么是测试集？为什么需要它们？

21. 如果不提供验证集，fastai 会怎么处理？

22. 是否可以使用一个随机的样本作为验证集？分别说明可以和不可以的原因。

23. 举一个例子来解释过拟合。

24. 什么是指标？它和损失有什么不同？

25. 预训练模型对我们有什么帮助？

26. 模型的"head"是什么？

27. CNN 的前面几层有哪些特征？后面的层有哪些特征？

28. 图像模型只能处理图像吗？

29. 什么是网络架构？

30. 什么是分割？

31. y_range 的用途是什么？什么时候需要用到它呢？

32. 什么是超参数？

33. 在特定场景中使用 AI 时，避免失败的最佳方法是什么？

深入研究

每一章都有一个"深入研究"部分，这部分会提出一些在书中没有完全给出解答的问题，或者在这部分会给你布置一些更难的作业。这些问题的答案也不在本书的网站上，你需要自己去研究!

1. 为什么 GPU 可以用于深度学习？GPU 与 CPU 相比有什么不同？为什么二者相比之下，CPU 处理深度学习任务的效率更低？

2. 试着想出三个由于反馈回路可能会影响机器学习使用的领域。看看你能不能找到在实际生活中发生过且有记录的案例。

第 2 章

从模型到输出

第 1 章中出现的 6 行代码只是在深度学习实践过程中的一小部分。在本章中，我们将用一个计算机视觉的案例来阐述创建端到端深度学习应用的过程。更具体地说，我们将构建一个熊的分类器。在这个过程中，我们将讨论深度学习的优势及不足，探索如何创建数据集，以及在深度学习的实践中可能遇到的各种问题。其中的许多关键点也同样适用于其他深度学习实践过程中遇到的挑战，如第 1 章中涉及的问题。如果你遇到的问题与我们的案例中给出的问题类似，那么就可以用较少的代码快速地得到较为不错的结果。

接下来从如何理清楚你的问题开始。

深度学习的实践

我们已经看到，深度学习可以用较少的代码快速解决很多有挑战性的问题。作为初学者，有一些问题与我们案例中的问题非常相似，你可以从中很快地得到非常有用的结果。然而，深度学习并不是万能的。同样的 6 行代码并不能解决现今人们能想到的所有问题。

在你有一些深度学习方面的经验并能够用这些经验解决目前所遇到的问题之前，低估深度学习的瓶颈，或高估深度学习的能力可能会带来一些糟糕的后果。然而，太过于畏惧深度学习的难度，低估深度学习的能力的话，可能意味着你会在尝试利用深度学习解决相关问题之前，就让自己放弃。

在我们日常的教学中，经常和那些低估了深度学习的局限性和能力的人交流。我们发现这两种情况都可能存在问题：低估深度学习的能力意味着这类人有可能不去尝试使用深度学习做一些其可以胜任的事情，而低估深度学习的局限性可能意味着他们缺少对遇到的问题的思考并很难对重要的问题进行相应的策略调整。

最好的办法就是保持开放的心态。如果你觉得深度学习可能会通过使用更少的数据解决你目前所遇到的部分问题，或能够简化你现有的方法内的流程，那么你可以设计一个流程来找到在深度学习与你目前遇到的特定问题之间，有哪些相关的共通性和局限性。这并不意味着应用深度学习是在做高风险、无回报的赌博——我们接下来将展示如何逐步推出模型，使它们不会产生重大风险，甚至可以在投入生产之前对它们进行回测。

开始你的项目

那么应该从哪里开始深度学习之旅呢？最重要的一点，就是确保有一个项目要做——只有通过做你自己的项目，才能获得构建和使用模型的实际经验。在选择项目时，最重要的考虑因素是数据可用性。

无论这个项目是只是为了学习，还是为了在生产中的实际应用，最好能够快速开始。现在有许多学生、研究人员和行业从业人员试图找到完美的数据集，在这一过程中浪费了几个月或几年的时间。我们的目标不是找到"完美的"数据集或项目，而是从那里开始并进行迭代。如果你采用快速上手工作这种方法，在你接受了三个阶段的学习和改进后，完美主义者还停留在计划阶段呢!

我们还建议在项目中从头到尾进行迭代，不要花几个月的时间去微调模型，或优化完美的 GUI，甚至标注出一个完美的数据集。应该在合理的时间内尽可能完成每一个步骤，直到最后。例如，如果最终目标是产出一个可以在手机上运行的应用程序，那么可能要经过很多轮的迭代测试，才能产生一个可以使用的移动端的应用程序。但也许在早期的迭代中会有捷径，例如，通过在远程服务器上完成所有处理，并使用一个简单的响应式 Web 应用程序。通过端到端地完成项目，你可以看到最棘手的部分，以及哪些部分对最终结果的影响最大。

在阅读本书的过程中，建议你运行和调整我们提供的 notebook，完成大量的小试验，同时逐步开发自己的项目。这样，你将获得我们在整个教学过程中详细提到的所有工具和技术的经验。

西尔文说

无论是在你自己的项目中还是通过探索我们提供的 notebook 的过程中，我们都希望你能够充分利用这本书，对每一章中提到的内容都能够花时间进行试验。然后尝试在一个新的数据集上从头开始，重写这些 notebook。只有通过大量的练习（和失败），才能了解如何训练模型，并将这些经验转化为直觉。

通过使用端到端迭代的方法，你还将更好地了解在你的项目中，真正需要多少数据。例如，你可能会发现可以很容易获得 200 个带有标签的数据，但只有在你实践的过程中，希望将你的模型性能优化得足够好的时候，才会清楚地意识到大概需要多少数据才可以达到你的要求。

在你的工作中，可以通过向同事展示一个真正的可得出结果的原型，来证明你的想法是可行的。经过我们的反复观察，这个工作习惯可以帮助你的项目得到大家的支持。

在进行深度学习的过程中，从一个已经有可用数据的项目开始学习，对初学者来说是最容易的。这意味着你的第一个项目很可能和你现在正在做的事情十分相关，因为你已经有了相关数据。例如，如果你在音乐行业工作，可能会接触到很多唱片。如果你是一名放射科医生，可能会接触到很多医学图像。如果你对野生动物保护感兴趣，可能会接触到很多野生动物的图像。

有时候得有点创意。也许你可以找到一个之前的机器学习项目，比如 Kaggle 比赛，其中可能有和你感兴趣的领域相关的场景。但有时候也许这些场景达不到你的预期，在其中找不到和你项目十分相关的准确数据，那你也不得不退而求其次，尝试从一个相似的领域找到一些可以利用的点，或者用不同的方法来对问题进行衡量，解决这些稍微有所不同的问题。从这些相关的项目入手，能帮助你更好地理解整个过程，并且可能会对了解其他的项目或原始数据等有所帮助。

尤其是当刚开始进行深度学习时，将其扩展到完全不同的领域并不容易，因为此领域可能从未有过深度学习的应用。并且如果模型最初不起作用，那么将无法检测出错误，或者这个问题很有可能根本无法通过深度学习来解决，而且你也不太了解应该从何处寻求帮助。因此，最好能够先从网上找到一个案例，该案例可以达到很好的效果，并且这个案例与你要实现的目标相似，然后将数据转换为相似案例中的数据表示格式（例如，根据你的数据创建图像）。让我们看一下深度学习目前的研究进展，以便你知道深度学习现在在哪些领域比较擅长。

深度学习的研究进展

首先要考虑深度学习是否可以很好地解决你的问题。本节概述了 2020 年年初的深度学习研究进展。但是，事情发展很快，到你读此处时，其中的一些瓶颈可能不再存在了。我们将尝试及时更新该书的网站；此外，在搜索引擎中搜索"人工智能现在可以做什么"可能会提供当前最新的一些信息。

计算机视觉

深度学习还没有被用于分析一些特殊领域的图像，但对于那些已经尝试过使用深度学习的领域，几乎所有的试验结果都表明，计算机至少可以像人一样识别图像中的物体——甚至是受过专门训练的人，比如放射科医生。这就是所谓的物体识别。深度学习还擅长识别图像中物体的位置，可以突出它们的位置并为每个发现的物体命名，即所谓的目标检测（我们在第 1 章中看到过它的变体，每个像素都是根据其所属的对象类型进行分类的，即所谓的分割）。

对于与训练模型中的图像在结构或风格上有显著差异的图像，深度学习算法通常并不擅长识别。例如，如果训练数据中没有黑白图像，那么模型在黑白图像上的表现可能很差，手绘图像同样如此。还没有通用的方法来检查哪些类型的图像是还没有被包含在训练集中的，但在本章中，我们将展示一些方法，来识别出在真实场景中，如何对期望之外的数据类型进行识别（即所谓的对域外的数据进行检测）。

对目标检测系统的一个主要挑战，就是对图像进行标注的这个过程十分耗时耗力，成本较高。目前要做很多工作，才能使标注过程更加快速和简单，并且需要用更少的手工标签训练出高性能的目标检测模型。有一种特别有用的方法，即生成输入图像的不同变种，例如，对输入进行旋转或改变亮度和对比度，这被称为数据增强，这类方法也适用于文本和其他类型的模型。我们将在本章中详细讨论这个问题。

另一个需要考虑的点是，尽管你的问题可能看起来不像计算机视觉问题，但只要有一点想象力，就有可能把它变成计算机视觉问题。例如，如果要分类的是声音，可以尝试将声音转换成声音波形的图像，然后根据这些图像训练一个模型。

文本（自然语言处理）

计算机尤其擅长处理诸如垃圾邮件或非垃圾邮件、情绪（例如，评论是正面的还是负面的）、作者、来源网站等长短文档的分类任务。在这一领域，还没有系统地比较过计算机与人的差别，但在我们看来，深度学习的表现与人类在这些任务上的表现是极为相似的。

深度学习还擅长生成与上下文相关联的文本，比如对社交媒体帖子的回复，以及模仿特定作者的风格。它还善于让这些生成的内容变得十分生动——事实上，甚至比人类生成的文本更合理。然而，深度学习并不擅长生成正确的回复。例如，没有一种可靠的方法来将医学信息的知识库与深度学习模型结合起来，以生成自然语言在医学上的正确回答。这是很危险的，因为很容易创造出在外行看来很令人信服的内容，但实际上是完全错误的。

另一件值得我们担忧的事情是，社交媒体上符合情境的、高度结构化且合理的回复可能会被大规模使用——比之前看到的任何"喷子"都要多几千倍——来传播虚假信息、制造动荡和鼓励冲突。根据经验，文本生成模型在技术上总是比识别自动生成文本的模型略胜一筹。例如，可以使用能够识别人工生成的内容的模型，来实际改进创建该内容的生成器，直到分类模型不再能够完成它的任务。

尽管存在上述这些问题，深度学习在自然语言处理中依旧有很多的应用：它可以将文本从一种语言翻译成另一种语言，将长文档总结成简练的文本，找到文本中所有我们可能感兴趣的概念，等等。不幸的是，翻译或总结可能包括完全不正确的信息。然而，其性能已经足够好，很多人都在使用这些系统——例如，谷歌的在线翻译系统（以及我们知道的其他所有在线服务）就是基于深度学习的。

文本和图像的结合

一般来说，深度学习将文本和图像组合成单一模型的能力，远远超出大多数人的仅凭直觉给出的预期。例如，一个深度学习模型可以对输入图像进行训练，输出英文的说明，并可以学习为新图像自动生成合适的语言表述。但这与上一节讲解的类似：我们不能保证这些文本说明的正确性。

由于这一严重的问题，我们通常不建议将深度学习作为一个完全自动化的过程，而是作为模型和人类用户密切互动过程的一部分。与完全手动的方法相比，这可能会使人类的生产效率提高好几个数量级，并产生比单独使用人力更精确的过程。

例如，一个更加自动的系统可以用来直接从 CT 扫描中识别潜在的中风患者，并发送高优先级警报，以让医生迅速查看这些扫描结果。治疗中风只有 3 小时的窗口期，所以这种快速反馈的回路机制可以挽救生命。然而，与此同时，所有的扫描结果都可以继续以与往常相同的方式发送给放射科医生，因此不会减少人力投入。其他深度学习模型可以自动测量扫描图上的项目，并将这些测量结果插入报告，提醒放射科医生可能遗漏的发现，并告知其他可能相关的案例。

表格数据

在分析时间序列数据和表格数据方面，深度学习近几年取得了很大进展。然而，深度学习通常被用作多种模型集成的一部分。如果你已经有一个系统在使用随机森林或基于梯度增强的机器学习方法（流行的表格建模工具），那么将这类系统切换到或添加深度学习可能不会带来特别显著的改进。

深度学习确实大大增加了可以包含的列的种类——例如，包含自然语言（图书标题、评论等）和类别数量（例如，包含大量离散选择的内容，如邮政编码或产品 ID）的列。但另一方面，尽管现在有一些库（如 RAPIDS，详情参见链接 28），为整个模型训练的流程提供 GPU 加速，但深度学习模型通常需要比随机森林或基于梯度增强的机器学习方法更长的训练时间。我们将在第 9 章对这些方法的优缺点进行详细介绍。

推荐系统

推荐系统实际上是一种表格数据的特殊表现形式。特别是，它们通常有一个数量级很大的类别变量表示用户，另一个表示产品（或类似的东西）。像亚马逊这样的公司将其客户的每一笔交易都表示为一个巨大的稀疏矩阵，其中客户为行，产品为列。数据科学家一旦获取了这类格式的表格数据，就会应用某种形式的协同过滤来填充矩阵。例如，如果客户 A 购买了产品 1 和 10，而客户 B 购买了产品 1、2、4 和 10，那么引擎将建议 A 购买 2 和 4。

因为深度学习模型擅长处理类别数量较多的变量，所以很自然地，也很擅长处理推荐系统。当将这些变量与其他类型的数据（如自然语言或图像）组合在一起时，如表格数据，它们就会发挥自己的作用。它们还可以很好地将所有这些类型的信息与表示为表的附加元数据（如用户信息、以前的交易记录等）组合在一起。

但是，几乎所有的机器学习方法都有一个缺点，它们只能告诉你特定用户可能会喜欢哪些产品，而不会告诉你推荐什么商品对用户会有帮助。推荐很多用户喜欢的产品可能对用户根本没有帮助。例如，用户可能早已经对这类产品十分熟悉，又或者推荐的商品仅仅是已购买产品的不同包装。杰里米喜欢阅读特里·普拉切特（Terry Pratchett）的书，有一段时间，亚马逊只向他推荐特里·普拉切特（Terry Pratchett）的书（见图 2-1），这对他没有帮助，因为他已经读过这些书了。

Customers who bought this item also bought

| The Light Fantastic: A Novel of Discworld › Terry Pratchett ☆☆☆☆☆ 1,055 Kindle Edition $6.99 | Equal Rites: A Novel of Discworld › Terry Pratchett ☆☆☆☆☆ 1,059 Kindle Edition $6.99 | Mort: A Novel of Discworld › Terry Pratchett ☆☆☆☆☆ 1,046 Kindle Edition $6.99 | Sourcery: A Novel of Discworld › Terry Pratchett ☆☆☆☆☆ 636 Kindle Edition $6.99 | Wyrd Sisters: A Novel of Discworld › Terry Pratchett ☆☆☆☆☆ 817 Kindle Edition $6.99 |

图2-1：不太有用的推荐

其他数据类型

通常，你会发现某些特定领域的数据类型非常适合现有的类别。例如，蛋白质链看起来很像自然语言文档，因为它们是离散的长序列，在整个序列中具有复杂的关系和含义。实际上，事实证明，NLP 深度学习方法是许多类型蛋白质分析的最新技术。作为另一个案例，可以将声音表示为声谱图，可以将其视为图像，图像的标准深度学习方法在频谱图上非常有效。

传动系统方法

许多准确的模型对任务都没有用，反而许多不准确的模型却非常有用。为了确保你的建模工作在实践中有效，你需要考虑你的建模工作会如何被应用。在 2012 年，杰里米协同玛吉特·兹默尔（Margit Zwemer）和迈克·卢基德斯（Mike Loukides）在考虑这个问题时，引入了一种新方法——传动系统方法（Drivetrain Approach）。

图 2-2 所示的传动系统方法在论文"Designing Great Data Products"（参见链接 29）中有详细描述。论文中的基本观点是先考虑你的目标，然后思考可以采取哪些手段来达到目标、有哪些你所拥有的（或可获得的）数据是有用的，然后再建立一个模型，根据你制定的目标来使用这个模型，帮你决定要得到最佳结果的最好手段。

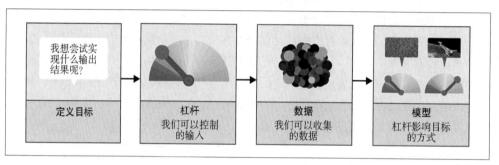

图2-2：传动系统方法

想一想自动驾驶汽车中的模型：你希望汽车在没有人为干预的情况下从 A 点驶往 B 点。好的预测模型是整个解决方案中重要的一个组成部分，但是这样的模型并不独立存在；随着产品变得更加复杂，它就会融入每一个组成部分，变得不可见。有些人使用自动驾驶汽车，完全意识不到背后其实有成百上千个数据模型和 PB 级数据在发挥作用。数据科学家们在不断构建越来越复杂的产品，他们需要一个系统性的设计方法来帮助他们更好地构建产品。

我们使用数据不仅是为了生成更多的数据（以预测的形式），还希望利用数据产生可操作的结果（actionable outcome），这就是传动系统方法的目标，也就是首先定义出一个清晰的目标。例如，谷歌公司在创建它的第一个搜索引擎时，第一步就要考虑"用户在搜索框里打字的时候，他的主要目的是什么"。考虑清楚这个问题，就可以实现谷歌的目标，也就是面向用户"去展示他们想要的最相关的搜索结果"。完成这一步后，第二步就是考虑采取什么行动可以更好地实现目标。对于谷歌而言，搜索结果的排序逻辑是可以控制的。接着，第三步是去考虑要呈现这样的排序结果需要哪些新数据；谷歌发现，可以使用链接到某些其他页面的隐含信息数据来达到想要的排序效果。

前三个步骤完成之后，才开始考虑构建预测模型。我们的目标、采取的行动、已经有的数据，和需要收集的额外数据，决定了可以构建的模型。模型将行动和所有不可控的变量作为它们的输入；模型的输出也可以被组合起来预测目标的最终状态。

我们一起来思考一下另一个案例：推荐系统。推荐引擎的目标是驱动顾客进行额外消费，也就是让顾客去购买那些没有看到推荐就不会买的商品，用让顾客们感到惊讶或愉悦的方式去吸引他们购买。这其中的"行为"就是控制推荐的排序逻辑。在这个过程中，我们必须时刻收集新"数据"来生成新的推荐建议，促成新订单。为了收集面向各类用户多样化的推荐数据，我们需要做许多随机试验。很少有公司会这样去做随机试验；但是如果不这样做的话，针对你想要达成的真实目标（订单更多或销售额增长），你可能就缺乏有效的信息来优化商品的推荐逻辑。

最后，你可以构建两个购买概率的模型：以顾客看到和看不到推荐结果为条件。这两种购买概率之间的差异是一个为顾客提供特定推荐逻辑的反馈函数。面向以下两种情况，算法的推荐概率很低：一是算法推荐给顾客的书是用户很熟悉并明确表示过不感兴趣的书（这样的话，两个相关的特征都会导致顾客购买概率变低）；二是即使没被算法推荐，顾客也会买的书（其中这些特征使得顾客购买的概率变得很大）。

如你所见，在实践中，模型的实现通常不仅只是训练模型，还需要经常做测试来收集更多的数据，并考虑如何将你训练的模型整合到正在开发的整个系统里。说到数据，现在让我们集中讨论如何为项目寻找到合适的数据。

收集数据

对于不同类型的项目，你大概率能够在网上找到所需要的相关数据。我们将在本章中完成的项目是做一个区分不同熊品种的检测器。这个检测器将区分三种熊：黑熊、灰熊和泰迪熊。我们可以在网上找到很多不同类型的熊的图像，只需知道如何找到相关的数据并把它们下载下来就行了。

在这里，我们提供了一个可用于此目的的工具，因此你可以按照本章介绍的内容进行操作，并针对你感兴趣的任何对象创建自己的图像识别应用程序。在 fast.ai 课程中，成千上万名学生在课程论坛上介绍了他们进行的工作，展示了从特立尼达的蜂鸟品种到巴拿马的公共汽车类型的所有内容，甚至其中一名学生还创建了一个应用程序，来帮助他的未婚妻在圣诞节假期期间识别他的 16 个表亲！

在撰写本文时，我们发现使用必应图像搜索器是查找和下载图像的最佳方式。必应图像搜索器是免费的，每个月最多可进行 1000 次查询，每次查询最多可下载 150 张图像。但是，在我们撰写本书和你阅读本书的这段时间内，这些数字可能会有所改变，因此请务必查看本书的网站以获取最新信息。

时刻追踪最新的服务

用于创建数据集的服务始终存在，它们的功能、界面和定价也会定期更改。在本节中，将展示我们如何使用必应图像搜索器（参见链接 30）获取数据集的 API，该 API 是作为 Azure 认知服务的一部分提供给大家使用的。

要使用必应图像搜索器下载图像，请先在 Microsoft 网站上注册免费账户。系统会为你提供一个密钥，你可以按以下方式复制并输入一个单元格（用你的密钥替换 *XXX*）：

```
key = 'XXX'
```

或者，如果你熟悉命令行，则可以在终端中使用以下命令进行设置：

```
export AZURE_SEARCH_KEY=your_key_here
```

然后重新启动 Jupyter 服务器，在单元格中键入以下代码，然后执行：

```
key = os.environ['AZURE_SEARCH_KEY']
```

设置密钥后，即可使用 search_images_bing。该函数由在线 notebook 中附带的小型 utils 类提供（如果你不确定在何处定义函数，则可以在 notebook 中输入并查找，如下所示）：

```
search_images_bing
<function utils.search_images_bing(key, term, min_sz=128)>
```

让我们尝试一下此函数：

```
results = search_images_bing(key, 'grizzly bear')
ims = results.attrgot('content_url')
len(ims)

150
```

我们已经成功下载了 150 只灰熊的 URL（或者至少是在必应图像搜索器中找到的图像）。来看其中一个：

```
dest = 'images/grizzly.jpg'
download_url(ims[0], dest)

im = Image.open(dest)
im.to_thumb(128,128)
```

得到的效果似乎还不错，所以我们可以使用 fastai 的 `download_images` 对每个搜索术语的有效地址进行访问并下载，然后将它们分别放在单独的文件夹中：

```
bear_types = 'grizzly','black','teddy'
path = Path('bears')

if not path.exists():
    path.mkdir()
    for o in bear_types:
        dest = (path/o)
        dest.mkdir(exist_ok=True)
        results = search_images_bing(key, f'{o} bear')
        download_images(dest, urls=results.attrgot('content_url'))
```

与我们预期的一样，文件夹中有对应的图像文件：

```
fns = get_image_files(path)
fns
```

```
(#421) [Path('bears/black/00000095.jpg'),Path('bears/black/00000133.jpg'),Path('
 > bears/black/00000062.jpg'),Path('bears/black/00000023.jpg'),Path('bears/black
 > /00000029.jpg'),Path('bears/black/00000094.jpg'),Path('bears/black/00000124.j
 > pg'),Path('bears/black/00000056.jpeg'),Path('bears/black/00000046.jpg'),Path(
 > 'bears/black/00000045.jpg')...]
```

杰里米说

我喜欢在 Jupyter notebook 上工作！因为我会犯很多错误，所以逐步构建自己想要的东西，并在每一步中检查我的工作是十分重要的，而 Jupyter notebook 让调试的过程变得非常容易，所以这个工具对我真的很有帮助。

在从互联网上下载文件的过程中，经常会发现一些文件已损坏，所以需要对下载下来的文件进行检查：

```
failed = verify_images(fns)
failed
```

```
(#0) []
```

要删除所有失败的图像，可以使用 unlink。像大多数返回集合的 fastai 函数一样，verify_images 返回类型为 L 的对象，其中包括 map 方法。这会在集合的每个元素上调用之前传递的函数：

```
failed.map(Path.unlink);
```

在 Jupyter notebook 中获取帮助

使用 Jupyter notebook 有助于做试验，并且可以让你立即看到每个函数运行的结果。Jupyter notebook 中还有很多功能可以帮你搞清楚不同函数的使用方法，甚至可以让你直接查看它们的源代码。例如，假设你在一个单元格中输入这样的内容：

```
??verify_images
```

那么将会看到这样一个弹窗：

```
Signature: verify_images(fns)
Source:
def verify_images(fns):
    "Find images in `fns` that can't be opened"
    return L(fns[i] for i,o in
            enumerate(parallel(verify_image, fns)) if not o)
File:      ~/git/fastai/fastai/vision/utils.py
Type:      function
```

这告诉我们函数接受了什么参数（fns），然后向我们显示了源代码和它的源文件。查看该源代码，可以看到它并行应用了 verify_image 函数，并且仅保留该函数的结果为 False 的图像文件，这与文档字符串一致：它在 fns 中找到了无法打开的图像。

以下是 Jupyter notebook 中非常有用的其他一些功能：

- 任何时候，如果你不记得函数或参数名称的确切拼写，可以按 Tab 键获得自动完成建议。

- 在函数的括号内，同时按 Shift 键和 Tab 键将显示带有函数签名和简短说明的窗口。按两次这两个键将展开文档，连按三次这两个键，将会在屏幕底部打开一个展开文档，这个文档里同样包含函数签名和函数的简介信息。

- 在单元格中键入 ?func_name 并执行将打开一个带有函数签名和简短说明的窗口。

- 在单元格中键入 ??func_name 并执行将打开一个窗口，其中包含函数签名、简短描述和源代码。

- 如果你使用的是 fastai 库，我们为你添加了一个 doc 函数：在单元格中执行 doc（*func_name*）将打开一个带有函数签名、简短说明以及指向 GitHub 和库文档（参见链接 31）中的函数的完整文档的窗口。

- 与文档无关，但仍然非常有用：在遇到错误时，如果想随时获得帮助，请在下一个单元格中键入 %debug 并执行以打开 Python 调试器（参见链接 32），这将让你检查每个变量的内容。

正如我们在第 1 章中讨论的那样，在这一过程中需要注意一件事：模型的好坏十分依赖用于训练的数据。尤其是这个世界上有很多带有偏差的数据，而这些数据会最终影响你的模型。举例来说，在必应图像搜索器（用来创建数据集的工具）中，假设你对创建一个可以帮助用户判断自己的皮肤是否健康的应用感兴趣，那么可以针对"健康的皮肤"的搜索结果训练一个模型。图 2-3 显示了搜索结果。

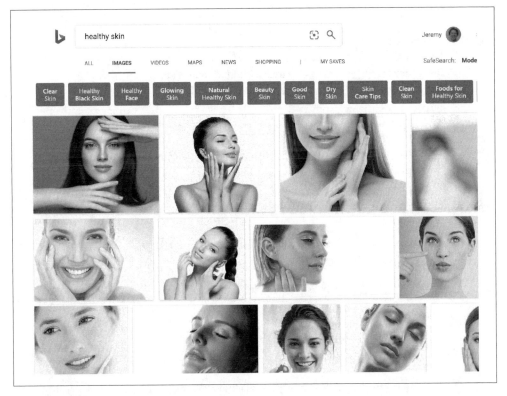

图2-3：健康皮肤检测器的数据

以此作为训练数据，最终很大概率不会得到一个对皮肤健康情况进行检测的检测器，而会得到是否有一位年轻的白人妇女触摸她的脸部的检测器。请务必仔细考虑在应用程序中实际看到的数据类型，并仔细检查以确保所有这些类型都反映在模型的源数据中。[感谢 Deb Raji 提出了健康皮肤的案例。请参阅她的论文"Actionable Auditing: Investigating the Impact of Publicly Naming Biased Performance Results of Commercial AI Products"（参见链接 33），其中包含有关模型偏差的更多有趣的见解。]

现在，我们已经下载了一些数据，需要将这些数据处理成适合模型训练的格式。在 fastai 中，这意味着需要创建一个名为 DataLoaders 的对象。

从数据到数据加载器

DataLoaders 是一个十分精简的类，它只存储你传递给它的任何 DataLoader 对象，并将它们处理成对应的训练集及验证集。虽然它是一个简单的类，但由于它的功能是为模型提供数据，因此这一模块在 fastai 中十分重要。DataLoaders 的关键功能可以简要概述成以下 4 行代码（它还有一些其他的小功能，此处先跳过）：

```
class DataLoaders(GetAttr):
    def __init__(self, *loaders): self.loaders = loaders
    def __getitem__(self, i): return self.loaders[i]
    train,valid = add_props(lambda i,self: self[i])
```

术语：DataLoaders

DataLoaders 是一个 fastai 类，用于存储传递给它的多个 DataLoader 对象，尽管你可以用这个类定制多个对象，但通常情况下，我们会定义两个对象，一个是用来处理训练集数据的 train，另一个是处理验证集数据的 valid。这两个对象往往也会被直接当作这个类的属性来进行表示。

在本书的后面部分，你还将了解具有相同关系的 Dataset 和 Datasets 类。要将下载的数据转换为 DataLoaders 对象，需要让 fastai 至少理解清楚以下 4 件事：

- 需要处理哪种类型的数据
- 如何获得这些数据
- 如何对这些数据进行标注
- 如何创建相应的验证集

到目前为止，我们已经看到了许多针对以上目的而封装好的工厂方法，这些方法可以很方便地被我们用来进行特定的组合。例如，当拥有恰好适合这些预定义方法的应用程序和数据结构时，就可以直接调用方法进行数据处理。但当这些方法对你目前的任务来说不适用的话，fastai 也有一个非常灵活的系统，称为数据块 API。使用此 API，你可以完全自定义创建你的 DataLoaders。接下来，我们需要为刚刚下载的数据集构建一个 DataLoaders：

```
bears = DataBlock(
    blocks=(ImageBlock, CategoryBlock),
    get_items=get_image_files,
    splitter=RandomSplitter(valid_pct=0.2, seed=42),
    get_y=parent_label,
    item_tfms=Resize(128))
```

让我们依次看看这些参数。首先，我们提供一个元组，指定自变量和因变量的类型：

```
blocks=(ImageBlock, CategoryBlock)
```

自变量是用来做预测的数据，因变量是预测目标。在本例中，自变量是一组图像，因变量是每张图像的类别（熊的类型）。你将在本书其余部分的代码中看到许多其他的类型。

对于 DataLoaders 来说，最基础的参数就是文件路径了。我们得告诉 fastai 怎么获取那些目录下的文件。get_image_files 函数接受一个路径，并返回该路径下所有图像的列表（默认是按照递归的方式选取）：

```
get_items=get_image_files
```

通常，你下载的数据集已经定义了验证集。有时可以将训练集和验证集的图像放到不同的文件夹中。有时可以通过提供一个 CSV 文件来实现，其中列出了每个文件名以及它应该在哪个数据集中。有很多方法可以实现这一点，fastai 提供了一种通用的方法，你可以在它预定义的许多类中随意选取合适的类来实现这一点，或者编写自己的类。

在本例中，我们希望能够随机分割训练集和验证集。然而，由于希望在每次运行这个 notebook 时都能保证训练集/验证集是以相同的方式拆分的，所以我们确定了随机种子（计算机根本不知道如何创建随机数，只是创建看起来随机的数字列表；如果每次都为该列表提供相同的起点——即种子——那么每次都将获得完全相同的列表）。

```
splitter=RandomSplitter(valid_pct=0.2, seed=42)
```

自变量通常被称为 x，因变量通常被称为 y。在这里，我们使用 fastai 在数据集中调用相关的函数来创建对应的标签：

```
get_y=parent_label
```

parent_label 是 fastai 提供的函数，它只是获取文件所在文件夹的名称。因为我们根据熊的类型将每种熊的图像放入文件夹中，这将提供我们所需的标签。

图像的尺寸是不同的，这是深度学习的一个问题：我们不是一次只给模型提供一张图像，而是好几张（或称之为小批次）。要将它们组合成一个大数组（通常称为张量），张量这个概念将贯穿我们的模型的整个流程，张量需要图像具有相同大小。因此，需要添加一个转换，将图像的大小调整为一样的。数据转换是运行在每个单独的数据上的代码片段，无论是图像，还是其他类型的数据。fastai 包含许多预定义的转换，在这里使用 Resize 转换并指定 128 像素的大小：

```
item_tfms=Resize(128)
```

这一命令提供了一个 DataBlock 对象。这类似于创建 DataLoaders 的模板。同样地，我们仍然需要告诉 fastai 数据的实际来源——在这种情况下，通过路径参数 path，可以找到对应的图像数据：

```
dls = bears.dataloaders(path)
```

一般情况下，一个 DataLoaders 包括验证集 DataLoader 和训练集 DataLoader。一个 DataLoader 是一个类，它一次向 GPU 提供一个批次的数据项。在下一章中，我们将学习更多关于 DataLoader 类的内容。在你遍历一个 DataLoader 时，fastai 将一次输出 64 个（默认情况下）数据项，所有的数据项会堆积成一个张量。可以通过在 Dataloader 上调用 show_batch 方法来查看其中一些数据：

```
dls.valid.show_batch(max_n=4, nrows=1)
```

默认情况下，使用全宽或全高裁剪图像，以将其修正成我们所需大小的正方形。当然，这一操作可能会导致丢失一些重要的细节。其实也有很多其他的方法可将图像调整为相同的大小，比如，可以让 fastai 用零（黑色）来填充图像，或者挤压 / 拉伸图像：

```
bears = bears.new(item_tfms=Resize(128, ResizeMethod.Squish))
dls = bears.dataloaders(path)
dls.valid.show_batch(max_n=4, nrows=1)
```

grizzly　　　　grizzly　　　　teddy　　　　grizzly

```
bears = bears.new(item_tfms=Resize(128, ResizeMethod.Pad, pad_mode='zeros'))
dls = bears.dataloaders(path)
dls.valid.show_batch(max_n=4, nrows=1)
```

grizzly　　　　grizzly　　　　teddy　　　　grizzly

所有这些方法看起来都有点浪费或有问题。如果挤压或拉伸图像，它们最终形成的形状会和现实中的形状不太一样，使模型学习到的内容与实际情况不同，这将导致较低的准确率。如果裁剪图像，就可能会删除一些可以进行识别的特征。例如，如果试图识别狗或猫的品种，可能会忽略身体的一个关键部位或面部，而这缺失的部分很可能是区分相似品种所必需的。如果填充图像，就会有大量的空白空间，这浪费了模型的计算量，还会导致实际使用的那部分图像的有效分辨率较低。

其实，我们在实践的过程中通常使用的做法是，先随机选取图像中的某一部分，然后直接将选择的这部分图像裁剪出来作为新的图像进行后续的处理。在每个周期（这是一个完整的将数据集中的所有图像进行处理的过程）中，随机选择每张图像的不同部分。这意味着模型可以学习关注并识别图像中的不同特征。它还反映了图像在现实世界中的工作方式：同一事物的不同照片可能会以略微不同的方式被框起来。

事实上，一个完全未经训练的神经网络对图像的各类特征一无所知。它甚至不知道，当一个物体的图像只旋转1°时，旋转后的图像表示的仍然是同一个物体。所以，通过使用物体处在稍微不同位置的图像和稍微不同大小的图像作为训练集来训练神经网络，有助于它理解是哪个物体，以及这个物体是如何在图像中被表示的。

这里还有另一个例子，我们用 RandomResizedCrop 替换 Resize，这是提供刚才描述的行为的转换。要传入的最重要的参数是 min_scale，它决定了每次最少选择多少张图像：

```
bears = bears.new(item_tfms=RandomResizedCrop(128, min_scale=0.3))
dls = bears.dataloaders(path)
dls.train.show_batch(max_n=4, nrows=1, unique=True)
```

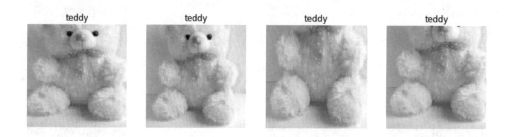

在这里，我们使用了 unique=True，在 RandomResizedCrop 转换下生成了同一张图像的不同版本。

RandomResizedCrop 是更通用的图像预处理技术的一个具体实现，其是数据增强的一种方式。

数据增强

数据增强是指创建输入数据的随机变体，以使它们看起来有所不同，但不会改变数据的含义。图像的常见数据增强技术的案例是旋转、翻转、透视变形、亮度变化和对比度变化。对于自然照片图像（例如我们在此处使用的图像），aug_transforms 函数提供了一组效果很好的标准数据增强方法。

由于图像现在具有相同的大小，因此我们可以使用 GPU 将这些数据增强方法应用于整批图像，以节省时间。为了告诉 fastai 要在批次上使用这些转换，我们使用 batch_tfms 参数（请注意，在此案例中，没有使用 RandomResizedCrop，因此可以更清楚地看到差异；同理，与默认值相比，我们也使用了两倍的扩充量）：

```
bears = bears.new(item_tfms=Resize(128), batch_tfms=aug_transforms(mult=2))
dls = bears.dataloaders(path)
dls.train.show_batch(max_n=8, nrows=2, unique=True)
```

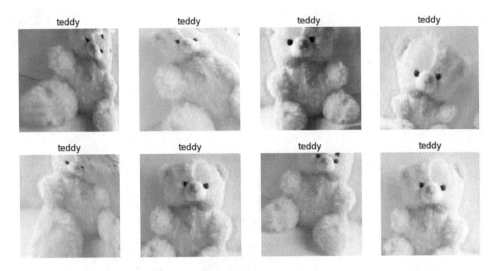

现在，我们已经将数据整理成适合模型训练的格式了，下面需要使用这些数据来训练图像分类器。

训练模型，并使用模型进行数据清洗

是时候使用与第 1 章相同的代码来训练熊分类器了。由于没有足够的数据来解决问题（每种熊的图像最多只有 150 张），因此为了训练模型，将使用 RandomResizedCrop（图像大小为 224 像素，这对于图像分类是相当标准的），以及默认的 aug_transforms：

```
bears = bears.new(
    item_tfms=RandomResizedCrop(224, min_scale=0.5),
    batch_tfms=aug_transforms())
dls = bears.dataloaders(path)
```

现在，可以创建 Learner 并以常规方式对其进行微调了：

```
learn = cnn_learner(dls, resnet18, metrics=error_rate)
learn.fine_tune(4)
```

epoch	train_loss	valid_loss	error_rate	time
0	1.235733	0.212541	0.087302	00:05

epoch	train_loss	valid_loss	error_rate	time
0	0.213371	0.112450	0.023810	00:05
1	0.173855	0.072306	0.023810	00:06
2	0.147096	0.039068	0.015873	00:06
3	0.123984	0.026801	0.015873	00:06

接下来，我们看看模型是不是会犯一些错误，主要是是否有可能会把灰熊识别成泰迪熊（从安全的角度来看，这可能会比较危险），还是说会把灰熊识别成黑熊或其他的种类。为了可视化模型的错误，我们可以创建一个混淆矩阵：

```
interp = ClassificationInterpretation.from_learner(learn)
interp.plot_confusion_matrix()
```

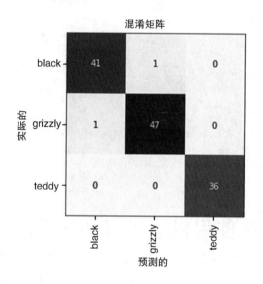

行代表数据集中的所有类别，包括黑熊、灰熊和泰迪熊。列代表模型预测为黑熊、灰熊和泰迪熊的图像。因此，矩阵的对角线显示正确分类的图像，非对角线单元代表分类错误的图像。这是你使用 fastai 查看模型结果的多种方式之一。当然，这些结果都是使用验证集计算得出的，通过颜色编码，模型的目标是在对角线以外的所有地方都是白色的，而对角线是我们想要的深蓝色。由此可见，熊分类器并没有犯很多错误。

混淆矩阵能够很好地帮助我们查看模型究竟是在哪里产生错误的预测的，是数据集的问题（例如，错误的数据根本不是熊的图像或是标注不正确的图像）还是模型的问题（也许图像处理的方式造成了异常的亮度或是很奇怪的角度等）。为此，可以按图像的损失对其进行排序。

如果模型输出的结果不正确（尤其是如果模型对自己的错误答案有信心），或者模型输出的结果是正确的，但模型对正确答案不是很确信，则相应的损失就会更高。在第 II 部分的开篇，我们将深入学习在模型的训练过程中如何计算和利用得到的损失。目前，plot_top_losses 显示了数据集中损失最大的图像。如输出的标题所示，每张图像都标记有 4 样东西：预测结果、实际结果（目标标签）、损失和概率。这里的概率是模型分配给其预测结果的置信度，取值范围从 0 到 1：

```
interp.plot_top_losses(5, nrows=1)
```

Prediction/Actual/Loss/Probability

grizzly/black / 1.37 / 0.74   black/grizzly / 0.94 / 0.61   black/black / 0.56 / 0.57   grizzly/grizzly / 0.14 / 0.87   grizzly/grizzly / 0.11 / 0.90

此输出表明，损失最大的图像是高可信度地被预测为"灰熊"的图像。但是，它（根据必应图像搜索）被标记为"黑熊"。我们不是专家，但可以肯定的是，此标签不正确，可能应该将其标签更改为"灰熊"。

最直观的思路就是在训练模型之前，执行这类数据清洗的操作。但是，正如你在这种情况下所看到的，模型可以帮助你更快、更轻松地发现数据问题。因此，我们通常更喜欢先训练一个快速而简单的模型，然后再使用它来帮助我们进行数据清理。

fastai 包括一个十分便于使用的用于数据清洗的 GUI，称为 ImageClassifierCleaner，它允许你选择好特定的类别，以及训练集与验证集，并按顺序查看损失最大的图像，并且，还含有选择图像进行删除或重新标记的菜单栏：

```
cleaner = ImageClassifierCleaner(learn)
cleaner
```

可以看到，在"黑熊"中，有一张包含两只熊的图像：一只灰熊，一只黑熊。因此，应该在该图像下的菜单中选择 <Delete>。ImageClassifierCleaner 不会执行标签的删除或更改；它只是返回要更改的项目的索引。因此，如果要删除（unlink）所有选择 <Delete> 的图像，可以运行以下命令：

```
for idx in cleaner.delete(): cleaner.fns[idx].unlink()
```

要移动选择的其他类别的图像，可以运行以下命令：

```
for idx,cat in cleaner.change(): shutil.move(str(cleaner.fns[idx]), path/cat)
```

西尔文说

清洗数据并将数据处理成模型所需的形式，是数据科学家面临的两个大挑战。这需要花费他们大约90%的时间。fastai库旨在提供尽可能使这个流程简化的工具。

在本书中，你将看到更多由模型驱动的数据清洗的案例。清洗完数据后，可以尝试再重新训练模型，看看准确率是否有所提高。

无须大数据

使用这些步骤清洗完数据集后，通常可以看到此任务的准确率为100%。当下载的图像远远少于此处使用的每类150张图像时，甚至可以预见该结果。如你所见，通常大家都认为需要大量数据才能进行深度学习，但我们的例子证明了，这种说法与真实的情况可能相去甚远。

现在已经训练了模型，接下来看看如何部署模型并在实际工作中加以运用吧。

将模型转换为在线应用程序

现在，我们将研究把模型转变为可运行的在线应用程序所需的流程。我们会尽力把每一个步骤都创建成一个基本的工作原型；但由于本书篇幅有限，无法全面地教你Web应用程序开发的所有细节。

使用模型进行推理

训练完模型并对结果满意后，你就可以部署模型了。要将模型部署到生产环境中，需要保存模型架构和对其进行训练的参数。请记住，模型由两部分组成：模型的网络架构和训练过后得到的最优参数。保存模型最简单的方法是：同时保存这两个模型文件，因为这样你可以在加载模型时确保具有相匹配的模型网络架构和参数。要保存这两个文件，可以使用 export 方法。

export 方法甚至还保存了关于如何创建 DataLoaders 的定义。这一点很重要，因为如果不进行记录的话，在下次的实际使用中，就必须重新定义转换数据的方法。在默认情况下，fastai 自动使用验证集的 DataLoader 进行推理，因此不会应用数据增强的方法，通常来说，这也符合我们的预期。

调用 export 时，fastai 将保存一个名为 *export.pkl* 的文件：

```
learn.export()
```

使用 fastai 添加到 Python 的 Path 类中的 ls 方法可检查文件是否存在：

```
path = Path()
path.ls(file_exts='.pkl')

(#1) [Path('export.pkl')]
```

无论将应用程序部署到哪里，都将需要 *export.pkl* 文件。现在，让我们尝试在 notebook 中创建一个简单的应用。

当使用模型来获取预测结果而不是训练任务时，我们称这个过程为推理。为了从导出的文件中得到推理学习器，我们使用 load_learner（但是现在可以不用使用这个函数，因为 notebook 中已经有一个运行中的 Learner 了；在这里进行这样的操作的目的是便于大家看到整个端到端的内容）：

```
learn_inf = load_learner(path/'export.pkl')
```

进行推理时，通常一次只能获取一张图像的预测结果。为此，请将文件名传递给 predict 函数来进行推理过程：

```
learn_inf.predict('images/grizzly.jpg')
('grizzly', tensor(1), tensor([9.0767e-06, 9.9999e-01, 1.5748e-07]))
```

它会输出三个返回值：与你最初提供的格式相同的预测类别（在这种情况下，是一个字符串格式的返回值）、预测类别的索引及每个类别的概率。后两个值使用的是 DataLoaders 中的 vocab 所存储的类别顺序。也就是说，vocab 是一个存储了所有可能类别的列表。在模型推理的过程中，可以将 DataLoaders 看成是 Learner 的特有属性进行使用：

```
learn_inf.dls.vocab
(#3) ['black','grizzly','teddy']
```

我们在这里可以看到，如果将 predict 返回的整数放到 vocab 中进行索引的话，则会像预期的那样返回"灰熊"这一类别作为预测结果。另外，值得注意的是，如果索引到概率列表，我们会发现，是灰熊的概率几乎为 1.00。

在我们知道如何使用保存下来的模型进行预测之后，就已经拥有开始构建应用程序所需的一切知识了。接下来，可以在 Jupyter notebook 中直接做这件事。

从模型创建 notebook 应用

要在应用程序中使用模型，可以简单地将 predict 方法视为常规函数。因此，可以从应用程序开发人员常用的众多框架和技术中选取任意一种，来以模型为基础，创建相关的应用程序。

但是，大多数数据科学家对 Web 应用程序开发的世界并不熟悉。因此，现在让我们尝试使用一些你可能已经知道的插件：事实证明，我们只需使用 Jupyter notebook 就可以创建一个完整的、可工作的 Web 应用程序。为此，需要先确定是否已经安装了以下两个插件：

- IPython widgets（ipywidgets）
- Voilà

IPython widgets 是一个 GUI 组件，它的作用是将 Web 浏览器中的 JavaScript 和 Python 功能集成在一起，并且可以在 Jupyter notebook 中进行创建和使用。例如，我们在本章前面看到的图像清洗的方法，就完全是用 IPython widgets 编写的。但是，如果不希望应用程序的用户自己运行 Jupyter 的话，该怎么办呢？

Voilà 就是为了解决上述提到的问题而存在的。它是一个用来制作包含 IPython widgets 的应用程序，可生成最终可供用户使用的系统，使得用户根本不必使用 Jupyter。Voilà 利用了"notebook 已经是一种 Web 应用程序"这一事实，只不过，Voilà 是一个更加复杂的 notebook 罢了，它主要依赖于另一个 Web 应用程序，也就是 Jupyter 本身。从本质上讲，Voilà 可以帮助我们自动将已经隐式制作的复杂 Web 应用程序（notebook）转换为更简单、更易于部署的 Web 应用程序，其功能类似普通的 Web 应用程序，而不是 notebook。

但是我们仍然可以保留在 notebook 中进行开发的优势，因此，使用 ipywidgets，可以逐步构建 GUI。我们将使用这种方法来创建一个简单的图像分类器。首先，需要一个文件上传的 widget：

```
btn_upload = widgets.FileUpload()
btn_upload
```

⬆ Upload (0)

现在可以抓取图像：

```
img = PILImage.create(btn_upload.data[-1])
```

可以使用 Output widget 来显示它：

```
out_pl = widgets.Output()
out_pl.clear_output()
with out_pl: display(img.to_thumb(128,128))
out_pl
```

然后就可以得到预测结果：

```
pred,pred_idx,probs = learn_inf.predict(img)
```

并使用 Label 来显示它们：

```
lbl_pred = widgets.Label()
lbl_pred.value = f'Prediction: {pred}; Probability: {probs[pred_idx]:.04f}'
lbl_pred
```

Prediction: grizzly; Probability: 1.0000

接着，需要一个按钮来进行分类。看起来就像 Upload 按钮一样：

```
btn_run = widgets.Button(description='Classify')
btn_run
```

我们还需要一个检测 click 事件的处理程序，也就是当按钮被按下时将被调用的函数。可
以将前面的代码直接复制下来：

```
def on_click_classify(change):
    img = PILImage.create(btn_upload.data[-1])
    out_pl.clear_output()
    with out_pl: display(img.to_thumb(128,128))
    pred,pred_idx,probs = learn_inf.predict(img)
```

```
lbl_pred.value = f'Prediction: {pred}; Probability: {probs[pred_idx]:.04f}'

btn_run.on_click(on_click_classify)
```

现在可以通过单击按钮来测试该按钮的功能是否正常，没问题的话，应该会看到图像和预测自动更新。

现在可以把它们都放在一个垂直框（VBox）中来完成我们的 GUI：

```
VBox([widgets.Label('Select your bear!'),
    btn_upload, btn_run, out_pl, lbl_pred])
```

到目前为止，我们已经为应用程序编写了所有必要的代码。下一步是将其转换为可以部署的程序。

让 notebook 成为一个真正的应用程序

现在我们已经让这个 Jupyter notebook 中的所有代码都可以正常运作了，接下来就可以开始创建应用程序了。为此，启动一个新的 notebook，并且只向其中添加创建和显示你需要的 widgets 所需的代码，并为你想要显示的任何文本添加 Markdown 格式就好了。你可以在这本书的 repo 中找到我们的 *bear_classifier* notebook，并且看到我们所创建的简单的 notebook 应用程序。

接下来，安装 Voilà（如果还未安装），将下面这些代码复制到 notebook 的单元格中并运行：

```
!pip install voila
!jupyter serverextension enable voila --sys-prefix
```

以一个！开头的代码单元格不包含 Python 代码，包含的是传给 Shell（bash、Windows PowerShell 等）的代码。如果你习惯直接使用命令行（我们将在本书中对此进行详细介绍），则可以在终端中直接输入这两行代码（不带！前缀）。在这种情况下，第一行将安装 voila 库和应用程序，第二行将其连接到现有的 Jupyter notebook。

设计应用程序元素后，请像使用 Web 应用程序一样运行 Jupyter notebook 的 Voilà 来部署模型，它还会做一些非常重要的事情：它会删除所有单元格的输入，仅显示模型输出（包括 ipywidgets）及 Markdown 单元格。因此，剩下的就是一个 Web 应用程序！要将 notebook 作为 Voilà Web 应用程序查看，请将浏览器 URL 中的"notebook"一词替换为"voila/render"。必须在包含受过训练的模型和 IPython 小部件的同一个 notebook 中安装和执行 Voila。你将看到与 notebook 相同的内容，但是没有任何代码输入的单元格。

当然，也可以不使用 Voilà 或 ipywidgets。你的模型只是一个可以调用的函数（pred, pred_idx, probs = learning.predict（img）），因此可以将其与在任何平台上托管的任何框架一起使用。也可以先在 ipywidgets 和 Voilà 中进行原型制作，然后将其转换为常规的 Web 应用程序。我们之所以在本书中展示这种方法，是因为经数据科学家和其他不是 Web 开发专家的人验证，这确实是为模型创建应用程序的一个好方法。

完成了应用程序的构建，现在来部署我们的应用程序。

部署你的应用程序

如你所知，几乎所有比较实用的深度学习模型都至少需要一个 GPU 来进行训练。那么，在实际的生产环境中，使用训练好的模型还需要 GPU 吗？答案是，不需要！你完全不用配备 GPU 在生产环境中为模型提供算力。这有以下几个原因：

- 如我们所见，GPU 仅在并行执行许多相同的工作时才有用。如果正在进行图像分类，那么通常一次只能对一个用户的图像进行分类，并且处理单张图像的话，通常没有足够的工作量让 GPU 长时间处于忙碌的状态，也就导致无法非常有效地利用 GPU 的算力资源。因此，CPU 通常会更具成本效益。
- 一种替代方法是等待一些用户提交其图像，然后将其分批处理，并在 GPU 上一次全部处理。但是，这一做法要让用户等待一段时间，不能立即获得结果。而且，需要一个高容量的网站才能使它可行。如果确实需要此功能，可以使用 Microsoft 的 ONNX Runtime（参见链接 34）或 AWS SageMaker（参见链接 35）之类的工具。
- 处理 GPU 推理十分复杂。特别是，GPU 的内存需要仔细地进行手动管理，并且需要一个正确的排队系统以确保一次只能处理一批数据。
- 与 GPU 服务器相比，CPU 的市场竞争要激烈得多，因此，CPU 服务器的价格便宜得多。

由于 GPU 服务的复杂性，许多系统如雨后春笋般涌现，试图实现自动化。但是，管理和运行这些系统也很复杂，通常需要将模型编译为该系统专用的形式。通常最好避免处理这种复杂的事情，除非你的应用程序足够受欢迎，这样处理这些问题从盈利上看才会比较有意义。

应确保至少对于你的应用程序的初始原型，以及想展示的任何业余的项目，都可以轻松地免费托管。最佳地点和最佳方法会随时间而变化，因此，请查看本书的网站以获取最新建议。当我们在 2020 年初编写本书时，最简单（免费）的方法是使用 Binder（参见链接 36）。要在 Binder 上发布 Web 应用，请按照以下步骤操作：

1. 将 notebook 添加到 GitHub 存储库。

2. 将该仓库的 URL 粘贴到 Binder 的 URL 字段中，如图 2-4 所示。

3. 将 File（文件）下拉菜单更改为选择 URL。

4. 在 "URL to open" 字段中，输入 /voila/render/*name*.ipynb（将 name 替换成你的 notebook 的名称）。

5. 单击右下角的 "剪贴板" 按钮以复制 URL 并将其粘贴到安全的位置。

6. 单击 launch 按钮。

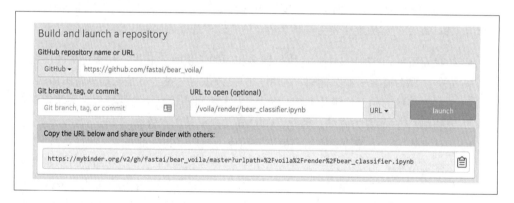

图2-4: 部署到Binder

首次执行此操作时，Binder 将花费大约 5 分钟的时间来构建你的网站。在幕后，它会寻找一个虚拟机，该虚拟机可以运行你的应用程序，分配存储空间并收集 Jupyter notebook，以及将 notebook 作为 Web 应用程序展示所需的文件。

最后，一旦启动并运行应用程序，浏览器将前往新的 Web 应用程序页面。你可以共享复制的 URL，以允许其他人也能访问并使用你的应用程序。

有关用于部署网络应用程序的其他（免费和付费）选项，请关注该书的网站。

你可能希望将应用程序部署到移动设备或 Raspberry Pi 等边缘设备上。有许多库和框架可将模型直接集成到移动应用程序中。但是，这些方法往往需要大量额外的步骤和样板(boilerplate)，并且并不总是支持模型可能使用的所有 PyTorch 和 fastai 层。此外，你所做的工作将取决于要部署的目标移动设备的类型。可能需要做一些额外工作才能在 iOS 设备上运行，同样地，在新的或者较旧的 Android 设备上运行，也需要做一些其他的工作。我们建议尽可能地将模型本身部署到服务器上，并让移动或边缘应用程序作为 Web 服务连接到它。

这种方法有很多好处。初始安装比较容易，因为只需要部署一个小的 GUI 应用程序即可，该应用程序连接到服务器即可完成所有繁重的工作。更重要的是，该核心逻辑的升级可以在服务器上进行，而不需要分发给所有用户。服务器将比大多数边缘设备具有更多的内存和处理能力，如果需要要求更高的模型，则扩展这些资源要容易得多。在服务器上拥有的硬件也将变得更加标准，并且由 fastai 和 PyTorch 更轻松地支持，因此不必将模型编译成其他形式。

当然这种方法也有缺点。应用程序需要网络连接，并且每次调用模型时都会有一些延迟。（无论如何，神经网络模型都需要一段时间才能运行，因此在实践中，这种额外的网络延迟可能不会对用户造成太大的影响。实际上，由于可以在服务器上使用更好的硬件，因此总的延迟甚至比本地运行还要少）另外，如果应用程序使用了敏感数据，则用户可能会担心将数据发送到远程服务器的方法，因此有时出于隐私考虑，需要在边缘设备上运行模型（可以通过在企业内部的防火墙上设置内部部署服务器来避免这种情况）。管理复杂性和扩展服务器也会产生额外的开销，而如果模型在边缘设备上运行，则每个用户都将拥有自己的计算资源，这使得随着用户数量的增加可更容易地进行扩展（这也称为横向扩展）。

亚历克西斯说

我有幸在工作中近距离了解移动端 ML 格局的变化。我们提供了一个依赖计算机视觉的 iPhone 应用程序，多年来，我们都是在云端运行自己的计算机视觉模型。那时，这是唯一的方法，因为这些模型需要大量的内存和计算资源，并且需要花费几分钟来处理输入。这种方法不仅需要构建模型（很有趣），还需要构建基础设施以确保一定数量的"执行计算工作的机器"绝对始终在运行（可怕），如果流量增加，更多的机器将自动上线。稳定的存储空间，可以存储大量输入和输出，iOS 应用程序可以知道并告诉用户他们的工作状况等。如今，Apple 提供了 API，用于转换模型以在设备上高效运行，并且大多数 iOS 设备具有专用的 ML 硬件，因此我们的新模型都采用这种策略。这仍然不容易，但就我们而言，这些都是值得的，它确实可以带来更快的用户体验，并减少对服务器的担心。实际上，适合你的方法取决于你要尝试打造的用户体验，并且你要判断哪种方法对于你自己来说更容易做到。如果你了解如何运行服务器，那就把服务放在线上，反之，如果你对如何构建本地的移动应用程序更为了解，那就把服务放在本地。各种方法都值得一试。

总体而言，我们建议你尽可能使用一种简单的基于 CPU 的服务器方法。你也可以根据现有的情况，使用其他更合理的方法。如果你幸运地拥有一个非常成功的应用程序，那么将精力投资在使用更复杂的部署方法上也是可以的。

恭喜，你已经成功构建并部署了深度学习模型。现在，可以停下来思考一下，在整个流程中，哪些地方可能会更容易出现问题。

如何避免灾难

实际上，深度学习模型只是大系统的一部分。正如本章开始时所讨论的，构建数据产品需要考虑从概念到生产使用的整个端到端的流程。在这本书中，我们的讨论无法覆盖到管理已部署的数据产品的方方面面，它们都十分复杂，如管理多个模型版本、A/B 测试、金丝雀法（canarying）、数据更新 (应该让数据集不断扩增，还是定期删除一些旧数据)、处理数据标签、监控模型性能等。

在本节中，我们将主要对一些较重要的问题进行思考；至于关于部署问题的更详细讨论，建议参考 Emmanuel Ameisin 的杰作 *Building Machine Learning Powered Applications* (由 O'Reilly 出版)。

我们需探讨的重要问题之一，是理解和检测深度学习模型的行为，这一点要比对大多数代码进行调试与学习困难得多。在一般的软件开发过程中，你可以分析软件正在采取的确切步骤，并仔细研究这些步骤中哪些与你最开始试图创造的行为相匹配。对于神经网络来说，行为是在模型试图拟合训练数据的过程中出现的，而不是被精确定义的。

这可能会导致一场灾难。举个例子，假设真的推出了一个熊探测系统，这个系统将连接到国家公园露营地周围的摄像机上，并可警告露营者熊来了。如果使用下载的数据集训练模型，在实践中会出现各种各样的问题，比如：

- 模型处理的是视频数据而不是图像。
- 模型需要处理夜间图像，但这类图像可能不会出现在的数据集中。
- 处理低分辨率的相机图像。
- 确保结果返回得足够快，才能有实际应用的价值。
- 识别出网上发布的照片中较少出现的熊的姿态与场景（例如，相机拍到的是熊的背面，或者熊的部分身体被灌木丛覆盖，或熊处在离相机很远的位置）。

这些问题的绝大部分在于，人们上传到互联网的照片是能够很好地、清晰地、艺术地显示其主题的照片，而不是目前系统大概率会接收到的输入。因此，我们可能需要先做很多数据收集和数据标注的工作，才能创造出有用的系统。

这只是域外数据这类更泛化问题的一个例子。也就是说，模型在生产实践过程中处理的数据可能与其在训练过程中看到过的数据非常不同。对于这一问题，目前尚未有一个完整的技术解决方案；我们必须谨慎地对这一类技术的方法进行选取。

还有其他一些原因，我们也需要小心。一个非常普遍的问题是域迁移，即模型检测到的数据类型随时间而变化。例如，一家保险公司可能会在其定价和风险算法中使用深度学习模型，但是随着时间的流逝，该公司吸引的客户类型，以及所代表的风险类型可能会发生巨大变化，以致原始训练数据已经过时了。

域外数据和域迁移是一种更大的问题的案例，即我们永远无法完全理解神经网络的所有可能行为，因为参数太多。但这也是神经网络所能带来的另一个优秀的特性——灵活性，这使它们能够解决复杂的问题。对这些问题，我们可能无法给出理想的解决方案。但好消息是，目前已经有一些方法可以从另外一个方面降低这些风险。这些方法的具体细节将根据你要解决的问题的具体情况而有所不同，我们将尝试提出一种更高阶的方法，如图 2-5 所示，希望该方法可以提供有用的指导。

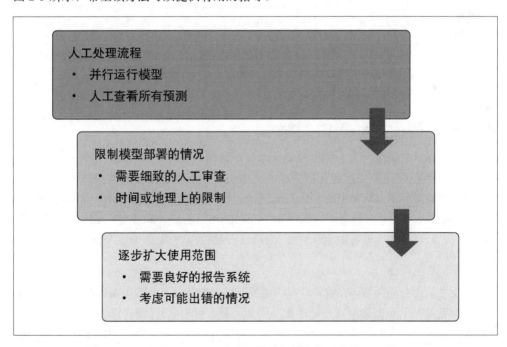

图2-5：部署过程

第一步是尽可能完全使用人工的程序，并且和你的深度学习模型方法并行运行，但不能直接用于执行任何操作。参与整个人工过程的人员应该查看深度学习输出，并检查它们的结果是否合理。例如，使用熊分类器，公园护林员可以拥有一个屏幕，显示所有摄像机的视频输入，其中任何可能出现的熊目击事件都以红色突出显示。但是，公园护林员仍应保持与模型部署前一样的警觉，因为此模型仅能帮助检查问题。

第二步是尝试限制模型的范围，并让人们仔细监督它。例如，对模型进行小规模的测试，在有限的地理和时间限制的情况下，根据模型的输出结果进行工作。不需要在每个国家公园都推广熊分类器，但可以选择一个观察点，为期一周，让公园管理员在警报发出前做好检测。

然后，逐渐扩大模型部署的范围。在执行此操作时，请确保你已建立了非常完善的报告系统，以确保与人工的流程相比，能对各种与以往相比明显不同的情况及时进行处理。例如，如果在同一个位置推出新系统后，警报的数量增加了一倍或减少了一半，这个时候就需要非常注意了。其应对方案则是，尝试考虑系统出故障的所有原因，采用何种指标、报告或图表可能能反映该问题，并确保常规报告中包括这些信息。

杰里米说

20 年前，我创办了一家名为 Optimal Decisions 的公司，该公司使用机器学习和优化方法来帮助大型保险公司确定定价，这可能会产生数百亿美元的风险。我们使用此处介绍的方法来管理出现问题时的潜在弊端。另外，在与客户合作将任何产品投入生产之前，我们都试图通过利用其上一年的数据，端到端地测试我们的系统来模拟其影响。将这些新算法投入生产是一个让人很忐忑的过程，但幸运的是，每次新推出的算法都成功了。

不可预见的后果和反馈回路

推出模型的最大挑战之一是，模型可能会改变其所属系统的行为。例如，考虑一个"预测性警务"算法，该算法预测某些区域的更多犯罪情况，使更多的警察被派到这些区域，这可能会导致这些区域有更多的犯罪记录，如此循环。在皇家统计学会的论文"To Predict and Serve?"中，作者克里斯蒂安·林（Kristian Lum）和威廉·艾萨克（William Isaac）认为，"预测性警务的名称恰如其分：它预测的是未来的警务，而不是未来的犯罪事件。"

此种情况下的部分问题是，在偏差存在的情况下（我们将在下一章深入讨论），反馈回路可能会导致偏差的负面影响越来越严重。例如，有人担心这种情况已在美国发生，因为美国在逮捕率上存在明显的种族偏差。据美国公民自由联盟称，"尽管黑人和白人对大麻的使用比率大致相同，但黑人因大麻被捕的可能性是白人的 3.73 倍。"基于此种偏差影响，以及在美国许多地区推出的预测性警务算法，Bäri Williams 在《纽约时报》上写道："在我的职业生涯中，让我非常期待的技术被用在执法过程中，这可能意味着在未来几年中，我现年 7 岁的儿子更有可能背负前科或遭受逮捕，更糟糕的是，这些结果的产生可能仅仅源于他的种族和我们所居住的区域。"（参见链接 39）。

在部署一个重要的机器学习系统之前，不妨考虑以下问题："如果这个系统运行得非常顺利，将会得到什么样的结果？"换句话说，如果预测能力非常高，并且其影响人类行为的能力非常显著，结果会如何？在那种情况下，谁会受到最大的影响？最极端的结果可能是什么样？怎么知道目前的实际情况是什么？

基于这样的思想练习，你可以通过持续地监视系统和人工监督来构建一个更加谨慎的发布计划。反之，如果没有人为的反馈，那么人工的监督信息是无效的，因此请确保存在可靠且有弹性的沟通渠道，以便发现问题并解决问题。

写下来

我们的学生发现，最有助于巩固他们理解这份教材的方式就是将它写下来。如果你希望检测你对某些内容的理解程度，那么尝试把这些知识教给别人是一个很不错的方法。即使你从未向任何人展示你自己写下来的东西，但只要你写下来了，就会有所帮助，但如果你还能把这些内容分享出去，那就更好了！因此，我们建议，如果你还没有博客的话，可以开始创建一个博客，将你的想法都记录在你的博客上。现在，你已经完成了本章并学习了如何训练和部署模型，接下来就可以撰写有关深度学习之旅的第一篇博客文章了。你在学习过程中，哪些事情最让你感到惊讶？你所在领域有哪些和深度学习相结合的机会？你遇到了哪些障碍？

fast.ai 的联合创始人 Rachel Thomas 在文章"Why You (Yes, You) Should Blog"（参见链接 40）中写道：

我给年轻人最好的建议是，尽快开始写博客。以下是写博客的一些原因：

- 博客就像简历，但可能比简历更好。我知道有一些人通过写博客而获得了工作机会。
- 帮助你学习。梳理学过的知识可以帮助我们整合自己的想法。测试你是不是真正地理解了某些内容的方法之一，就是看你是不是可以向他人解释清楚这些内容。博客文章是实现此目标的好方法。
- 我因为撰写博客获得了会议邀请和演讲邀请。我受邀参加 TensorFlow 开发峰会（真棒！），是因为我写了一篇探讨我为什么不喜欢 TensorFlow 的博客文章。
- 认识新的朋友。我遇到了几个会对我写的博客帖子给出反馈的人。

- 节省时间。每当你需要通过电子邮件多次回答同一个问题时，你就可以将其变成博客文章，这样可以使你在下次有人问同样的问题时，更容易进行分享。

也许它最重要的贡献是：

你是最适合帮助"只落后你一点儿的人"的人。因为这些知识目前在你的脑海中仍然很清晰，而许多专家已经忘记了作为初学者（或中级的学员）是什么感觉，也忘记了为什么你第一次听到这个话题时很难理解它的原因。你的背景、风格和知识水平会给你写下来的东西带来不同的风味。

我们在附录 A 中提供了关于如何建立博客的详细内容。如果你还没有博客，现在就去看看吧，我们为你提供了一个非常棒的方法，可以免费开始写博客，而且没有广告，甚至可以使用 Jupyter notebook。

问题

1. 当前文本模型的主要缺陷有哪些？
2. 文本生成模型可能带来哪些负面的社会影响？
3. 在模型可能犯错误，而且这些错误可能是有害的情况下，有哪些是自动化过程的一个不错的替代方案？
4. 深度学习特别擅长处理哪种表格数据？
5. 直接在推荐系统中使用深度学习模型的主要缺点是什么？
6. 传动系统方法的步骤有哪些？
7. 传动系统方法的步骤如何映射到推荐系统？
8. 使用你管理的数据创建一个图像识别器，并将其部署到 Web 上。
9. DataLoaders 是什么？
10. 为了创建 DataLoaders，需要告诉 fastai 哪 4 件事？
11. DataBlock 的 splitter 参数有什么作用？
12. 如何确保对数据集的随机拆分总能给出相同的验证集？
13. 通常用什么字母表示自变量和因变量？
14. 裁剪、填充和压缩大小等调整方法之间有什么区别？什么场合该选哪种方法？
15. 什么是数据增强？为什么需要做数据增强？
16. 给出一个例子，说明熊分类模型在生产环境中，由于训练数据的结构或样式差异而导致模型表现不好的情况。

17. item_tfms 和 batch_tfms 有什么区别?

18. 什么是混淆矩阵?

19. export 会保存哪些东西?

20. 当使用模型来进行预测而非训练时，将这个过程称为什么?

21. 什么是 IPython widget?

22. 什么时候会使用 CPU 进行部署? GPU 什么时候用会更好?

23. 将应用部署到服务器而不是客户端（或边缘）设备（如手机或 PC）有什么缺点?

24. 在实践中推出熊预警系统时，可能出现的 3 个问题是什么?

25. 什么是域外数据?

26. 什么是域迁移?

27. 部署过程中的 3 个步骤是什么?

深入研究

1. 考虑如何使用传动系统方法来完成你感兴趣的项目或问题。

2. 什么时候最好避免某些类型的数据增强?

3. 对于一个你想要将深度学习应用于其中的项目，可以进行这样一个思维试验："如果在进展非常顺利、模型的效果特别好的情况下，会得到怎样的结果?"

4. 创建一个博客，并在其中撰写你的第一篇文章。例如，写下你认为深度学习在你感兴趣的领域中，可能会起到作用的地方。

第 3 章

数据伦理

感谢雷切尔·托马斯博士

本章的作者是雷切尔·托马斯博士（Dr. Rachel Thomas），她是 fast.ai 的联合创始人，同时也是旧金山大学应用数据伦理中心的创始人。这一章的教学内容来自雷切尔·托马斯博士设计的课程——数据伦理导论（参见链接 41）。

正如我们在第 1 章和第 2 章中讨论过的内容，机器学习模型有时会出错。模型会遇到各种各样的 bug，会以我们从未见过或是意想不到的方式呈现数据，又或者可以完美按照我们的预期运行，但却可能应用在我们不希望涉及的新领域。

因为深度学习是一个非常强大的工具，可以用来做很多事情，所以我们特别需要注意自己所做的选择可能会带来什么后果。伦理学的哲学研究便是对与错的研究，包括如何定义这些术语，如何识别对与错的行为，以及如何理解行为与结果之间的联系。数据伦理已经出现了很长一段时间，很多学者都在关注这个领域；并且许多司法管辖领域用数据伦理来辅助制定政策；各种规模的公司也会应用数据伦理来衡量并确保开发产品的最好方式，使得产品能产生良好的社会效应；研究人员也会用数据伦理来衡量自己所做的研究是对社会有益还是有害。

因此，作为一名深度学习实践者，你可能会在某些时候遇到需要考虑数据伦理的情况。那么，什么是数据伦理？数据伦理属于伦理学的一个分支，因此我们可以先了解一下伦理学的内容。

杰里米说

在大学里，我主要研究的课题就是伦理哲学（如果我没有辍学且坚持到毕业，那我的论文主题就是伦理哲学了）。基于我学习伦理学那几年积累的经验，我可以告诉你：没有人能完全同意对错的标准，他们不确定伦理是否真的存在，不知道如何辨别伦理，怎样评判人的好坏，用什么标准评判世界上的万事万物。所以你也不要对这个理论有太多期待！在后续的内容中，我们将重点关注例子和思想的开端，而不是过分关注理论。

在回答"什么是伦理？"（参见链接 42）这个问题时，马库拉应用伦理学中心（Markkula Center for Applied Ethics）表示，伦理学包含以下内容：

- 对与错的标准有充分的依据，并且有理有据地规定人类应该做什么。
- 研究和发展一个人的伦理标准。

伦理没有正确的答案，所以也不存在能做什么和不能做什么的清单。伦理很复杂，它与人所在的环境息息相关。伦理涉及许多利益相关者的观点，它是你必须培养和实践的"肌肉"。在这一章中，我们希望能提供一些路标来引导你用合理的方式走完你的旅程。

在团队合作过程中最容易发现伦理问题。因为团队合作会融入不同观点，大家从不同的背景出发，可以让你看清楚自己的问题。和团队一起工作对许多"锻炼肌肉"的活动都有帮助，包括伦理这块"肌肉"。

本书当然不只在这一章讨论数据伦理，但特意挑一章探讨这个话题很有必要。为了更好地理解伦理，我们可以先看几个简单的例子。我们挑选了三个自认为能有效说明伦理的示例。

数据伦理的主要案例

我们先分享三个具体的示例，阐述三种常见于技术领域的伦理问题（本章最后会更深入地研究这些问题）。

追索权程序

阿肯色州漏洞百出的医疗算法，导致病人们变得束手无策。

反馈回路

YouTube 的推荐系统，在当时引发了一场阴谋论热潮。

偏见

在谷歌上搜索一个传统的非裔美国人的名字时，搜索结果会显示犯罪背景调查广告。

在本章中，我们会对上面三个伦理问题依次进行介绍，并且至少会用一个相关的具体示例向你讲解。对于每一个伦理问题，想想你在这种场景下会做些什么，以及在解决问题时会遇到哪些障碍。你怎么处理这些障碍呢？处理障碍的过程中需要注意什么呢？

各种 Bug 和追索权：漏洞百出的医疗保健福利算法

Verge 公司为了确认人们从医疗保健服务中理赔的金额，调查了美国一半多的州使用的软件，并在"What Happens When an Algorithm Cuts Your Healthcare"（参见链接 43）这篇文章中记录了此次调查结果。在阿肯色州实施了这个漏洞百出的算法后，上百人（包括很多患有严重疾病的人）的医疗保健理赔金额被大幅削减。

比如，患有脑瘫的塔米·多布斯（Tammy Dobbs）需要陪护人员帮助她起床、上厕所、拿食物等，但是突然她每周的陪护时间少了 20 小时。她没有得到任何解释，不明白为什么突然削减了她的医疗保健福利。最终，法庭的一个案件揭示了原因所在：软件使用的算法存在各种问题，会对糖尿病患者和脑瘫患者的福利产生负面影响。然而，这也使得多布斯和许多其他依赖这些医疗保健福利的人都在担心：是否会再次突然莫名其妙地削减他们的福利？

反馈回路：YouTube 的推荐系统

模型在控制你获取的下一轮数据时，就会出现反馈回路。返回的数据很快就会因为软件本身而出现缺陷。

比如，YouTube 有 19 亿名用户，这些用户每天观看 10 亿小时以上的 YouTube 视频。YouTube 的推荐算法是谷歌构建的，主要用来优化用户的观看时间，保障推送 70% 的观看内容。但这个推荐算法存在一个问题：它导致了失控的反馈回路，致使纽约时报在 2019 年 2 月推送了一篇标题为"YouTube Unleashed a Conspiracy Theory Boom. Can It Be Contained?"的文章（参见链接 44）。从表面上看，推荐系统会预测人们偏好的内容，但也强大到可以要求人们看什么内容。

偏见：拉塔尼亚·斯威尼"已被捕"

拉塔尼亚·斯威尼（Latanya Sweeney）博士是哈佛大学的教授，也是哈佛大学数据隐私实验室的负责人。在她的论文"Discrimination in Online Ad Delivery"（参见链接 45）中，她详细阐述了自己的研究发现：用谷歌搜索她的名字时，谷歌搜索结果会显示"拉塔尼亚·斯威尼，已被捕？"的内容（请参见图 3-1），即使她是唯一一位可搜索到的叫拉塔尼亚·斯威尼的人，并且已知她从未被逮捕过，相关的搜索结果依旧显示她是被捕的状态。然而，当她在谷歌上搜索别人的名字时，比如"柯尔斯顿·林奎斯特"（Kirsten Lindquist），谷歌搜索呈现的内容多数是中性的内容，但是实际上柯尔斯顿·林奎斯特已经被逮捕过三次了。

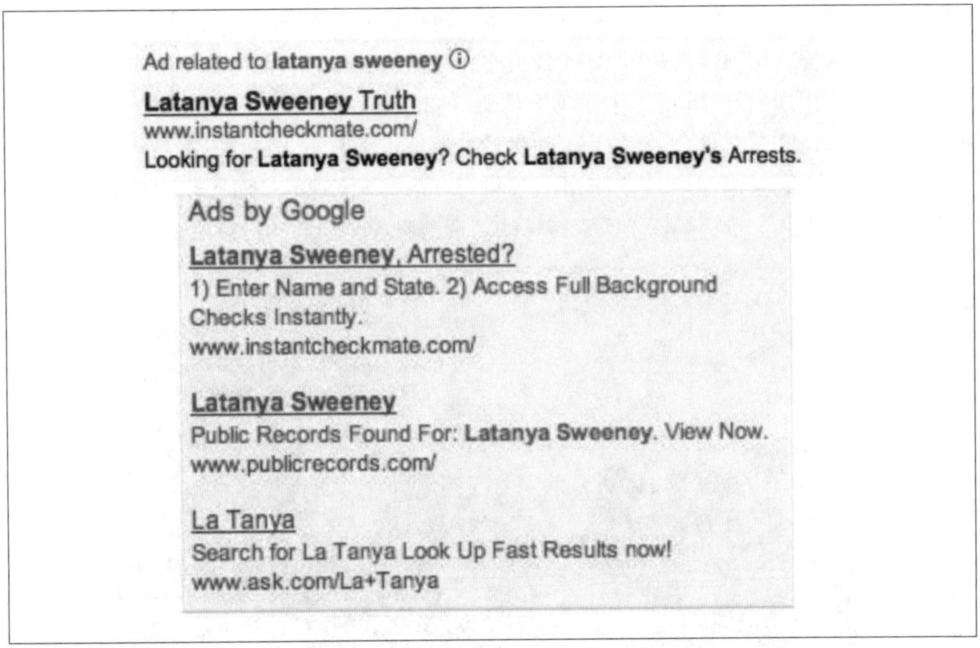

图3-1：谷歌搜索显示的关于拉塔尼亚·斯威尼教授的逮捕记录（实际上其并没有被逮捕）

作为一位计算机科学家，她系统地研究了这个问题，并且搜索了2000多个名字。总结下来，她发现了一个明显的偏见问题：搜索黑人名字后会被推送存在犯罪行为的内容，而搜索白人名字后推送的内容则较中性。

这就是有关偏见的示例。它会对人们的生活产生很大的影响——例如，在谷歌上搜索一位求职者的名字，可能会显示他们有犯罪记录的内容，而事实却并非如此，这将会对求职者产生很大的影响。

为什么伦理如此重要

人们会自然而然地想："那又怎样？和我有什么关系？我是数据科学家，又不是政治家，也不是公司决策者。我只是想创建最有预测力的模型。"

我们理解你为什么会提出以上这些问题。但是，我们仍然想要让你信服，每一位训练模型的人都需要考虑如何使用模型，以及如何确保模型在以正面的方式被使用。有些事情你是可以做的，并且如果你不做这些事情，模型的结果可能会变得很糟糕。

曾经有一起骇人听闻的事件，技术人员不惜一切代价专注于技术，最终酿造了IBM和纳粹的悲剧事件。2001年，一位瑞士法官判决："据推断，IBM的技术是纳粹杀人罪行的帮凶，纳粹还利用IBM机器进行计算和分类，并在集中营中投入使用。"这样的技术应用并不合理。

你会发现，IBM 为纳粹提供了数据制表产品，纳粹利用这个产品追踪并屠杀了犹太人和其他种族的人群。这项计划是由 IBM 公司的高层开始推动的，希特勒和他的团伙扩张了这项技术的应用规模。公司总裁托马斯·沃森（Thomas Watson）亲自批准了 1939 年发布的特殊的 IBM 字母排序机器，用来协助政府驱逐波兰犹太人。图 3-2 是阿道夫·希特勒（Adolf Hitler）（最左边）与 IBM 首席执行官汤姆·沃森的会面照片（左起第二位），而此次会面后不久，希特勒授予沃森特殊的"帝国服务"勋章（1937 年）。

图3-2: IBM首席执行官汤姆·沃森与阿道夫·希特勒会面

但这并不是一起孤立事件，IBM 和非常多的事件都有牵扯。IBM 及其子公司为纳粹集中营定期提供现场培训和维护：安装打印机的打孔卡片，配置机器，修护频繁出现故障的机器。IBM 对打孔计数卡的系统设置了分类，打孔计数卡系统被用作区分每个人被杀死的方式，区分每个人所被分配的组，以及在大规模屠杀系统中区分追踪路径（请参见图 3-3）。IBM 对集中营中的犹太人编写的代码为"8"：通过这个代码追溯，大约有 600 万人遇难。另外，罗马人的代码为"12"（罗马人被纳粹标记为"社团"，在 Zigeunerlager 难民营中，30 多万人全部遇难）。常规的处决者的代码为"4"，因毒气室造成死亡的遇难者的编码为"6"。

当然，参与集中营事件的 IBM 项目经理和工程技术人员只是过着平常的生活。他们照顾家人，礼拜日去教堂，并尽职尽责地完成自己的工作。公司的营销人员当时也是尽其所能为公司实现业务发展目标，完成订单。纪实类畅销书 *IBM and the Holocaust*（Dialog

Press 出版）的作者埃德温·布莱克（Edwin Black）说道："对于盲目的技术官僚而言，手段永远比目的重要。犹太人的生死之所以变得不重要，是因为技术官僚渴求在世界各地的灾民排队等待救济粮时赚取巨额利润，获取利益后激励 IBM 不断提升自己的技术成果。"

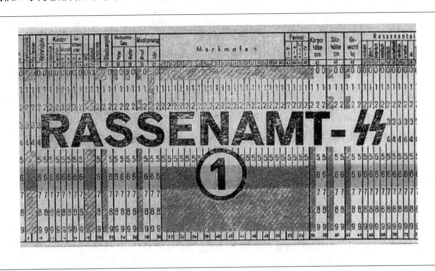

图3-3：IBM为集中营创建的打孔卡

退一步想一想：如果你发现自己曾经是危害社会的一分子，你会有何感受？你愿意公开承认吗？你如何确保这种情况不会再发生？我们在此处描述了伦理的最极端情况，但如今依然存在许多与 AI 和机器学习相关的负面社会影响，在本章中也会对其中部分反面案例展开描述。

这不像伦理压力这样简单。有时技术人员需要直接为自己的行为买单。例如，大众汽车曾被指控在柴油尾气排放检测中作弊，因这条造假丑闻而被捕入狱的第一个人，不是监管的项目经理，也不是大众的高管，而是其中一位执行任务的工程师——詹姆斯·梁（James Liang）。

当然，这也不全是坏事——如果你所参与的项目最终只对一个人产生了巨大的正面影响，你都会感觉非常棒!

OK，希望我们已经说服你应该注意伦理。但是究竟应该怎么做呢？作为一名数据科学家，我们自然而然地倾向用优化某些指标之类的方式来优化模型。但优化指标可能不会带来更好的结果。即便优化指标确实能带来更好的结果，但通常来说优化指标不是唯一需要考量的重要手段。思考一下，研究人员或开发者开发模型或优化算法和他们做决策的那个关键点之间需要操作的每一个步骤。如果我们想要取得预期的结果，就需要把所有操作流程当作一个整体来考虑。

通常情况下，从一步流转到下一步的整个流程会很长。如果你是一位研究人员，不知道自己的研究是否会在各处有所应用，或是不知道是否涉及前期的数据收集，那么你一定对流程的漫长有切身体会。但是，没人比你更适合去告知流程中的每个人，关于你所做出结果的能力、限制和细节。虽然没有"妙招"可以确保别人可以正确地使用你的成果，但你可以参与过程，提出正确的问题，至少能确保考虑了正确的问题。

有时候，当别人要求你做某项工作时，正确的回应就是说"不"。然而，我们经常听到的回答是："如果我不做，别人会做的。"但我们要想到这一点：如果别人选了你干这个活，这意味着你就是他们认为的做这项工作的最佳人选——所以如果你不去做，那最合适的人就不会参与这个项目。如果他们问的前五个人都说"不"，那就更好了！

在产品设计中结合机器学习

可以猜到的是，你做这项工作的原因大概率是希望自己所做的工作能在某些事情上有实际用途。否则，就只是在浪费自己的时间。因此，让我们先假设你的工作会在某个地方结束。现在，你在收集数据和开发模型时，就会做很多决定。你要用哪种级别的聚合来存储数据？你应该使用什么样的损失函数？你应该使用怎样的验证集和训练集？你应该关注实现的简易程度、推理的速度还是模型的准确性呢？你的模型将如何处理域外数据项？模型能被微调吗，还是必须随着时间从零开始重新训练？

这些问题不仅仅是算法问题，它们也属于数据产品设计问题。但是无论最终是谁开发或使用你的模型系统，这些都只是其中的一个环节，产品经理、执行人员、法官、记者、医生，他们都无法理解你所做的决定，更不用说改变它们了。

例如，曾经有两项研究显示，亚马逊的人脸识别软件识别不准确（参见链接46），并带有种族歧视（参见链接47）。亚马逊声称，研究人员应该改变默认参数，却没有解释为何改变默认参数会改变有偏见的结果。此外，事实证明，亚马逊并没有通知过使用该软件的警察局（参见链接48）。据推测，开发这些面部识别算法的研究人员，与为警方编写软件指引文档的人员，在很多方面存在较大的差距。

缺乏沟通对整个社会、警方和亚马逊造成了严重问题，导致它的系统错误地将28名国会代表视为罪犯！（如图3-4所示，错误匹配的国会议员为有色人种的比例非常高。）

数据科学家需要成为跨学科团队的一部分。研究人员需要与最终使用其研究成果的人保持密切合作。更好的方式是，行业专家自己能学习足够的知识来训练和调试他们自己创建的一些模型——希望有一些行业专家现在正在读这本书！

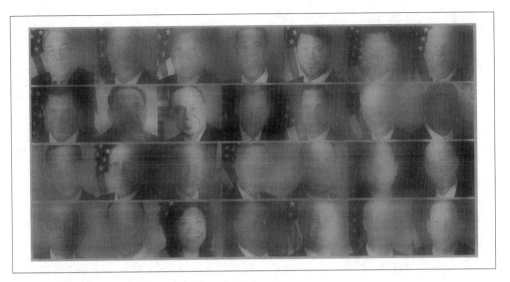

图3-4: 亚马逊人脸识别软件将国会议员们错误匹配为罪犯

现代的工作场所是一个非常专业化的地方，每个人都被分配去做有明确分工的工作。特别是在大公司，要想了解整个工作流程中的所有问题是很困难的。有时候，如果知道员工不喜欢这样的做法，公司层甚至会故意模糊正在进行中的整个项目的目标。做法就是将工作变得碎片化，让每一个人只负责拧好自己的螺丝钉。

换句话说，我们并不是说这些都是容易的。相反，这些事情很难，是真的很难。我们都得尽力而为。我们经常可以看到，那些确实参与过这些项目的高层人员，以及试图发展跨学科能力和团队的人，都成了他们所在组织中最重要且最受欢迎的成员。高级主管往往会高度赞赏这类人的工作，尽管有时候中层管理者会不太喜欢这类人。

数据伦理专题

数据伦理是一个很宽泛的领域，我们不可能一一介绍。但是，我们接下来会挑选一些和数据伦理特别相关的主题：

- 追索权和问责制的需求
- 反馈回路
- 偏见
- 谣言

我们将依次讨论这些话题。

追索权和问责制

在一个复杂系统中，没有人会轻易对结果负责。尽管这可以理解，但这样的想法并不是一件好事。在之前说过的阿肯色州医疗保健系统的示例中，一个 bug 就会导致脑瘫患者无法获得所需的治疗，负责这个算法的工程师将责任归咎于政府官员，而政府官员推卸责任给设计这个软件系统的人。纽约大学教授达纳·博伊德（Danah Boyd）（参见链接49）对这种"踢皮球"的情况发表了自己的观点："官僚主义经常被用来转移或逃避责任……如今，算法系统正在扩大这样的官僚主义。"

追索权如此必要的另一个原因是：数据经常包含错误。因此，审核和纠错机制至关重要。加利福尼亚州的执法人员曾经维护了一个嫌疑帮派成员的数据库，而这个数据库出现了很多次错误，数据库中居然还包括 42 个未满 1 岁的婴儿（其中 28 个小婴儿还被标记为"自供为帮派成员"）。在上述案例中，没有合适的流程可以帮助纠正错误或删除错误的人员。另一个案例是美国信用报告系统：2012 年，联邦贸易委员会（FTC）开展的大规模信用报告研究发现，在调查的所有消费者档案中，26% 的消费者档案中至少存在一个错误，还有 5% 的错误可以对消费者产生毁灭性伤害。

然而，纠正此类错误的流程非常缓慢且不透明。当公共电台记者鲍比·阿林（Bobby Allyn）（参见链接50）发现自己被错误地指认为枪支罪犯时，他花了很多精力："我打了十几通电话，花了 6 个星期的时间来解决这项莫须有的罪名，而且这是在我以记者身份联系到这家公司的传播部门之后才得以解决的。"

作为机器学习的实践者，我们并不百分之百地认为我们有义务和责任去理解实践中的最终应用，但是我们需要有一定的责任心。

反馈回路

在第 1 章中，我们解释了算法会与环境相互产生影响，形成一个反馈回路，算法进行预测来强化现实中采取的行动，从而让同一方向上的预测更加显著。为了解释清楚，我们再次以 YouTube 的推荐系统为例。几年前，谷歌团队谈到了他们是如何引入强化学习来改进 YouTube 的推荐系统的（强化学习与深度学习密切相关，但损失函数代表的是一个行为发生很久以后的潜在结果），并阐述了如何用一种算法来得出优化观看时间的各种建议。

然而，人们往往会关注有争议的内容。这意味着推荐系统会推荐越来越多类似阴谋论之类的有争议的视频。此外，事实证明，那些对阴谋论感兴趣的人往往刷了很多在线视频！因此，他们对 YouTube 越来越上瘾。在 YouTube 上看视频的阴谋论者越来越多，导致算法推荐的阴谋论和其他极端主义内容变得越来越多，进一步导致更多的极端主义者在 YouTube 上观看视频，以及越来越多地看 YouTube 视频的人开始被洗脑并认同极端主义观点,而最终会致使算法不断推荐更极端的内容。在这种情况下,这个推荐系统便失控了。

然而,这种推荐系统失控的现象并不只发生在阴谋论这种特定类型的内容上。2019 年 6 月,《纽约时报》就 YouTube 的推荐系统发表了一篇 "On YouTube's Digital Playground, an Open Gate for Pedophiles" 的文章(参见链接 51)。这篇文章的开篇讲述了一个令人不寒而栗的故事:

> 克里斯蒂·安妮(Christiane C.)上传了 10 岁女儿和她的朋友在后院泳池戏水玩耍的视频,她没多想。但是不久之后,这个视频就获得了高达 40 万次的点击量……克里斯蒂·安妮很吃惊地说:"当我再次观看自己发布的这段视频时,开始对这惊人的点击量感到恐惧。"一组研究人员发现,YouTube 的自动推荐系统已经开始将这个视频推送给有观看儿童裸露视频记录的人。

> 对于视频本身而言,每个视频可能都很正常,比如一个孩子制作的家庭视频。视频中的每一帧都是转瞬即逝的,并且相关的内容具有偶然性。但是,当把这些帧集合起来时,就会组成这个视频特有的特征。

YouTube 的推荐算法已经开始为"恋童癖们"整合播放内容,这些推荐的内容恰好包含衣着不完整的儿童家庭记录视频。

但是谷歌并未有意要创建一个将家庭视频变成恋童癖色情片的推荐系统。这样的结果是什么导致的呢?

导致这个问题的一部分原因是,系统是以经济利益作为主要目标来驱动的。当算法需要优化指标时,正如你所看到的,算法会尽可能优化这项指标的数据。因此这往往会导致各种边缘情况,而与算法系统产生交互的这批用户,会去寻找、发现和利用这些边缘情况和产生的反馈回路,以满足他们的需求。

确实有过相应的报道,这正是 2018 年 YouTube 推荐系统发生过的事情。《卫报》发表了一篇文章,标题为 "How an Ex-YouTube Insider Investigated Its Secret Algorithm"(参见链接 52),YouTube 前工程师纪尧姆·查斯洛特(Guillaume Chaslot)创建了一个跟踪文章中提到的问题的网站(参见链接 53)。在罗伯特·穆勒(Robert Mueller)的 "Report on the Investigation Into Russian Interference in the 2016 Presidential Election" 文章发布后,查斯洛特公布了图 3-5 所示的图表。

就推荐频道的数量而言,今日俄罗斯电视台对穆勒报告的覆盖面属于极端的异常情况。这表明,俄罗斯国有媒体今日俄罗斯电视台(Russia Today)可能已经成功地利用了 YouTube 的推荐算法。但是不幸的是,这样的推荐系统不够透明,导致我们很难发现目前讨论的这些反馈回路造成的问题。

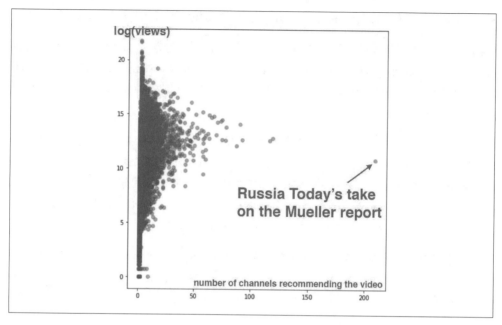

图3-5：穆勒报告的覆盖面

本书的审稿人之一奥雷利安·杰隆（Aurélien Géron），在我们讨论的这些事件发生之前，也就是 2013 年到 2016 年期间，负责 YouTube 的视频分类团队。他指出，不是只有与人有关系的反馈回路才出现问题，也可能存在与人没关系的反馈回路出现问题。他给我们分享了一个来自 YouTube 的例子：

> 区分视频的主题的一个重要标识是看这个视频来自哪个频道。例如，上传到烹饪频道的视频很可能就是烹饪视频。但我们怎样才能知道频道的主题呢？嗯……我们可以通过查看相应频道中的视频内容和主题！你看到其中的回路了吗？例如，许多视频都会附上视频简介，简介里会包含 UP 主使用了什么摄像机拍摄的这个视频。因此，这其中一些视频可能会被归类为"摄影"相关的视频。如果某个频道中有这样一个被错误归类的视频，那么整个频道就可能会被分类为"摄影"频道，从而使未来上传到该频道的视频被错误分类为"摄影"的可能性增加。这甚至可能会导致病毒般的分类失控！打破这种反馈回路有一种方法，就是区分带有和不带有频道标记的视频。然后，在对频道进行分类时，只能使用不是以频道标记得出的分类。这样，就阻止了形成反馈回路。

当然，也有一些解决这些问题的正面案例。Meetup 的首席机器学习工程师埃文·埃斯托拉（Evan Estola）讲过一个例子：男性比女性对技术会议更感兴趣（参见链接 54）。因此，Meetup 的算法考虑到性别特征，向女性更少地推荐技术会议，最终结果导致更少的女性发现并参加技术会议，紧接着这可能导致这个推荐算法进一步向女性更少地推荐的技术会议，循环往复，形成一个自我强化的反馈回路。因此，埃文和他的团队做出了相应的伦理上的决策，他们要求自己的推荐算法不要形成这样的反馈回路，也就是模型不明确考虑性别特征。这样的做法真的很令人称赞，一家公司不是仅仅不假思索地优化指标，还考虑到了算法产生的影响。根据埃文的说法，"你需要确定算法中不使用的特征……最优的算法可能并不是在运行环境中表现最好的那一个算法。"

尽管 Meetup 选择避免这种恶性结果，但 Facebook 曾经也发生过疯狂运行的失控反馈回路。像 YouTube 一样，Facebook 倾向于通过向阴谋论者推荐更多的阴谋论内容来激发他们的兴趣。正如研究谣言扩散的蕾妮·迪瑞斯塔（Renee DiResta）写道（参见链接 55）：

> 一旦人们加入一个有阴谋论思想的 Facebook 群，算法就会推荐他们加入其他类似的阴谋论的群。倘若你加入一个反疫苗小组，你的推荐中便会显示反转基因、化学尾迹阴谋论、地平论（真的有这个小组）和癌症自愈小组。推荐系统不能帮助用户看清楚不确定的未知事物，而是让他们陷得更深。

首先，你需要谨记这种反馈回路随时可能发生。当你在自己创建的项目中看到有反馈回路的迹象时，可以预测反馈回路或者采取积极行动打破它。其次，你需要关注我们在上一章讨论过的偏见问题，偏见会以非常麻烦的方式与反馈回路相互作用。

偏见

看网络上关于偏见的讨论往往让人很困惑。"偏见（bias）"这个词有很多不同的含义。当数据伦理学家谈论 bias 时，统计学家常常认为他们是在谈论 bias 这个术语的统计定义——但事实并非如此，他们肯定不是在谈论在权重和模型参数中出现的 bias。[注1]

他们讨论的是社会科学中偏见的概念。在"A Framework for Understanding Unintended Consequences of Machine Learning"（参见链接 56）这篇文章中，麻省理工学院的哈里尼·苏雷什（Harini Suresh）、约翰·古塔格（John Guttag）描述了机器学习中 6 种类型的偏见，如图 3-6 所示。

我们将讨论 4 种偏见类型，在研究中我们发现这 4 种偏见用处最大（其他类型的偏见请参阅论文）。

注1　在权重和模型参数中，bias 通常被解释为"偏差"。——译者注

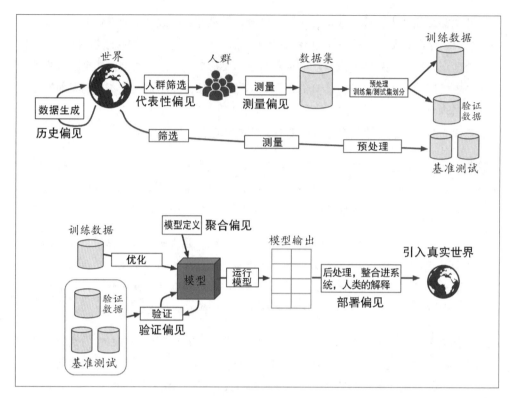

图3-6: 机器学习中的偏见有多种来源（由哈里尼·苏雷什和约翰·古塔格提供）

历史偏见

产生历史偏见的原因是：人类有偏见，过程有偏见，社会也有偏见。苏雷什和古塔格说："历史偏见是数据生成过程中的第一步产生的基本的、结构化的问题，即使采用了完美的抽样和特征选择，历史偏见也可能存在。"

例如，以下是一些美国历史上种族偏见的例子，这些例子来自芝加哥大学的森提尔·穆兰纳森（Senthil Mullainathan）发表在《纽约时报》上的文章"Racial Bias, Even When We Have Good Intentions"（参见链接57）。

- 当医生看到病人的病历并要对心脏疾病做出判断时，他们不太可能向黑人患者推荐心导管手术（一种有用的手术方式）。

- 当白人和黑人被派去为一辆二手车讨价还价时，黑人得到的初始价格大约比给白人的多出 700 美元，而且他们得到的优惠要少得多。

- 在 Craigslist 网站上发送带有刻板印象的黑人名字的电子邮件，比发送带有白人名字的电子邮件得到的回信要少。

- 全是白人的陪审团对黑人被告定罪的可能性比对白人被告高 16%，但当陪审团中有一名黑人成员时，黑人和白人的定罪率相同。

COMPAS 算法在美国广泛用于判决和保释判决，这是一个重要的算法偏见示例，当使用 ProPublica（参见链接 58）测试时，实践显示出明显的种族偏见（见图 3-7）。

Prediction Fails Differently for Black Defendants

	WHITE	AFRICAN AMERICAN
Labeled Higher Risk, But Didn't Re-Offend	23.5%	44.9%
Labeled Lower Risk, Yet Did Re-Offend	47.7%	28.0%

图3-7：COMPAS算法的结果

任何涉及人类的数据集都可能存在这种偏见：医疗数据、销售数据、住房数据、政治数据等。因为潜在的偏见非常普遍，所以数据集中的偏见也同样如此。甚至在计算机视觉中也会出现种族偏见，一位 Google Photo 的用户在推特上分享了照片，推特系统自动对这张照片做了分类，如图 3-8 所示。

图3-8：其中一个标签错得离谱……

是的，和你想的一样：Google Photo 将一位黑人用户和朋友的合照归类为"大猩猩"！这个算法上的失误引起了媒体的广泛关注。Google Photo 对此表示歉意："我们对此失误感到震惊，并致以真诚的歉意。"一位女发言人说："图像自动标记功能显然还有很大的优化和改善空间，我们希望今后能避免此类错误再次发生。"

不幸的是，当输入数据有问题时，修复机器学习系统中的问题很困难。正如《卫报》报道的那样（见图3-9），谷歌的第一次尝试并没有令人满意。

Google's solution to accidental algorithmic racism: ban gorillas

Google's 'immediate action' over AI labelling of black people as gorillas was simply to block the word, along with chimpanzee and monkey, reports suggest

▲ A silverback high mountain gorilla, which you'll no longer be able to label satisfactorily on Google Photos.
Photograph: Thomas Mukoya/Reuters

图3-9：谷歌对此错误归类问题的首次回应

这类问题当然不止发生在谷歌。麻省理工学院的研究人员研究了当前最流行的在线计算机视觉 API，以查看它们的准确程度。研究人员并不是仅仅计算一个精度数字，而是观察了四组数据的准确率，如图 3-10 所示。

例如，在 IBM 系统中，肤色较暗的女性的错误率高达 34.7%，而肤色较浅的男性的错误率为 0.3%——随着肤色变浅，错误率低了很多，只有最高时的 1%！有些人错误地认为这种差异仅仅是因为电脑更难识别深色皮肤。然而，这个错误识别的结果造成了严重的负面影响，所有受质疑的公司都对深色皮肤的模型进行了大幅改进，一年后，黑人人脸识别的效果几乎和浅色皮肤的人的识别效果一样好。这样的结果表明，开发人员开始没有利用足够多深色皮肤面孔的数据集，或者没有用深色皮肤面孔来测试他们的产品。

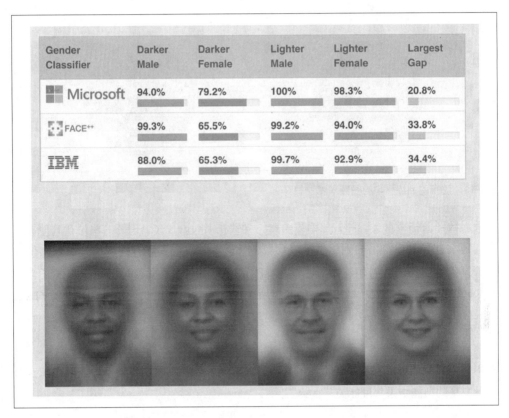

Gender Classifier	Darker Male	Darker Female	Lighter Male	Lighter Female	Largest Gap
Microsoft	94.0%	79.2%	100%	98.3%	20.8%
FACE++	99.3%	65.5%	99.2%	94.0%	33.8%
IBM	88.0%	65.3%	99.7%	92.9%	34.4%

图3-10：各种人脸识别系统的性别和种族错误率

麻省理工学院的研究员之一乔伊·布拉姆维尼（Joy Buolamwini）警告说："我们已经进入自动化的时代，过度自信却又毫无准备地一脚踏入了这个时代。如果我们不能开发出符合伦理且具有包容性的人工智能，那就有可能在机器中立的幌子下，面临失去取得的公民权利和性别平等方面成果的风险。"

导致这个问题的一部分原因是：训练模型的流行数据集似乎存在系统性失衡。什里娅·香卡（Shreya Shankar）等人在论文"No Classification Without Representation: Assessing Geodiversity Issues in Open Data Sets for the Developing World"（参见链接59）的摘要里指出："我们分析了两个可公开获得的大型图像数据集，用这两个数据集来评估地域多元化，发现这两个数据集似乎表现出显著地以美国为中心和以欧洲为中心的代表性偏见。此外，我们对在这两个数据集上训练的分类器进行分析，用来评估这些训练分布的影响，我们发现使用不同区域的图像训练出来的各个模型，模型之间的性能会有很明显的差异。"图 3-11 展示了论文中的一张图，显示了当时（在编写本书时依旧是这个数据）用于训练模型的两个最重要的图像数据集中的人脸所处的地理区域总览。

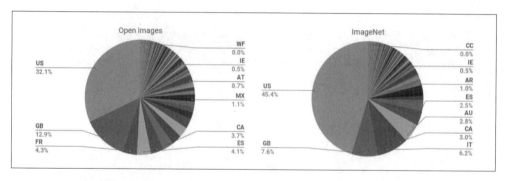

图3-11：流行的训练集中的图像来源

绝大多数图像都来自美国和其他西方国家，导致在 ImageNet 上训练的模型在其他国家和其他文化场景中得出的训练结果表现较差。例如，研究发现，这种模型在识别低收入国家的家居用品（例如，肥皂、香料、沙发或床）时效果更差。图 3-12 显示了来自 Facebook 人工智能研究所泰伦斯·德弗里斯（Terrance DeVries）等人撰写的论文"Does Object Recognition Work for Everyone?"（参见链接 60）中的一张图像，这张图像证实了这一点。

在本例中，我们可以看到，低收入国家的肥皂案例一点都不准确，每个商业图像识别服务对肥皂的预测结果都可能为"食物"！

另外，我们很快就会讨论到，绝大多数人工智能研究人员和开发人员都是年轻的白人男性。我们所见过的大多数项目，都是面向产品开发小组的朋友和家人开展用户测试的。考虑到这一点，我们刚才讨论的问题就不足为奇了。

自然语言处理模型数据的文本中也出现过类似的历史偏见，其以多种形式出现在机器学习的下游任务中。例如，一直到 2018 年，谷歌翻译才尝试将土耳其语中的中性代词"o"翻译成对应的英语代词，而翻译方案中的性别偏见被广泛报道（参见链接 61）：当申请的职位通常与男性相关时，英语翻译会将"o"译为英文的"he"，当申请的职位通常与女性相关时，"o"被译为英文的"she"（见图 3-13）。

在网络广告中也存在这种偏见。例如，穆罕默德·阿里（Mohammad Ali）等人在 2019 年的一项研究（参见链接 62）中发现，即使打广告的人没有故意歧视，Facebook 也会根据种族和性别向不同的用户展示相应的广告。Facebook 会向不同种族的用户推送文字相同但画面区分为白人或黑人家庭的房屋广告。

Ground truth: Soap   Nepal, 288 $/month

Azure: food, cheese, bread, cake, sandwich
Clarifai: food, wood, cooking, delicious, healthy
Google: food, dish, cuisine, comfort food, spam
Amazon: food, confectionary, sweets, burger
Watson: food, food product, turmeric, seasoning
Tencent: food, dish, matter, fast food, nutriment

Ground truth: Soap   UK, 1890 $/month

Azure: toilet, design, art, sink
Clarifai: people, faucet, healthcare, lavatory, wash closet
Google: product, liquid, water, fluid, bathroom accessory
Amazon: sink, indoors, bottle, sink faucet
Watson: gas tank, storage tank, toiletry, dispenser, soap dispenser
Tencent: lotion, toiletry, soap dispenser, dispenser, after shave

Ground truth: Spices   Phillipines, 262 $/month

Azure: bottle, beer, counter, drink, open
Clarifai: container, food, bottle, drink, stock
Google: product, yellow, drink, bottle, plastic bottle
Amazon: beverage, beer, alcohol, drink, bottle
Watson: food, larder food supply, pantry, condiment, food seasoning
Tencent: condiment, sauce, flavorer, catsup, hot sauce

Ground truth: Spices   USA, 4559 $/month

Azure: bottle, wall, counter, food
Clarifai: container, food, can, medicine, stock
Google: seasoning, seasoned salt, ingredient, spice, spice rack
Amazon: shelf, tin, pantry, furniture, aluminium
Watson: tin, food, pantry, paint, can
Tencent: spice rack, chili sauce, condiment, canned food, rack

图3-12：物体检测情况

图3-13: 文本数据集中的性别偏见

测量偏见

《美国经济评论》发表了"Does Machine Learning Automate Moral Hazard and Error"（参见链接63），森希尔·穆来纳森（Sendhil Mullainathan）和齐亚德·奥伯麦（Ziad Obermeyer）试图创建一个能解答这个问题的模型：使用电子医疗记录（EHR）数据，其中哪些因素最能预测中风？以下是该模型的主要预测指标：

- 中风史
- 心血管疾病
- 意外伤害
- 良性乳房肿瘤
- 结肠镜检查
- 鼻窦炎

上述指标中只有前两个指标与中风有关！根据我们到目前为止的研究，你可能会猜出原因。中风是因为供血中断导致大脑某个区域缺氧，而我们还没有真正测量过中风。我们能测量的是有那些症状的，去看过医生的，做过适当的检查和已确诊为中风的人。实际上，与这份完整清单相关的不仅仅是中风，这份完整清单还与就医者的类型相关（例如，获得医疗保健福利的人群，负担得起自付费用的人群，没有经历过种族或性别上的医疗歧视的人群等）！如果你可能会因意外伤害去看医生，那么你遇到中风时也可能会去看医生。

以上这个案例就属于测量偏见。当模型因为我们测量了不当的指标，或用错误的方式进行测量时，就会发生测量偏见，导致起不到预期的效果，甚至带来错误的结论或有害的应用。

聚合偏见

当模型没有将若干合适的数据聚合在一起，或者模型没有对一些特殊的群体进行特别处理时，我们使用了通用模型，这时就会出现所谓的聚合偏见。聚合偏见在医疗环境中尤为常见。例如，糖尿病的治疗方法通常基于简单的单变量统计数据和涉及少数异类人群的研究。治疗结果的分析通常不考虑种族或性别差异。但是，事实证明，不同种族的糖尿病患者存在不同的并发症（参见链接 64），而且不同种族和性别之间的 HbA1c 值（HbA1c 值广泛用于诊断和监测糖尿病）存在复杂的差异（参见链接 65）。倘若不区分群体，可能会导致误诊或治疗不当，因为医疗决策是基于一个简单的通用模型，这个通用模型不包含这些重要变量及不同表现之间的相关性。

代表性偏见

玛丽亚·德·阿尔泰加（Maria De-Arteaga）等人在论文 "Bias in Bios: A Case Study of Semantic Representation Bias in a High-Stakes Setting"（参见链接 66）的摘要中指出，职业中存在性别失衡（例如，女性更可能是护士，男性更可能是牧师），另外，"性别之间的真阳率差异，与职业中现有的性别比例失衡相关，而真阳率的差异可能加剧这些性别比例失衡。"

换句话说，研究人员注意到了这样一种现象，预测职业的模型不仅反映了实际中人口潜在的性别失衡，而且还能放大这种失衡现象！这种选择性偏见非常常见，尤其是对于简单的模型而言。当存在清晰易见的潜在关系时，简单的模型通常会假定这种关系一直存在。图 3-14 来自这篇论文，这张图展示了模型倾向于高估女性比例较高的职业的普遍程度。

例如，在训练数据集中，有 14.6% 的外科医生是女性，但是在模型预测中，只有 11.6% 的真阳率是女性。因此可以得知，这个模型放大了训练集中存在的偏见。

既然我们已经看到了这些偏见，那么应该如何缓解偏见呢？

解决不同类型的偏见

不同的偏见类型需要不同的方法来缓解。虽然收集更多样化的数据集可以解决代表性偏见，但这种做法对历史偏见或测量偏见毫无作用。所有数据集都有偏见，不存在完全没有偏见的数据集。研究偏见数据集这个领域的许多研究人员一直在收集一系列的建议，希望能更好地记录决策、环境、创建特定数据集的方法和原因、数据集的适用场景及局限性。这样一来，那些使用特定数据集的人就不会因为数据集的偏见和局限而无所适从了。

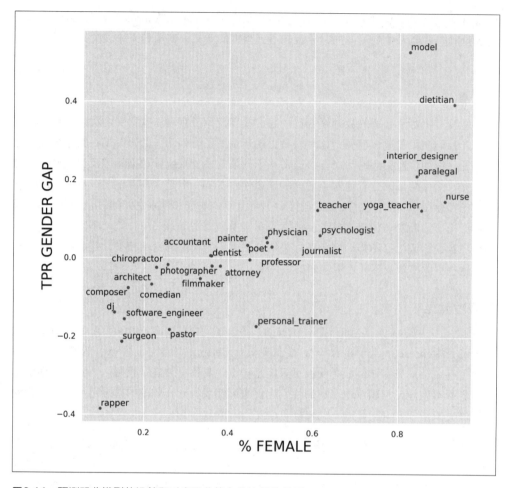

图3-14：预测职业模型的误差和对应职业的女性比例的关系

我们经常听到这样的问题："既然人都有偏见，那么算法有偏见要紧吗？"这样的问题数不胜数，好像必须要用一些合适的理由向这些人解释清楚，但从我们的视角来看，这样的问题本身似乎就不太合乎逻辑！无论这个问题的逻辑合理与否，重要的是要认识到算法（尤其是机器学习算法）和人是不同的。考量机器学习算法，我认为有以下几个要点：

机器学习可以创建反馈回路

　　少量的偏见会由于反馈回路而迅速呈指数级增加。

机器学习可以加剧偏见

　　人为偏见会导致更大程度的机器学习偏见。

算法和人不同

在实践中，人类作为决策者和算法作为决策者并未套用即插即用的互换方式。稍后我们会介绍相关示例。

科技就是力量

随之而来的就是责任。

正如阿肯色州医疗保障案例所示，我们之所以会在实践中使用机器学习来完成任务，不是因为机器学习可以带来更好的结果，而是因为它更便宜且更有效。凯茜·奥尼尔（Cathy O'Neill）在她的 *Weapons of Math Destruction* 一书中描述了一种广泛应用的模式，也就是富人享受着特权，而穷人受制于算法。这只是由算法来决定与由人类来决定的其中一种场景。还有其他场景，诸如：

- 人们更倾向于认为算法是客观的或没有错误的（即使算法是人所训练得来的）。
- 在没有上诉程序的情况下更可能实施算法。
- 算法经常被大规模使用。
- 算法系统很便宜。

即使没有偏见，算法（尤其是深度学习算法，因为它是一种有效且可扩展的算法）也可能导致负面的社会问题，例如，在传播谣言上。

谣言

谣言的历史可以追溯至百年甚至千年之前。谣言的危害不只是让一些人去无端相信一些错误的事情，更可以经常被用来传播不友好和不确定的事情，让人们开始放弃相信真理。人们同时听到矛盾的信息，会导致他们不知道该相信谁或相信什么。

有些人认为，谣言主要是错误信息或者是假新闻，但是实际上，谣言通常都诞生于真实情况，或是断章取义的半真实情况。拉迪斯拉夫·比特曼（Ladislav Bittman）曾是苏联的一名情报官员，后来投敌于美国。他在 19 世纪 70 年代和 80 年代写了一些书，书中的内容介绍了谣言在苏联宣传行动中的危害作用。在 *The KGB and Soviet Disinformation* 这本书中，他写道："大多数虚假宣传行动都是精心设计过的，混淆了事实真相、真假参半的信息、夸张的信息和故意捏造的谎言。"

美国联邦调查局（FBI）表示，2016 年某国利用大量谣言干预美国总统大选，这一事件在近几年已接近尾声。这就是一个很好的例子，理解其中的谣言非常有教育意义。例如，联邦调查局发现，该国参与传播谣言行动，经常会组织两边对立的假"低薪志愿者"示威抗议，以制造混乱！《休斯敦纪事报》对这出丑闻进行了报道：

一个自称"得克萨斯之心（Heart of Texas）"的组织在社交媒体上发布了这次行动的广告。在特拉维斯街（Travis Street）的路边，我看到了大概 10 个抗议者。在对面，我又发现了大约 50 个抗议者，但我看不到他们的组织者。没有"Heart of Texas"，我觉得这很奇怪，并且在文章中提问：怎么会有组织者不参加自己组织的抗议活动呢？现在我知道其中的原因了。很显然，抗议的组织者当时不在当地。该国企图篡改美国总统大选的结果，指使某互联网研究机构发起这场抗议行动。

谣言经常包括不真实行为的协调运动。例如，虚假账户可能被伪造成人们普遍认为的那样的页面。虽然大多数人都认为自己有独立思考的能力，但事实上，我们会受同圈层的群体影响，而不会受圈层外的其他人影响。网络上的争议会影响我们的观点，或者会改变我们认知的范围。人类是社会动物，作为社会动物，我们更容易受到身边人的影响。现在，网络环境中发生着越来越多的激进行为，因此，互联网中的人变得越来越有影响力。

由于深度学习提供的能力越来越强，因此自动生成的文本产生谣言这个问题变得特别严重。我们会在第 10 章深入讨论这个问题。

有人提议开发某种形式的数字签名，以一种无缝的方式来实施，并制定相应的规范，只信任经过验证的内容。艾伦人工智能研究所 CEO 奥伦·埃齐奥尼（Oren Etzioni）在一篇题为"How Will We Prevent AI-Based Forgery"（参见链接 67）的文章中写道："人工智能可以用便宜且自动化的方式产出高保真的谣言，这可能会给民主、安全和社会带来灾难性的后果。"面对人工智能制造的假象，我们需要采取行动，让数字签名成为一种认证数字内容的手段。"

虽然我们没能讨论深度学习或者所有广泛使用的算法会带来的所有伦理问题，但还是希望以上简短的介绍能成为一个好的出发点。接下来，我们将继续讨论如何识别伦理问题以及如何解决这些伦理问题。

识别和解决伦理问题

错误总会发生，发现并处理错误是任何包含机器学习（以及其他许多系统）系统设计的一部分。尽管数据伦理中提出的问题通常是复杂且跨学科的，但努力解决这些问题至关重要。

那么我们能做什么呢？这个问题的范围很大，我们在这里提供了一些解决伦理问题的步骤：

- 分析你正在做的项目。
- 在你的公司落地发现和解决伦理风险的流程。

- 支持良好的政策。
- 增加多元化。

从分析你正在做的项目开始，一步步地完成每个步骤。

分析你正在做的项目

在考虑你自己的工作受伦理的影响时，你可能很容易错过重要的问题。简单地提出正确的问题就显得非常重要了。雷切尔·托马斯（Rachel Thomas）给出了他的建议，在数据项目的整个开发过程中可以考虑以下问题：

- 我们真的应该这样做吗？
- 数据中存在什么偏见？
- 可以审核代码和数据吗？
- 不同子群的错误率是多少？
- 简单的规则式替代方法的准确率如何？
- 什么流程可以处理申诉或错误？
- 建立的团队多样化程度如何？

这些问题也许可以帮你辨别明显的问题，以及辨别更可能的、更容易理解和控制的替代方案。除了需要考虑提出正确问题，考虑实现的做法和过程也很重要。

在这个阶段，需要考虑的事情是要收集和存储什么数据。数据通常被用来帮助实现不同的目的。例如，IBM 早在大屠杀之前就开始向德国纳粹销售它的产品，包括在 1933 年协助阿道夫·希特勒（Adolf Hitler）进行德国人口普查，以便有效识别出德国还未发现的犹太人。同样，二战期间，美国人口普查数据被用来围捕日裔美国人（美国公民）。重要的是，我们要认识到收集到的数据和图像以后会以怎样的形式被武器化。哥伦比亚大学教授 Tim Wu 写道："你必须想到，Facebook 或 Android 保存的所有个人数据都是世界各国政府试图获取的数据，或者是小偷试图窃取的数据。"（参见链接 68。）

落地流程

马库拉应用伦理学中心发布了用于工程 / 设计实践的伦理 Toolkit（参见链接 69），其中包含了在公司落地的具体做法，包括通过定期扫描来主动寻找伦理风险（以某种类似网络安全渗透测试的方式），扩大伦理圈，涵盖各种利益相关者的观点，并考虑恐怖分子（不良行为者会如何滥用、窃取、误解、破解、破坏或武器化你正在构建的东西）。

即使你的团队不是一支多元化的团队，你也可以积极地尝试学习更多其他团队的观点，可以考虑以下问题（由马库拉应用伦理学中心提供，参见链接 70）：

- 哪些人的兴趣、愿望、技能、经验和价值观只是我们自己先给了一个预设,而不是实际调研得出的?
- 哪些利益相关者将直接受到我们的产品的影响?他们的利益是如何得到保护的?我们怎么知道他们真正的兴趣是什么——我们真正问过他们吗?
- 谁/哪些群体和个人将受到间接的重大影响?
- 哪些人可能会以我们预期之外的形式使用我们的产品?

伦理视角

马库拉应用伦理中心的另一个有用的资源是它的技术和工程实践中的概念框架(参见链接71)。这个框架表明了如何用不同的基本伦理视角来协助识别具体问题,并列出了以下方法和关键问题:

正确的方法

哪种选择最能尊重所有利益相关者的权利。

正义的方法

哪种选择是平等待人的,哪种选择是偏心待人的。

实用主义的方法

哪种选择可以产生最大的好处和造成最小的伤害。

通用的好方法

哪种选择可以完美地服务好整个群体,而不仅仅是服务好部分成员。

道德取向的方法

哪种选择会指引我成为自己想成为的那种人。

马库拉应用伦理中心的建议还包括深入探讨以下这些观点,包括以结果为导向的视角来看待每个项目:

- 谁将直接受到这个项目的影响?谁会间接受到影响?
- 总体而言,这些项目产生的好影响会多于坏影响吗?包含哪些类型的好影响和坏影响?
- 我们是否考虑了所有相关的坏影响/收益类型呢(心理的、政治的、环境的、伦理的、认知的、情感的、制度的、文化的)?
- 这个项目会对未来的人们产生怎样的影响?
- 该项目带来的伤害风险是否会更容易发生在社会最弱势的人身上?富人会更容易获取收益吗?

- 是否充分考虑了"两用"和非预期的下游效应？

除了伦理视角，另一种是义务论视角，这个视角关注的是对与错的基本概念：

- 我们必须尊重他人的哪些权利和义务？
- 这个项目会怎样影响每个利益相关者的尊严和自主权？
- 与这个设计／项目相关的信任和正义的考虑因素是什么？
- 该项目是否会与他人的道德责任相冲突，或与利益相关者的权利相冲突？如何对这些问题进行优先级排序？

要想得出完整、全面且深思熟虑的回答，最好的方法之一就是让各种不同背景的人来提问。

多元的力量

Element AI（参见链接 72）的一项研究显示，目前人工智能研究人员只有不到 12% 是女性。种族和年龄相关的统计数据也同样可怕。倘若团队中的每个人的背景都很相似，那么这个团队很可能在伦理风险方面有着相似的盲点。《哈佛商业评论》（HBR）发表了一系列的研究，这些研究都表明了多元化团队有许多好处，以下是他们的研究文章：

- "How Diversity Can Drive Innovation"（参见链接 73）
- "Teams Solve Problems Faster When They're More Cognitively Diverse"（参见链接 74）
- "Why Diverse Teams Are Smarter"（参见链接 75）
- "Defend Your Research: What Makes a Team Smarter? More Women"（参见链接 76）

多元化可以帮助团队更早地发现问题，并想出更适用的解决方案。例如，Tracy Chou 是 Quora 的一位早期工程师，她记录了自己的经历（参见链接 77），在她所写的经历中，她描述了她在内部倡导添加一个功能将"网络喷子"和其他不良行为者拉入小黑屋。Chou 说道："我很想上线这个功能，因为我个人对这类人群感到反感（并不是因为我是女性我才要这么做）……但是，如果我没有坚持自己的个人观点，那么 Quora 团队很可能在最开始就不会考虑做一个拉黑名单之类的按钮。"骚扰的言论和行为往往会促使被边缘化的用户离开在线平台，因此要维持 Quora 社区的生态健康，这样的功能尤为重要。

还有一个我们需要理解的重点问题，那就是女性离开科技行业的速度是男性的两倍多。根据《哈佛商业评论》的调查（参见链接 78），41% 的科技行业的女性离职，而男性离开科技行业的比例为 17%。一项就 200 多本图书、白皮书和文章得出的分析发现，这些女性离开的原因是："在科技行业中，女性受到了不公平的对待；自己所获得的薪酬过低，也不能像男性同事那样快速晋升，甚至不能晋升。"

有一些研究已经证实并发现了女性在职场中更难获得晋升的因素。在绩效评估中，女性往往会得到更多模糊的反馈和性格上的批评，而男性通常会得到与业务结果相关的实用建议反馈（这比模糊的批评更有用）。对于更具创造性和创新性的职位，女性往往被排除在外，她们也得不到有助于晋升的可以被看到的"拓展性"任务。曾经有一项研究发现，男女双方在读相同的剧本，但是人们认为男性的声音比女性的声音更有说服力、更有理有据、更有逻辑。

据统计发现，接受指导有助于男性进步，但对女性却无济于事。这个结果背后的原因是，女性在接受指导时，她们获取的是应该如何改变自己和认清自己的建议。当男人接受指导时，他们得到的是对自己权威的公开认可。那么你觉得哪一种指导对升职更有用呢？

只要能胜任工作的女性继续退出科技行业，教再多的女性编程也不能解决这个领域的多元化问题。有色人种面临着多种形形色色的偏见和障碍，现在的工作依旧强调以白人女性为主，而这往往会终结多元化。从对 60 位从事 STEM 研究的有色人种女性做过的访谈（参见链接 79）中，我们得知 100% 的有色人种都经历过歧视。

科技行业的招聘流程尤其不规范。Triplebyte 是一家帮助其他公司招聘软件工程师的公司，在招聘过程中，他们会对面试者进行标准化的技术面试，这家公司发现了现有科技行业的招聘乱象。Triplebyte 公司有一个特别牛的数据集：这个数据集中包括 300 多名工程师的考试成绩，以及这些工程师在不同公司的面试表现。Triplebyte 的研究（参见链接 80）得出的第一项发现是："每个公司想招聘的程序员的类型通常与公司的需求或工作无关。他们所招聘的人要与公司文化和创始人的背景很匹配。"

对于那些试图进入深度学习领域的人来说，这是一个挑战，因为如今大多数公司的深度学习团队都是由学者创立的。这些学者倾向于招聘"喜欢他们"的人——也就是说，他们喜欢那些能解决复杂的数学问题并理解晦涩难懂的"黑话"的人。而这些学者往往无法辨别那些真正擅长使用深度学习来解决实际问题的人。

这给那些已经准备好超越地位和出身、专注于结果的公司带来了巨大的机会!

公平、问责和透明

计算机科学家专业协会（ACM）举办了一个名为"公平、问责和透明"（ACM FAccT）的数据伦理会议，以前这个会议的缩写是 FAT，但现在改成了不那么令人反感的缩写 FAccT。微软也有一个专注于 AI（FATE）的公平、问责、透明和伦理的组织。在本节中，我们将使用缩写 FAccT 来指代公平、问责和透明等概念。

FAccT 是一些人用来考虑伦理问题的视角。梭伦·巴洛卡斯（Solon Barocas）等人的免费在线书籍 *Fairness and Machine Learning: Limitations and Opportunities*（参见链接 81）

是一个很有帮助的资源，它为机器学习提供了一个视角，将公平视为核心问题，而不是未来才考虑的问题。然而，书中也警告称，它"有意缩小了范围……狭隘的机器学习伦理框架可能更吸引技术专家和企业，他们会专注于技术干预，同时回避有关权力和问责的更深层次问题。我们要对这种诱惑保持警惕"。在这里，我们需要重点关注这种狭隘框架的局限性，而不是对伦理的 FAccT 方法做概述（其他书对 FAccT 的讲解肯定比本书更详尽）。

要想知道自己的伦理视角是否全面，一个好方法是自己试着举出一个例子，举一个用自己的视角和道德直觉给出不同结果的例子。Os Keyes 等人在他们的论文 "A Mulching Proposal: Analysing and Improving an Algorithmic System for Turning the Elderly into High-Nutrient Slurry"（参见链接 82）中，用图表的形式展示了这样一个例子。论文摘要是这样描述的：

> 人机交互（HCI）、技术设计和开发的兴趣社群早已广泛讨论过算法系统的伦理意义。在此篇论文中，我们将探索一个重要的伦理框架——公平、问责和透明——在算法中的应用。应用了这个伦理框架的算法解决了粮食安全、人口老龄化等各种社会问题。我们通过使用各种标准化形式的算法来审计和评估，从而大大提升算法符合 FAT 框架的程度，因此形成了一个更加符合伦理和有益的生态系统。我们将讨论如何将这个系统作为其他研究人员或从业者的指南，来帮助他们确保从自己所从事的工作领域的算法系统获得更好的伦理结果。

在这篇论文中，提议"帮助老年人接触更高质量的食品"就相当有争议，这个提议和结果（"大大提升算法符合 FAT 框架的程度，因此形成了一个更加符合伦理和有益的系统"）是矛盾的……

在哲学中，尤其是伦理哲学中，其中一个最有效的分析思路是：为解决一个问题，我们需要先提出一组问题，并将其中的概念定义清楚，然后总结出一套流程等，接下来试着举出一个例子，针对这个例子能想到的第一个解决方案，通常会是没有特别认真思考、拍脑袋的想法，这就需要我们更进一步地改进最初的解决方案。

到目前为止，我们所关注的是你和组织可以做的事情。但有时个人或组织光有行动是不够的。政府也需要考虑政策的影响。

政策的作用

我们经常与想要完善自身技术或设计的朋友交流，这些朋友想全面解决我们一直在讨论的各种问题；例如，采取某种技术手段来消除偏见数据，或设计指南来避免成为技术的奴隶（变得对技术上瘾）。尽管上述所说的这些方式可能有些作用，但仍不足以解决我们目前遇到的根本问题。例如，只要创造令人上瘾的技术就可以获取利益，公司就会继续这样做，而不管这样的技术是否会促进阴谋论的发展，或是否会产生污染我们的信息生态系统的副作用。尽管个别设计师可能会尝试调整产品的设计方案，但只要涉及潜在的利益，我们就无法看到实质性的变化。

监管的有效性

要想知道公司怎样才会采取具体行动，可以思考一下 Facebook 采取措施的两个案例。2018 年，联合国的一项调查发现，Facebook 在正在进行中的罗兴亚人种族灭绝中起着"决定性作用"。罗兴亚人是缅甸的少数族裔，联合国秘书长安东尼奥·古特雷斯（Antonio Guterres）称他们是"世界上最受歧视的种族"。当地的激进派一直在警告 Facebook 高管，称自 2013 年以来，Facebook 就一直被用来助长传播仇恨言论和煽动暴力。2015 年，人们警告 Facebook，说这个平台对缅甸的影响，可能和广播电台对卢旺达种族灭绝的大屠杀的影响一样（当时有 100 万人遇难）。但是，到 2015 年年底，Facebook 仅聘用了 4 位讲缅甸语的合同工。一位知情人士说："这不是事后诸葛。这个问题的范围很大，而且问题已经很明显了。"扎克伯格在国会听证会上承诺：Facebook 会在 2018 年扩招"数十名"缅甸语内容审核员，来监控有关仇恨言论的报告并协助遏制大屠杀行为（罗兴亚人已遭受多年的杀戮行为，2017 年 8 月后至少有 288 座罗兴亚村庄遭受大面积纵火破坏）。

与罗兴亚人事件形成鲜明对比的事情是，Facebook 迅速在德国雇用了 1200 人（参见链接 83），为了尝试避免德国一项新的反对仇恨言论的法律会给 Facebook 带来高额罚款（最高会罚 5000 万欧元）。显然，就这两个事件来看，Facebook 对罚款的反应比对少数族裔的大屠杀的反应要大得多。

> 这个监管项目在第一世界如此成功，以至于我们有可能忘记之前生活的模样。如今在雅加达和德里造成了上千人遇难的雾霾，曾经是伦敦的象征（参见链接 84）。俄亥俄州的奎亚霍加河曾经经常着火（参见链接 85）。在一个无法预料后果的恐怖案例中，在汽油中添加四乙基铅导致全球暴力犯罪率（参见链接 86）在 50 年内一直在变高。无论是告诉人们用钱解决，还是要他们仔细检查与自己业务有关的每一家公司的环境政策，或是停止使用有问题的技术，都无法消除这些危害。为了解决这些问题，需要采用协调一致的、高技术性的法规。在某些情况下，法规需要得到全球的共识，例如，禁止使用臭氧层的商用制冷剂（参见链接 87）。现在，我们正处于需要对隐私法做转变的时刻。

权利与政策

干净的空气和洁净的饮用水都是公共物品，几乎不可能通过单一的市场决策加以保护，需要协调各方开展监管行动。同样，滥用技术造成的多种意外危害会牵连到公共环境，如污染信息环境或破坏环境隐私。我们现在总是把隐私定义为一项个人权利，但现在处处存在的监视会产生社会影响（即使有少数人可能选择不参与受监视，但这种情况仍然存在）。

我们在科技领域看到的许多问题都是人权问题，比如，一个有偏见的算法建议黑人被告者的刑期应该更久时，又比如只向年轻人展示特定的招聘广告时，抑或警察使用面部识别技术辨别抗议者时。法律往往是适合用来解决人权问题的途径。

我们需要注意法律法规的改变，也需要注意个人的伦理行为。改变个人行为不能解决来历不明的利益和后果（企业获得巨额利润，同时将成本和危害转嫁给整个社会），或者解决系统性的失败。然而，法律永远无法解决所有的边缘案例，但很重要的是，个别软件开发人员和数据科学家却能够在实践中做出合理的伦理决策来避免这些边缘问题。

汽车：前车之鉴

我们面临的问题都很复杂，没有简单的解决办法。听到这里，你可能挺沮丧的，但我们在回顾历史时看到了以前的人应对的其他大型挑战，从中找到了希望。这个案例是提升汽车安全性的运动，蒂姆尼特·格布鲁（Timnit Gebru）等人在论文"Datasheets for Datasets"（参见链接88）和独立设计播客（99% 被忽视的世界）（参见链接89）中提到了关于汽车的研究。早期的汽车没有安全带，仪表盘上的金属旋钮在撞车时可以插入人的头骨，普通的平板玻璃窗粉碎时会使人受伤，无法伸缩的方向盘柱会刺穿开车司机。然而，汽车公司曾经拒绝解决安全问题，而且大众形成一个通识认知，汽车就是汽车，驾驶问题是驾驶员本身造成的。

消费者安全倡导者花了几十年的时间才改变了全国的通识认知，大众才意识到汽车公司或许也需要对驾驶问题负责，我们需要对汽车公司加以监管。发明出伸缩式方向盘时，由于无法从中获取经济利益，多年来没有一家公司选择去使用这个新产品。大型汽车公司——通用汽车公司雇用了私家侦探，试图找到消费者安全倡导者拉尔夫·内德的丑闻。最终，成功要求汽车公司用上了安全带、使用假人做撞车测试以及更换了可伸缩的方向盘柱。直到 2011 年，汽车公司才被要求开始使用代表普通女性身体的假人做撞车测试，不仅仅局限于使用普通男性身体的假人做撞车测试；2011 年以前，在同样撞车场景的车祸中，女性受伤的可能性比男性高出 40%。这就是因为偏见、政策和技术产生巨大影响的一个生动例子。

结论

对于需要使用二元逻辑背景的人来说，缺乏明确答案的伦理学起初会让人感到沮丧。然而，我们所做的工作将如何影响世界，我们的工作将会产生怎样意想不到的后果，是否会成为坏人的武器，这些都是我们可以（而且是应该）考虑的问题。尽管这些问题都没有简单的答案，但我们需要认识到明确的陷阱，并尽量避免和实践，以确保我们最终做的工作更符合伦理。

如何避免技术的有害影响这个问题，许多人（包括我们）都在寻找更令人满意的、可靠的解决办法。然而，我们所面临的问题复杂、影响范围大和具有跨学科性质，所以并没有简单的解决办法。ProPublica 前高级记者茱莉亚·安格温（Julia Angwin）专注于算法偏见和监控问题，她是 2016 年 COMPAS 累犯算法调查员之一，她在 2019 年的一次采访中说，这个算法帮助推动了 FAccT 领域的发展（参见链接 90）：

> 我坚信，要想解决问题，首先需要分析出现问题的原因，并且现在我们仍处于分析原因的阶段。回顾一下世纪转折和工业化转折阶段，我不知道，30 年来都在雇用的童工，人们的工作时间毫无规范，工作条件非常糟糕，这些都需要大量的记者来揭发问题，并做相应的倡导来找到问题的原因和解决方案。我们需要找到问题的本质，然后做出行动以促使进一步修正法律。我觉得我们正处于数据信息的第二工业化时代……对我而言，我的目标是尽力分析清楚有哪些消极面，并准确地找到这些消极面的深层原因，以便后续可以解决这些消极影响。这个任务很艰巨，需要更多的人和我一起战斗。

令人宽慰的是，安格温认为我们在很大程度上依旧处于分析原因的阶段：如果你不能完全理解这些问题，没关系，这是很正常也很自然的事情。虽然我们依旧必须保持努力，更好地理解和解决我们所面临的问题，但目前还没有人能得出解决这些问题的"良策"。

本书的一位审校者——弗雷德·梦露（Fred Monroe），曾经从事过对冲基金交易，他告诉我们，在阅读了本章之后，许多我们所讨论的问题（诸如数据的分布与模型的训练有很大不同，反馈回路对模型大规模部署后的影响，等等）都是创建盈利交易模型的关键问题。你需要考虑的和社会后果相关的事情错综复杂，需要考虑公司、市场和你面向的客户——因此，认真思考伦理规范也可以帮助你认真思考如何让你的数据产品更成功！

问题

1. 伦理是否提供了一份"正确答案"的清单？

2. 在考虑伦理问题时，与不同背景的人在一起工作有何帮助？

3. IBM 在德国纳粹中扮演了什么角色？为什么公司要这么做？那些工作人员为什么要参与其中？

4. 大众柴油丑闻中第一个入狱的人的工作角色是什么？

5. 加州执法官员维护的犯罪嫌疑人数据库有什么问题？

6. 为什么 YouTube 的推荐算法会向恋童癖推荐穿衣少的儿童家庭视频（即使谷歌的员工没有特意为这个特征编程）？

7. 指标过于集中化会有什么问题？

8. 为什么 Meetup.com 不把性别特征纳入科技会议的推荐系统？

9. 根据苏雷什和古塔格的说法，机器学习中的六种偏见是什么？

10. 举两个美国历史上种族偏见的例子。

11. ImageNet 中的大多数图像来自哪里？

12. 在论文 "Does Machine Learning Automate Moral Hazard and Error?" 中，为什么鼻窦炎被认为是中风的前兆？"

13. 什么是代表性偏见？

14. 在做决策时，机器和人有什么不同？

15. 谣言和"假新闻"是一回事吗？

16. 为什么自动生成的文本产生的谣言是一个特别严重的问题？

17. 马库拉应用伦理中心描述的五个伦理视角是什么？

18. 政策在哪里解决数据伦理问题是一种合适的方法？

深入研究

1. 请阅读文章 "What Happens When an Algorithm Cuts Your Healthcare"（参见链接 91）。这样的问题未来我们如何避免？

2. 了解更多关于 YouTube 的推荐系统及其社会影响的研究。你认为推荐系统一定总会出现负面结果的反馈回路吗？谷歌会采取什么方法来避免这些反馈回路呢？政府会采取怎样的措施呢？

3. 请阅读论文 "Discrimination in Online Ad Delivery"（参见链接 92）。你觉得谷歌应该为斯威尼医生的死负责吗？怎样的回应才算是合适的回应呢？

4. 一个跨学科的团队可以怎样帮助避免消极的后果？

5. 请阅读论文 "Does Machine Learning Automate Moral Hazard and Error?"（参见链接 93）。你认为应该采取什么行动来解决这篇论文中发现的问题？

6. 请阅读论文 "How Will We Prevent AI-Based Forgery?"（参见链接 94）。你认为 Etzioni 提出的方法可行吗？为什么？

7. 完成本章"分析你正在做的项目"部分。

8. 想一想你的团队是否可以更多元化。如果你拥有多元化团队，哪些方法可能有所帮助？

上手实践深度学习：圆满完成

恭喜你！你已经读完了这本书的第 I 部分。在本部分中，我们向你展示了深度学习可以做什么，以及如何使用它来创建真正的应用程序和产品。现在，如果你花一些时间去上手实践你所学到的知识，你将获得很多从本书中学不到的更多知识。如果你已经上手实践了的话，那简直太棒了！如果没有，那也没什么问题——现在是你自己开始上手实践的好时机。

倘若你还没有访问过本书的网站，请立即前往这个网站（参见链接 9）。准备好运行 notebook 非常重要。要想在深度学习领域高效工作，离不开实践，因此你需要自己训练模型。如果你还没有开始做这些实践，请立即开始运行你的 notebook！同时，及时查看网站上的所有重要更新和重要通知；深度学习知识的变化很快，我们无法保证现在印刷的版本是最新内容，因此你需要在本书的网站上获取最新信息。

请确保你已完成以下步骤：

1. 连接上了本书网站上推荐的一台 GPU Jupyter 服务器。

2. 自己运行第一个 notebook。

3. 上传你在第一个 notebook 中找到的图像；然后尝试一些其他种类的图像，看看会发生什么。

4. 运行第二个 notebook，基于你提出的图像搜索问题收集自己的数据集。

5. 思考如何使用深度学习来帮助你完成自己的项目，包括可以使用哪些类型的数据，可能会出现哪些类型的问题，以及在实践中如何缓解这些问题。

在本书的下一部分中，我们将不限于实践，你将了解到深度学习的工作原理。理解为什么从事该领域的工作人员和研究者很重要以及他们如何变得这么重要的。因为在这个新领域，几乎每个项目在一定程度上都需要做定制化服务和调优。你对深度学习了解得越多，你的模型表现得就会越好。高层管理者和产品经理等不需要具有良好的深度学习基础（但是这些知识总归是有用的，所以需要的时候请随时阅读），但对于需要自己培训和部署模型的研究者和技术人员而言，掌握这些深度学习的基础是至关重要的。

理解fastai的应用

第 4 章

深入探索谜底：训练数字分类器

在第 2 章中我们已经了解了如何训练不同的模型，但之前的操作都太过于笼统了，现在让我们揭开训练过程那神秘的面纱，帮助你更深入地理解训练过程中的每一个细节。我们首先会使用计算机视觉方法介绍深度学习的基本工具和概念。

确切地说，我们将介绍一种强大的技术，这种技术可以通过数组（array）、张量（tensor）和广播法则（broadcast）来更好地表达。我们将会讲解随机梯度下降（SGD），这是一种通过自动更新权重来进行迭代学习的机制。同时，我们会讨论，在基础的分类任务中，如何选择损失函数（loss），以及讨论小批次（mini batches）的作用。另外，我们会描述基础神经网络中所运用的数学运算。最后，我们将会整合以上所有内容。

在后续章节中，我们还将深入研究深度学习的其他应用，并了解这些概念和工具是如何泛化的。本章可以帮你打好基础。说实话，由于这些概念相互依赖，关系密切，这也使本章成为最难的章节之一。就像拱门一样，所有石头都必须放置在合适的位置，以保持结构不变。而当你完全学会之后，你的知识也会像拱门一样，成为可以支撑其他事物的有力结构。但这需要你花一些耐心来搭建知识架构。

让我们开始吧！深入理解的第一步就是要考虑在计算机中如何实现图像表达。

像素：计算机视觉的基础

要理解计算机视觉模型中的种种情况，首先我们必须理解计算机处理图像的方式。我们将使用计算机视觉中最著名的数据集之一——手写数字识别数据集 MNIST（参见链接 95），即利用 MNIST 数据集进行试验。MNIST 数据集包含手写数字的图像信息，这一类图像信息由国家标准与技术研究所收集，并由杨立昆（Yann Lecun）及其同事整理到机器学习数据集中。1998 年，杨立昆在 LeNet-5（参见链接 96）中使用了 MNIST，

LeNet-5 是第一个读取并识别手写数字序列的计算机系统，该系统可以快速且精准识别手写数字。这是 AI 历史上最重要的突破之一。

坚毅与深度学习

如果用一个词来介绍深度学习的故事，那就是"坚毅"。为数不多的科研人员深藏执念，致力于深度学习。在早期的吹嘘愿景和大肆宣传之后，神经网络在 20 世纪 90 年代和 21 世纪再次进入寒冬，仅有少数的推动者仍坚持发展神经网络。尽管众多的机器学习和统计学群体都对大冷门的神经网络深感怀疑，深度学习后来还是大获全胜。2018 年，杨立昆（Yann Lecun）、约书亚·本希奥（Yoshua Bengio）和杰弗里·辛顿（Geoffrey Hinton）三人被授予计算机科学领域的最高荣誉——图灵奖（图灵奖通常被称为计算机科学领域中的诺贝尔奖）。

辛顿说，相比先前出版的学术论文，那些结果更优的论文被顶级期刊和会议拒绝、论文无法顺利通过的原因，只是因为作者在文中使用了神经网络。杨立昆投身于卷积神经网络的研究，该研究表明这些模型可以阅读手写文本，这一功能以往从未实现过。我们将会在下一节学习卷积神经网络。然而，虽然杨立昆的模型已经应用于商业，识别了美国 10% 的支票！但是当时的大多数研究者还是不看好杨立昆的这项突破。

除了这三位图灵奖获得者，其他许多研究人员也在坚持不懈地发展神经网络，这才有了我们今天的深度学习。比如，很多人都认为 Jurgen Schmidhuber 应该共享图灵奖，因为他提出了很多重要的开创性理念，包括他和学生（Sepp Hochreiter）共同提出了长短期记忆人工神经网络（LSTM）架构，而 LSTM 被广泛应用于语音识别和其他文本任务中，第 1 章提到的 IMDb 例子中也使用过 LSTM。还有，也许最重要的发展是：Paul Werbos 在 1974 年发明了神经网络的反向传播算法。反向传播算法被广泛用于训练神经网络，本章也会展示这个算法。人们几乎在数十年都忽略了 Paul Werbos 带来的发展，但是在今天，反向传播算法被认为是现代 AI 技术最重要的基石。

这是我们所有人都要学习的一门课。在你的深度学习之旅中，会面临许多坎坷，这些坎坷包括技术和身边的人，他们往往不相信你会成功，这往往会造成更艰难的坎坷。有一种方式是注定会失败的，那就是停止尝试。众所周知，每一位 fast.ai 的学生，倘若能够成为世界级的实践者，无一例外他们都是极度坚毅的。

在本入门教程中，我们将尝试创建一个可以将写有数字 3 和数字 7 的图像区分开的模型。因此，需要下载一个仅包含这些数字图像的 MNIST 数据样本：

```
path = untar_data(URLs.MNIST_SAMPLE)
```

可以使用 fastai 内置的方法 ls 来查看此目录中的内容。使用 ls 会返回一个特殊的 fastai 类（通常称其为 L）的对象，该对象具有 Python 内置的 list 函数中的所有功能和更多其他功能。其中一项非常方便的特性是，在打印时，它不仅会列出所有项目，还会在项目最前面显示具体的项目数（如果有 10 个以上的项目，则仅列出前几个项目）：

```
path.ls()
(#9) [Path('cleaned.csv'),Path('item_list.txt'),Path('trained_model.pkl'),Path('
> models'),Path('valid'),Path('labels.csv'),Path('export.pkl'),Path('history.cs
> v'),Path('train')]
```

MNIST 数据集遵循机器学习数据集的常用布局：在单独文件夹中存储训练集、验证集和 / 或测试集。让我们看看训练集中的内容：

```
(path/'train').ls()
(#2) [Path('train/7'),Path('train/3')]
```

在训练集所属的文件夹中，包含一个全为数字 3 的图像文件夹和一个全为数字 7 的图像文件夹。用机器学习的术语来说，"3" 和 "7" 是该数据集中的标签（或目标）。让我们看一下其中的一个文件夹（使用 sorted 可确保我们得到的是相同的文件排序）：

```
threes = (path/'train'/'3').ls().sorted()
sevens = (path/'train'/'7').ls().sorted()
threes

(#6131) [Path('train/3/10.png'),Path('train/3/10000.png'),Path('train/3/10011.pn
> g'),Path('train/3/10031.png'),Path('train/3/10034.png'),Path('train/3/10042.p
> ng'),Path('train/3/10052.png'),Path('train/3/1007.png'),Path('train/3/10074.p
> ng'),Path('train/3/10091.png')...]
```

正如我们所料，该文件夹中全是图像文件。现在来看其中一个图像文件。这是手写数字 3 的图像，这张图像取自著名的 MNIST 手写数字数据集：

```
im3_path = threes[1]
im3 = Image.open(im3_path)
im3
```

3

在这里，我们使用来自 *Python Imaging Library*（PIL）的 Image 类，这是 Python 包中使用最广泛的一个类，可以用于打开、操作和查看图像。PIL 的图像格式可以用 Jupyter 适配，因此将使用 Jupyter 为我们自动显示图像。

在计算机中，一切都以数字表示。要查看组成该图像的数字，我们必须将这张图像转换

为 *NumPy* 数组或 *PyTorch* 张量。例如，这是将图像的一部分转换为 *NumPy* 数组的案例：

```
array(im3)[4:10,4:10]
array([[ 0, 0, 0, 0, 0, 0],
       [0, 0, 0, 0, 0,29],
       [ 0, 0, 0, 48, 166, 224],
       [ 0, 93, 244, 249, 253, 187],
       [ 0, 107, 253, 253, 230, 48],
       [ 0, 3, 20, 20, 15, 0]], dtype=uint8)
```

`4:10` 表示请求从索引 4（含 4）到 10（不含 10）的行，对列也是如此。NumPy 从上到下并从左到右索引，因此此部分位于图像的左上角附近。这与 PyTorch 张量相同：

```
tensor(im3)[4:10,4:10]
tensor([[ 0, 0, 0, 0, 0, 0], [0, 0, 0, 0, 0,29],
        [ 0, 0, 0, 48, 166, 224],
        [ 0, 93, 244, 249, 253, 187],
        [ 0, 107, 253, 253, 230, 48],
        [ 0, 3, 20, 20, 15, 0]], dtype=torch.uint8)
```

我们可以对数组进行切片，仅选择切片中数字顶部的部分，然后使用 Pandas DataFrame 以渐变形式的颜色对值进行上色，这清楚地展示了如何通过像素值创建图像：

```
im3_t = tensor(im3)
df = pd.DataFrame(im3_t[4:15,4:22])
df.style.set_properties(**{·font-size·:·6pt·}).background_gradient(·Greys·)
```

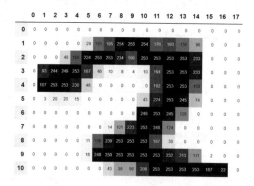

可以看到，背景中的白色像素存储为数字 0，黑色像素存储为数字 255，灰色阴影位于两者之间。整张图像横向包含 28 个像素，纵向也包含 28 个像素，总共包含 768 个像素。（这比你从手机摄像头获得的图像要小得多，一般摄像头都具有数百万个像素，但是 28×28 的像素值更便于我们初步学习和试验。不久之后我们将构建更大的全彩色图像。）

现在你已经了解了图像在计算机中的呈现形式，让我们再次回想一下我们的目标：要创建一个可以识别数字 3 和数字 7 的模型。怎样才能让计算机实现这个目标呢？

停下来想一想!

在继续学习之前，不妨花些时间想一想计算机会如何识别这两个数字（数字 3
和数字 7）。计算机能对哪些特征进行查询？它又是如何识别这些特征的呢？计
算机会如何结合这些特征呢？当你不只是阅读别人的答案，而是学会实践，能
够自己解决问题时，那你的学习效果最好。所以，现在就放下这本书几分钟，
拿起纸和笔，写下一些你的想法吧！

第一次尝试：像素相似度

因此，第一个想法就是：我们可以找到数字 3 的每个像素的平均像素值，同样再找到数
字 7 的每个像素的平均像素值。这样就可以得到两个组的平均像素值，可以称该平均值
为"理想"的 3 和 7。然后，为了将图像分类为某个数字或其他数字时，我们需要看这
张图像与哪一个理想数字（理想的 3 或理想的 7）最相似。有参照当然比没有参照好，
所以我们会以这个参照作为良好的基准。

术语：基准

如果你对一个简单模型有十足把握的话，那它也理所应当表现出良好的性能。
这种模型应该简单、好上手且易于测试，这样一来你就可以用它来测试每个改
进的想法，并确保它们总是比基准更好。如果不以合理的基准作为起点，就很
难知道具有你的想象力的模型是否有用。创建基准的一种好方法就是考虑一个
简单、易于实现的模型。另一个不错的方法是四处搜寻，以找到有与你类似的
问题并将其解决的其他方法，然后下载并在你的数据集上运行它们。理想情况
下，这两种方法都要尝试！

简单模型的第一步是获取两组像素值的平均值。在此过程中，我们将学习很多优雅的
Python 数字编程技巧！

让我们创建一个将所有数字 3 堆叠在一起的张量。我们已经知道如何创建包含单张图像
的张量。要创建一个包含目录中所有图像的张量，首先将使用 Python 递推式构造列表来
创建单张图像张量的列表。

在整个过程中，我们将使用 Jupyter 对我们的工作进行一些小检查——在这种情况下，
请确保返回的项目数量看起来是合理的：

```
seven_tensors = [tensor(Image.open(o)) for o in sevens]
three_tensors = [tensor(Image.open(o)) for o in threes]
len(three_tensors),len(seven_tensors)

(6131, 6265)
```

递推式构造列表

列表和字典的递推式构造是 Python 中的一个很棒的特性。许多 Python 程序员每天都在使用它们，包括本书的作者——它们是 "Python 语法" 的一部分。但是来自其他语言的程序员可能从未见过它们。许多出色的教程都可以通过网络搜索到，因此我们现在不再花很长时间讨论它们。以下是快速入门的案例和解释。递推式构造列表如下：new_list = [f(o) for o in a_list if o>0]。它将遍历 a_list 中的每个元素，并返回所有大于 0 的元素，再将其传递给函数 f。这里分为三部分：要遍历的集合（a_list）、可选的过滤器（如果 o>0）及与每个元素有关的操作 (f(o))。它不仅可以缩短编写时间，而且比使用循环创建相同列表的方法要快。

我们还将检查其中一张图像是否正常。由于现在有了张量（Jupyter 默认将其作为值进行打印），而不是 PIL 图像（Jupyter 默认将其显示为图像），我们需要使用 fastai 的 show_image 函数来显示它：

```
show_image(three_tensors[1]);
```

3

对于每个像素位置，我们要计算所有图像上该像素值的平均值。为此，我们首先将列表中的所有图像合并为一个三维张量。描述这种张量的最常见方法是将其称为 3 阶张量。我们经常需要将集合中的各个张量堆叠为一个张量。不用惊讶，在这里我们可以直接使用 PyTorch 自带的一个称为 stack（堆栈）的函数完成此目的。

PyTorch 中的某些操作（例如取平均值）要求我们将整数类型转换为浮点类型。由于我们稍后会计算平均值，因此现在也将叠加的张量投射为 float。在 PyTorch 中进行转换很简单，只需写上你想要转换为的类型的名称，然后将其作为方法即可。

通常，当图像为浮点型图像时，像素值应在 0 到 1 之间，因此我们在这里还将除以 255：

```
stacked_sevens = torch.stack(seven_tensors).float()/255
stacked_threes = torch.stack(three_tensors).float()/255
stacked_threes.shape

torch.Size([6131, 28, 28])
```

张量最重要的属性可能就是其形状了。张量的形状能告诉我们每个轴的长度。在这种情况下，我们可以看到有 6131 张图像，每张图像的尺寸为 28 像素 × 28 像素。关于该张量，没有什么特别说明的话，第一个轴是图像的数量，第二个轴是图像的高度，第三个轴是图像的宽度，张量的语义完全取决于我们及是如何构造它的。而张量对于 PyTorch 而言，只是内存中的一堆数字罢了。

张量形状的长度代表着它的秩：

```
len(stacked_threes.shape)
3
```

记住关于张量的一些术语并对张量的数据操作进行实践对你而言真的很重要：秩是张量中的轴数或维数；形状是张量的每个轴的大小。

亚历克西斯说

请注意，因为有时会以两种方式使用"维度"一词。考虑到我们生活在"三维空间"中，其中的物理位置可以用长度为 3 的向量 **v** 来描述。但是根据 PyTorch，属性 v.ndim（肯定看起来像是"维数"）等于 1，而不是 3！为什么？因为 **v** 是向量，它是秩为 1 的张量，这意味着它只有一个轴（即使该轴的长度为 3）。换句话说，有时将维度用于表述轴的大小（"空间是三维"），而有时将维度用于表述轴的秩或轴数（"矩阵具有二维"）。我发现将所有语句转换为秩、轴和长度，这些更为明确的术语会解决遇到的维度困惑。

我们也可以直接通过 ndim 获得张量的秩：

```
stacked_threes.ndim
3
```

最后，我们可以计算得出理想的数字 3 的样子。通过对已经堆叠好的 3 阶张量的第 0 维取均值，来计算所有图像张量的均值。第 0 维是索引所有图像的维度。

换句话说，对于每个像素位置，这将计算所有图像上该像素值的平均值。结果将是每个像素位置都有一个值，或由其组成的一张图像。如下：

```
mean3 = stacked_threes.mean(0)
show_image(mean3);
```

3

根据此数据集，这是理想的数字 3！（你可能不喜欢它，但这就是最合适的数字 3 的表现形式。）你可以看到，所有图像一致认为其应该是黑色的地方，它就会表现得特别黑，但是在图像不一致的地方它就会变得稀疏和模糊。

下面对数字 7 做同样的事情，但为了节省时间，我们将所有步骤放在一起：

```
mean7 = stacked_sevens.mean(0)
show_image(mean7);
```

现在，我们任意选择一张 3 的图像并测量其与"理想数字"图像的的距离。

停下来想一想！

你将如何计算特定图像与理想数字的图像的相似程度？记住，在继续之前，请不要参考本书，记下一些想法！研究表明，当你参与学习过程时，自己进行试验和尝试新的想法，会大大提高你对这些知识的理解以及记忆。

下面是数字 3 的图像中的一个例子：

```
a_3 = stacked_threes[1]
show_image(a_3);
```

如何确定它与理想数字 3 的距离？不能只将这张图像的像素与理想数字之间的差异相加。一些差异是正的，一些差异是负的，这些差异将相互抵消，从而导致以下情况：图像在某些地方过暗，而在其他地方过亮，这可能导致其与理想值的总差值为零。这样就会产生误导！

为了避免出现这种情况，数据科学家在此情况下主要使用以下两种方法来测量距离：

- 先对差取绝对值，再求绝对值的平均值（绝对值是将负值变为正值的函数），这称为平均绝对差或 L1 范数。
- 取差平方的均值（这使所有结果均为正数），然后取其平方根，这称为均方根误差（RMSE）或 L2 范数。

忘了数学知识也没什么问题

在本书中，我们通常假定你已经完成了中学数学的学习，并且至少记得其中一些内容，但是每个人都会忘记一些东西！也许你忘记了平方根是什么，或者它们究竟是如何工作的。没关系！每当你遇到本书中未完全说明的数学概念时，不要继续前进。停下来了解一下。确保你了解基本概念、其工作原理及我们为什么会使用它。可汗学院是让你理解各种数学概念的最佳场所之一。例如，可汗学院（Khan Academy）很好地介绍了平方根（参见链接 97）的概念。

现在，我们尝试以下两种方法：

```
dist_3_abs = (a_3 - mean3).abs().mean()
dist_3_sqr = ((a_3 - mean3)**2).mean().sqrt()
dist_3_abs,dist_3_sqr

(tensor(0.1114), tensor(0.2021))

dist_7_abs = (a_3 - mean7).abs().mean()
dist_7_sqr = ((a_3 - mean7)**2).mean().sqrt()
dist_7_abs,dist_7_sqr

(tensor(0.1586), tensor(0.3021))
```

在这两种情况下，我们的 3 和理想 3 之间的距离都小于到理想 7 的距离，因此在这种情况下，我们的简单模型将给出正确的预测。

PyTorch 已经提供了这两种损失函数。你可以在 torch.nn.functional 中找到这些函数，PyTorch 团队建议将其导入为 F（默认情况下在 fastai 中以该名称提供）：

```
F.l1_loss(a_3.float(),mean7), F.mse_loss(a_3,mean7).sqrt()
(tensor(0.1586), tensor(0.3021))
```

在此，MSE 代表均方差，l1 代表平均绝对值（在数学上称为 L1 范数）。

西尔文说

直观上，L1 范数和均方差（MSE）之间的区别在于，后者将比前者更严厉地惩罚较大的误差（并对小错误更宽容）。

杰里米说

当我第一次遇到 L1 这个东西时，我查了查它到底是什么意思。我在 Google 上发现这是使用绝对值的向量范数，因此我查找了"向量范数"并开始阅读：（给定实数或复数字段 F 上的向量空间 V，V 上的范数是非负的且对具有以下属性的任何函数 p 赋值：$V \to \setminus [0, +\infty)$ 具有以下属性：对于所有 $a \in F$ 和所有 $u, v \in V$，$p(u+v) \leqslant p(u)+p(v)$）。然后，我停止了阅读，我想"呃，估计我永远都不会懂数学"。从那时起，我了解到，每次实践中出现这些复杂的数学术语时，事实证明我都可以用一小段代码替换它们！就像 L1 损失刚好等于 (a-b).abs().mean()，其中 a 和 b 是张量。我想数学爱好者的思维方式与我不同……我会在本书中确保每次出现一些数学术语时，都给你一些与之等效的代码，并从共识的角度来解释这些数学术语究竟做了些什么。

我们刚刚在 PyTorch 张量上完成了各种数学运算。如果你以前在 PyTorch 中使用过数值编程，则可能会认为它们类似于 NumPy 数组。让我们看一下这两个重要的数据结构。

Numpy 数组和 PyTorch 张量

NumPy 是 Python 中用于科学和数值编程的使用最广泛的库。它提供了与 PyTorch 相似的函数和 API；但是，它不支持使用 GPU 或计算梯度，这些对于深度学习来说，都是至关重要的。因此，在需要用到以上两个特性的情况下，本书将使用 PyTorch 张量代替 NumPy 数组。

（请注意，fastai 在 NumPy 和 PyTorch 中添加了一些功能，使它们彼此之间更加相似。如果本书中的任何代码在你的计算机上均不起作用，则可能是你忘记在 notebook 开头包含以下这样一行代码了：`from fastai.vision.all import *`。）

但是什么是数组和张量，为什么要考虑这两者呢？

与许多语言相比，Python 速度较慢。而 Python、NumPy 或 PyTorch 中处理速度快的编译对象，都很有可能是由另一种语言（尤其是 C 语言）编写（并优化）的。实际上，NumPy 数组和 PyTorch 张量可以比使用纯 Python 进行计算快数千倍。

NumPy 数组是多维数据表，所有数据项都具有相同的类型。由于其可以是任何类型，因此它们甚至可以是数组的数组，其中最里面的数组可能具有不同的大小，这称为锯齿状数组。例如，"多维表"可以表示为列表（一维的）、表或矩阵（二维的）、表或多维数据集的表（三维的）等。如果所有数据项都是简单类型，例如，整数或浮点数，则 NumPy 会将它们作为紧凑的 C 数据结构存储在内存中。这就是 NumPy 特别的地方。NumPy 具有多种运算符和方法，它们可以在这些紧凑结构上运行计算，并具有和优化后的 C 语言相同的速度，因为它们是用优化后的 C 语言编写的。

但是 Pytorch 的张量有一个额外的限制，也正是因为这一限制，使得 Pytorch 张量可以解锁出新的能力。它们一样，都是多维的数据表，并且其中所有的数据都属于同一种类型。但是，限制在于，张量不能有像数组一样的特性和类型——其中存在的所有内容都必须是单一的基础数值类型。结果，张量数组并不像真正的数组那样灵活。例如，PyTorch 没有锯齿状张量，它始终是具有规则形状的多维矩形结构。

NumPy 在这些结构上支持的绝大多数方法和运算符，PyTorch 也同样支持，但是 PyTorch 张量具有额外的能力。这些结构中的一项主要功能是其可以在 GPU 上运行，在这种情况下，它们的计算将针对 GPU 进行优化，并且可以运行得更快（使很多数值得以同时工作）。此外，PyTorch 可以自动计算这些操作的导数，包括组合运算。如你所见，如果没有此功能，将无法在实践中进行深度学习。

西尔文说

如果你不知道 C 是什么，请不用担心：你根本不需要它。简而言之，它是一种底层（底层意味着更类似于计算机内部使用的语言）编程语言，与 Python 相比，它的运行速度非常快。为了在 Python 编程时充分利用其速度，请尽可能避免编写循环，并用直接在数组或张量上运行的命令代替它们。

Python 程序员需要学习的最重要的新编码技能也许是如何有效使用数组 / 张量 API。本书稍后将展示更多技巧，但以下关键信息的摘要是你现在就需要了解的。

要创建数组或张量，请将列表（或列表的列表，或列表的列表的列表等）传递给 array 或 tensor：

```
data = [[1,2,3],[4,5,6]]
arr = array (data)
tns = tensor(data)

arr # numpy

array([[1, 2, 3],
       [4, 5, 6]])

tns # pytorch

tensor([[1, 2, 3],
        [4, 5, 6]])
```

随后的所有操作都在张量上显示，但是对于 NumPy 数组来说，使用的语法和最终所展示的结果都是一样的。

你可以选择一行（请注意，就像 Python 中的列表一样，张量也是以 0 为起始进行索引的，因此 1 表示第二行 / 列）：

```
tns[1]
tensor([4, 5, 6])
```

或一列，通过使用：来表示第一个轴所指代的所有数据（有时我们会用张量 / 数组的尺寸作为轴）：

```
tns[:,1]
tensor([2, 5])
```

你可以将它们与 Python 的 slice 语法（[$start:end$]，不包含 end）结合使用，以选择一部分行或列：

```
tns[1,1:3]
```

```
tensor([5, 6])
```

你可以使用标准运算符，例如，+、-、*和/：

```
tns+1
tensor([[2, 3, 4],
        [5, 6, 7]])
```

张量也具有数据类型：

```
tns.type()
'torch.LongTensor'
```

并将根据需要自动更改该类型；例如，从 int 到浮 float：

```
tns*1.5
tensor([[1.5000, 3.0000, 4.5000],
        [6.0000, 7.5000, 9.0000]])
```

那么，我们的基准模型是不是足够好？为了对此进行量化，必须定义一个指标。

使用广播机制计算指标

回想一下，指标是根据模型的预测结果和数据集中的正确标签所计算出的数字，目的是衡量模型的质量。例如，我们可以使用在上一节中看到的均方差或平均绝对误差中的任意一个函数，然后取它们在整个数据集中的平均值。但是，这些数字都不易于大多数人理解。在实践中，我们通常使用准确率作为分类模型的指标。

正如已经讨论过的，我们希望根据验证集计算指标。这样就不会无意间过度拟合，也就是说，训练模型只能在训练数据上有效。对于我们的第一次尝试来说，目前使用的基于像素相似性的模型并没有太大的风险，因为它没有任何涉及训练的组件，但是无论如何，我们都会遵循常规做法，即使用验证集来进行指标的计算，并为以后的第二次尝试做准备。

为了获得验证集，需要从训练集中删除一些数据，这些数据对模型来说是完全不可见的。事实证明，MNIST 数据集的创建者已经为我们完成了这项工作。还记得如何有一个完整的并且单独存在的 *valid*（验证）目录吗？这就是该目录的作用!

首先，为该目录中所包含的 3 的图像和 7 的图像创建其对应的张量。我们将使用这些张量来计算评估第一阶段模型的质量的指标，该指标可计算对应图像和理想图像之间的距离：

```
valid_3_tens = torch.stack([tensor(Image.open(o))
                            for o in (path/'valid'/'3').ls()])
valid_3_tens = valid_3_tens.float()/255 valid_7_tens = torch.
stack([tensor(Image.open(o))
                            for o in (path/'valid'/'7').ls()])
valid_7_tens = valid_7_tens.float()/255
valid_3_tens.shape,valid_7_tens.shape
```

```
(torch.Size([1010, 28, 28]), torch.Size([1028, 28, 28]))
```

应养成在每一次操作后都检查张量形状的习惯。在这里，我们看到两个张量，一个张量代表 3 的图像的验证集，大小为 28 像素 × 28 像素的 1010 张图像，另一个张量代表 7 的图像的验证集，大小为 28 像素 × 28 像素的 1028 张图像。

我们最终希望编写一个函数 is_3，该函数将确定图像是 3 还是 7。它将通过对任意图像与 3 或者 7 的理想图像进行对比，判断出与谁更接近来实现函数功能。为此，我们需要定义距离的概念，即计算两个图像之间距离的函数。

可以编写一个简单的函数来计算平均绝对误差，该函数的表达方式与在上一节中编写过的非常相似：

```
def mnist_distance(a,b): return  (a-b).abs().mean((-1,-2))
mnist_distance(a_3, mean3)
```

```
tensor(0.1114)
```

这个数值和我们先前计算出的两个图像之间的距离相同，即理想 3 mean_3 和任意样本 3 a_3，它们都是形状为 [28,28] 的单张图像的张量。

但是要计算总体准确率的指标，需要为验证集中的每张图像计算其到理想图像 3 的距离。那如何进行计算呢？可以在验证集上编写一个循环，命名为 valid_3_tens，这个循环将堆叠所有单张图像的张量，使堆叠后的张量形状表示为 [1010,28,28]，代表 1010 张图像。但是还有更好的方法。

当采用这个完全相同的距离函数（设计用于比较两个单幅图像），但将其作为参数 valid_3_tens 传入时，会发生一些有趣的事情，该张量表示验证集中的图像 3：

```
valid_3_dist = mnist_distance(valid_3_tens, mean3)
valid_3_dist, valid_3_dist.shape
```

```
(tensor([0.1050, 0.1526, 0.1186,  ..., 0.1122, 0.1170, 0.1086]),
 torch.Size([1010]))
```

它没有因形状不匹配而报错，而是将每个单个图像的距离作为长度为 1010（验证集中的 3 的数量）的向量（即 1 阶张量）返回。这是怎么发生的？

再看一下函数 mnist_distance，你会看到我们在其中有一个减法运算（a-b）。这个技巧是，PyTorch 尝试在两个阶数不同的张量之间执行简单的减法运算时，将使用到广播机制：它将自动扩展阶数较小的张量以使其与阶数较大的张量具有相同的大小。广播是一项重要功能，可以使涉及张量的代码更易于编写。

广播后，两个张量具有相同的阶数，PyTorch 会对相同阶数的两个张量做常规的逻辑处理：它对两个张量的每个对应元素执行运算，并返回张量结果。例如：

```
tensor([1,2,3]) + tensor([1,1,1])

tensor([2, 3, 4])
```

因此，在这种情况下，PyTorch 将 mean3（表示单张图像的 2 阶张量）视为同一图像的 1010 份，然后与验证集中的每张 3 的图像都进行相减。你觉得该张量具有什么形状？在查看答案之前，请先自己给出答案：

```
(valid_3_tens-mean3).shape

torch.Size([1010, 28, 28])
```

对于每张 28 像素 × 28 像素的图像，我们都会计算理想图像 3 和验证集中的 1010 张 3 的图像之间的差异，得出的形状为 [1010,28,28]。

关于为什么要使用广播机制，主要有两点原因，这使其不仅具有易于表达的特性而且其对于性能而言都很有价值：

- PyTorch 实际上不会对 mean3 复制 1010 次。它只是假装它是那种形状的张量，但是其实没有分配任何额外的内存。
- 整个计算都是通过 C 语言进行的（或者，如果你使用的是 GPU 的话，那么在 CUDA 中的计算，其速度的提升就相当于在 GPU 上使用高效的 C 语言一样），C 语言的计算速度比纯 Python 快几万倍（如果你使用的是 GPU 的话，那么会比在 Python 上进行运算快几百万倍！）

在 PyTorch 中所完成的所有广播、元素操作等都是如此。对你来说，如何创建高效的 PyTorch 代码是一项十分重要的技术。

接下来在 mnist_distance 中，我们看到 abs。你现在可以猜测将其应用于张量时会发生什么。它将方法应用于张量中的每个单独元素，并返回结果的张量（即，将方法逐元素地应用）。因此，在这种情况下，我们将获得 1010 个绝对值。

最后，我们的函数调用了 mean((-1,-2))，元组（-1,-2）代表一系列轴。在 Python 中，-1 表示最后一个元素，-2 表示倒数第二个元素。因此，在这种情况下，这告诉 PyTorch 我们想要取张量的最后两个索引轴上的均值。最后两个轴代表的是图像的水平和垂直维度。在最后两个轴上取平均值后，只剩下第一个张量轴，该轴在我们的图像上进行索引，这就是最终大小为 1010 的原因。换句话说，对于每张图像，均对该图像中所有像素的像素值大小进行平均。

我们将在整本书中，尤其是在本书的第 17 章中，学习更多有关广播的知识，并将定期对其进行练习。

可以通过以下逻辑使用 mnist_distance 来确定图像是否为 3：如果所讨论的数字与理想图像 3 之间的距离小于其与理想图像 7 之间的距离，则该图像为 3。就像所有 PyTorch 函数和运算符一样，该函数也将自动进行广播并逐个应用：

```
def is_3(x): return  mnist_distance(x,mean3) < mnist_distance(x,mean7)
```

让我们在案例中对其进行测试：

```
is_3(a_3), is_3(a_3).float()
(tensor(True), tensor(1.))
```

请注意，当将布尔值转换为浮点值时，True（真）将被设定为 1.0，False（假）为 0.0。

多亏了广播机制，我们还可以在完整的图像 3 的验证集上对其进行测试：

```
is_3(valid_3_tens)
tensor([True, True, True, ..., True, True, True])
```

现在，可以通过对所有图像 3 取该函数的输出平均值以及对所有图像 7 取反函数的平均值，以计算该函数对于图像 3 和图像 7 的识别准确率。

```
accuracy_3s =      is_3(valid_3_tens).float() .mean()
accuracy_7s = (1 - is_3(valid_7_tens).float()).mean()

accuracy_3s,accuracy_7s,(accuracy_3s+accuracy_7s)/2
(tensor(0.9168), tensor(0.9854), tensor(0.9511))
```

这看起来是一个不错的开始！我们在图像 3 和图像 7 上都获得了超过 90% 的识别准确率，并且已经看到了如何使用广播机制更方便地定义指标。但说实话，3 和 7 是看起来很不一样的数字。到目前为止，我们仅对 10 个可能的数字中的 2 个进行了分类。因此，我们需要做得更好！

为了做得更好，也许是时候尝试一个可以真正进行一些学习的系统了，该系统可以自动进行自我修改以提高性能。换句话说，是时候讨论训练过程和随机梯度下降了。

随机梯度下降法

还记得亚瑟·塞缪尔（Arthur Samuel）在第 1 章中对机器学习的描述吗？

> 假设我们设置了一种自动化的方式并提供一种机制，能自动根据模型的实际性能测试当前所有权重分配的有效性，并优化权重分配的方式以让性能最优。我们不需要深入研究这一过程的细节，就能完全实现自动化，并且可以看到自动编程过的机器可以从经验中"学习"。

前面已经讨论过，关键是让我们拥有训练得越来越好的（能自主学习的）模型。但我们的像素相似度计算方法并非如此。我们没有对权重进行分配；基于测试权重分配的有效性，也没有改进方法。也就是说，我们不能通过调整一系列参数的方式来改进像素相似度计算方法。得益于深度学习，我们首先会根据塞缪尔对深度学习的定义来描述我们的任务。

除了研究某张图像与"理想图像"的相似度，我们还会观察每个单独的像素，并为每个像素设置一组权重，比如权重的值越大，代表该处的像素越接近特定类的黑色。例如，当图像为数字 7 时，右下角的像素很可能是未被激活的，所以数字 7 的权重低，但数字 8 的像素可能被激活了，因此 8 的权重高。每一类的概率，都可以通过一个函数以及一系列的权重进行表示——例如，数字为 8 的概率：

```
def pr_eight(x,w) = (x*w).sum()
```

我们假设 X 代表这张图像，用它表示一个向量，也就是将图像中的每一行像素值，通过首尾相连，组成一串很长的向量。然后假设权重为向量 W。在这种函数条件下，只需要一些方式更新权重，就可以得到最优权重。使用这种方式，我们可以多次重复上述步骤，使权重越来越收敛，直至最优解，最终达到我们所能实现的最佳水平。

我们希望找到特定向量W，使那些标签为8的图像，经由函数计算后输出的数值较大，相反，不是 8 的图像，最终得到的数值结果是小的。通过寻找最佳向量 W 的方法，可以找到识别图像 8 的最佳函数。（由于我们还没有使用深度神经网络，因此受制于函数本身——将在本章后面解决这个局限。）

具体而言，将此函数转换为机器学习分类器的步骤如下：

1. 初始化权重。
2. 对于任意一张图像，使用这些权重进行预测，预测其类别是 3 还是 7。

3. 基于上述预测结果，通过计算损失来表示模型的准确率。

4. 计算梯度，梯度表明了每个权重对于整个损失变化的影响程度。

5. 根据计算得到的梯度信息对权重进行迭代。

6. 回到步骤 2，并重复整个操作。

7. 迭代完成，停止训练过程（模型达到足够的准确率，或是训练时间达到上限，就可以结束训练过程）。

图 4-1 所示的 7 个步骤，是所有深度学习模型训练的关键。令人惊奇的是，深度学习基于这几个步骤便可以解决各种复杂的问题。

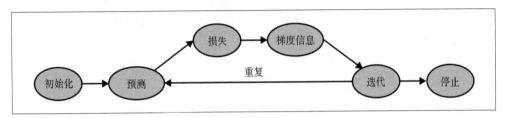

图4-1：梯度下降流程图

以上提到的每一个步骤中都有很多方法，我们将在本书的其余部分学习这些方法。这些细节对于深度学习的实践影响极大，但每个细节的常用方法都遵循一些基本原则。以下是一些指导原则。

初始化

　　首先对参数进行随机初始化。也许这听起来挺奇怪。当然，我们还可以做出其他选择，比如可以针对同一类别的像素，通过计算其像素被激活的次数，将次数百分比作为初始化参数；但既然我们已经知道有改进这些权重的流程，那只需从随机权重出发就可以获得很好的效果。

损失

　　塞缪尔在阐述就实际性能来测试当前权重的有效性时，提到了损失这个概念。我们需要通过一个函数来判定模型的性能。如果模型的性能良好，函数将会返回一个小的数字（通常情况下，损失越小，模型性能越好，反之，损失越大，模型性能越差）。

迭代

　　要判断权重是应该增加一点还是降低一点，一个简单的方法就是多尝试：先增加一点权重的数值，然后看看损失是会增加还是降低。一旦找到了正确的方向，你就可以对权重进行更多或更少的修改，直到找到一个合适的权重数值。但是，用这样的方法一点一点去试，这个过程很慢。正如我们将看到的，微积分的神奇之处在于，它不用我们去尝试各种变化，而是可以直接辨别每个权重应该变化的方向和每个权重可以大致变化的数值。实现这种做法的方式就是去计算梯度。这是一种性能优化；也可以通过更慢的手动过程来获得相同的结果。

停止

一旦确定了模型训练的周期[注1]（在较早的列表中我们给出了一些建议），我们就应使用该决定。对于数字分类器，我们将继续训练，直到模型的准确率开始变差或训练时间用完。

在将这些步骤应用于图像分类问题之前，让我们先通过一个简单的例子来进行解释说明。首先，定义一个非常简单的函数，一个二次函数——假设这是我们的损失函数，而 x 是该函数的权重参数：

```
def f(x): return x**2
```

这是该函数的图形：

```
plot_function(f, 'x', 'x**2')
```

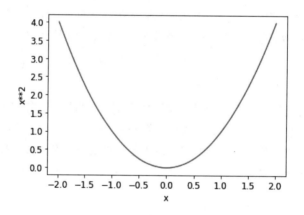

我们前面描述的步骤顺序是从随机挑选一个参数的值开始，然后计算损失值：

```
plot_function(f, 'x', 'x**2')
plt.scatter(-1.5, f(-1.5), color='red');
```

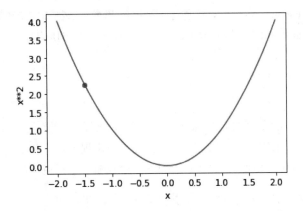

现在，来看一下如果稍微增加或减少参数（调整）会发生什么。这仅仅只是特定点的斜率：

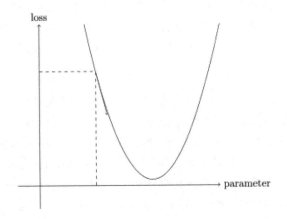

可以在斜率的方向上稍微改变权重的值，再次计算损失和调整量，然后重复几次。最终，我们将到达曲线上的最低点：

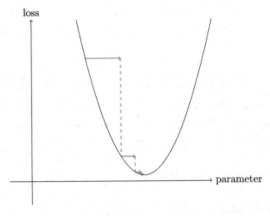

这个基本思想可以追溯到艾萨克·牛顿（Isaac Newton），他指出，可以通过这种方式优

化任意函数。无论函数多么复杂，这种梯度下降的基本方法都不需要进行大幅度的改变。我们将在本书后面看到的唯一微小的变化，就是通过一些便捷的方法找到更好的步长来使该过程更快。

梯度计算

其中一个神奇的步骤是计算梯度。如前所述，我们将微积分用作性能优化的手段。当我们向上或向下调整参数时，它可以使我们更快地计算出损失是上升还是下降。换句话说，梯度将告诉我们，为了使模型变得更好，对每一个权重，我们应该修改多少。

你可能还记得微积分课上讲过的内容，即函数的导数可以告诉我们参数的变化量对结果的影响有多大。如果你不记得了，也不要担心；一旦我们离开了学校（学习时光），我们中的许多人就会忘记微积分！但是在继续之前，你需要对导数是什么有一个直观的了解，因此，如果你脑中对这一切都非常模糊，请前往可汗学院，并完成有关导数的基本课程（参见链接98）。你不必知道如何进行导数的计算，只需知道什么是导数。

导数的关键在于：对于任何函数，例如上一节中看到的二次函数，我们都可以计算出它的导数。导数是另一个函数。它计算的是函数的变化，而不是函数的值。例如，二次函数在值3处的导数告诉我们函数在值3处变化的速度。更具体地说，你可以回忆起梯度的概念，我们将其理解为上升或下降，也就是函数值的改变量除以参数值的变化量。当知道函数将如何变化时，我们就能知道需要做些什么来使函数值变得更小。这就是机器学习的关键：有一种方法可以更改函数的参数以使函数的值变得更小。微积分为我们提供了计算捷径，即导数，它使我们可以直接计算函数的梯度。

有一件很重要的事情需要注意：函数中有许多权重是会被调整的，因此在进行求导运算时，不会只对一个值进行求导，而是对很多数值都进行求导，即计算每个权重的梯度。但是，这在数学上没有什么技巧可言；你可以对一个权重进行求导，在这个过程中，将其他的权重都视为常数。然后对其他权重重复这样的过程。这就是对每个权重都计算梯度的方法。

刚才我们提到，不必自己写函数来计算梯度信息。你可能会惊讶地觉得，这怎么可能呢？如果不需要我们计算的话，那是怎么做到的呢？其实PyTorch就能够自动计算几乎所有函数的导数！更重要的是，它的速度非常快。在大多数情况下，它至少可以达到和你手动创建的求导函数一样快的速度。让我们来看一个例子。

首先，选择一个希望得到其对于梯度的张量值：

```
xt = tensor(3.).requires_grad_()
```

注意到这个特殊的 `require_grad_` 方法了吗？这就是用来告诉 PyTorch，我们想要针对该变量在某一个值上计算梯度的神奇魔咒。它实际上是在标记变量，因此 PyTorch 会在其他计算中记住你所请求的这一变量，并且进行跟踪。

亚历克西斯说

如果你是数学或物理学专业的人员，此 API 的功能可能会和你想象的有点出入。在这些情况下，函数的"梯度"只是另一个函数（即其导数），因此你可能希望与梯度相关的 API 会为你提供一个新函数。但是在深度学习中，"梯度"通常是指某个函数在特定参数值上的导数的值。PyTorch API 还将重点放在了参数上，而不是你实际计算其梯度的函数上。刚开始时，你可能会感到这是数学上的退步，但这只是从一个不同的角度来解决问题而已。

现在，我们使用该值计算函数。请注意，PyTorch 不仅会打印计算出的值，它还具有一个计算梯度的函数，在需要时可使用该函数来计算我们的梯度：

```
yt = f(xt)
yt

tensor(9., grad_fn=<PowBackward0>)
```

最后，使用 PyTorch 计算梯度：

```
yt.backward()
```

这里的"回传"是指反向传播，其过程是计算每一层的导数。我们将在第 17 章中详细地看到，当从头开始计算深层神经网络的梯度时，反向传播这一步骤是如何完成的。与前向传播相反，这称为网络的反向传播，前向传播是计算激活的位置。如果你倾向于轻松简单地进行学习，可以将反向传播认为是 `calculate_grad`（计算梯度），但是做深度学习的人们很喜欢在任何可能的地方添加术语！

现在，我们可以通过检查张量的 grad 属性来查看梯度信息：

```
xt.grad

tensor(6.)
```

如果你还记得在学校学习的微积分规则，则 x**2 的导数为 2*x，我们有 x=3，所以对应的梯度应该是 2*3=6，这也是 PyTorch 为我们进行梯度计算所得到的结果！

现在，我们将重复前面的步骤，但是要为函数添加一个向量作为参数：

```
xt = tensor([3.,4.,10.]).requires_grad_()
xt
```

```
tensor([ 3.,  4., 10.], requires_grad=True)
```

然后将在函数中进行求和，以便可以接收一个矢量（即1阶张量）并且能够返回一个标量（即一个0阶张量）：

```
def f(x): return (x**2).sum()

yt = f(xt)
yt

tensor(125., grad_fn=<SumBackward0>)
```

正如我们所期望的，梯度为2*xt！

```
yt.backward()
xt.grad

tensor([ 6.,  8., 20.])
```

梯度仅告诉了我们函数的斜率，没有告诉确切的参数调整范围。但是它们确实使我们知道了距离最佳值有多远：如果斜率很大，则表明需要做更大的调整，而如果斜率很小，则表明已接近最佳值。

通过学习率迭代

基于梯度进行模型参数的修改是深度学习过程中很重要的一步。几乎所有的方法都是从将梯度乘以一些很小的值开始的，而这些很小的值被称为学习率（LR）。学习率通常是一个取值范围在 0.001 到 0.1 之间的数值，当然，它也可以是其他形式的。通常情况下，我们选取一个合适的学习率是通过多次尝试，选取其中可以使训练过的模型取得比较优异的结果的那一个（之后将会在本书中向你展示学习率搜索器这一比现有思路更好的方法）。一旦选择好了一个学习率，你就可以用下面这个简单的函数来调整你的参数了：

```
w -= w.grad * lr
```

这就是我们通常所说的，使用优化方法对参数进行迭代。

如果你选取的学习率太小，可能需要多次迭代才能够找到最优解，如图 4-2 所示。

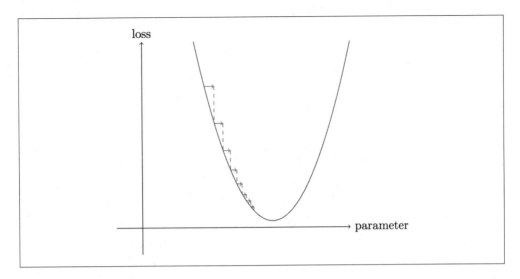

图4-2：小学习率下的梯度下降

但若选取的学习率过大的话，情况可能变得更糟，因为过大的学习率可能会造成损失变得更差，就像图 4-3 所示的这样!

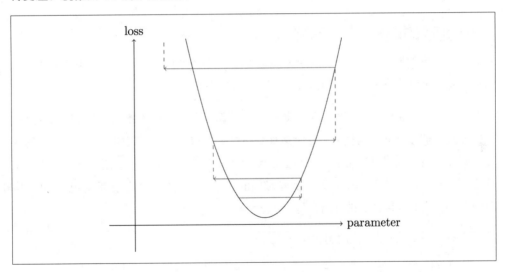

图4-3：大学习率下的梯度下降

如果学习率过高的话，可能出现在一个区间内来回"震荡"的情况，而不是发散的；图4-4 表现了需要迭代多少步才能成功训练出一个好的结果。

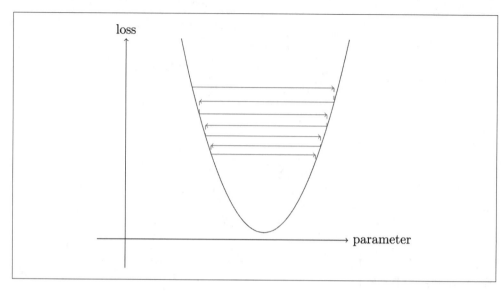

图4-4: 震荡的学习率下的梯度下降

现在，让我们用一个直观的案例来学习如何应用它们吧！

一个直观的随机梯度下降案例

我们已经知道如何使用梯度来最小化损失，接下来需要通过了解随机梯度下降算法，看看如何找到可以使模型更好地对数据进行拟合的最小值。

让我们从一个简单的、假想的案例开始吧。假设你要测量一个圆桶滚过土坡顶峰的过程中的速度。毫无疑问，圆桶最开始时速度是很快的，随着它逐渐爬向顶峰，速度在逐渐变慢，在土坡最高点时速度达到最小值，然后在其下降的过程中，又逐渐加速。你希望构建一个模型能够表示速度是如何随着时间的推移而变化的。如果你手动记录20秒内每一秒的速度值的话，结果可能会是下面这个样子：

```
time = torch.arange(0,20).float(); time

tensor([ 0.,  1.,  2.,  3.,  4.,  5.,  6.,  7.,  8.,  9., 10., 11., 12., 13.,
> 14., 15., 16., 17., 18., 19.])

speed = torch.randn(20)*3 + 0.75*(time-9.5)**2 + 1
plt.scatter(time,speed);
```

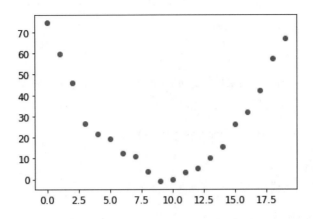

我们在其中添加一些随机的扰动，因为手动测量所得到的结果往往是不准确的。这也意味着要想准确地回答圆桶在某一时刻的速度并不简单。使用随机梯度下降，可以尝试寻找一个匹配我们观察结果的函数。我们肯定不能对所有可能的函数都考虑得面面俱到，因此可以先猜测其是一个二次方程式，比如以下形式的函数 a*(time**2)+(b*time)+c。

我们想要对函数的输入（测量圆桶速度的时间）以及参数（二次方程式中定义好的值）有一个清晰的划分。因此，我们在一个声明中收集好所有的参数，并且在函数的签名中将输入 t 和参数 params 分割开来。

```
def f(t, params):
    a,b,c = params
    return a*(t**2) + (b*t) + c
```

换句话说，我们将问题从寻找一个对数据拟合最好的函数，约束为寻找一个最好的二次方程式。这在很大程度上简化了问题，因为每个二次方程式都是由参数 a、b、c 所定义的。因此，为了得到最佳的二次方程式，只需找到 a、b、c 所对应的最佳值就好了。

如果通过寻找到二次方程式的三个参数就可以解决这个问题的话，很自然地，我们也可以将同样的思路应用到其他更复杂、拥有更多参数的函数上，例如神经网络。首先让我们找到函数 f 所对应的参数吧，之后我们回过头来，再在 MNIST 数据集上对神经网络应用同样的方法进行求解。

首先要定义好什么是最优解。我们可以通过选择一个损失函数来对其进行精确的描述，其中损失函数将会返回一个基于预测和真实目标所求得的值，损失函数的值越低，意味着我们的预测越准确。对于连续型数据来说，我们通常使用均方差来表示损失。

```
def mse(preds, targets): return ((preds-targets)**2).mean()
```

现在，我们一起完成以下 7 个步骤。

步骤 1：初始化参数

首先，将参数初始化为某个随机值，并通过使用 requires_grad_ 函数告诉 PyTorch 我们想要跟踪相关参数的梯度信息：

```
params = torch.randn(3).requires_grad_()
```

步骤 2：计算预测值

接下来，通过计算出函数的结果得到问题的预测值：

```
preds = f(time, params)
```

构建一个简单的小函数，观察预测与目标之间的距离，并输出可视化图像：

```
def show_preds(preds, ax=None):
    if ax is None: ax=plt.subplots()[1]
    ax.scatter(time, speed)
    ax.scatter(time, to_np(preds), color='red')
    ax.set_ylim(-300,100)

show_preds(preds)
```

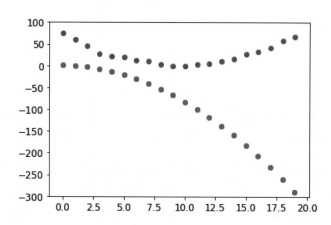

结果看起来并不接近。我们的随机参数表明，这个在滚动的圆桶最终将会滚回来，也就意味着我们得到的速度为负值！

步骤 3：计算损失

通过以下方法计算损失：

```
loss = mse(preds, speed)
```

```
loss
```

```
tensor(25823.8086, grad_fn=<MeanBackward0>)
```

现在的目标就是对其进行优化，为了达到这个目标，需要获得相应的梯度。

步骤 4: 计算梯度

接下来的一步就是计算梯度，或者说是对如何修改参数的一个估计。

```
loss.backward()
params.grad
```

```
tensor([-53195.8594,  -3419.7146,   -253.8908])
```

```
params.grad * 1e-5
```

```
tensor([-0.5320, -0.0342, -0.0025])
```

可以使用这些梯度来优化参数。与此同时，还需要挑选一个学习率（在接下来的一章中，我们会讨论如何在实践中对学习率进行选择，不过现在就先直接使用1e-5或者0.00001）：

```
params
```

```
tensor([-0.7658, -0.7506,  1.3525], requires_grad=True)
```

步骤 5: 迭代权重

现在，需要根据计算得到的梯度对参数进行更新：

```
lr = 1e-5
params.data -= lr * params.grad.data
params.grad = None
```

亚历克西斯说

可以根据之前学过的内容来理解这一部分。为了计算梯度，我们对损失调用反向传播的函数。但是现在的损失是通过对原始损失计算均方差得到的，而在均方差的计算公式中，预测值是被作为一个输入值参与到计算当中的，而预测值又是通过把 f 函数作为输入参数计算而来的（这个输入参数就是我们最初调用的 required_grads_ 函数的对象）。也就是说，这种逐层的关系，可以使我们像之前一样对损失进行反向传播。函数之间调用的链式关系，表示了函数中的一个具有数学意义的特性，这个特性使得 PyTorch 可以在这种场景下使用链式法则来计算它们的梯度。

现在来看看损失有没有得到优化呢：

```
preds = f(time,params)
```

```
mse(preds, speed)
```

```
tensor(5435.5366, grad_fn=<MeanBackward0>)
```

并且看看现在的图示：

```
show_preds(preds)
```

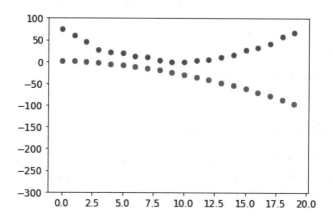

需要重复几次以上的操作，可以写一个函数来表示一次迭代的步骤：

```
def apply_step(params, prn=True):
    preds = f(time, params)
    loss = mse(preds, speed)
    loss.backward()
    params.data -= lr * params.grad.data
    params.grad = None
    if prn: print(loss.item())
    return preds
```

步骤 6：重复以上流程

现在流程在迭代地进行了。通过在循环过程中的每一次改进，我们希望得到一个不错的结果：

```
for i in range(10): apply_step(params)
```

```
5435.53662109375
1577.4495849609375
847.3780517578125
709.22265625
683.0757446289062
678.12451171875
677.1839599609375
```

```
677.0025024414062
676.96435546875
676.9537353515625
```

和我们预想的一样，损失的确下降了！但，仅仅通过观察这些损失的数字，往往会掩盖相关的事实，那就是在迭代过程中，每一次迭代其实都代表了我们在尝试一个全然不同的二次函数，并且通过这种方法找到最为合适的二次函数。如果不考虑将损失函数描绘出来，而是对迭代的每一步进行绘制的话，我们就可以将整个过程可视化出来。然后，我们就可以看到相关的二次函数的形状是如何越来越接近我们的训练数据的。

```
_,axs = plt.subplots(1,4,figsize=(12,3))
for ax in axs: show_preds(apply_step(params, False), ax)
plt.tight_layout()
```

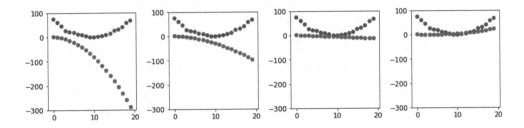

步骤 7：停止

我们很武断地决定在迭代到第 10 个周期的时候停止训练。然而在试验过程中，我们将会通过观察训练、验证过程中的损失及我们定义的一系列指标，来决定何时停止训练。

梯度下降的总结

现在，我们已经了解了每个步骤中发生的情况，再来看一下梯度下降过程的图形表示（见图 4-5），并且做一个快速的回顾。

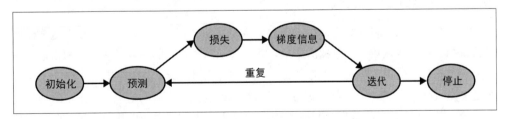

图4-5：梯度下降过程

在最开始的阶段，模型的权重可能是随机的（从初始开始进行训练）或者是来源于一个预训练好的模型（迁移学习）。在第一种情况下，从输入中获得的输出与我们想要获取的内容之间没有任何相关性，即使在第二种情况下，预训练的模型也可能无法很好地满足我们所针对的特定任务。因此，该模型将需要学习更好的权重。

首先，我们会使用损失函数对模型的输出及我们的目标进行对比（由于我们拥有的是带有标签的数据，因此可以很清楚地知道模型应该输出什么样的结果）。我们希望通过调整模型权重，能够使损失函数的输出值尽可能地小。为了做到这一点，我们将从训练数据中取出一些数据样本（比如一些图像数据），并将这部分数据作为输入给到模型。我们会对相关的目标输出与模型的输出通过损失函数进行对比，其相应的输出分值表示的就是预测结果与真实结果相差究竟有多少。之后，我们会对模型的权重进行少量的调整以期望获得更好的预测效果。

为了使损失函数的结果更好，我们应当如何对权重进行修正呢？使用微积分的方法计算相关的梯度似乎是一个不错的方法。（事实上，使用 PyTorch 可直接做到这一点！）让我们先做一个这样的推断。想象你迷失在大山中，而你的车停在了这片山脉的最低点。为了找到回到车边的路，你可能会随机选择一个方向行走，但这很可能并不能帮助你找到你的目的地。而由于你知道你的车处在一个最低点的位置，因此你应该沿着山脉下降的方向行进。而每次都选取下降趋势最陡峭的方向行进的话，最终是可以抵达最低点的目的地的。使用梯度的大小（也就是行进方向的陡坡的陡峭程度）来表示我们应该迈多大的步子；准确地讲，我们会让梯度乘上一个选定的数值，这个数值称为学习率，它决定了这个步长的大小。接下来，我们会对这个流程进行多次迭代，直到抵达最低点，也就是目的地——停车场；当抵达最终的目的地时，整个流程将停止。

我们上面看到的所有内容，除了损失函数，都可以直接迁移到 MNIST 数据集上。现在我们看看如何定义一个好的训练目标吧！

MNIST 损失函数

我们早已经有了相应的自变量 xs，也就是相关的图像数据了。接下来，需要对这些数据进行拼接，将其拼接成一个单独的张量，并将其从一个矩阵的列表（秩为 3 的张量）转变为一个向量的列表（即秩为 2 的张量）。可以通过使用 view 函数做到这一步，view 函数是 PyTorch 内置的一个方法，该方法可以在不改变张量内容的情况下对张量的形状进行修改。-1 对于 view 函数来说是一个特殊的参数，其意味着可以使对应轴方向上的数据大到足以涵盖所有的数据：

```
train_x = torch.cat([stacked_threes, stacked_sevens]).view(-1, 28*28)
```

每一张图像都需要有一个标签。在这里，我们将表示为 3 的图像标为 1，表示为 7 的图像标为 0：

```
train_y = tensor([1]*len(threes) + [0]*len(sevens)).unsqueeze(1)
train_x.shape,train_y.shape

(torch.Size([12396, 784]), torch.Size([12396, 1]))
```

PyTorch 中定义的 Dataset 在检索的时候是需要返回一个 (x，y) 的元组的。Python 提供了 zip 函数完成相关数据集格式的构建，zip 函数提供了一种很简单的方式，可将两个列表按照所需要的方式组合在一起。

```
dset = list(zip(train_x,train_y))
x,y = dset[0]
x.shape,y

(torch.Size([784]), tensor([1]))

valid_x = torch.cat([valid_3_tens, valid_7_tens]).view(-1, 28*28)
valid_y = tensor([1]*len(valid_3_tens) + [0]*len(valid_7_tens)).unsqueeze(1)
valid_dset = list(zip(valid_x,valid_y))
```

现在我们需要为每一个像素都赋予一个（初始的时候是随机的）权重。这一步也是之前提及的七步流程中最开始的赋值初始化步骤。

```
def init_params(size, std=1.0): return  (torch.randn(size)*std).requires_grad_()

weights = init_params((28*28,1))
```

而 weights*pixels 的方法并不十分灵活，因为当像素值为 0 的时候，不管对权重如何赋值，相关的结果都为 0（即直接被 0 截断了）。此刻，需要你回忆起中学数学中对线段的表述公式 y=w*x+b 了，在这里也需要一个参数 b。同样地，也会对参数 b 进行一个随机的初始化赋值：

```
bias = init_params(1)
```

在神经网络中，我们称公式 y=w*x+b 中的 w 为权重，而参数 b 则被称为偏差。这些权重及偏差共同组成我们所说的模型的参数。

术语：参数
模型的权重及偏差。权重就是公式 y=w*x+b 中的 w，而偏差可以用公式中的 b 进行表示。

现在，我们可以对一张图像进行计算，得到对其预测的输出：

```
(train_x[0]*weights.T).sum() + bias
tensor([20.2336], grad_fn=<AddBackward0>)
```

尽管可以使用 Python 中的 for 循环函数计算每一张图像的预测结果，但这会使整个流程变得很慢。因为 Python 的循环模式不会在 GPU 上进行计算，并且从整体看来，Python 是一门对于循环优化不是很到位，在这一步的处理上十分缓慢的语言。我们需要使用更高层次的函数来表示模型中尽可能多的计算。

在这个例子中，有一个十分方便的数学操作来对矩阵中的每一行计算 w*x，我们称之为矩阵乘法。图 4-6 展示了矩阵乘法的计算过程。

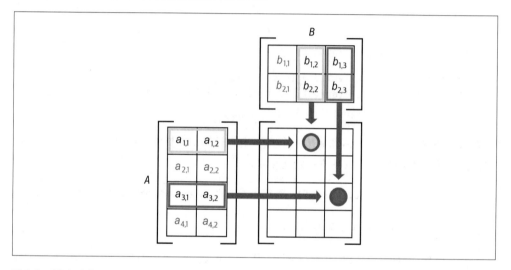

图4-6：矩阵乘法

图 4-6 展示了两个矩阵 A 和 B 是如何相乘的。我们称所得结果的每一项为 AB，表示的是 A 中对应的行以及 B 中对应的列相乘后再相加的结果。举例来说，第一行第二列就是由 $a_{1,1} * b_{1,2} + a_{1,2} * b_{2,2}$ 计算得出的。如果你想复习一下与矩阵乘法相关的知识，我们推荐你学习可汗学院的"Intro to Matrix Multiplication"（参见链接 99）的相关课程，这一部分所展示的数学方面的内容在深度学习中尤为重要。

在 Python 中，矩阵乘法可以使用 @ 操作符进行表示。接下来让我们试试吧：

```
def linear1(xb): return  xb@weights + bias
preds = linear1(train_x)
preds
```

```
tensor([[20.2336],
        [17.0644],
        [15.2384],
        ...,
        [18.3804],
        [23.8567],
        [28.6816]], grad_fn=<AddBackward0>)
```

所得结果的第一个元素是我们之前计算过的，相应的数值也和我们之前计算的一样。方程 batch @ weights + bias 是对于任意的神经网络来说最重要的两个基础方程之一（另一个就是激活函数，我们马上将会介绍到它）。

我们来检查一下准确率。为了了解一个输出究竟是 3 还是 7，我们可以只检查它是否大于 0，所以对于每一项的准确率可以使用以下方式进行计算（使用的是广播机制，而不是循环）：

```
corrects = (preds>0.0).float() == train_y
corrects

tensor([[ True],
        [ True],
        [ True],
        ...,
        [False],
        [False],
        [False]])

corrects.float().mean().item()

0.4912068545818329
```

现在我们看看准确率会不会由于权重的微小改变而变化：

```
weights[0] *= 1.0001

preds = linear1(train_x)
((preds>0.0).float() == train_y).float().mean().item()

0.4912068545818329
```

正如我们所看到的，在使用随机梯度下降法改进模型的过程中需要使用梯度信息，并且在使用损失函数对模型进行评估的过程中也需要计算相关的梯度。这是因为当对权重进行少量修改时，梯度可以作为损失变化的评估指标。

因此需要选择一个损失函数。最显而易见的方法就是使用准确率指标来作为损失函数。在这个例子中，我们可以对每一张图像计算对应的预测输出，同时收集这些数据来计算一个整体的准确率，并且根据整体的准确率，对每一个权重都计算其对应的梯度。

但不幸的是，按照以上思路，我们会碰到一个十分严重的技术问题。函数的梯度是它的斜率或陡度，可以定义为运行过程中的上升，即函数值上升或下降的幅度除以我们改变输入的幅度。可以用数学公式将其表达为：

(y_new − y_old) / (x_new − x_old)

当 x_new 十分接近 x_old 时，也就是说，两者之间的差异非常小的话，对于此处的梯度，就会有一个很好的近似。但是准确率只在其预测的输出在从 3 变到 7 或者从 7 变到 3 的情况下才会发生改变。而这一问题使得在 x_old 到 x_new 的过程中，权重的极小改变并不足以使得预测结果发生变化，也就意味着 (y_new − y_old) 的结果将一直保持为 0。换句话说，所有位置的梯度都将为 0。

通常情况下，对权重的值进行微小的改变并不会使准确率发生变化。这也就意味着准确率并不是一个十分有效的损失函数。如果坚持要用它的话，就意味着在大多数情况下，我们获得的梯度信息会一直为 0，也就会导致模型将不会从这些数字中学习到任何东西。

西尔文说

从数学的角度来看，准确率作为一个函数来说，几乎在任何地方都是一个常数表示（除了在其阈值处，0.5），因此它的导数也就几乎都为 0（并且在阈值处为无穷）。这就导致对应的梯度不是 0 就是无穷，而这一类型的梯度对于模型的更新来说没有任何帮助。

换言之，我们希望当使用微小的权重调整得到比之前稍微好一些的预测时，我们所需的损失函数能返回一个比之前稍微好一些的损失。那么这个稍微好一些的预测看起来是什么样的呢？其实在这个例子中就是，如果正确答案是 3，那么 3 的预测分值就需要相应地更高一些，或者说如果正确答案为 7，那么 3 的分值就要相应地更低一些。

现在让我们来写一个这样的函数吧！它应该采取怎样的形式呢？

损失函数并不是以图像作为输入的，而是接收模型给出的预测。因此，我们构造出一个值为 0 到 1 之间的参数，prds，其对应的值表示图像预测为 3 的概率。这是一个与所有图像都相关的向量（例如，可以是一阶张量）。

损失函数的目的是测量预测值和真实值（也就是标签）之间的差别。因此，我们构造出一个值为 0 到 1 之间的参数，trgts，其对应的值表示图像预测为 3 的概率。这也是一个可以与所有图像都相关的向量（例如，可以是一阶张量）。

举个例子，假设现在有三张图像，分别是 3、7 和 3。并且假设模型对于第一张为 3 的图像具有较高的置信度（0.9），对于图像 7 来说有较低的置信度（0.4），认为其是 3，而且错误地对第三张图像 3 赋予置信度 0.2，即将第三张图像预测为 7。这意味着损失函数会将这些值作为输入：

```
trgts  = tensor([1,0,1])
prds   = tensor([0.9, 0.4, 0.2])
```

接下来，首先尝试使用损失函数对预测值 predictions 和目标真实值 targets 之间的距离进行测量：

```
def mnist_loss(predictions, targets):
    return torch.where(targets==1, 1-predictions, predictions).mean()
```

我们现在使用的是一个新的函数，torch.where(a,b,c)。该函数的运行效果和使用 [b[i] if a[i] else c[i] for i in range(len(a))] 做列表之间的对比相同，除了该函数是在张量上进行工作的，并且具有 C/CUDA 的处理速度。简单来说，此函数将测量每个预测结果与 1 的距离（如果结果应为 1）和与 0 的距离（如果结果应为 0），然后对所有的这些距离取平均值。

文档阅读

像这样学习 PyTorch 的函数是十分重要的，因为用 Python 对于张量进行循环使用的是 Python 的速度，而不是 C/CUDA 的速度！现在尝试运行 help(torch.where) 来阅读该函数的相关文档吧，当然，如果能从 PyTorch 的官方文档中进行查阅就更好了。

下面对 prds 及 trgts 进行测试：

```
torch.where(trgts==1, 1-prds, prds)
```

```
tensor([0.1000, 0.4000, 0.8000])
```

可以看到，当预测更准确，或者说准确的预测更可靠（绝对值更高）及不准确的预测更不可靠时，此函数返回的数值更小。在 PyTorch 中，我们总是假设损失函数的值越小越好。因为我们需要一个标量作为最终损失，所以 mnist_loss 会对上一个张量取平均值：

```
mnist_loss(prds,trgts)
```

```
tensor(0.4333)
```

例如，如果我们将一个"假"目标的预测值从 0.2 改为 0.8，损失将会下降，这表明这是一个更好的预测：

```
mnist_loss(tensor([0.9, 0.4, 0.8]),trgts)
```

```
tensor(0.2333)
```

当前定义的 mnist_loss 的一个问题是，它假定预测的输出总是在 0 和 1 之间。那么，我们需要确保事实就是这样！碰巧，有一个函数正好可以这样做，让我们来看一下。

sigmoid

sigmoid 函数总是输出一个介于 0 和 1 之间的数值。定义如下：

```
def sigmoid(x): return  1/(1+torch.exp(-x))
```

PyTorch 为我们定义了一个 sigmoid 函数的加速版本，所以不需要自己进行定义。这是深度学习中的一个重要函数，因为我们通常希望确保值介于 0 和 1 之间。该函数看起来是这样的：

```
plot_function(torch.sigmoid, title='Sigmoid', min=-4, max=4)
```

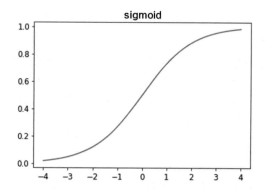

如上图所示，它接受任何输入值（正或负），并将其转换为介于 0 和 1 之间的输出值。这也是一条只向上的平滑曲线，这使得 SGD 更容易找到有意义的梯度。

让我们更新 mnist_loss 以首先对输入应用 sigmoid 函数：

```
def mnist_loss(predictions, targets):
    predictions = predictions.sigmoid()
    return  torch.where(targets==1, 1-predictions, predictions).mean()
```

现在可以确信，即使预测值不在 0 到 1 之间，损失函数也会起作用。更进一步地，我们需要更好的预测对应着更高的置信度。

在定义了损失函数之后，现在是一个很好的时机来重述我们为什么这么做的原因。毕竟我们已经有了一个衡量指标，那就是整体准确率。那为什么还要定义损失呢？

关键的区别在于，衡量指标的目的是帮助人类进行理解，而定义损失的目的则是推动机器的自动学习。为了推动自动化地进行学习，损失必须是一个有意义的可导函数。它不能有大的平坦部分和大的跳跃，而且必须相当平滑。这就是为什么我们设计了一个损失函数，它会对置信水平的微小变化做出反应。这一要求意味着，有时它并不能准确地反映我们试图实现的目标，而反映的是我们真正的目标和一个可以使用其梯度进行优化的函数之间的折中。损失函数会对数据集中的每一项都进行损失的计算，然后在一个训练周期结束时，对所有损失值进行平均，并报告该周期的总体平均值。

另一方面，指标所对应的数值是我们十分关心的。这些在每个训练周期结束时打印出来的数值，告诉我们模型是如何工作的。在判断模型的性能时，我们必须学会关注这些指标，而不是只关注损失。

随机梯度下降及小批次

现在我们有了一个适合使用随机梯度下降算法的损失函数，可以考虑学习过程的下一阶段中涉及的一些细节了，即根据梯度改变或更新权重。这一步通常称为优化。

要进行优化，需要计算一个或多个数据项的损失。但究竟应该使用多少数据进行计算呢？我们可以对整个数据集计算其平均值，也可以计算单个数据项的平均值。但这两者都不理想。因为对整个数据集进行计算需要很长时间，而为单个数据进行计算又不会使用到太多信息，因此会导致不精确和不稳定的梯度。如果只使用单个数据就希望提升模型性能的话，这对于权重的更新是一个巨大的挑战，即很难进行准确且有效的权重更新。

所以我们妥协了，选取了一个折中的方法，即一次计算几个数据项的平均损失。这称为小批次。小批次中数据项的数量称为批次大小。较大的批次大小意味着你将从损失函数中获得更准确、更稳定的数据集梯度估计，但这将花费更长的时间，并且在每个周期中处理小批次的数据的次数变得更少。为了快速且准确地训练模型，选择一个好的批次大小是作为一个深度学习实践者需要做出的决定之一。我们将在本书中讨论如何做出这个选择。

另一个使用小批次而不是计算单个数据项的梯度的很好的理由是，在实践中，我们几乎总是在计算加速器（如GPU）上进行训练。这些加速器只有在一次有很多工作要做的情况下才会表现良好，所以如果我们能给它们提供大量的数据项来处理，这是很有帮助的。使用小批次是最好的方法之一。但是，如果给它们提供了太多数据而它们无法同时处理，它们将耗尽所有的内存，所以如何合理并且开心地使用GPU也是很棘手的。

正如你在第2章中对数据增强的讨论中所看到的，如果可以在训练过程中改变一些事情，我们可以获得更好的通用性。可以改变的一件简单而有效的事情是，在每个小批次中放入哪些数据项。不是简单地在每个周期对数据集进行按顺序的列举，而是在创建小批次之前，在每个周期中随机地对数据集进行洗牌。PyTorch 和 fastai 提供了一个类，它将执行洗牌和小批次排序，它被称为 DataLoader。

DataLoader 可以获取任何 Python 集合，并将其转换为多个批次的迭代器，如下所示：

```
coll = range(15)
dl = DataLoader(coll, batch_size=5, shuffle=True)
list(dl)

[tensor([ 3, 12,  8, 10,  2]),
 tensor([ 9,  4,  7, 14,  5]),
 tensor([ 1, 13,  0,  6, 11])]
```

为了训练模型，我们不仅需要各种 Python 集合，还需要包含自变量和因变量（模型的输入和目标）的集合。包含自变量和因变量元组的集合在 PyTorch 中被称为 Dataset。下面是一个非常简单的 Dataset 案例：

```
ds = L(enumerate(string.ascii_lowercase))
ds

(#26) [(0, 'a'),(1, 'b'),(2, 'c'),(3, 'd'),(4, 'e'),(5, 'f'),(6, 'g'),(7,
 > 'h'),(8, 'i'),(9, 'j')...]
```

当将 Dataset 传递给 DataLoader 时，我们将得到许多批数据，这些批数据本身就可以表示为自变量和因变量的张量元组：

```
dl = DataLoader(ds, batch_size=6, shuffle=True)
list(dl)

[(tensor([17, 18, 10, 22,  8, 14]), ('r', 's', 'k', 'w', 'i', 'o')),
 (tensor([20, 15,  9, 13, 21, 12]), ('u', 'p', 'j', 'n', 'v', 'm')),
 (tensor([ 7, 25,  6,  5, 11, 23]), ('h', 'z', 'g', 'f', 'l', 'x')),
 (tensor([ 1,  3,  0, 24, 19, 16]), ('b', 'd', 'a', 'y', 't', 'q')),
 (tensor([2, 4]), ('c', 'e'))]
```

现在，我们准备好编写第一个循环地使用随机梯度下降法对模型进行训练的程序了！

将它们集成在一起

是时候复现我们在图 4-1 中看到的处理流程了。我们设计的一个周期的流程用代码将被实现成以下形式：

```
for x,y in dl:
    pred = model(x)
    loss = loss_func(pred, y)
    loss.backward()
    parameters -= parameters.grad * lr
```

首先，会对参数重新进行初始化：

```
weights = init_params((28*28,1))
bias = init_params(1)
```

将从 Dataset 中创建出一个 DataLoader：

```
dl = DataLoader(dset, batch_size=256)
xb,yb = first(dl)
xb.shape,yb.shape

(torch.Size([256, 784]), torch.Size([256, 1]))
```

同样地，对于验证集也会做这样的处理：

```
valid_dl = DataLoader(valid_dset, batch_size=256)
```

构建一个大小为 4 的批数据作为测试：

```
batch = train_x[:4]
batch.shape

torch.Size([4, 784])

preds = linear1(batch)
preds

tensor([[-11.1002],
        [  5.9263],
        [  9.9627],
        [ -8.1484]], grad_fn=<AddBackward0>)

loss = mnist_loss(preds, train_y[:4])
loss

tensor(0.5006, grad_fn=<MeanBackward0>)
```

现在，可以计算它们的梯度了：

```
loss.backward()
```

```
weights.grad.shape,weights.grad.mean(),bias.grad

(torch.Size([784, 1]), tensor(-0.0001), tensor([-0.0008]))
```

将这些方法全放在一个函数内：

```
def calc_grad(xb, yb, model):
    preds = model(xb)
    loss = mnist_loss(preds, yb)
    loss.backward()
```

并对其进行测试：

```
calc_grad(batch, train_y[:4], linear1)
weights.grad.mean(),bias.grad

(tensor(-0.0002), tensor([-0.0015]))
```

但如果将这个方法调用两次，会发生什么呢：

```
calc_grad(batch, train_y[:4], linear1)
weights.grad.mean(),bias.grad

(tensor(-0.0003), tensor([-0.0023]))
```

梯度发生变化了！原因是，`loss.backward` 函数会对现有损失计算得到的梯度与之前已经保存过的梯度进行相加。因此，首先需要将现有的梯度重置为 0：

```
weights.grad.zero_()
bias.grad.zero_();
```

In-Place 操作

PyTorch 中名称以下画线结尾的方法会直接对对象进行修改。例如，`bias.zero_` 会将张量偏差中的所有元素都置为 0。

最后一步就是根据梯度和学习率更新权重和偏差。当这样做的时候，我们必须告诉 PyTorch 不要使用这个步骤的梯度信息，否则，当试图对下一批次计算导数时，整个过程就会变得混乱！如果指定对一个张量的 data 属性进行操作，PyTorch 就不会在这个步骤中使用它的梯度。以下是模型训练循环中的一个周期的基本训练函数：

```
def train_epoch(model, lr, params):
    for xb,yb in dl:
        calc_grad(xb, yb, model)
        for p in params:
```

```
p.data -= p.grad*lr
p.grad.zero_()
```

通过查看模型在验证集下的准确率可确定我们做得怎么样。要确定输出表示的是3还是7，只需检查它是否大于0。所以，可以计算每个数据项的准确率（使用广播，所以没有循环），具体如下：

```
(preds>0.0).float() == train_y[:4]
```

```
tensor([[False],
        [ True],
        [ True],
        [False]])
```

以下函数就能够计算验证集的识别准确率：

```
def batch_accuracy(xb, yb):
    preds = xb.sigmoid()
    correct = (preds>0.5) == yb
    return correct.float().mean()
```

可以检查一下该函数是否有效：

```
batch_accuracy(linear1(batch), train_y[:4])
```

```
tensor(0.5000)
```

然后将这些批数据的处理流程集合在一起：

```
def validate_epoch(model):
    accs = [batch_accuracy(model(xb), yb) for xb,yb in valid_dl]
    return  round(torch.stack(accs).mean().item(), 4)

validate_epoch(linear1)
```

```
0.5219
```

我们就是基于以上的工作开始训练的。现在让我们训练一个周期，并且看看训练之后准确率是否有提升吧：

```
lr = 1.
params = weights,bias
train_epoch(linear1, lr, params)
validate_epoch(linear1)
```

```
0.6883
```

然后，多训练几个周期：

```
for i in range(20):
    train_epoch(linear1, lr, params)
    print(validate_epoch(linear1), end=' ')

0.8314 0.9017 0.9227 0.9349 0.9438 0.9501 0.9535 0.9564 0.9594 0.9618 0.9613
> 0.9638 0.9643 0.9652 0.9662 0.9677 0.9687 0.9691 0.9691 0.9696
```

看起来很不错啊！我们已经达到了与"像素相似度"方法相同的准确率，并且创建了一套比较通用且基础的流程，可以方便下次基于此再做拓展。下一步，将建立一个新的对象，使我们能够很好地处理随机梯度下降的步骤。在 PyTorch 中，我们称这一步为优化器。

创建一个优化器

由于优化器在深度学习中是一个非常普遍的基础功能，所以 PyTorch 提供了一些有用的类来使其更容易实现。我们可以做的第一件事是用 PyTorch 的 nn.Linear 模块代替 Linear 函数。模块是一个继承自 PyTorch nn.Module 类的对象。这个类的对象的行为与标准的 Python 函数相同，你可以用圆括号来对它们进行调用，并且它们将返回模型的激活值。

nn.Linear 与 init_params 和 linear 两个函数做的事情是相同的。它在一个单独的类中同时包含了权重和偏差。下面来看一下如何对上一节中的模型进行复现：

```
linear_model = nn.Linear(28*28,1)
```

PyTorch 中的每一个模块都知道哪些参数是应该被训练的，它们是通过 parameters 函数进行定义的：

```
w,b = linear_model.parameters()
w.shape,b.shape

(torch.Size([1, 784]), torch.Size([1]))
```

我们可以使用上述信息创建一个新的优化器：

```
class BasicOptim:
    def __init__(self,params,lr): self.params,self.lr = list(params),lr

    def step(self, *args, **kwargs):
        for p in self.params: p.data -= p.grad.data * self.lr
    def zero_grad(self, *args, **kwargs):
        for p in self.params: p.grad = None
```

可以通过输入模型的参数来创建我们自己的优化器：

```
opt = BasicOptim(linear_model.parameters(), lr)
```

现在，训练循环可以简化为：

```
def train_epoch(model):
    for xb,yb in dl:
        calc_grad(xb, yb, model)
        opt.step()
        opt.zero_grad()
```

然后，并不需要对验证函数做任何修改：

```
validate_epoch(linear_model)
```

```
0.4157
```

接下来，我们将把整个事情变得更加简单，在函数内放入之前的训练循环：

```
def train_model(model, epochs):
    for i in range(epochs):
        train_epoch(model)
        print(validate_epoch(model), end=' ')
```

得到的结果会和上一节中的相同：

```
train_model(linear_model, 20)
```

```
0.4932 0.8618 0.8203 0.9102 0.9331 0.9468 0.9555 0.9629 0.9658 0.9673 0.9687
 > 0.9707 0.9726 0.9751 0.9761 0.9761 0.9775 0.978 0.9785 0.9785
```

fastai 提供的默认的 SGD 类可以做到和我们的 BasicOptim 相同的事情：

```
linear_model = nn.Linear(28*28,1)
opt = SGD(linear_model.parameters(), lr)
train_model(linear_model, 20)
```

```
0.4932 0.852 0.8335 0.9116 0.9326 0.9473 0.9555 0.9624 0.9648 0.9668 0.9692
 > 0.9712 0.9731 0.9746 0.9761 0.9765 0.9775 0.978 0.9785 0.9785
```

可以用 fastai 提供的 Learner.fit 来代替 train_model。为了创建一个 Learner，首先需要创建一个 DataLoaders，将训练集和验证集的 DataLoaders 传入其中：

```
dls = DataLoaders(dl, valid_dl)
```

要在不使用应用程序（如 cnn_learner）的情况下创建一个 Learner，需要传入本章中创建的所有元素：DataLoaders、模型、优化函数（将传入模型的参数）、损失函数，以及任何需要打印的指标：

```
learn = Learner(dls, nn.Linear(28*28,1), opt_func=SGD,
                loss_func=mnist_loss, metrics=batch_accuracy)
```

现在可以调用 fit 函数：

```
learn.fit(10, lr=lr)
```

epoch	train_loss	valid_loss	batch_accuracy	time
0	0.636857	0.503549	0.495584	00:00
1	0.545725	0.170281	0.866045	00:00
2	0.199223	0.184893	0.831207	00:00
3	0.086580	0.107836	0.911187	00:00
4	0.045185	0.078481	0.932777	00:00
5	0.029108	0.062792	0.946516	00:00
6	0.022560	0.053017	0.955348	00:00
7	0.019687	0.046500	0.962218	00:00
8	0.018252	0.041929	0.965162	00:00
9	0.017402	0.038573	0.967615	00:00

正如你所看到的，PyTorch 和 fastai 的类并没有什么神奇之处。它们只是为了方便而预先打包好组件，这些组件可以使你的学习过程更加轻松！（它们还提供了很多额外的功能，我们将在后面的章节中使用。）

现在可以通过使用这些类，把线性模型替换成一个神经网络。

增加一个非线性特征

到目前为止，我们已经有了一个可以优化函数参数的通用流程，并且在一个简单的线性分类器上进行了尝试，尽管这个函数看上去比较枯燥。一个线性分类器只能做一些有限的事情。为了让它变得更复杂一些（能够处理更多的任务），我们需要在两个线性分类器之间添加一些非线性的东西（即与 ax+b 不同），这就是我们的神经网络。

以下是对整个神经网络的基本定义。

```
def simple_net(xb):
    res=xb@w1+b1
    res = res.max(tensor(0.0))
    res = res@w2 + b2
    return res
```

就是这样，我们在 `simple_net` 中拥有的也仅仅就是两个线性分类器，以及其中有一个 max 函数而已。

这里，w1 和 w2 是权重张量，b1 和 b2 是偏差张量；也就是说，这些参数最初是被随机初始化的，就像我们在上一节中所做的那样：

```
w1 = init_params((28*28,30))
b1 = init_params(30)
w2 = init_params((30,1))
b2 = init_params(1)
```

关键是，w1 具有 30 个激活值输出（这意味着 w2 必须具有 30 个激活值输入，这样它们才可以匹配起来）。这意味着第一层可以构造 30 个不同的特征，每个特征代表不同的像素混合。你可以将 30 更改为任意你所期望的数值，使模型变得更加简单或者更加复杂。

下面这个小函数 `res.max(tensor(0.0))` 被称为线性修正单元，也常被称为 *ReLU*。你可能会觉得线性修正单元听起来很奇怪并且很复杂……但是，事实上这其实就是 `res.max(tensor(0.0))` 这么一个函数所表达的意思。换句话说，就是将所有负数替换成 0。这个小函数也可以在 PyTorch 中通过调用 F.relu 函数来使用：

`plot_function(F.relu)`

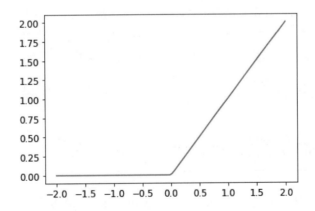

杰里米说

深度学习中有大量的术语，包括诸如线性修正单元之类的术语。正如我们在本案例中所看到的，绝大多数术语并不比用短代码行实现更为复杂。但现实情况是，学者想要发表论文，他们需要让这些概念听起来尽可能复杂。而使一件事情变得复杂抽象的方法，就是加入各种各样的行话（抽象的术语和黑话）。不幸的是，这导致深度学习这个应该不那么复杂的领域变得更加令人生畏和难以进入。因此你必须学习专业术语，否则，无法读懂论文和教程。但这并不意味着你必须找到令人生畏的术语。请记住，当你遇到一个以前从未见过的单词或短语时，几乎可以肯定它是指一个非常简单的概念。

其基本思想是，通过使用更多的线性层，可以让模型做更多的计算，因此模型可实现更复杂的功能。但是，把一个线性层直接放在另一个线性层之后是没有意义的，因为当把一些东西相乘，然后把它们累加多次时，也可以通过把不同的东西相乘，再把它们进行一次累加来代替！也就是说，可以用具有不同参数集的单个线性层来替换一行中多个线性层的序列。

但是如果把一个非线性函数放在它们之间，比如 max，上述的可替换性就不再成立了。现在，每个线性层都与其他层有些解耦，可以做对自己有用的工作。max 函数特别有趣，它可以作为一个简单的 if 语句运行。

西尔文说
在数学上，我们说两个线性函数的组合是另一个线性函数。因此，可以将任意多个线性分类器堆叠在彼此的顶部，如果它们之间没有非线性函数，它们将与一个线性分类器相同。

令人惊讶的是，如果你能找到 w1 和 w2 的正确参数并且把这些矩阵做得足够大的话，那么这个小函数就可以在数学上证明它可以以任意高的准确率解决任何可计算的问题。对于任意的 wiggly 函数，我们可以把它近似为一组连接在一起的直线；为了使它更接近wiggly 函数，我们只需使用更短的线就好了。这就是通用逼近定理。这里的三行代码称为层。第一行和第三行称为线性层，第二行称为非线性层或激活函数。

与上一节一样，我们可以利用 PyTorch 将此代码替换为更简单的代码：

```
simple_net = nn.Sequential(
    nn.Linear(28*28,30),
    nn.ReLU(), nn.Linear(30,1)
)
```

nn.Sequential 创建一个模块，该模块将依次调用模块中列出的每个层或函数。

nn.ReLU 是一个 PyTorch 模块，其功能与 F.relu 函数完全相同。大多数可以出现在模型中的函数也具有与模块相同的形式。一般来说，这只是一个用 nn 替换 F 并改变大小写的例子。当使用 nn.Sequential 时，PyTorch 要求我们使用模块内部版本的语句。如果其中一些模块是类的话，我们就必须实例化它们，这就是为什么在此案例中我们看到nn.ReLU 的原因。

因为 nn.Sequential 是一个模块，所以我们可以得到它的参数，这个模块将返回它包含的所有模块的所有参数的列表。我们来试试吧！由于这是一个更深层次的模型，所以我们将使用较低的学习率和更多的训练迭代次数：

```
learn = Learner(dls, simple_net, opt_func=SGD,
                loss_func=mnist_loss, metrics=batch_accuracy)

learn.fit(40, 0.1)
```

这里不显示 40 行输出以节省空间，训练过程记录在 learn.recorder 中，输出的表格存储在 values 属性中，因此我们可以绘制训练的准确率：

```
plt.plot(L(learn.recorder.values).itemgot(2));
```

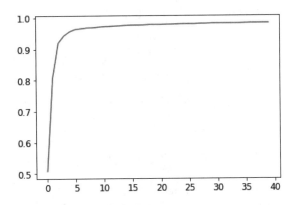

并且我们可以看到最终的准确率：

```
learn.recorder.values[-1][2]
0.982826292514801
```

在这一点上，我们有一些相当神奇的收获：

- 在对一个函数给定正确参数的情况下，神经网络是能够以任意水平的准确率来解决很多问题的。
- 找到对于任意函数来说的最佳参数集的方法（随机梯度下降）。

这就是为什么深度学习能做如此奇妙的事情的原因。我们发现，对很多学生来说，在认知上需要迈出的巨大一步是，确信这些简单的技巧的组合能够解决很多问题。获得的结果好到看似不真实。但难道事情应该比这更困难更复杂吗？我们的建议是：试试看！我们刚刚在 MNIST 数据集上进行了尝试，你已经看到了结果。并且由于我们是从头开始进行的试验（除了计算梯度的步骤），你应该清楚在其中是没有隐藏特殊的魔法的。

更深入一些

不要仅仅停留在两个线性层上。可以添加任意多个线性层，只要在每对线性层之间增加一个非线性层即可。但是，正如你接下来将了解到的，模型的层数越多，在实践中优化参数就越困难。在本书后面的部分，我们将学习一些简单但非常有效的技术来训练更深层的模型。

我们已经知道，两个线性层加上一个非线性层就足以逼近任何函数。那么为什么还要使用更深层的模型呢？原因是，我们期望获得更高的性能。对于更深的模型（一个具有许多神经层的模型），我们不需要使用太多的参数；事实证明，使用更小的矩阵和更多的层，得到的结果比使用更大的矩阵和少量神经层的结果要好。

这意味着我们可以更快地训练模型，并且占用更少的内存。在 20 世纪 90 年代，研究人员非常关注通用逼近理论，以至于很少有人对一种以上的非线性层进行试验。只关注理论但不考虑实际应用的基础理念多年来阻碍了这一领域的发展。然而，一些研究人员确实用深度模型进行了试验，并且能够证明这些模型在实践中可以表现得更好。最终，理论结果也表明了为什么会发生这种情况的原因。现如今，我们会发现，在任何场景下，只使用一个非线性层的神经网络是非常罕见的。

下面是使用在第 1 章中看到的相同方法训练 18 层模型时发生的情况：

```
dls = ImageDataLoaders.from_folder(path)
learn = cnn_learner(dls, resnet18, pretrained=False,
                    loss_func=F.cross_entropy, metrics=accuracy)
learn.fit_one_cycle(1, 0.1)
```

epoch	train_loss	valid_loss	accuracy	time
0	0.082089	0.009578	0.997056	00:11

准确率几乎为 100%！这和我们之前介绍的简单神经网络有很大的区别。但正如你将在本书的其余部分学到的，你需要使用一些小技巧来从零开始获得如此好的结果。你已经知道其中的关键部分了。（当然，即使你知道所有的技巧，也会希望使用 PyTorch 和 fastai 提供的预构建类，因为它们使你不必亲自考虑所有的细节。）

术语回顾

恭喜你：你现在知道如何从头开始创建和训练一个深度神经网络了！为了达到这一点，我们经历了很多步骤，但你可能会惊讶于它竟然如此简单。

现在我们已经到了这一步，这是一个很好的机会来定义和回顾一些术语和关键概念。

神经网络包含许多数值，但它们只有两种类型：用来计算的数值和计算这些数值的参数。这给了我们两个最重要的术语：

激活值

计算的数值（线性层和非线性层）。

参数

随机初始化和优化的数值（即定义模型的数值）。

在这本书中我们将经常讨论激活值和参数。记住它们有特定的含义，且它们是数值。它们不是抽象的概念，而是模型中实际的特定数值。一个好的深度学习实践者应习惯于观察激活值和参数，将它们展示出来并测试它们的行为是否正确。

激活值和参数都被包含在张量中。这些都只是简单排列的常见阵列，例如矩阵。矩阵有行和列，我们称之为轴或维度。张量的维数就是它的秩。有一些特殊的张量：

- 0 阶张量：标量。
- 1 阶张量：向量。
- 2 阶张量：矩阵。

神经网络包含许多层。每一层要么是线性的，要么是非线性的。在神经网络中，通常在这两种层之间交替。有时人们把线性层和紧随其后的非线性层统称为一层。是的，这有时确实会让人困惑。但在这种情况下，我们一般把非线性层称为激活函数。

表 4-1 总结了与 SGD 相关的关键概念。

表4-1：深度学习词汇

术语	含义
ReLU	将负值变成 0，而正值保持不变的函数
mini-batch（小批次）	将一小组的输入和标签组合在两个数组中。一次梯度下降的更新就在这一个批次中进行（而不是一整个大的迭代）
forward pass（前向传播）	将某些输入给到模型，并计算预测结果
loss（损失）	一个代表模型工作得好坏的值
gradient（梯度）	通过损失计算模型中的某些参数的导数
backward pass（反向传播）	根据损失计算所有模型参数的梯度
gradient descent（梯度下降）	往梯度相反的方向移动一点儿，以使模型参数表现得更好一些
learning rate（学习率）	应用随机梯度下降法更新模型参数时采取的步长

对你之前的超前选择的提醒

你有没有选择跳过第 2 章和第 3 章，偷看后面的内容？好吧，这里提醒你现在回到第 2 章，因为你很快就需要知道那些知识了！

问题

1. 灰度图像是如何在计算机上表示的？彩色图像呢？

2. MNIST_SAMPLE 案例的数据集中的文件和文件夹是如何构造的？为什么？

3. 解释"像素相似性"方法如何对数字进行分类。

4. 如何理解递推式构造列表？现在创建一个递推式构造列表，选择其中的奇数并将这些奇数加倍。

5. 什么是秩为 3 的张量？

6. 张量的秩和形状有什么区别？如何从形状中得到秩？

7. RMSE 和 L1 范数是什么？

8. 如何用比 Python 循环快数千倍的方法，一次对数千个数字进行计算？

9. 创建一个 3 × 3 的张量或数组，包含从 1 到 9 的数值，将数值加倍，选择右下角的四个数值。

10. 什么是广播？

11. 通常是使用训练集还是验证集来计算衡量标准？为什么？

12. 什么是 SGD？

13. 为什么 SGD 要使用小批次？

14. 机器学习中 SGD 的七个步骤是什么？

15. 如何初始化模型中的权重？

16. 什么是损失？

17. 为什么不能一直使用高学习率？

18. 什么是梯度？

19. 你需要知道如何自己计算梯度吗？

20. 为什么不能用准确率作为损失函数？

21. 绘制 sigmoid 函数。它的形状有什么特别之处？

22. 损失函数和指标之间有什么区别？

23. 使用学习率计算新权重的函数是什么？

24. `DataLoader` 类是用来干什么的？

25. 编写伪代码，显示 SGD 在每个训练周期中所采取的基本步骤。

26. 创建一个函数，如果传递了两个参数 [1,2,3,4] 和 'abcd'，则返回 [(1, 'a'), (2, 'b'), (3, 'c'), (4, 'd')]。输出的数据结构有什么特别之处？

27. `view` 在 PyTorch 中是做什么的？

28. 神经网络中的偏差参数是什么？为什么需要它们？

29. `@` 操作符在 Python 中可以干什么？

30. `backward` 方法是用来做什么的？

31. 为什么要把梯度归零？

32. 必须向学习器传递哪些信息？

33. 用 Python 代码或伪代码的方式展示训练循环的基本步骤。

34. 什么是 ReLU？为 -2 到 +2 的值绘制一张曲线图。

35. 什么是激活函数？

36. `F.relu` 和 `nn.relu` 有什么区别？

37. 通用逼近定理表明，只要使用一个非线性函数，就可以根据需要逼近任意函数。那么，为什么我们通常会使用更多的非线性函数呢？

深入研究

1. 根据本章所示的训练循环的方法，创建你自己的学习器，并从头开始实现。

2. 使用完整的 MNIST 数据集（适用于所有数字，而不仅仅是 3 和 7）完成本章中的所有步骤。这是一个重要的项目，将需要你花费相当多的时间来完成！你需要做一些你自己的研究，以克服在这个过程中所遇到的障碍。

第 5 章

图像分类

既然你已经了解了什么是深度学习，为什么要使用深度学习，以及如何创建和部署一个深度学习模型，那么现在可以进行更深入的学习了！在一个理想的学习环境里，使用深度学习的人员其实不必知道算法的每一个细节在幕后是如何运作的。但到目前为止，我们还没有这样一个特别理想的环境。所以，要使你的模型真正有效并可靠的话，有很多细节你必须正确处理，还有很多细节你必须进行检查。这个过程要求你能够在训练和预测时观察你的神经网络，发现可能存在的问题，并知道如何解决它们。

因此，从这里开始，我们将深入研究深度学习的机制。计算机视觉模型、NLP 模型、表格模型等相关任务的模型架构是什么？如何创建符合特定领域需求的模型架构？如何通过训练尽可能获得更好的结果？如何使训练加速？当数据集发生变化时，需要做哪些更改？

在本章开始的地方，我们会重复在第 1 章中介绍的一些基本操作，但我们还将做另外两件很重要的事情：

- 让模型的效果变得更好。
- 将其应用于更广泛的数据类型。

要做好这两件事，我们必须把深度学习当成拼图一样进行学习，需要对拼图中的所有部分都十分熟悉。这包括不同类型的网络层、正则化方法、优化器、如何将这些层组合成合适的结构、数据的标注等技术。不过，我们不会把所有这些知识一下子都扔给你，将根据需要，在做项目的过程中逐步引进，以解决实现过程中遇到的实际问题。

从猫狗识别到宠物分类

在第一个模型中，我们学习了如何区分狗和猫。就在几年前，这被认为是一个非常具有挑战性的任务，但今天，它太容易实现了！我们无法向你展示这个问题的训练模型的细微差别，因为我们得到了一个几乎完美的结果，而不需要在乎任何细节。但事实证明，同样的数据集也让我们能够解决一个更具挑战性的问题：弄清楚每张图像中显示的是哪种宠物。

在第 1 章中，我们介绍了已经解决的问题的应用，但这不是现实生活中的事情。我们从一个对其一无所知的数据集开始，然后要弄清楚它是如何组合在一起的，如何从中提取需要的数据，以及这些数据是什么样子的。在本书的其余部分，我们将向你展示如何在实践中解决这些问题，包括理解正在使用的数据和测试建模所需的所有中间步骤。

我们已经下载了 Pets 数据集，可以使用与第 1 章相同的代码获得此数据集的路径：

```
from fastai2.vision.all import *
path = untar_data(URLs.PETS)
```

如果想要知道如何从每张图像中得到每一个宠物的种类的话，就要先知道这些数据是怎么构成的。数据的构成这种细节是深度学习的关键部分。提供数据的方式主要有以下两种：

- 每一个文件就代表这一个数据，例如，文本文件或图像，可能会用文件夹或者文件名来对这些数据的信息进行表示。
- 与数据相关的表格（例如，CSV 格式的文件），其中，每一行都代表着一个数据，可能也会有一些文件名，以提供表格内部的数据与其他格式的数据（比如文本文件或图像）之间的关系。

当然，这些规则也会有一些例外——特别是在生物学基因领域可能会使用二进制编码的数据库格式，甚至是网络流——但总体上来说，你之后会使用到的大多数数据集都会以以上两种方式进行构建。

要想了解数据集中有哪些内容，可以使用 ls 方法进行查看：

```
path.ls()
(#3) [Path('annotations'),Path('images'),Path('models')]
```

可以看到，这个数据集为我们提供了 *images* 和 *annotation*。数据集网站（参见链接 100）告诉我们，*annotations* 目录包含关于对应的宠物在哪里而不是某个宠物对应的标签是什么的信息。在本章中，我们将进行分类，而不是定位，也就是说，我们关心的是宠物是什么，而不是它们在哪里。因此，现在将忽略 *annotation* 目录。那么，让我们看看 *images* 目录：

```
(path/"images").ls()
```

```
(#7394) [Path('images/great_pyrenees_173.jpg'),Path('images/wheaten_terrier_46.j
> pg'),Path('images/Ragdoll_262.jpg'),Path('images/german_shorthaired_3.jpg'),P
> ath('images/american_bulldog_196.jpg'),Path('images/boxer_188.jpg'),Path('ima
> ges/staffordshire_bull_terrier_173.jpg'),Path('images/basset_hound_71.jpg'),P
> ath('images/staffordshire_bull_terrier_37.jpg'),Path('images/yorkshire_terrie
> r_18.jpg')...]
```

fastai 返回的集合中的大多数函数和方法都使用了一个名为 L 的类。这个类可以看作普通 Python list 类型的增强版本，为普通操作增加了便利。例如，当在 notebook 中显示这个类的一个对象时，它会以这里显示的格式出现。首先显示的是集合中数据的项数，前缀为 #。在前面的输出中还可看到，列表的后缀是省略号。这意味着只显示前几个项目，这是一件好事，因为我们不希望在屏幕上显示超过 7000 个文件名！

通过检查这些文件名，我们可以看到它们的结构。每个文件名都包含宠物品种，然后是下画线（_）、数字，最后是文件扩展名。我们需要创建一段代码，从单个路径中提取品种。Jupyter notebook 让这些工作变得很容易，我们可以逐渐建立起一些有用的代码片段，然后将其用于整个数据集。在这一点上必须小心，不要做太多的假设。例如，如果你仔细看，可能会注意到一些宠物品种包含多个单词，因此不能简单地在找到的第一个下画线处中断。为了能够测试代码，让我们选择以下文件名之一：

```
fname = (path/"images").ls()[0]
```

从这样的字符串中提取信息的最强大和灵活的方法是使用正则表达式，也称为 *regex*。正则表达式是一个用正则表达式语言编写的特殊字符串，它指定了一个通用规则，用于确定另一个字符串是否能通过测试（即"匹配"正则表达式），也可用于从另一个字符串中提取一个或多个特定部分。在这种情况下，我们需要一个正则表达式从文件名中提取宠物品种。

本书没有足够的篇幅给你提供一个完整的正则表达式教程，但是有很多优秀的在线教程，我们知道你们中的很多人已经对这个很棒的工具十分熟悉了。如果你还不熟悉这个工具的话，那这是一个很好的学习正则表达式的机会！正则表达式是编程工具箱中最有用的工具之一，许多学生告诉我们，这也是他们最喜欢使用的工具之一。所以现在就去搜索引擎中搜索"正则表达式教程"，然后在浏览完之后再来这里继续阅读。本书的网站上提供了一些我们觉得可能会很有趣并且有用的东西。

 亚历克西斯说

正则表达式不仅使用非常方便，而且它还有十分有趣的由来。它们被称为"正则"的原因，来自它们最初是"正则"语言的例子，正则语言是乔姆斯基等级体系中最低的一级。这是语言学家诺姆·乔姆斯基（Noam Chomsky）提出的一种语法分类法，他还撰写了 *Syntactic Structures*，这是探索人类语言背后形式语法的开创性著作。这就是计算机的魅力之一：事实上，你每天使用到的铁锤，很有可能是从宇宙飞船上掉下来的。

在编写正则表达式时，最好的开始方法是首先针对一个案例进行尝试。让我们试着使用 findall 方法对 fname 对象的文件名构造一个正则表达式：

```
re.findall(r'(.+)_\d+.jpg$', fname.name)

['great_pyrenees']
```

只要后面的字符是数字，然后是 JPEG 文件扩展名，这个正则表达式就会将最后一个下画线字符之前的所有字符都提取出来。

既然已经确认正则表达式对案例有效，那么我们就可以用它来标记整个数据集。fastai 附带了许多类来帮助你对数据进行标注。如果想用正则表达式进行标注，可以使用 RegexLabeller 类达到这一目的。在这个案例中，我们使用了在第 2 章中看到的数据块 API（事实上，我们几乎总是使用数据块 API，它比我们在第 1 章中看到的自己实现的简单方法灵活得多）：

```
pets = DataBlock(blocks = (ImageBlock, CategoryBlock),
                 get_items=get_image_files,
                 splitter=RandomSplitter(seed=42),
                 get_y=using_attr(RegexLabeller(r'(.+)_\d+.jpg$'), 'name'),
                 item_tfms=Resize(460),
                 batch_tfms=aug_transforms(size=224, min_scale=0.75))
dls = pets.dataloaders(path/"images")
```

这两行代码是我们以前从未见过的，但对于 DataBlock 调用来说是十分重要的部分：

```
item_tfms=Resize(460),
batch_tfms=aug_transforms(size=224, min_scale=0.75)
```

这些代码实现了一个我们称之为尺寸预处理的 fastai 数据增强策略。对尺寸大小进行预处理是一种特殊的图像增强方法，旨在最大限度地减少数据被损坏的情况，同时保持良好的性能。

图像尺寸的预处理

我们希望图像有相同的尺寸，以便可以将它们整理成张量，传递给 GPU。我们还希望尽可能少地使用多种不同的数据增强方法。在可能的情况下，我们应该根据性能的要求，使用较少的转换来增强数据（以减少计算量和有损操作的数量），并将图像转换成统一的大小（以便在 GPU 上进行更有效的处理）。

挑战在于，如果先将图像调整到数据增强所需的大小再执行数据增强的话，各种常见的数据增强的方法可能会引入伪空域、降低数据质量，或者两者兼有。例如，将图像旋转 45° 后将新边界的角区域填充为空，这类增强方法不会给模型带来任何知识的扩充。许多旋转和缩放操作都需要插值来创建像素。这些插值像素来自原始图像数据，但图像的质量仍然较低。

为了应对这些挑战，尺寸预处理采用了两种策略，如图 5-1 所示。

图5-1：在训练集上进行尺寸预处理

1. 将图像调整为相对"大"的尺寸，即尺寸明显大于目标训练尺寸。

2. 将所有常见的增强操作（包括调整到最终目标大小）组合成一个操作，并在处理结束时在 GPU 上只执行一次组合操作，而不是单独执行不同的操作并多次进行插值。

第一步，调整大小，创建足够大的图像，使它们有多余的边距，以便在不创建空白区域的情况下对其内部区域进行进一步的增强转换。此转换是通过使用较大的裁剪尺寸将大小调整为正方形来工作。在训练集中，裁剪区域是随机选择的，裁剪的大小被设置为覆盖图像的整个宽度或高度，以较小者为准。在第二步中，所有的数据增强操作都会使用到 GPU，所有可能会对图像内容本身造成缺失的操作都在一起完成，并只在最后进行一次插值。

图 5-1 显示了两个步骤。

1. 裁剪完整的高度或宽度：这是在 item_tfms 中执行的操作，在将图像复制到 GPU 之前，它将应用于每张单独的图像。它用于确保所有图像的大小相同。在训练集中，裁剪面积是随机选择的。在验证集中，始终选择图像的中心正方形。

2. 随机裁剪和增强：这是在 batch_tfms 中执行的操作，使用它会在 GPU 上一次处理一个批次的数据，这意味着处理的速度会很快。在验证集上，这里只调整到模型所需的最终大小。在训练集上，会首先进行随机裁剪和其他可能对训练有帮助的数据增强操作。

为了在 fastai 中实现这个过程，可以使用 Resize 作为将数据转换成大尺寸的输入数据的转换方法，使用 RandomResizedCrop 进行数据从大到小的批处理尺寸转化工具。如果在 aug_transforms 函数中包含 min_scale 参数，则函数会自动为你添加 RandomResizedCrop，就像在上一节的 DataBlock 的调用中所做的那样。或者，可以使用 pad 或 squish 代替 crop（默认设置）来调整初始数据的大小。

图 5-2 显示了不同处理方法之间的区别，右图是经过缩放、插值、旋转，然后再次插值的图像（这是所有其他深度学习库使用的方法），而左图是在一个操作中进行缩放和旋转，然后插值一次的图像（fastai 方法）。

图5-2：fastai的数据增强策略（左）和传统方法（右）的比较

可以看到右侧的图像不太清晰，并且在左下角有反射填充的伪影；另外，左上角的草也完全消失了。我们发现，在实践中，使用尺寸预处理显著提高了模型的准确率，并且常常能够有加速的效果。

fastai 库还提供了在训练模型之前检查数据是否正常的简单方法，这是非常重要的一步。我们下一步再看。

检查和调试数据块

我们都知道，正常情况下，编写的代码不一定都能很顺利且完美地执行。编写 DataBlock 就像制作一张蓝图。如果在代码中的某个地方出现语法错误，你将收到一条错误消息，但是你不能保证你的模板能够按你的意愿在数据源上正常工作。所以，在训练模型之前，应该检查数据。

可以通过使用 show_batch 方法实现这一步：

```
dls.show_batch(nrows=1, ncols=3)
```

beagle   yorkshire_terrier   leonberger

看一看每一张图像，并检查每一张图像被标注成的宠物品种。通常，数据科学家处理的数据不像领域专家那样熟练，例如，我实际上不知道这些宠物品种有多少。因为我不是一个宠物品种的专家，所以我会在这一点上使用搜索引擎搜索这些品种，并确保图像看起来与我在这个输出中看到的相似。

如果你在构建 DataBlock 的时候没有发现可能存在的错误，那么在进行此步骤之前，你很可能也发现不了那个错误。要对这一可能出现的情况进行调试，建议使用 summary 方法。它将尝试从你提供的源代码中创建一个批次，其中包含很多细节。此外，如果失败，你将确切地看到错误是在哪里发生的，并且你使用的库也将尝试给你一些帮助。例如，一个常见的错误是忘记使用 Resize 转换，产生了不同大小的图像，以致无法对它们进行批处理。在这种情况下，sunmmary 给出的结果是这样的（请注意，自撰写本文以来，实际的提示文本可能已经发生了变化，但它会给你一个修改的方向）：

```
pets1 = DataBlock(blocks = (ImageBlock, CategoryBlock),
                  get_items=get_image_files,
                  splitter=RandomSplitter(seed=42),
                  get_y=using_attr(RegexLabeller(r'(.+)_\d+.jpg$'), 'name'))
pets1.summary(path/"images")

Setting-up type transforms pipelines
Collecting items from /home/sgugger/.fastai/data/oxford-iiit-pet/images
Found 7390 items
2 datasets of sizes 5912,1478
Setting up Pipeline: PILBase.create
Setting up Pipeline: partial -> Categorize

Building one sample
  Pipeline: PILBase.create starting from
    /home/sgugger/.fastai/data/oxford-iiit-pet/images/american_bulldog_83.jpg
  applying PILBase.create gives
    PILImage mode=RGB size=375x500
  Pipeline: partial -> Categorize
    starting from
      /home/sgugger/.fastai/data/oxford-iiit-pet/images/american_bulldog_83.jpg
    applying partial gives
      american_bulldog
    applying Categorize gives
      TensorCategory(12)

Final sample: (PILImage mode=RGB size=375x500, TensorCategory(12))

Setting up after_item: Pipeline: ToTensor
Setting up before_batch: Pipeline:
Setting up after_batch: Pipeline: IntToFloatTensor

Building one batch
Applying item_tfms to the first sample:
  Pipeline: ToTensor
    starting from
      (PILImage mode=RGB size=375x500, TensorCategory(12))
    applying ToTensor gives
      (TensorImage of size 3x500x375, TensorCategory(12))

Adding the next 3 samples

No before_batch transform to apply

Collating items in a batch
Error! It's not possible to collate your items in a batch
```

```
Could not collate the 0-th members of your tuples because got the following
shapes:
torch.Size([3, 500, 375]),torch.Size([3, 375, 500]),torch.Size([3, 333,
500]),
torch.Size([3, 375, 500])
```

你可以清楚地看到是如何收集数据并将其拆分的，是如何从一个文件名转换为一个样本
[元组（图像，类别）]的，然后应用了哪些数据转换方法，以及它为什么无法在一个批
次中处理这些样本（因为形状不同）。

在你认为数据看起来是正确的之后，建议下一步就直接使用这些数据来训练一个简单的
模型。我们经常看到人们会推迟比较长的时间才开始进行实际模型的训练，导致他们根
本不知道这一模型的基准结果是什么样的。也许你的问题不需要很多花哨的特定领域的
工程技巧，又或者是现有的数据根本无法用来训练模型。这些都是你需要通过尝试尽快
确定的事情。

在初始测试时，我们使用和第 1 章中一样的简单模型：

```
learn = cnn_learner(dls, resnet34, metrics=error_rate)
learn.fine_tune(2)
```

epoch	train_loss	valid_loss	error_rate	time
0	1.491732	0.337355	0.108254	00:18

epoch	train_loss	valid_loss	error_rate	time
0	0.503154	0.293404	0.096076	00:23
1	0.314759	0.225316	0.066306	00:23

正如之前简要讨论过的，表格显示了拟合模型时，每训练一个周期后显示的结果。请记住，
一个周期的训练可以对所有图像数据进行一次完整彻底的学习。显示的列是训练过程中
对于训练集的平均损失、验证集的损失，以及我们可以指定的任何指标，我们在本例中
主要关注的是错误率。

记住，损失是用来优化模型参数的指标。但如果还没有告诉 fastai 我们要用什么样的损
失函数的话，fastai 会怎么做呢？ fastai 通常会根据你使用的数据类型和模型选择适当的
损失函数。在这种情况下，我们有图像数据和分类结果，所以 fastai 将默认使用交叉熵
损失。

交叉熵损失

交叉熵损失是一个类似我们在上一章中使用过的损失函数，但是（我们将看到）使用它

会有以下两个好处：

- 即使因变量有两个以上的类别，它仍然有效。
- 训练速度更快、更可靠。

为了理解交叉熵损失对两类以上因变量的作用，我们首先要了解损失函数所看到的实际数据和激活值是什么样子的。

查看激活值和标签

来看看模型的激活值。要从我们的数据加载器中获取一批真实数据，可以使用 one_batch 方法：

```
x,y = dls.one_batch()
```

如你所见，它返回因变量和自变量，作为一个小批次。来看看因变量中包含了什么：

```
y
```

```
TensorCategory([11,  0,  0,  5, 20,  4, 22, 31, 23, 10, 20,  2,  3, 27, 18, 23,
> 33,  5, 24,  7,  6, 12,  9, 11, 35, 14, 10, 15,  3,  3, 21,  5, 19, 14, 12,
> 15, 27,  1, 17, 10,  7,  6, 15, 23, 36,  1, 35,  6,
        4, 29, 24, 32,  2, 14, 26, 25, 21,  0, 29, 31, 18,  7,  7, 17],
> device='cuda:5')
```

这一批次的大小是 64，所以在这个张量中有 64 行。每一行是一个 0 到 36 之间的整数，代表有 37 种可能的宠物品种。可以使用 Learner.get_preds 查看预测结果（神经网络最后一层的激活值）。此函数可以接收数据集索引（0 表示训练集，1 表示验证集）或批迭代器作为输入。因此，可以将一个简单的列表与批次数据一起传递给它，以获得预测结果。默认情况下，它返回预测结果和对应的目标类别，但是由于我们已经有了目标类别，所以可以通过指定特殊变量 _，进而可以高效地忽略其他变量：

```
preds,_ = learn.get_preds(dl=[(x,y)])
preds[0]
```

```
tensor([7.9069e-04, 6.2350e-05, 3.7607e-05, 2.9260e-06, 1.3032e-05, 2.5760e-05,
> 6.2341e-08, 3.6400e-07, 4.1311e-06, 1.3310e-04, 2.3090e-03, 9.9281e-01,
> 4.6494e-05, 6.4266e-07, 1.9780e-06, 5.7005e-07,
        3.3448e-06, 3.5691e-03, 3.4385e-06, 1.1578e-05, 1.5916e-06, 8.5567e-08,
> 5.0773e-08, 2.2978e-06, 1.4150e-06, 3.5459e-07, 1.4599e-04, 5.6198e-08,
> 3.4108e-07, 2.0813e-06, 8.0568e-07, 4.3381e-07,
        1.0069e-05, 9.1020e-07, 4.8714e-06, 1.2734e-06, 2.4735e-06])
```

实际预测结果是 0 到 1 之间的 37 个概率，加起来总共是 1：

```
len(preds[0]),preds[0].sum()
```

```
(37, tensor(1.0000))
```

为了将模型的激活值转换成这样的预测值，我们使用了叫作 *softmax* 的激活函数。

softmax

在我们的分类模型中，在最后一层使用 softmax 激活函数来确保激活值都在 0 到 1 之间，并且它们的总和为 1。

softmax 类似于我们前面看到的 sigmoid 函数。一个小提醒，sigmoid 函数看起来像这样：

```
plot_function(torch.sigmoid, min=-4,max=4)
```

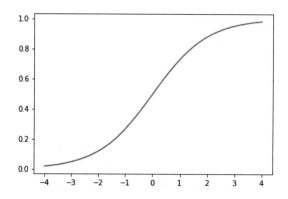

我们可以将这个函数应用于神经网络中的激活值，然后得到一列介于 0 和 1 之间的数字，因此它对于我们的神经网络的最后一层来说是非常有用的激活函数。

现在想想，如果想在目标中有更多的种类（比如我们的 37 个宠物品种）会发生什么。这意味着我们将需要更多的激活值，而不仅仅是单个列：我们需要每个类别的激活值。例如，可以创建一个神经网络来预测数字 3 和数字 7，它返回两个激活值，每个类别一个。这将是朝着创建更通用的方法迈出的良好的第一步。在本例中，我们使用一些标准差为 2 的随机数（因此将 randn 乘以 2），假设我们有 6 张图像和 2 个可能的类别（其中第一列表示 3，第二列表示 7）：

```
acts = torch.randn((6,2))*2
acts
```

```
tensor([[ 0.6734,  0.2576],
        [ 0.4689,  0.4607],
        [-2.2457, -0.3727],
        [ 4.4164, -1.2760],
        [ 0.9233,  0.5347],
        [ 1.0698,  1.6187]])
```

我们不能直接取这个模型的 sigmoid，因为这样的话，就不能得到相加为 1 的列表（我
们希望 3 的概率加上 7 的概率为 1）：

```
acts.sigmoid()
```

```
tensor([[0.6623, 0.5641],
        [0.6151, 0.6132],
        [0.0957, 0.4079],
        [0.9881, 0.2182],
        [0.7157, 0.6306],
        [0.7446, 0.8346]])
```

在第 4 章中，神经网络为每张图像创建了一个单一的激活值，然后我们将其传给
sigmoid 函数。单个激活值代表了模型对于输出结果为 3 的置信度。二元问题是分类问
题的一个特例，因为目标可以被看作一个布尔值，就像在 mnist_loss 中所做的那样。但是，
二元问题也可以在更通用的一组具有任意数量类别的分类器的场景中被考虑：在这种情
况下，我们碰巧有两个类别。正如在熊的分类器中看到的，我们的神经网络将为每个类
别返回一个激活值。

那么在二元分类的情况下，这些激活值实际上意味着什么呢？一对激活值可以简单地表
示输入为 3 还是 7 的相对置信度。总的值，无论是高还是低，都不重要，重要的是哪个高，
以及高多少。

你可能会觉得，既然这只是表示同一问题的另一种方式，那么是不是也能够在带有两
个激活值的神经网络上直接使用 sigmoid 呢？当然可以了！可以只计算这两个神经网络
激活值之间的差异，因为这反映了对输入值是 3 的置信度比是 7 的更高，然后对其取
sigmoid：

```
(acts[:,0]-acts[:,1]).sigmoid()
```

```
tensor([0.6025, 0.5021, 0.1332, 0.9966, 0.5959, 0.3661])
```

第二列（为 7 的概率）的值，将是 1 减去第一列的值所得的结果。现在，我们需要一种
方法来完成这一切，它也适用于两个以上的列。事实证明，这个名为 softmax 的函数正
好可以完成这一任务：

```
def softmax(x): return exp(x) / exp(x).sum(dim=1, keepdim=True)
```

术语：指数函数（exp）

定义为 $e{**}x$，其中 e 是一个约等于 2.718 的特殊数。它是自然对数函数的逆函数。注意，exp 总是正的并且增长非常快！

让我们检查一下，对于第一列，softmax 返回的值与 sigmoid 相同，对于第二列，结果将会是 1 减去这些值：

```
sm_acts = torch.softmax(acts, dim=1)
sm_acts

tensor([[0.6025, 0.3975],
        [0.5021, 0.4979],
        [0.1332, 0.8668],
        [0.9966, 0.0034],
        [0.5959, 0.4041],
        [0.3661, 0.6339]])
```

softmax 是 sigmoid 的多类别版本，只要有两个以上的类别，并且这些类别的概率加起来必须等于 1 的话，我们就可以使用它。即使只有两个类别，我们也经常使用它，只是为了让这一类的操作步骤更加统一。我们可以创建其他具有以下属性的函数：所有激活值都介于 0 和 1 之间，且总和为 1；但是，没有其他函数与 sigmoid 函数有相同的关系，我们已经看到 sigmoid 函数是平滑对称的。另外，我们很快就会看到，softmax 函数与我们将在下一节中讨论的损失函数搭配使用会有很好的效果。

如果我们有三个输出的激活值，比如在熊分类器中，为一张熊图像计算 softmax 所得到的结果如图 5-3 所示。

	output	exp	softmax
teddy	0.02	1.02	0.22
grizzly	-2.49	0.08	0.02
brown	1.25	3.49	0.76
		4.60	1.00

图5-3：熊分类器上的softmax案例

这个函数在实际中起什么作用呢？取指数可以确保所有的数字都是正数，可以确保除以所有数字的和得到一堆加起来等于 1 的数字。指数还有一个很好的特性：如果激活值 x

中的一个数字略大于其他数字，指数会放大这个数，这意味着在 softmax 中，这个数字将接近 1。

直观地说，softmax 函数确实希望从其他类中选择一个类，因此当我们知道每张图像都有一个明确的标签时，那么它是训练分类器的理想选择。（请注意，在推理过程中，它可能不太理想，因为你可能希望模型有时会告诉你，它无法识别在训练过程中看到的一些类别的数据，并且不会只因为某一类别的激活值稍大就盲目地选择它。在这种情况下，最好对每一列都使用二元分类的方法和概念，并且都使用一个 sigmoid 激活函数来训练模型比较好。）

softmax 是交叉熵损失的第一部分，第二部分是对数似然。

对数似然

在上一章计算 MNIST 案例的损失时，我们使用了：

```
def mnist_loss(inputs, targets):
        inputs = inputs.sigmoid()
        return torch.where(targets==1, 1-inputs, inputs).mean()
```

正如从 sigmoid 转移到 softmax 一样，我们需要扩展损失函数来处理的不仅仅是二分类问题，需要它能够分类任意数量的类别（在本例中，我们有 37 个类别）。激活值，在 softmax 之后，大小介于 0 和 1 之间，并且对于一个批次中，预测的每一列的总和为 1。我们的目标类别的表示是 0 到 36 之间的整数。

在二分类的情况下，我们使用 torch.where 在 inputs 和 1-inputs 之间进行选择。当将二分类问题作为一个包含两个类别的通用分类问题来处理时，它就变得更容易了，因为（正如在上一节中看到的）我们现在有两列，它们的表示等价于 inputs 和 1-inputs。所以，我们需要做的就是选择出是类别正确的那列。让我们试着在 PyTorch 中实现这一做法。对于图像 3 和图像 7 的案例来说，假设这些是我们的标签：

```
targ = tensor([0,1,0,1,1,0])
```

这些是 softmax 的激活值：

```
sm_acts
tensor([[0.6025, 0.3975],
        [0.5021, 0.4979],
        [0.1332, 0.8668],
        [0.9966, 0.0034],
        [0.5959, 0.4041],
        [0.3661, 0.6339]])
```

然后对于 targ 的每个项目，我们可以使用张量索引来选择 sm_acts 中所对应的正确的那一列，如下所示：

```
idx = range(6)
sm_acts[idx, targ]

tensor([0.6025, 0.4979, 0.1332, 0.0034, 0.4041, 0.3661])
```

为了准确地了解这里发生了什么，让我们把所有的列放在一个表中。这里，前两列是激活值，然后是目标、行索引，最后是前面代码中显示的结果：

3	7	targ	idx	loss
0.602469	0.397531	0	0	0.602469
0.502065	0.497935	1	1	0.497935
0.133188	0.866811	0	2	0.133188
0.99664	0.00336017	1	3	0.00336017
0.595949	0.404051	1	4	0.404051
0.366118	0.633882	0	5	0.366118

从此表中可以看到，可以通过将 targ 和 idx 列作为索引，取出包含 3 和 7 的两列矩阵来计算得到最后一列。这就是 sm_acts[idx, targ] 所做的事情。

这里真正有趣的是，这对于两个以上的列同样有效。要了解这一点，请考虑如果我们为每个数字（0 到 9）添加一个激活值列，然后 targ 包含一个从 0 到 9 的数字，会发生什么情况。只要每一行的激活值总和为 1（如果我们使用 softmax，它们将是 1），我们将有一个损失函数来显示对每个数字的预测效果如何。

我们只是从包含正确标签的列中挑选损失，不需要考虑其他列，因为根据 softmax 的定义，它们加起来等于 1 减去对应正确标签的激活值。因此，使正确标签的激活值尽可能高就意味着在减少其余列的激活值。

PyTorch 提供了一个函数，其作用与 sm_acts[range(n),targ] 完全相同（除了它取负数，因为之后应用对数时，会有负数），其为 nll_loss（nll 表示负对数似然）：

```
-sm_acts[idx, targ]
tensor([-0.6025, -0.4979, -0.1332, -0.0034, -0.4041, -0.3661])
F.nll_loss(sm_acts, targ, reduction='none')
tensor([-0.6025, -0.4979, -0.1332, -0.0034, -0.4041, -0.3661])
```

虽然这个函数的名称中有对数，但事实上，这个 PyTorch 函数并不会执行取对数的操作。

我们将在下一节中解释其中的原因，但首先，让我们看看为什么取对数是有用的。

使用对数函数

如果使用在上一节中看到的函数作为一个损失函数的话，它可以很好地完成相关的工作，但是我们可以使它变得更好一些。因为我们使用的是概率，概率不能小于 0 或大于 1，这意味着模型不会在意它预测的是 0.99 还是 0.999。事实上，这些数字非常接近——但从另一个意义上来说，0.999 比 0.99 能有高 10 倍的信心。所以，我们想把 0 和 1 之间的数转换成负无穷大和无穷大之间的数。有一个数学函数可以做到这一点：对数（torch.log）。它不是为小于 0 的数字定义的，如下所示：

```
plot_function(torch.log, min=0,max=4)
```

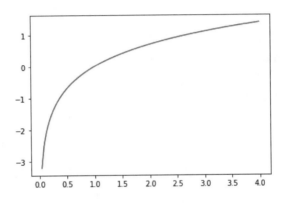

还记得"对数"有哪些性质吗？对数函数具有以下恒等式：

```
y = b**a
a = log(y,b)
```

在本例中，我们假设 log(y，b) 返回以 b 为底的 log y。然而，PyTorch 并没有这样定义 log：在 Python 中，log 使用特殊的数字 e（2.718...）作为底。

也许对数是过去 20 年来你从未想过会用到的概念。但这一数学概念，对深度学习中的许多事情都非常重要，所以现在是唤醒你这一记忆的好时机。深度学习中使用的对数的一个关键特征就是下面这个关系：

```
log(a*b) = log(a)+log(b)
```

当我们看到它的形式时，会觉得有点无聊，但想想这到底意味着什么。这意味着当基础信号以指数或乘法递增时，对于对数来说的话，它是线性增加的。例如，在计算地震等级的里氏震级和噪声的分贝等级中，就会使用到对数。对数还经常被用在财务图表上，可以更清楚地显示复合增长率。计算机科学家喜欢使用对数进行数值操作，这是因为不论是进行非常大或是非常小的数值操作，都可以通过加法进行代替，而如果不先进行对数操作，直接使用加法计算的话，就很可能出现计算机难以处理的数字规模。

西尔文说

不仅仅是计算机科学家喜欢对数！在计算机出现之前，工程师和科学家使用一种特殊的尺子，称为滑动尺，它通过对数相加来进行乘法运算。对数在物理学以及许多其他领域中被广泛应用，主要用于处理乘非常大或非常小的数。

取概率的正对数或负对数的平均值（取决于它是正确的还是不正确的类别）得到负对数似然损失。在 PyTorch 中，nll_loss 假设你已经获取了 softmax 的对数，因此它不会为你计算对数。

当心这些名字可能会带来混淆

nll_loss 中的 "nll" 代表 "负对数似然"，但它实际上根本不取对数！它假设你已经取得了对数。PyTorch 中有一个名为 log_softmax 的函数，它以一种快速准确的方式将对数和 softmax 结合起来。nll_loss 设计为在 log_softmax 之后使用。

如果我们首先取 softmax，然后取它的对数似然，这个组合叫作交叉熵损失。在 PyTorch 中，这可以作为 nn.CrossEntropyLoss 使用（实际上，它会先做 log_softmax，然后做 nll_loss）：

```
loss_func = nn.CrossEntropyLoss()
```

正如你所看到的，这是一个类，将其实例化后会得到一个类似如下函数的对象：

```
loss_func(acts, targ)

tensor(1.8045)
```

所有 PyTorch 损失函数都以两种形式提供，即刚才显示的类形式和在 F 命名空间中可用的普通函数形式：

```
F.cross_entropy(acts, targ)

tensor(1.8045)
```

任何一种形式都可以很好地完成所对应的工作，并且可以在任何情况下使用。我们注意到，大多数人倾向于使用类形式，而且在 PyTorch 的官方文档和案例中，也更经常使用类形式，因此我们也倾向于使用类形式。

默认情况下，PyTorch 损失函数取所有项目损失的平均值。你可以使用 reduction='none' 来禁用这一默认的设定：

```
nn.CrossEntropyLoss(reduction='none')(acts, targ)

tensor([0.5067, 0.6973, 2.0160, 5.6958, 0.9062, 1.0048])
```

西尔文说

当我们考虑交叉熵损失的梯度时，它的一个有趣的特征出现了。cross_entropy (a, b) 的梯度为 softmax(a)-b。由于 softmax(a) 是模型的最终激活值，这意味着梯度与预测值和目标之间的差异成正比。这与回归中的均方差相同（假设没有最终的激活函数），就直接与 y_range 相加，因为 (a-b)**2 的梯度是 2*(a-b)，梯度是线性的，所以我们不会看到梯度的突然跳跃或指数增长，这将使得模型的训练过程更加平滑。

我们现在已经看到了隐藏在损失函数后面的几乎所有片段了。不过，尽管给定的损失函数能说明我们的模型做得有多好（或有多差），但它并不能帮助我们知道它是否有用。现在让我们来看一些解释模型预测结果的方法。

模型解释

我们很难直接解释损失函数，因为它们被设计成计算机可以区分和优化的东西，而不是人类可以理解的东西。这就是为什么要设定指标，这些指标并没有用在优化过程中，它只是为了帮助我们这些可怜的人类理解发生了什么。在这种情况下，准确率看起来已经相当不错了！那么我们在哪里犯错了呢？

在第 1 章中可以看到，我们使用混淆矩阵来查看模型在哪些方面做得好，在哪些方面做得不好：

```
interp = ClassificationInterpretation.from_learner(learn)
interp.plot_confusion_matrix(figsize=(12,12), dpi=60)
```

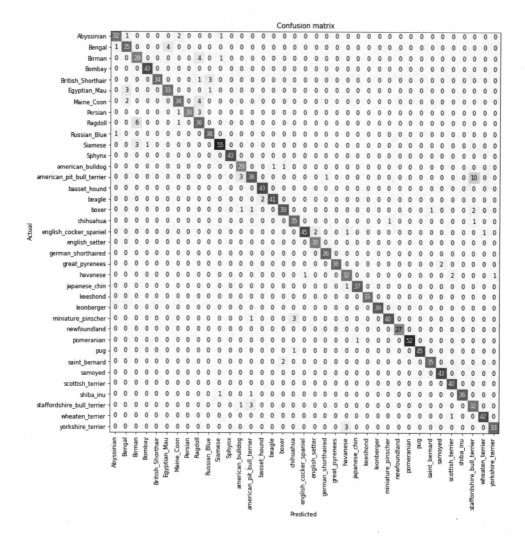

哦，对了，在这种情况下，我们很难读懂混淆矩阵。我们有 37 种宠物，也就是说，在这个巨大的矩阵中有 37 × 37 个条目！我们可以使用 most_confused 方法，它只显示混淆矩阵中预测最不正确的单元格（这里，它显示至少有 5 个或更多错误的类别）：

```
interp.most_confused(min_val=5)
```

```
[('american_pit_bull_terrier', 'staffordshire_bull_terrier', 10),
 ('Ragdoll', 'Birman', 6)]
```

由于我们不是宠物品种专家，所以很难知道这些分类错误是否反映了识别品种的实际困难。所以，我们再来求助搜索引擎。通过搜索发现，最常见的类别错误显示是品种差异，甚至专家有时都会有不同的意见。所以这给了我们一些安慰，我们还是走在正确的轨道上的。

我们似乎有了一个很好的基准模型，现在能做些什么让它变得更好呢？

改进我们的模型

我们现在将研究一系列技术来改进模型的训练并使其更好。在这样做的同时，我们将更多地解释迁移学习，以及如何在不破坏预训练权重的情况下尽可能地微调预训练模型。

当训练一个模型时，首先需要设定的是学习率。在上一章中看到，要想尽可能有效地训练模型，就必须恰到好处，那么我们如何挑选一个适当的学习率呢？fastai 为此提供了一个工具。

学习率查找器

在训练模型时，我们能做的最重要的事情之一就是确保有正确的学习率。如果学习率太低，训练模型可能需要很多个周期。这不仅浪费时间，而且也意味着可能会遇到过拟合的问题，因为每次完整地遍历完整个数据时，都会给模型多一次记住它的机会。

所以我们应把学习率提高一点，对吧？没问题，试试看这样做会发生什么：

```
learn = cnn_learner(dls, resnet34, metrics=error_rate)
learn.fine_tune(1, base_lr=0.1)
```

epoch	train_loss	valid_loss	error_rate	time
0	8.946717	47.954632	0.893775	00:20

epoch	train_loss	valid_loss	error_rate	time
0	7.231843	4.119265	0.954668	00:24

看起来不太好。事情是这样的。虽然优化器朝着正确的方向前进，但它走得太远，完全超出了最小损失。重复多次会让它偏离得越来越远，而不是越来越近!

该怎么做才能找到完美的学习率呢？2015 年，研究人员莱斯利·史密斯（Leslie Smith）提出了一个绝妙的想法，名为学习率查找器（learning rate finder）。他的想法是从一个非常非常小的学习率开始，一个足够小的东西，我们永远不会担心它太大而无法被处理。我们将其用于一个小批次，找出之后的损失，然后将学习率提高一定的百分比（例如，每次都将学习率加倍）。然后再做一个小批次，跟踪损失，再次加倍学习率。一直这样做直到损失更差，而不是更好。这时我们知道我们已经走得太远了。然后再选择一个比这个点低一点的学习率。我们建议选择以下两项中的任一项：

- 选择的损失比达到最小损失时少一个数量级（即最小值除以 10）。
- 选择曲线上损失明显减少的最后一点。

lr_find 会通过计算曲线上的这些点来帮助你。这两个规则通常会给出相同的值。在第 1 章中，我们没有使用 fastai 库的默认值（即 1e-3）指定学习率：

```
learn = cnn_learner(dls, resnet34, metrics=error_rate)
lr_min,lr_steep = learn.lr_find()
```

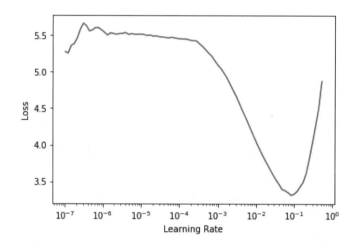

```
print(f"Minimum/10: {lr_min:.2e}, steepest point: {lr_steep:.2e}")
```

Minimum/10: 8.32e-03, steepest point: 6.31e-03

从上图中看到，在 1e-6 到 1e-3 的范围内，什么都没有发生，模型也没有训练。然后损失开始减少，直到达到最小值，然后又增加。我们不希望学习率超过 1e-1，因为这会导致训练出现发散的情况（你可以自己尝试），但 1e-1 已经太高了：在这个阶段，我们已经离开了损失稳步下降的时期。

在这张学习率图中，似乎 3e-3 左右的学习率是合适的，所以选择这个试试看：

```
learn = cnn_learner(dls, resnet34, metrics=error_rate)
learn.fine_tune(2, base_lr=3e-3)
```

epoch	train_loss	valid_loss	error_rate	time
0	1.071820	0.427476	0.133965	00:19
0	0.738273	0.541828	0.150880	00 : 24
1	0.401544	0.266623	0.081867	00 : 24

对数范围

学习率查找器绘制的图形有一个对数范围，由于我们主要关心学习率的数量级，所以 1e-3 和 1e-2 之间的中点会处在 3e-3 和 4e-3 之间。

有趣的是，学习率查找器是在 2015 年才被提出的，而神经网络自 20 世纪 50 年代就开始发展。在那段时间里，找到一个好的学习率，也许对从业者来说是最重要和最具挑战性的问题。该解决方案不需要任何高等数学知识、庞大的计算资源、庞大的数据集或任何其他让对这方面有兴趣的研究人员都无法访问的东西。此外，史密斯不是某个硅谷实验室的成员，而是一名海军研究员。所有这些都意味着：深度学习的突破性工作绝对不需要拥有巨大的资源、精英团队或先进的数学思想。只需要一点常识、创造力和毅力，即可做许多工作。

既然已经有了一个很好的学习率来训练我们的模型，让我们来看看如何微调一个预训练模型的权重。

解冻与迁移学习

我们在第 1 章简要讨论了迁移学习的工作原理。我们看到，其基本思想是一个预先训练好的模型，可能使用数百万个数据点（如 ImageNet）进行训练，可以为另一项任务进行微调。但这到底是什么意思呢？

我们现在知道，卷积神经网络由多个线性层组成，每两层之间有一个非线性激活函数，然后是一个或多个最终的线性层，最后有一个激活函数，如 softmax。最后一个线性层使用一个列数足够多的矩阵，以便输出的大小与模型中的类别数相同（假设我们正在进行分类）。

当我们在迁移学习环境中进行微调时，最后的线性层不太可能对我们有什么用处，因为它是专门为分类原始预训练数据集中的类别而设计的。因此，当我们进行迁移学习时，可以移除它，即将这一层丢掉，然后用一个新的线性层替换它，这个线性层的输出值和任务所期望的输出数相同（在这个例子中，将有 37 个激活值）。

新添加的这个线性层具有完全随机的权重。因此，我们的模型在微调之前具有完全随机的输出。但这并不意味着这是一个完全随机化的模型！在最后一层之前的所有层都经过了精心的训练，一般来说都能胜任图像分类任务。就像我们在第 1 章泽勒和费格斯的论文中所看到的那样（参见链接 101）（见图 1-10 至图 1-13），前几层的网络可以寻找到具有一般意义上，也就是比较通用的特征，如梯度和边缘，后几层网络仍然能够代表一些对我们有用的特征，如可以发现眼球和毛发等。

我们希望以这样的方式训练一个模型，使其能够记住预先训练模型中这些具有普适且通用的一些特征，然后使用它们来解决特定任务（对宠物品种进行分类），并仅根据特定任务的具体情况进行调整。

当微调时，我们面临的挑战是如何用能够正确实现期望任务（分类宠物品种）的权重替换掉添加的线性层中的随机权重，而不破坏经过仔细训练的权重和其他层。有一个简单的技巧可以实现这一点：那就是告诉优化器只更新那些随机添加的最终层中的权重，不改变神经网络其余部分的权重。这可以形象地说成是把那些预训练层冻结住。

当从预训练网络创建模型时，fastai 会自动冻结所有预训练层。当调用微调方法时，fastai 做了两件事：

- 每一周期都只训练随机添加的层，冻结住所有其他层。
- 解冻所有层，并根据我们设定好的周期数对其进行训练。

尽管这是一种合理的默认方法，但对于特定的数据集，你可能需要通过稍微不同的训练方式获得更好的结果。fine_tune 方法中有一些参数，通过这些参数可以更改其训练的过程，但是如果你想自定义一些训练的过程，直接调用底层方法可能是最简单的。请记住，可以使用以下语法查看该方法的源代码：

```
learn.fine_tune??
```

让我们亲自来实现这件事。首先，将使用 fit_one_cycle 对随机添加的层进行三个周期的训练。如第 1 章所述，不使用 fine_tune 的话，通过 fit_one_cycle 来训练网络是比较合适的。我们将在本书后面的内容中讲解这一操作合适的原因；简言之，fit_one_cycle 的作用是以较低的学习率开始训练，然后在第一部分的训练中逐渐提高学习率，再在最后一部分的训练中逐渐降低学习率：

```
learn = cnn_learner(dls, resnet34, metrics=error_rate)
learn.fit_one_cycle(3, 3e-3)
```

epoch	train_loss	valid_loss	error_rate	time
0	1.188042	0.355024	0.102842	00:20
1	0.534234	0.302453	0.094723	00:20
2	0.325031	0.222268	0.074425	00:20

然后，解冻所有层：

```
learn.unfreeze()
```

再次运行 lr_find，因为要训练的层数更多，而权重已经训练了三个周期了，这意味着我们以前找到的学习率可能不再适合当前的任务了：

```
learn.lr_find()
(1.0964782268274575e-05, 1.5848931980144698e-06)
```

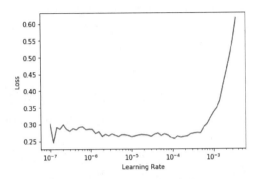

请注意，该图与使用随机权重时略有不同：图中没有表明模型在训练过程中出现损失的急剧下降，这是因为模型是训练过的。而在损失急剧上升之前，有一个稍微平坦的区域，应该在损失急剧上升之前取一个点，例如 1e-5。由于梯度最大的点不是我们在此寻找的目标，因此可以忽略这一点。

让我们以适当的学习率进行训练：

```
learn.fit_one_cycle(6, lr_max=1e-5)
```

epoch	train_loss	valid_loss	error_rate	time
0	0.263579	0.217419	0.069012	00:24
1	0.253060	0.210346	0.062923	00:24
2	0.224340	0.207357	0.060217	00:24
3	0.200195	0.207244	0.061570	00:24
4	0.194269	0.200149	0.059540	00:25
5	0.173164	0.202301	0.059540	00:25

这使我们的模型有了一些改进，但我们可以做得更好。预训练模型的最深层可能不需要像最后几层那样高的学习率，因此可能应该对不同的层使用不同的学习率，这也被称为区别学习率。

区别学习率

即使在解冻已有的神经层后，我们仍然非常关心那些预训练权重的质量。即使在训练了几个周期之后，调整好了这些随机添加的参数，我们也不希望那些预训练参数的最佳学习率会像随机添加的参数那样高。为什么呢？因为训练前的权重已经在数百万张图像上训练了数百个周期了，现有的几个训练周期所起到的作用并没有那么大，也不应该有那么大。

另外，你还记得我们在第 1 章看到的图像吗？其中展示了卷积神经网络每一层所学习到的内容。第一层学习非常简单的基础，如边缘和梯度检测器，这些可能对任何任务都同样有用。后面的层学习更复杂的概念，比如"眼睛"和"日落"，这在你的任务中可能根本没有用处（例如，可能你正在对汽车模型进行分类）。因此，在对模型进行微调的过程中，让后面的层比前面的层变化得更快是有意义的。

因此，fastai 的默认方法是使用区别学习率，这项技术将在第 10 章进行相应的介绍以及实现。与深度学习中的许多很有效的想法一样，它非常简单：对神经网络靠前的层使用较低的学习率，对靠后的层使用较高的学习率（尤其是添加了随机参数的层）。这个想法是在 Jason Yosinski 等人提出的观察上（参见链接 102）进一步发展的，Jason 在 2014 年表示，通过迁移学习，神经网络的不同层次应该以不同的速度被训练，如图 5-4 所示。

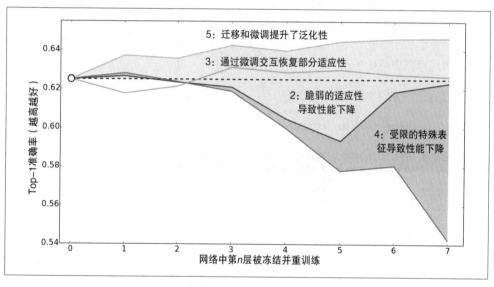

图5-4：不同层和训练方法对迁移学习的影响

fastai 允许你将 Python 的 slice 对象传递到任何地方，在这里我们将其分配到不同的学习率所对应的位置。传递的第一个值是神经网络最早一层的学习率，第二个值是最后一层的学习率。中间层的学习率将在该范围内成倍等间距地递增。让我们用这种方法来复现之前的训练，但这次我们将网络的最后一层的学习率设置为 1e-6；其他层将逐渐增加，直到最后一层变成 1e-4。我们训练一段时间，看看会发生什么：

```
learn = cnn_learner(dls, resnet34, metrics=error_rate)
learn.fit_one_cycle(3, 3e-3)
```

```
learn.unfreeze()
learn.fit_one_cycle(12, lr_max=slice(1e-6,1e-4))
```

epoch	train_loss	valid_loss	error_rate	time
0	1.145300	0.345568	0.119756	00:20
1	0.533986	0.251944	0.077131	00:20
2	0.317696	0.208371	0.069012	00:20

epoch	train_loss	valid_loss	error_rate	time
0	0.257977	0.205400	0.067659	00:25
1	0.246763	0.205107	0.066306	00:25
2	0.240595	0.193848	0.062246	00:25
3	0.209988	0.198061	0.062923	00:25
4	0.194756	0.193130	0.064276	00:25
5	0.169985	0.187885	0.056157	00:25
6	0.153205	0.186145	0.058863	00:25
7	0.141480	0.185316	0.053451	00:25
8	0.128564	0.180999	0.051421	00:25
9	0.126941	0.186288	0.054127	00:25
10	0.130064	0.181764	0.054127	00:25
11	0.124281	0.181855	0.054127	00:25

目前看起来，神经网络微调的效果还不错！

fastai 可以通过一张图向我们展现训练和验证过程中损失的变化情况：

```
learn.recorder.plot_loss()
```

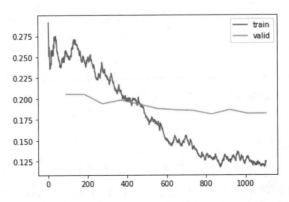

如你所见，训练集上的损失变得越来越好。但请注意，最终验证集上的损失的提升实际上也会减慢，有时甚至会变得更糟！这是模型开始过拟合的预警点。简单来说就是，该模型对其预测结果过于自信。但这并不意味着它必然会变得越来越不准确。看看每个周期的训练结果表，你会看到，即使验证损失越来越差，但训练集上的预测准确率仍在不断提高。毕竟重要的是，你是如何对一个结果的好坏进行评判的，或者说，你选择的指标是怎样的，这个指标并不是损失。损失只是我们给计算机定义好的一个函数，计算机依靠这个函数帮助我们优化整个模型。

在训练模型时，另一个你必须做的决定是准备训练多长时间。我们会在接下来的内容中对此进行讨论。

选择训练的周期数

通常你会发现，在选择要训练多少个周期时，你受到时间的限制要多于你考虑的泛化性和准确率。因此，你的第一种训练方法应该是依据你所能等待的时间，简单地确定你所能接受的训练周期数。然后查看训练和验证过程中的损失图，如前所示，尤其是你的指标。如果看到它们在最后的训练周期仍然在改进，那就说明并没有训练太久。

另一方面，你很可能会发现，你选择的指标在训练结束时确实越来越糟糕。请记住，我们不仅仅是在观测验证损失变得更糟的情况，还需要注意实际的指标。你的验证损失首先会在训练期间变得更糟，因为模型变得过于自信，然后整体的指标才会变得更糟，因为它错误地记住了数据。实际上，我们只关心第二个问题。记住，损失函数只是用来让优化器能够进行区分和优化的东西，但这不是我们实际应该关心的事情。

在结束一个周期的训练之前，通常在训练结束时要保存模型，然后从每个周期保存的所有模型中选择准确率最高的模型。这就是所谓的早停。然而，此时的结果可能并不是最好的，因为其实在你训练的中间阶段，模型并没有达到最小的学习率，而如果此时给模型更小的学习率的话，它可能是可以真正找到最好的结果的。因此，如果你发现有过拟合现象，那么应该从头开始重新训练模型，这一次可以基于以前具有最佳结果的周期，选择一个差不多的训练周期数。

如果你有时间训练更多的周期数，那么可能希望使用这段时间来训练更多的参数，也就是说，使用更深层的网络架构进行训练。

更深的网络架构

通常，具有更多参数的模型可以更精确地对数据进行建模（这个说法其实并不十分准确，这取决于你所使用的网络架构的具体情况，但目前这是一个比较合理的经验法则）。对于我们将在本书中看到的大多数网络架构来说，你可以通过简单地添加更多的神经网络层来创建一个相对于它们来说更大的版本。然而，由于我们想要使用预训练模型，因此需要确保选择了一些已经被预训练过的层。

这就是为什么在实践中，架构往往有少量的变体。例如，我们在本章中使用的 ResNet 架构有 18、34、50、101 和 152 层的变体，在 ImageNet 上进行了预训练。更大（更多的层和参数，有时被描述为一个模型的能力）版本的 ResNet 总是能够给我们更好的训练损失，但它可能遭受更多的过拟合，因为它有更多的参数来过拟合。

一般来说，更大的模型能够更好地捕捉数据中真实的潜在关系，以及学习和记忆单张图像的特定细节。

但是，使用更深层次的模型将需要更多的 GPU RAM，因此你可能需要降低批次的大小以避免出现内存不足的错误。当你试图在 GPU 中装入过多内容时，会发生这种情况，如下所示：

```
Cuda runtime error: out of memory
```

发生这种情况时，可能需要重新启动 notebook。解决这个问题的方法是使用较小的批次大小，这意味着应在任何给定的时间通过模型传递较小的图像组。可以通过使用 bs=，将你想要的批次大小传递给创建的数据加载器。

更深的网络架构的另一个缺点是，它们需要更长的时间来训练。一种可以大大加快速度的技术是混合准确率训练。这是指在训练过程中尽可能使用准确率较低的数字（半准确率浮点，也称为 fp16）。当我们在 2020 年年初写下这些文字的时候，几乎所有目前的 NVIDIA GPU 都支持一种称为张量核的特殊功能，它可以十分夸张地将神经网络训练速度提高 2~3 倍，并且还只需更少的 GPU 内存。要在 fastai 中启用此功能，只需在创建 Leaner 的时候在其后添加 _fp16()（当然，还需要导入模块）。

不可能针对特定问题，提前就知道这一问题的最佳模型结构是什么——通常情况下，需要通过一些训练进行尝试。现在让我们尝试一下混合准确率的 ResNet-50：

```
from fastai2.callback.fp16 import *
learn = cnn_learner(dls, resnet50, metrics=error_rate).to_fp16()
learn.fine_tune(6, freeze_epochs=3)
```

epoch	train_loss	valid_loss	error_rate	time
0	1.427505	0.310554	0.098782	00:21
1	0.606785	0.302325	0.094723	00:22
2	0.409267	0.294803	0.091340	00:21

epoch	train_loss	valid_loss	error_rate	time
0	0.261121	0.274507	0.083897	00:26
1	0.296653	0.318649	0.084574	00:26
2	0.242356	0.253677	0.069012	00:26
3	0.150684	0.251438	0.065629	00:26
4	0.094997	0.239772	0.064276	00:26
5	0.061144	0.228082	0.054804	00:26

你会看到我们已经回到之间讲过的内容，使用 fine_tune 进行微调，因为这个函数对于训练来说十分方便。可以通过 freeze_epochs 来告诉 fastai 冻结时要训练多少个周期，对于大多数数据集来说，它会自动地将学习率调整到正确的值上。

在这种情况下，我们并不能看到深层模型所带来的明显收益。这一点是很重要的，记住，对于你所面临的特定场景来说，更大的模型不一定是更好的模型！在你开始扩大模型的结构之前，一定要先尝试小模型。

结论

在本章中，我们学习了一些重要且实用的技巧，这些技巧既可以为模型构建做好准备（数据预处理、数据块），也可以用于拟合模型（学习率查找器、解冻、区别学习率、设定训练周期数和使用更深的网络架构）。使用这些工具将帮助你更快地构建出更精确的图像模型。

我们还讨论了交叉熵损失。在本书中，这一部分值得花时间去学习。在实践中，你不太可能需要从头开始实现交叉熵损失，但必须了解该函数的输入和输出，因为它（或其变体，我们将在下一章中看到）几乎在每个分类模型中都会被使用。因此，当想调试模型，或将模型投入生产，或需提高模型的准确率时，你需要能够查看其激活值和损失的情况，并了解其中做了哪些操作及进行这些操作的原因。如果你不理解损失函数，就不能正确地做到这一点。

如果你还没有真正地理解交叉熵损失，不要担心，最终总会了解的！首先，回到前一章，确保你真正理解了 mnist_loss。然后，在本章中，我们逐步研究 notebook 上的单元格，逐步研究每一个交叉熵损失。确保你了解每一个计算是做什么的和为什么要这么做。试着自己创建一些小张量，并将它们传递到函数中，看看它们返回什么。

记住：在交叉熵损失的实现中所做的选择并不是唯一可能的选择。正如当研究回归时，我们可以在均方差和平均绝对误差（L1）之间进行选择。如果你对其中的一些函数有其他想法，觉得可能会有效的话，可以在本章的 notebook 中尝试一下（不过，这有一个很好的警告：你可能会发现这个模型训练起来会比较慢，准确率也会降低。这是因为交叉熵损失的梯度与激活值和目标之间的差异是成比例的，所以对于权重的优化来说，SGD 这类方法总是可以得到一个不错的步长。）

问题

1. 为什么要先在 CPU 上调整成大尺寸，然后在 GPU 上调整成小尺寸？

2. 如果你不熟悉正则表达式，找一个正则表达式教程和一些习题集，完成它们。再看看本书网站上的一些建议。

3. 对于大多数深度学习数据集，最常用的两种数据提供方式是什么？

4. 在文档中查看 L 的用法，并尝试使用它添加的一些新方法。

5. 查看 Python pathlib 模块的文档，并尝试使用 Path 类的一些方法。

6. 举两个图像转换方法会降低数据质量的例子，并说明原因。

7. fastai 提供了什么方法来查看 DataLoaders 中的数据？

8. fastai 提供了什么方法来帮助调试 DataBlock？

9. 在彻底清理数据之前，是否应该结束模型的训练？

10. 在 PyTorch 中，交叉熵损失是由哪两个部分组成的？

11. 在 softmax 后，激活值一定具有的两个属性是什么？为什么这很重要？

12. 什么时候你可能希望激活值不具有这两个属性？

13. 自己计算图 5-3 中的 exp 和 softmax 列（在电子表格、计算器或 notebook 中）。

14. 为什么不能使用 torch.where 为有两个以上类别标签的数据集创建损失函数？

15. log(–2) 的值是多少？为什么？

16. 从学习率查找器中选择学习率的两个比较好的经验是什么？

17. 微调方法有哪两个步骤？

18. 在 Jupyter notebook 中，如何获得方法或函数的源代码？

19. 什么是区别学习率？

20. 当将一个 Python slice 对象作为一个学习率传递给 fastai 时，它是如何实现的？

21. 为什么使用 1 周期训练时，早停是一个糟糕的选择？

22. resnet50 和 resnet101 有什么区别？

23. to_fp16 是用来做什么？

深入研究

1. 阅读 Leslie Smith 介绍学习率查找器的文章。

2. 看看能否提高本章介绍的分类器的准确率。你能达到的最高准确率是多少？查看论坛和本书的网站，看看其他人在这个数据集上取得了什么结果，以及他们是如何做到的。

第 6 章

其他计算机视觉问题

在前面的章节中，你已经在实践中学习了一些关于训练模型的重要实操技能。考虑诸如学习率的选择和周期数的数量选择等特征对于获取好的结果非常重要。

在这一章中，我们将会研究另外两种类型的计算机视觉问题：多标签分类和回归。第一类问题的场景是你想为每幅图像预判一个以上的标签（有时根本没有），第二类问题的场景是你的标签是一个或几个数字——一个数量而不是一个类别。

在这个过程中，我们将更深入地研究深度学习模型中的激活值、目标和损失函数。

多标签分类

多标签分类指的是识别图像中的物体后对物体进行分类的问题，但是所识别的这些图像中可能不是只有一种类型的物体。图像中可能有很多种类别的物体，也可能根本不存在你要找的那一类物体。

例如，这种技术将会很好地用来处理我们之前做过的熊分类器。我们在第 2 章介绍的熊分类器中存在的一个问题是，如果用户上传的图像中没有任何品种的熊，模型仍然会说它是灰熊、黑熊或泰迪熊——因为它没有能力去预测"根本不是熊"。在我们完成这一章的学习后，你可以回到你的图像分类器应用程序，尝试使用多标签技术重新训练它，然后传入一张不属于任何需要识别的类别的图像来测试它。这种训练可以很好地提升模型对于未见类别图像的识别准确率。

实际上，很少有人会出于这一目的而训练多标签分类器——但我们经常看到用户和开发人员在抱怨这个问题。看来这个简单的解决方案没能得到广泛的理解与认可！ 在实践中，更常见的情况可能是一些图像没有匹配或是有多个匹配，所以可以预期，在实践中多标签分类器比单标签分类器会更广泛地适用在各种场景中。

首先，让我们来看看多标签数据集长什么样子；然后，我们会解释如何将它应用到模型上。你会看到模型的结构和前一章相比没有变化，只有损失函数变了。让我们从数据开始学习吧。

数据

我们的例子会使用 PASCAL 数据集，这个数据集中的每张图像都可以有多个类别。

像往常一样，首先下载并提取数据集：

```
from fastai.vision.all import *
path = untar_data(URLs.PASCAL_2007)
```

这个数据集与我们以往见过的数据集不同，它不是由文件名或文件夹构成的，而是通过一个 CSV 文件来告诉我们每张图像使用什么标签。我们可以用 Pandas 的数据结构 DataFrame 来检查这个 CSV 文件：

```
df = pd.read_csv(path/'train.csv')
df.head()
```

	fname	labels	is_valid
0	000005.jpg	chair	True
1	000007.jpg	car	True
2	000009.jpg	horse person	True
3	000012.jpg	car	False
4	000016.jpg	bicycle	True

如你所见，每张图像的类别列表被显示为一个由空格分隔的字符串。

Pandas 与 DataFrames

不，它并不是一只熊猫！Pandas 是一个用来操作、分析表格与时间序列数据的 Python 库。它的主要类是 DataFrame，其表示一个由行与列组成的表格。

你可以从 CSV 文件、数据库表格、Python 字典以及许多其他渠道获取 DataFrame。在 Jupyter 中，DataFrame 会被输出为一个有格式的表格，如这里所示。

可以使用 iloc 属性访问 DataFrame 的行与列，把它当成矩阵一样：

```
df.iloc[:,0]
```

```
0        000005.jpg
```

```
1         000007.jpg
2         000009.jpg
3         000012.jpg
4         000016.jpg
           ...
5006      009954.jpg
5007      009955.jpg
5008      009958.jpg
5009      009959.jpg
5010      009961.jpg
Name: fname, Length: 5011, dtype: object
```

```
df.iloc[0,:]
# Trailing :s are always optional (in numpy, pytorch, pandas, etc.),
#    so this is equivalent:
df.iloc[0]
```

```
fname           000005.jpg
labels              chair
is_valid             True
Name: 0, dtype: object
```

也可以通过索引 DataFrame 中某列的名字来获取某列：

```
df['fname']
```

```
0         000005.jpg
1         000007.jpg
2         000009.jpg
3         000012.jpg
4         000016.jpg
           ...
5006      009954.jpg
5007      009955.jpg
5008      009958.jpg
5009      009959.jpg
5010      009961.jpg
Name: fname, Length: 5011, dtype: object
```

可以创建新的列，并用列进行计算：

```
df1 = pd.DataFrame()
df1['a'] = [1,2,3,4]
df1
```

```
  |a
0 |1
1 |2
2 |3
3 |4
```

```
df1['b'] = [10, 20, 30, 40]
df1['a'] + df1['b']

0     11
1     22
2     33
3     44
dtype: int64
```

Pandas 是一个快速且灵活的库，是每位数据科学家 Python 工具箱中的重要组成部分。不幸的是，它的 API 可能相当混乱并且出人意料，所以我们需要花点儿时间去熟悉它。如果你以前没有使用过 Pandas，建议你学习相关的教程；我们较为青睐 Pandas 的作者韦斯·麦金尼（Wes McKinney）的书 *Python for Data Analysis*（由 O'Reilly 出版）。这本书中还包括其他重要的库，如 matplotlib 与 NumPy。我们会试着简要描述我们之后会用到的 Pandas 功能，但不会涉及麦金尼书里面提到的细节。

既然我们已经看到了数据的样子，接下来就为模型的训练做准备吧。

构建数据块

如何将一个 DataFrame 对象转变为一个 DataLoaders 对象呢？通常建议在可能的情况下，使用数据块 API 来创建 DataLoaders 对象，因为它兼具灵活性与简便性。这里我们会以 PASCAL 数据集为例，向你展示在实践中使用数据块 API 构造 DataLoaders 对象所采取的步骤。

如我们所见，PyTorch 与 fastai 有两个用来表示与访问训练集或验证集的主要类：

Dataset

能为单个数据返回自变量与因变量的元组集合。

DataLoader

能提供一个小批次的处理流（每个小批次是成对的一批自变量与因变量）的迭代器。

以上述类为基础，fastai 提供了两个类，用于将你的训练集与验证集结合在一起：

Datasets

  包含一个训练 Dataset 和一个验证 Dataset 的迭代器。

DataLoaders

  包含一个训练 DataLoader 和一个验证 DataLoader 的对象。

由于 DataLoader 基于 Dataset 构建，并且向 Dataset 添加了额外的功能（将多个数据项整合成一个小批次），因此通常最简单的做法是创建并测试 Datasets，测试完成后再查看 DataLoaders。

创建一个 DataBlock 时，需要逐步进行，并在过程中用 notebook 来检查数据。这是一种确保在编程过程中保持顺畅并避免出错的好方法。这样使调试变得很容易，因为一旦出现问题，那么这很可能就发生在你刚刚编写的代码行中！

让我们从最简单的例子开始，这是一个在无参数的情况下创建的 DataBlock：

```
dblock = DataBlock()
```

我们可以由此创建一个 Datasets 对象。唯一需要的是数据源——在本例中，即我们的 DataFrame：

```
dsets = dblock.datasets(df)
```

它包含一个训练集和一个验证集，我们可以对其进行索引：

```
dsets.train[0]
(fname         008663.jpg
 labels        car person
 is_valid      False
 Name: 4346, dtype: object,
 fname         008663.jpg
 labels        car person
 is_valid      False
 Name: 4346, dtype: object)
```

如你所见，这个操作返回了 DataFrame 的同一行两次。这是因为在默认情况下，DataBlock 假设我们有两样东西：输入和目标。我们需要从 DataFrame 中得到合适的字段，这些字段可以通过 get_x 与 get_y 函数实现：

```
dblock = DataBlock(get_x = lambda r: r['fname'], get_y = lambda r: r['labels'])
dsets = dblock.datasets(df)
dsets.train[0]

('005620.jpg', 'aeroplane')
```

如你所见，我们使用了 Python 的 lambda 关键字，而不是按通常的方式定义一个函数。这只是相对定义后引用函数的一种快捷方式，与以下更详细的方法有着相同的效果：

```
def get_x(r): return r['fname']
def get_y(r): return r['labels']
dblock = DataBlock(get_x = get_x, get_y = get_y)
dsets = dblock.datasets(df)
dsets.train[0]

('002549.jpg', 'tvmonitor')
```

lambda 函数非常适合快速迭代，但它与序列化操作不兼容，所以我们建议，如果想在训练后导出你的 Learner，请使用更详细的方法（如果只是用来试验，lambda 函数是可行的）。

可以看到，自变量需要被转换为一个完整的路径，这样才能以图像的形式打开它。因变量则需要以空格为分隔进行字符串分割（使用 Python 的默认 split 函数），这样它就变成了一个列表：

```
def get_x(r): return path/'train'/r['fname']
def get_y(r): return r['labels'].split(' ')
dblock = DataBlock(get_x = get_x, get_y = get_y)
dsets = dblock.datasets(df)
dsets.train[0]

(Path('/home/sgugger/.fastai/data/pascal_2007/train/008663.jpg'),
 ['car', 'person'])
```

为了打开图像并将其转换为张量，我们需要使用一系列的转换；block 类型会为我们提供这些功能。可以使用以前用过的相同的 block 类型，比如，ImageBlock 能够正常使用，因为我们有一个指向有效图像的路径，但有一个例外：CatagoryBlock 无法正常使用。这是因为这个 block 只会返回一个整数，但我们需要让每个数据项都能有多个标签。为解决这一问题，我们使用一个 MultiCategoryBlock。这种类型的 block 会接收一个字符串列表，正如在本例中所做的那样，让我们来测试一下：

```
dblock = DataBlock(blocks=(ImageBlock, MultiCategoryBlock),
                   get_x = get_x, get_y = get_y)
dsets = dblock.datasets(df)
dsets.train[0]

(PILImage mode=RGB size=500x375,
 TensorMultiCategory([0., 0., 0., 0., 0., 0., 0., 0., 0., 0., 0., 1., 0., 0.,
 > 0., 0., 0., 0., 0., 0.]))
```

如你所见，我们的类别列表并没有以与常规 CatagoryBlock 相同的方式进行编码。在那些例子中，我们根据类别在词汇表中的位置，用一个整数表示出现了哪个类别。然而，在本例中，我们有一个全为 0 的列表与所有类别相对应，如果某个类别存在，就将对应位置记为 1。例如，如果第 2 个和第 4 个位置上有 1，那意味着类别 2 与类别 4 出现在这张图像中。这就是所谓的独热编码。我们不能简单地使用类别索引列表的原因是，每个列表都有着不同的长度，而 PyTorch 需要张量，要求其中所有的内容都具有相同长度。

术语：**独热编码**

在一个全 0 向量中，把存在数据的位置的数值置为 1，通过这种方式，对一个整数列表进行编码。

让我们查看一下这个例子中的类别代表什么（我们使用的是十分方便的 torch.where 函数，它能返回条件为真或假的所有项）：

```
idxs = torch.where(dsets.train[0][1]==1.)[0]
dsets.train.vocab[idxs]

(#1) ['dog']
```

通过 NumPy 数组、PyTorch 张量和 fastai 的 L 类，可以直接使用列表或向量进行索引，这令许多代码（比如这个例子）变得更加清晰与简洁。

到目前为止，我们忽略了 is_valid 列，这意味着 DataBlock 在默认情况下一直使用随机分割。要想明确地选择验证集中的元素，需要编写一个函数，并将 splitter 参数（也可使用 fastai 的预定义函数或类）传递给它。这样就能够获取相应的数据（此处是我们的整个 DataFrame），而且必然会返回两个（或更多）整数列表：

```
def splitter(df):
    train = df.index[~df['is_valid']].tolist()
    valid = df.index[df['is_valid']].tolist()
    return train,valid

dblock = DataBlock(blocks=(ImageBlock, MultiCategoryBlock),
                   splitter=splitter,
                   get_x=get_x,
                   get_y=get_y)

dsets = dblock.datasets(df)
dsets.train[0]

(PILImage mode=RGB size=500x333,
 TensorMultiCategory([0., 0., 0., 0., 0., 0., 1., 0., 0., 0., 0., 0., 0., 0.,
 > 0., 0., 0., 0., 0., 0.]))
```

如我们之前所讨论的，DataLoader 将数据集中的数据整合为一个小批次。这是一个张量的元组，其中每个张量都只是将来自数据集中对应位置的数据堆叠起来。

我们已经确认了各个数据看起来是没问题的，这里还有一个步骤，需要确保能够创建 DataLoaders，也就是说，确保每个数据有相同的大小。为此，我们可以使用 RandomResizeCrop 这一操作来完成这个任务：

```
dblock = DataBlock(blocks=(ImageBlock, MultiCategoryBlock),
                   splitter=splitter,
                   get_x=get_x,
                   get_y=get_y,
                   item_tfms = RandomResizedCrop(128, min_scale=0.35))
dls = dblock.dataloaders(df)
```

现在我们可以展示一个数据样本：

```
dls.show_batch(nrows=1, ncols=3)
```

记住，如果你在从 DataBlock 创建 DataLoaders 的过程中出错了，或者如果想查看你的 DataBlock，可以使用在前一章中介绍的 summary 方法。

现在我们的数据可以用来训练模型了。如我们即将看到的，当创建 Learner 时，什么都不会改变，但是在后台，fastai 库会为我们选择一个新的损失函数：二元交叉熵。

二元交叉熵

现在来创建我们的 Learner。在第 4 章提到过，一个 Learner 对象主要包含 4 项内容：模型、一个 DataLoaders 对象、一个优化器和要使用的损失函数。我们已经有了 DataLoaders，可以利用 fastai 的深度残差神经网络（resnet）模型（稍后将学习如何从头开始创建），而且已经知道如何创建一个 SGD 优化器，所以让我们专注于确保选定合适的损失函数这一步。为实现这一步，使用 cnn_learner 去创建一个 Learner，这样就能查看它的激活值情况了：

```
learn = cnn_learner(dls, resnet18)
```

我们还看到，Learner 中的模型通常是一个继承自 nn.Module 的类的对象，可以用圆括号调用它，这将返回一个模型的激活值。你应该把自变量作为一个小批次的处理数据传递给它。我们可以从 DataLoader 中获取一个小批次数据，然后把它传递给模型：

```
x,y = dls.train.one_batch()
activs = learn.model(x)
activs.shape
```

```
torch.Size([64, 20])
```

想想为什么 activs 有这样的形状——批大小是 64，而我们需要计算 20 个类别中每个类别的概率。下面是其中一个激活值的样子：

```
activs[0]
```

```
tensor([ 2.0258, -1.3543,  1.4640,  1.7754, -1.2820, -5.8053,  3.6130,
 0.7193, -4.3683, -2.5001, -2.8373, -1.8037,  2.0122,  0.6189,  1.9729,
 0.8999, -2.6769, -0.3829,  1.2212,  1.6073],
device='cuda:0', grad_fn=<SelectBackward>)
```

得到模型的激活值

了解如何手动获取一个小批次的数据并将其传递到模型中，然后查看激活值和损失值，这一系列操作对于调试模型非常重要。这对学习也很有帮助，这样你能清楚地看到在整个流程中正在发生什么。

尽管这些数字还没被缩放到 0 到 1 之间，但我们在第 4 章中已经学过如何操作了，也就是使用 sigmoid 函数。我们还看到过如何以此来计算损失值，即在第 4 章中介绍的损失函数，再加上在前一章中介绍过的 log：

```
def binary_cross_entropy(inputs, targets):
    inputs = inputs.sigmoid()
    return -torch.where(targets==1, inputs, 1-inputs).log().mean()
```

注意，因为我们有一个独热编码的因变量，所以不能直接使用 nll_loss 或 softmax（也因此不能使用 cross_entropy）：

- softmax，它要求所有预测之和为 1，并且倾向于让一个激活值远大于其他激活值（因为使用了 exp 函数）；然而，可能会有多个对象出现在同一张图像中，所以将激活值之和的最大值限制为 1 不是一个好主意。同样的道理，如果认为图像中没有任何类别，那么我们可能希望和小于 1。
- nll_loss，它只返回一个激活值——对应于单个数据项的单个标签的单个激活值。当有多个标签时，这个操作是毫无意义的。

另一方面，binary_cross_entropy 函数，这个 mnist_loss 与 log 结合的产物，提供了我们需要的东西，这要归功于 PyTorch 逐个元素层面操作的魔力。每个激活值会与每列的每个目标进行比较，因此我们并不需要修改这个函数就可以令其作用于多个列。

杰里米说

我乐意使用 PyTorch 这样的具有广播机制和元素层面操作的库的一个原因是，我经常发现我写的代码对单个数据项或一批数据项有着同样的效果，从而无须进行更改。binary_cross_entropy 就是一个很好的例子。通过利用这些操作，不必自己编写循环，并且可以依赖 PyTorch，根据待处理张量的秩来执行所需的循环。

PyTorch 已经为我们提供了这个函数。实际上，它提供了许多版本，但是很可惜，它们的名称相当混乱！

F.binary_cross_entropy 与它的模块等价于 nn.BCELoss 在独热编码目标上计算交叉熵，但它并不包括初始的 sigmoid 函数。通常，对独热编码目标，你会想要使用 F.binary_cross_entropy_with_logits（或 nn.BCEWithLogitsLoss），像前面的例子一样，它在一个函数中实现了 sigmoid 与二元交叉熵的操作。

对于目标被编码为单个整数的单标签数据集（如 MNIST 或 Pet 数据集），如果没有初始 softmax 的版本，它相当于 F.nll_loss 或 nn.NLLLoss，而对于有初始 softmax 的版本，则相当于 F.cross_entropy 或 nn.CrossEntropyLoss。

现在既然已经有了独热编码目标，那就来调用 BCEWithLogitsLoss 函数：

```
loss_func = nn.BCEWithLogitsLoss()
loss = loss_func(activs, y)
loss

tensor(1.0082, device='cuda:5',grad_fn=<BinaryCrossEntropyWithLogitsBackward>)
```

我们不必告诉 fastai 去使用这个损失函数（尽管可以这么做），因为它会自动进行选择。fastai 知道 DataLoaders 有多个类别标签，所以它会使用默认的 nn.BCEWithLogitsLoss。

与前一章相比，这里最大的一个变化就是我们使用的指标不同了，因为这是一个多标签问题，所以不能使用准确率函数。为什么？因为准确率会把输出和我们的目标进行像下面这样的比较：

```
def accuracy(inp, targ, axis=-1):
    "Compute accuracy with 'targ' when 'pred' is bs * n_classes"
    pred = inp.argmax(dim=axis)
    return (pred == targ).float().mean()
```

被预测的类别是激活值最高的那一个（这是 argmax 操作实现的）。但在这里它不起作用，因为我们要求一张图像能有不止一个预测类别。在将 sigmoid 操作应用到激活值上（令它们介于 0 与 1 之间）之后，我们需要选择一个阈值来决定哪些是 0、哪些是 1。每个高于阈值的值被认为是 1，低于阈值的值被认为是 0：

```
def accuracy_multi(inp, targ, thresh=0.5, sigmoid=True):
    "Compute accuracy when 'inp' and 'targ' are the same size."
    if sigmoid: inp = inp.sigmoid()
    return ((inp>thresh)==targ.bool()).float().mean()
```

如果直接把 accuracy_multi 作为指标进行传递，阈值默认为 0.5。我们可能会想调整这个默认值，并创建一个有不同默认值的 accuracy_multi 新版本。为帮助我们实现这一点，可以使用 Python 的 partial 函数。它可以将一个函数与一些参数或关键字绑定在一起，从而使得新版本的函数无论何时被调用，都能始终包含这些参数。举个例子，下面是一个带有两个参数的简单函数：

```
def say_hello(name, say_what="Hello"): return f"{say_what} {name}."
say_hello('Jeremy'),say_hello('Jeremy', 'Ahoy!')
```

```
('Hello Jeremy.', 'Ahoy! Jeremy.')
```

我们可以使用 partial 函数切换到法语版本：

```
f = partial(say_hello, say_what="Bonjour")
f("Jeremy"),f("Sylvain")
```

```
('Bonjour Jeremy.', 'Bonjour Sylvain.')
```

现在可以训练模型了。让我们试着把指标的准确率阈值设置为 0.2：

```
learn = cnn_learner(dls, resnet50, metrics=partial(accuracy_multi, thresh=0.2))
learn.fine_tune(3, base_lr=3e-3, freeze_epochs=4)
```

epoch	train_loss	valid_loss	accuracy_multi	time
0	0.903610	0.659728	0.263068	00:07
1	0.724266	0.346332	0.525458	00:07
2	0.415597	0.125662	0.937590	00:07
3	0.254987	0.116880	0.945418	00:07

epoch	train_loss	valid_loss	accuracy_multi	time
0	0.123872	0.132634	0.940179	00:08

epoch	train_loss	valid_loss	accuracy_multi	time
1	0.112387	0.113758	0.949343	00:08
2	0.092151	0.104368	0.951195	00:08

选择一个合适的阈值很重要。如果你选择的阈值过低，则经常无法得到正确标记的对象。可以通过调整指标，然后调用能够返回验证集损失值和指标的验证函数 validate 来观察这一点：

```
learn.metrics = partial(accuracy_multi, thresh=0.1)
learn.validate()

(#2) [0.10436797887086868,0.93057781457901]
```

而如果选择了一个过高的阈值，则只能选出模型十分确信的对象：

```
learn.metrics = partial(accuracy_multi, thresh=0.99)
learn.validate()

(#2) [0.10436797887086868,0.9416930675506592]
```

可以尝试几个不同级别的阈值，然后看看哪个最有效，从而找到最好的阈值。这会比只抓着一次预测不放快得多：

```
preds,targs = learn.get_preds()
```

然后我们可以直接调用计算指标的函数。需要注意的是，get_preds 方法默认会在输出时调用激活函数（本例中使用的是 sigmoid）。因此我们在调用 accuracy_multi 函数的时候就不用再做 sigmoid 操作了：

```
accuracy_multi(preds, targs, thresh=0.9, sigmoid=False)

TensorMultiCategory(0.9554)
```

现在可以使用这种方法来找到最佳阈值了：

```
xs = torch.linspace(0.05,0.95,29)
accs = [accuracy_multi(preds, targs, thresh=i, sigmoid=False) for i in xs]
plt.plot(xs,accs);
```

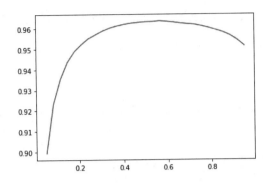

在本例中，我们使用验证集来选择超参数（阈值），这也正是使用验证集的目的。有时，学生们会表达他们的担忧，认为这样可能会过拟合验证集，因为我们尝试了很多值，看哪一个是最好的。然而，也正如我们在上图中所看到的，在本例中改变阈值，得到的是一条平滑的曲线，所以显然我们没有选择一个不合适的异常值。这是一个很好的例子，它告诉我们必须注意理论（不要尝试大量超参数，否则可能会过拟合验证集）与实践（如果关系是平滑的，那么这样做是可以的）之间的区别。

本章的多标签分类部分到此结束。接下来，我们来研究回归问题。

回归

我们很容易认为深度学习模型是分为不同领域的，比如计算机视觉、自然语言处理等。而这确实是 fastai 对不同应用进行分类的方法——其实这一说法主要是出于大多数人都习惯这种思考问题的方式。

但实际上，这里隐藏着一个更有趣、更深刻的视角。一个模型是由它的自变量、因变量以及损失函数定义的。这意味着除了简单的基于领域的分割，还有着更广泛的模型。可能我们的自变量是图像，因变量是文本（如从图像生成标题）；也可能自变量是文本，因变量是图像（如从标题生成图像，这对深度学习而言是可以做到的）；也可能自变量是许多图像、文本和表格数据，我们试图预测产品销量……可能性是无穷的。

为了能够超越固定的应用程序、创造你自己新颖的解决方案来解决全新的问题，真正理解数据块 API（可能还包括本书后面提及的中间层的 API）会非常有帮助。举个例子，我们来考虑图像回归问题。这指的是用来学习的数据中的自变量是图像，因变量是一个或多个浮点数。我们经常看到人们把图像回归当作一个独立的任务——但正如你在这里看到的，可以把它当作另一个基于数据块 API 的 CNN。

我们直接跳转到图像回归的一种比较麻烦的变体上，因为我们知道你已经准备好了！我们要做的是一个关键点检测模型。关键点是指图像中的特定位置——在本例中，会使用人的图像，并在每张图像中寻找人脸的中心点。这意味着实际上要为每张图像预测两个值：人脸中心点的行坐标与列坐标。

配置数据

本节将使用 Biwi Kinect Head Pose 数据集（参见链接 103）。我们会像往常一样从下载数据集开始：

```
path = untar_data(URLs.BIWI_HEAD_POSE)
```

看看我们得到了什么！

```
path.ls()
```

```
(#50)[Path('13.obj'),Path('07.obj'),Path('06.obj'),Path('13'),Path('10'),Path('
> 02'),Path('11'),Path('01'),Path('20.obj'),Path('17')...]
```

有 24 个目录，编号从 01 到 24（它们对应于拍到的不同的人），每个目录对应一个 *.obj* 文件（这里不需要它们）。让我们看看其中一个目录下的内容：

```
(path/'01').ls()
```

```
(#1000) [Path('01/frame_00281_pose.txt'),Path('01/frame_00078_pose.txt'),Path('01/
> frame_00349_rgb.jpg'),Path('01/frame_00304_pose.txt'),Path('01/frame_00207_
> pose.txt'),Path('01/frame_00116_rgb.jpg'),Path('01/frame_00084_rgb.jpg'),Path
> ('01/frame_00070_rgb.jpg'),Path('01/frame_00125_pose.txt'),Path('01/frame_00324_
> rgb.jpg')...]
```

在子目录中有不同的框架。每个框架都由一张图像（*_rgb.jpg*）与一个姿势文件（*_pose. txt*）构成。我们可以使用 `get_image_files` 函数轻而易举地递归得到所有的图像文件，然后编写一个将图像文件名转换为其关联的姿势文件的函数：

```
img_files = get_image_files(path)
def img2pose(x): return Path(f'{str(x)[:-7]}pose.txt')
img2pose(img_files[0])
```

```
Path('13/frame_00349_pose.txt')
```

来看看第一张图像：

```
im = PILImage.create(img_files[0])
im.shape
```

```
(480, 640)
```

```
im.to_thumb(160)
```

Biwi 数据集网站（参链链接 104）解释了与每张图像相关联的姿势文本文件的格式，并说明了头部中心点的位置。这些细节对于我们的目的而言并不重要，所以我们只展示用于提取头部中心点的函数：

```
cal = np.genfromtxt(path/'01'/'rgb.cal', skip_footer=6)
def get_ctr(f):
    ctr = np.genfromtxt(img2pose(f), skip_header=3)
    c1 = ctr[0] * cal[0][0]/ctr[2] + cal[0][2]
    c2 = ctr[1] * cal[1][1]/ctr[2] + cal[1][2]
    return tensor([c1,c2])
```

这个函数将坐标以一个包含两个项目的张量作为返回值：

```
get_ctr(img_files[0])
```

```
tensor([384.6370, 259.4787])
```

可以把这个函数作为 get_y 传递给 DataBlock，因为它负责标记每个数据项。我们会把图像的大小调整为它们原始状态的一半，以稍稍加快训练速度。

需要注意的重要一点是，不应该只使用随机的分割器。尽管在这个数据集中，同一个人会出现在多张图像里，但我们希望模型能够泛化到它没有见过的人。数据集中的每个文件夹都包含一个人的图像。因此，可以创建一个分割器函数，只对一个人返回 True，从而得到一个只包含此人图像的验证集。

与前面的数据块案例的另一个区别是，第二个块是一个 PointBlock。这是很有必要的，以便于 fastai 知道标签表示的是坐标；这样它就能知道在进行数据增强时，应该像对图像所做的一样，对这些坐标进行同样的增强：

```
biwi = DataBlock(
    blocks=(ImageBlock, PointBlock),
    get_items=get_image_files,
    get_y=get_ctr,
    splitter=FuncSplitter(lambda o: o.parent.name=='13'),
```

```
batch_tfms=[*aug_transforms(size=(240,320)),
            Normalize.from_stats(*imagenet_stats)]
)
```

点与数据增强

我们不知道还有没有其他能够自动并准确地将数据增强应用到坐标上的库（除了 fastai）。因此，如果你使用另一个库，可能需要禁用针对这类问题的数据增强。

在建模之前，应该看看我们的数据，以确保它是没问题的：

```
dls = biwi.dataloaders(path)
dls.show_batch(max_n=9, figsize=(8,6))
```

看上去不错！除了能够直观地查看批处理外，看看底层的张量也是一个不错的主意（特别是对初学者而言，这有助于对模型的理解）：

```
xb,yb = dls.one_batch()
xb.shape,yb.shape

(torch.Size([64, 3, 240, 320]), torch.Size([64, 1, 2]))
```

确保你明白为什么小批次中有着这样的尺寸。

这里展示一行因变量作为例子：

```
yb[0]

tensor([[0.0111, 0.1810]], device='cuda:5')
```

如你所见，不必使用单独的图像回归应用，我们所要做的就是给数据打上标签，然后告诉 fastai 自变量和因变量代表什么类型的数据。

创建 Learner 时也是一样的，我们会使用和之前一样的带一个新参数的函数，然后准备训练模型。

训练模型

和往常一样，可以使用 cnn_learner 来创建 Learner。还记得在第 1 章里是怎样用 y_range 来告诉 fastai 我们目标的范围的吗？我们会在这里做同样的事情（fastai 与 PyTorch 中的坐标总会被缩放到 -1 到 1 区间）：

```
learn = cnn_learner(dls, resnet18, y_range=(-1,1))
```

在 fastai 中，y_range 通过使用 sigmoid_range 来实现，定义如下：

```
def sigmoid_range(x, lo, hi): return torch.sigmoid(x) * (hi-lo) + lo
```

如果定义了 y_range，则将其设置为模型的最后一层。考虑一下这个函数做了什么，以及它为什么要强制模型在 (lo,hi) 范围内输出激活值。

sigmoid 的图像如下所示：

```
plot_function(partial(sigmoid_range,lo=-1,hi=1), min=-4, max=4)
```

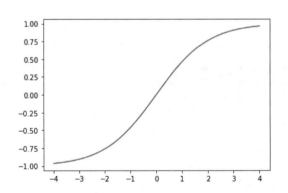

我们没有指定损失函数，这意味着得到的会是 fastai 默认选择的损失函数。来看看它为我们选了什么：

```
dls.loss_func

FlattenedLoss of MSELoss()
```

这是有道理的，因为当坐标被用作因变量时，大多数时候我们可能试图预测一些尽可能接近的东西；这基本上就是 MSELoss（均方差损失）所做的。如果你想使用一个不同的损失函数，可以使用 loss_func 参数将它传递给 cnn_learner。

还要注意的是，我们尚未指定任何指标。这是因为 MSE 对于这个任务而言已经是一个有用的指标了（尽管对它取平方根可能会更容易解释）。

使用学习率查找器来选择一个好的学习率：

```
learn.lr_find()
```

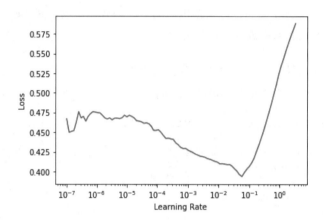

让我们尝试把学习率设置为 2e-2：

```
lr = 2e-2
learn.fit_one_cycle(5, lr)
```

epoch	train_loss	valid_loss	time
0	0.045840	0.012957	00:36
1	0.006369	0.001853	00:36
2	0.003000	0.000496	00:37
3	0.001963	0.000360	00:37
4	0.001584	0.000116	00:36

当我们运行程序时，通常会得到约 0.0001 的损失值，这对应于平均坐标预测误差：

```
math.sqrt(0.0001)
0.01
```

看上去很准确！但用 Learner.show_results 看一下我们的结果还是很重要的。下图中左边是实际（正确标注）的坐标，右边是模型的预测：

```
learn.show_results(ds_idx=1, max_n=3, figsize=(6,8))
```

令人惊讶的是，仅通过几分钟的计算，我们就创建了如此精确的关键点检测模型，而且没有任何特定领域的应用。这就是构建灵活的 API 与使用迁移学习的强大之处！尤其引人注目的是，即使是在完全不同的任务之间，我们也能够十分有效地使用迁移学习；我们的预训练模型可用于图像分类，而且我们针对图像回归任务进行了微调。

结论

面对乍一看完全不同的问题（单标签分类、多标签分类与回归），我们最终使用了相同的模型，只不过输出结果不同。损失函数是唯一要改变的东西，这也正是为什么让你反复确认是否使用了正确的损失函数。

fastai 会自动尝试从你构建的数据集中选择正确的，但如果你只使用 PyTorch 构建 DataLoaders，请确保你对损失函数的选择进行了仔细考量，并记住你可能会需要以下函数：

- 用于单标签分类的 nn.CrossEntropyLoss。
- 用于多标签分类的 nn.BCEWithLogitsLoss。
- 用于回归的 nn.MSELoss。

问题

1. 多标签分类如何提高熊分类器的可用性？

2. 如何在多标签分类问题中编码因变量？

3. 如何像访问矩阵一样访问 DataFrame 的行与列？

4. 如何从 DataFrame 中通过列的名称获得列？

5. Dataset 与 DataLoader 有什么不同？

6. Datasets 对象通常包含什么？

7. DataLoaders 对象通常包含什么？

8. 在 Python 中，lambda 函数做了什么？

9. 有哪些方法可以自定义如何使用数据块 API 创建自变量与因变量？

10. 使用独热编码目标时，为什么 softmax 不是一个合适的输出激活函数？

11. 使用独热编码目标时，为什么 nll_loss 不是一个合适的损失函数？

12. nn.BCELoss 与 nn.BCEWithLogitsLoss 有什么不同？

13. 为什么不能在多标签问题中使用常规的准确率指标？

14. 什么时候可以在验证集中调整超参数？

15. fastai 中的 y_range 是如何实现的？（看看你能否在不看教材的情况下独立实现并调试它！）

16. 什么是回归问题？对于这样的问题，应该使用什么损失函数？

17. 需要做什么来确保 fastai 库对输入图像和目标点坐标进行同样的数据增强？

深入研究

1. 阅读关于 Pandas DataFrames 的教程，并尝试一些你感兴趣的方法。请参阅本书的网站以获得推荐的教程。

2. 使用多标签分类对熊分类器进行再训练。看看你能否让它在不包含任何熊的图像上也能正常工作，包括在 Web 应用中显示对应信息。尝试对一张有两种熊的图像进行分类，看看在单标签数据集上使用多标签分类时准确率是否会受到影响。

第 7 章

训练最高水准的模型

本章将介绍用于训练图像分类模型以获得顶尖结果的高阶技术。如果你想了解更多关于深度学习的其他应用，由于后面的章节不会涉及本章的知识，所以可以先跳过这部分，以后再回来学习这些知识。

我们将讨论什么是标准化、一种名为 Mixup 的十分强大的数据增强方法、更优的调整图像尺寸大小的策略及测试期间进行数据增强的方法。为了展示这一切，我们会使用 ImageNet 的子集 Imagenette（参见链接 105）从头开始（不使用迁移学习）训练模型。Imagenette 包含与原始 ImageNet 数据集有很大不同的 10 个类别的子集，这有利于在试验时加快训练速度。

要想得到比在之前的数据集上训练出的更好的结果是很困难的，因为这次我们使用的是全尺寸的全彩图像，这些照片包含了不同大小、不同角度、不同光照的物体。因此，在本章中，我们会介绍一些重要的技术，以最大程度地利用数据集，尤其是当你从头开始训练这个模型时，或在一个由类别差异很大的数据集训练出来的预训练模型上使用迁移学习时。

Imagenette

在 fast.ai 初期，人们主要使用以下三个数据集来构建与测试计算机视觉模型：

ImageNet

    130 万张不同尺寸的图像，每张图像大约有 500 像素，共分 1000 个类别，这些图像需要几天的时间来训练。

MNIST

    50 000 张 28 像素 × 28 像素的手写数字灰度图像。

CIFAR10

60 000 张 32 像素 ×32 像素的彩色图像，共分 10 个类别。

目前存在的一个问题是，较小的数据集无法有效地运用至较大的 ImageNet 数据集。在 ImageNet 上运行良好的方法通常也必须在 ImageNet 上开发和训练。这一局限性让很多人认为，只有能够使用巨大计算资源的研究人员才能有效地为图像分类算法的发展做出贡献。

这种说法其实是不太正确的。从来没有任何研究表明，ImageNet 数据集就刚好是一个大小合适的数据集，使用其他的数据就不能带来有效的帮助。因此，我们想要创建一个新的数据集，以便研究人员能够快速且低成本地测试他们的算法，这也会提供可能在整个 ImageNet 数据集上起效的想法。

大约三小时后，我们创建了 Imagenette。我们从完整的 ImageNet 中选择了 10 个看起来非常不同的类。如我们所希望的，它能够快速且低成本地创建可识别这些类的分类器。然后我们进行了一些算法上的微调，看它们如何影响 Imagenette。我们发现一些微调的方法可以表现得很好，并用 ImageNet 数据集对此进行了一些测试——很高兴地发现，我们的微调在 ImageNet 上仍然生效!

这里有一个重要的信息:你得到的数据集不一定是你想要的数据集。它不太可能是你想要用于开发和原型设计的数据集。你的目标应该是将迭代速度控制在几分钟以内，也就是说，当你想要尝试一个新想法时，应该训练一个能够在几分钟内观察到运行情况的模型。如果需要花费更长的时间来进行试验，请考虑如何减小数据集或简化模型，以提高试验速度。你做的试验越多越好!

让我们从这个数据集开始:

```
from fastai.vision.all import *
path = untar_data(URLs.IMAGENETTE)
```

首先，把数据集放入 DataLoaders 对象中，使用第 5 章介绍的尺寸预处理技巧:

```
dblock = DataBlock(blocks=(ImageBlock(), CategoryBlock()),
                   get_items=get_image_files,
                   get_y=parent_label,
                   item_tfms=Resize(460),
                   batch_tfms=aug_transforms(size=224,min_scale=0.75))
dls = dblock.dataloaders(path, bs=64)
```

然后，进行一次训练作为基准:

```
model = xresnet50()
learn=Learner(dls,model,loss_func=CrossEntropyLossFlat(),metrics=accuracy)
learn.fit_one_cycle(5, 3e-3)
```

epoch	train_loss	valid_loss	accuracy	time
0	1.583403	2.064317	0.401792	01:03
1	1.208877	1.260106	0.601568	01:02
2	0.925265	1.036154	0.664302	01:03
3	0.730190	0.700906	0.777819	01:03
4	0.585707	0.541810	0.825243	01:03

这是一个不错的基准，因为我们没有使用预训练模型，但也可以做得很好。使用从头开始训练的模型，或对预训练模型进行微调，使其能够很好地泛化到一个差异很大的数据集时，一些额外的技术非常重要。在本章的其余部分，我们会介绍一些你需要熟悉的关键方法。第一个是将数据标准化。

标准化

训练模型时，如果输入数据是标准化的——即均值为 0、标准差为 1——会对之后的训练有很大的帮助。但大多数图像和计算机视觉库的像素值在 0~255 或 0~1，在这两种情况下，你的数据都不是均值为 0、标准差为 1 的。

让我们获取一批数据并查看对所有维度做均值化处理（除了通道这一维度，即维度 1）的值：

```
x,y = dls.one_batch()
x.mean(dim=[0,2,3]),x.std(dim=[0,2,3])

(TensorImage([0.4842, 0.4711, 0.4511], device='cuda:5'),
 TensorImage([0.2873, 0.2893, 0.3110], device='cuda:5'))
```

如我们所料，均值和标准差与期望的值相差很大。幸运的是，可以通过添加 Normalize 转换来让标准化处理后的结果达到我们期望的值。在 fastai 中，数据的标准化很容易完成。该操作一次可以处理一整个小批次的数据，所以可以将其添加到数据块的 batch_tfms 部分。你需要将想要的均值和标准差传递给这一转换；fastai 提供了已经定义好的标准 ImageNet 的均值和标准差。（如果没有给 Normalize 转换传递任何统计信息，fastai 会自动从单个数据批中计算它们。）

现在我们添加这个转换(使用 imagenet_stats，因为 Imagenette 是 ImageNet 的一个子集)，来观察这一个批次的数据：

```
def get_dls(bs, size):
    dblock = DataBlock(blocks=(ImageBlock, CategoryBlock),
                    get_items=get_image_files,
                    get_y=parent_label,
                    item_tfms=Resize(460),
                    batch_tfms=[*aug_transforms(size=size, min_scale=0.75),
                            Normalize.from_stats(*imagenet_stats)])
    return dblock.dataloaders(path, bs=bs)

dls = get_dls(64, 224)

x,y = dls.one_batch()
x.mean(dim=[0,2,3]),x.std(dim=[0,2,3])

(TensorImage([-0.0787,  0.0525,  0.2136], device='cuda:5'),
  TensorImage([1.2330, 1.2112, 1.3031], device='cuda:5'))
```

来看看这对训练模型有什么影响：

```
model = xresnet50()
learn=Learner(dls,model,loss_func=CrossEntropyLossFlat(),metrics=accuracy)
learn.fit_one_cycle(5, 3e-3)
```

epoch	train_loss	valid_loss	accuracy	time
0	1.632865	2.250024	0.391337	01:02
1	1.294041	1.579932	0.517177	01:02
2	0.960535	1.069164	0.657207	01:04
3	0.730220	0.767433	0.771845	01:05
4	0.577889	0.550673	0.824496	01:06

尽管标准化在这里只起了一点作用，但在使用预训练的模型时，标准化会变得格外重要，因为预训练模型只知道如何处理它以前见过的数据类型。如果预训练数据的平均像素值为 0，但你的数据像素可能是最小值为 0，那么你会发现模型和预期的结果会有很大的差异！

这意味着当构建模型时，你需要设定用于标准化的规则，因为任何想要将你的模型用于推理或迁移学习的人都需要使用相同的规则才行。同样，如果你使用的模型是别人训练过的，请确保找到他们使用的标准化规则，并与之相匹配。

在前面的章节中，我们不必进行标准化处理，因为当通过 cnn_learner 使用预训练模型时，fastai 库会自动添加合适的标准化转换；模型已经在标准化模块中用某些统计数据进行了预训练(通常来自 ImageNet 数据集)，因此库可以为你自动填充这些数据。请注意，这只适用于预训练模型，这就是为什么需要在从头开始训练时手动添加此信息。

到目前为止，我们所有的训练图像的尺寸均为 224 像素。在直接使用 224 像素大小的数据之前，可以从更小的尺寸开始训练，这被称作渐进式调整尺寸。

渐进式调整尺寸

fast.ai 及其学生团队赢得了 2018 年的 DAWNBench 竞赛（参见链接 106），其中最重要的一个创新点非常简单：开始训练时使用小图像，结束训练时使用大图像。花费大部分时间用小图像进行训练，有助于更快地完成训练。使用大图像完成训练，这让最终的准确率更高。我们称这种方法为渐进式调整尺寸。

 术语：渐进式调整尺寸
训练时使用的图像尺寸逐渐变大。

如我们所见，卷积神经网络学习到的各种特征不会以任何方式针对图像的大小——前边的层会发现如边缘和梯度这样的东西，而后边的层会发现如鼻子和日落这样的东西。所以，当我们在训练过程中改变图像大小时，并不意味着必须为模型找到完全不同的参数。

但很明显的是，小图像与大图像之间存在一些差异，所以我们不应该期望模型在没有任何变化的情况下能够继续准确地工作。这让你想起什么了吗？当提出这个想法时，我们想到了迁移学习！试图让模型学会做一些和以前学过的不同的事情。因此，我们应该在调整图像大小之后，使用微调的方法。

渐进式调整尺寸还有一个好处：它是另一种形式的数据增强。因此，可以期待使用渐进式调整尺寸训练的模型有更好的泛化能力。

为了实现渐进式调整尺寸，最方便的办法首先是创建一个 get_dls 函数，它将图像大小和批次的大小作为输入，返回 DataLoaders，如我们在前一节中所做的那样。

现在你可以创建一个小尺寸的 Dataloaders，并以之前常用的方式使用 fit_one_cycle，训练更少的周期：

```
dls = get_dls(128, 128)
learn = Learner(dls, xresnet50(), loss_func=CrossEntropyLossFlat(),
                metrics=accuracy)
learn.fit_one_cycle(4, 3e-3)
```

epoch	train_loss	valid_loss	accuracy	time
0	1.902943	2.447006	0.401419	00:30
1	1.315203	1.572992	0.525765	00:30
2	1.001199	0.767886	0.759149	00:30
3	0.765864	0.665562	0.797984	00:30

然后可以换掉 Learner 内部的 DataLoaders，并进行微调：

```
learn.dls = get_dls(64, 224)
learn.fine_tune(5, 1e-3)
```

epoch	train_loss	valid_loss	accuracy	time
0	0.985213	1.654063	0.565721	01:06

epoch	train_loss	valid_loss	accuracy	time
0	0.706869	0.689622	0.784541	01:07
1	0.739217	0.928541	0.712472	01:07
2	0.629462	0.788906	0.764003	01:07
3	0.491912	0.502622	0.836445	01:06
4	0.414880	0.431332	0.863331	01:06

如你所见，我们得到了更好的结果，并且最初在小图像上的训练比之后的每个周期都要快得多。

可以根据需要反复增加图像大小并训练更多周期，图像大小任意——但是，当然，使用比磁盘上的图像更大的图像进行训练是不会带来任何好处的。

请注意，对于迁移学习，渐进式调整图像尺寸可能会带来模型性能损失。如果你的预训练模型与你的迁移学习任务及数据集非常相似，并且训练的是大小类似的图像，即权重不需要改变太多，那么这种准确率受到影响的情况就很有可能发生。在这种情况下，在较小的图像上进行训练可能会破坏预训练好的权重。

另一方面，如果迁移学习任务使用的是不同大小、形状或风格的图像，而不是预训练任务中使用的图像，那么渐进式调整尺寸可能会有所帮助。和往常一样，"这有用吗"的答案是"试试再说"。

我们可以尝试的另一个策略就是将数据增强应用到验证集上。到目前为止，我们只在训练集上应用了数据增强，验证集总是用着相同的图像。但也许我们可以试着对验证集的几个增强版本进行预测，然后取其均值。我们接下来将介绍这种方法。

测试期的数据增强

我们一直使用随机裁剪作为一种获得有用的数据增强的方法，这能够带来更好的泛化能力，并减少需要的训练数据量。当使用随机裁剪时，fastai 会自动对验证集使用中间裁剪，也就是说，它会在不越过图像边缘的前提下，在图像的中心选择最大的正方形区域。

通常这是有问题的。例如，在一个多标签数据集中，有时图像的边缘会有一些小的对象，这些会被中心裁剪完全裁掉。即使是像我们的例子中的宠物品种分类这种问题，如鼻子的颜色这种识别品种所必需的关键特征也会被裁掉。

解决这个问题的一个方法是完全避免使用随机裁剪。取而代之的是，我们可以简单地将矩形图像压缩或拉伸为正方形。但这样的话会错过一个非常有用的数据增强方法，而且这也让模型的图像识别更加困难，因为除了能够正确识别正确比例的图像，它还必须学会如何识别压缩和拉伸的图像。

另一种解决方法是不对验证集进行中间裁剪，而是从原始的矩形图像中选择若干区域进行裁剪，将每个区域传入模型，并取预测的最大值或平均值。实际上，我们不仅能对不同的裁剪方式这样做，还可以对所有测试数据所使用的数据增强参数的不同值进行这样的操作。这被称作*测试期的数据增强*（TTA）。

术语：测试期的数据增强（TTA）

在推理或验证过程中，使用数据增强方法创建每张图像的多个版本，然后对每张图像的增强版本取预测的平均值或最大值。

基于数据集的测试期的数据增强可以显著提高准确率。它不会改变训练所需的时间，但会根据要求的测试数据增强的图像数量的增加进而延长验证或推理所需的时间。默认情况下，fastai 会使用未增强的中心裁剪后的图像加上四张随机增强的图像。

你可以将任意 `DataLoader` 对象传递给 fastai 的 `tta` 方法；默认情况下，它会使用你的验证集：

```
preds,targs = learn.tta()
accuracy(preds, targs).item()
```

```
0.8737863898277283
```

如我们所见，使用 TTA 可以在不增加额外训练的情况下显著提高性能。然而，这的确会使推理速度变慢——如果让 TTA 计算五张图像的均值，推理速度会降到原先的五分之一。

我们已经看到了一些通过数据增强提升训练模型性能的例子，现在让我们关注一种名为 Mixup 的新型数据增强技术。

Mixup

Mixup 于 2017 年在 Hongyi Zhang 等人的论文 "mixup：Beyond Empirical Risk Minimization"（参见链接 107）中被提出，它是一种功能强大的数据增强技术，能够提供明显更高的准确率，特别是当你没有太多数据且没有在与你的数据集相似的数据上训练过的预训练模型时，这项技术十分有效。这篇论文解释说："虽然数据增强可以持续地提升泛化能力，但整个过程很依赖数据集的内容，因此需要使用专家经验作为指导。"例如，作为数据增强的一部分，翻转图像是很常见的操作，但你应该仅水平翻转还是说再加上垂直翻转呢？答案是，这取决于你的数据集。此外，假如翻转（举个例子）不能给你带来足够的数据，你就不能"翻转更多的数据"。使用数据增强技术来"调高"或"调低"变量是很有帮助的，看看哪种最适合你。

对于每张图像，Mixup 的工作方式如下：

1. 从数据集中随机选择另一张图像。

2. 随机选择一个权重。

3. 对选中的图像和你的图像进行加权平均（使用第 2 步中的权重）；这将成为你的自变量。

4. 对选中的图像标签和你的图像标签进行加权平均（使用相同的权重）；这将成为你的因变量。

在伪代码中，我们会这样做（其中 t 是加权平均时的权重）：

```
image2,target2 = dataset[randint(0,len(dataset)]
t = random_float(0.5,1.0)
new_image = t * image1 + (1-t) * image2
new_target = t * target1 + (1-t) * target2
```

要想起到效果，我们的目标需要是独热编码。论文使用图 7-1 中所示的方程描述了这一点（λ 与伪代码中的 t 是一样的）。

> **贡献** 出于这些问题，我们提出了一种简单的、与数据无关的增强方法，称作 Mixup（如第 2 节所示）。简言之，Mixup 构建了虚拟训练的样本：
>
> $$\tilde{x} = \lambda x_i + (1-\lambda)x_j,\ x_i \text{ 和 } x_j \text{ 是原始的输入向量。}$$
> $$\tilde{y} = \lambda y_i + (1-\lambda)y_j,\ y_i \text{ 和 } y_j \text{ 是以独热编码作为表示的标签。}$$

图7-1：来自Mixup论文的摘录

论文与数学

从这里开始，我们会在本书中看到越来越多的研究论文。既然你已经掌握了基本术语，可能会惊讶地发现，只要稍加练习，就能够理解其中的大部分内容！你会注意到的一个问题是希腊字母，比如说出现在大多数论文中的 λ。记住所有希腊字母的名字是个好主意，否则论文会难以阅读、难以记忆（或者根据希腊字母来阅读代码，因为代码经常会用到希腊字母的拼写，比如说 lambda）。

论文还有一个更大的问题是，它用的是数学，而非代码来解释整个过程发生了什么。如果你没有深厚的数学功底，一开始可能会让你感到害怕与困惑。但请记住：以数学方式展示的内容会在代码中得到实现。这只是探讨同一件事的另一种方式！读过几篇论文之后，你会掌握越来越多的符号。如果你不知道某个符号是什么，试着在维基百科的数学符号列表（参见链接 108）中去查找它，或在 Detexify（参见链接 109）中绘制该符号，它能（通过机器学习的方法）找到你绘制的符号的名称。然后你可以在网上搜索这个名称，找出它的用途。

图 7-2 展示了使用 Mixup 方法对图像进行线性组合时的效果。

图7-2：混合一座教堂和一个加油站

第三张图像是由 0.3 倍的图像一与 0.7 倍的图像二加和得到的。在本例中，模型应该将这张图像预测为"教堂"还是"加油站"？正确答案是，30% 的教堂与 70% 的加油站，因为这是我们对独热编码目标进行线性组合后得到的结果。例如，假设有 10 个类，"教堂"对应下标为 2，"加油站"对应下标为 7。则对应的独热编码如下所示：

```
[0, 0, 1, 0, 0, 0, 0, 0, 0, 0] and [0, 0, 0, 0, 0, 0, 0, 1, 0, 0]
```

于是最终的目标应该是：

```
[0, 0, 0.3, 0, 0, 0, 0, 0.7, 0, 0]
```

通过给 Learner 添加一个回调函数，这一切就都能在 fastai 中解决了。回调函数是 fastai 内用于在训练循环中添加自定义行为（如学习率计划或混合准确率训练）的操作。你会在第 16 章中学到所有有关回调函数的内容，包括如何生成自己的回调函数。现在，你需要知道的就是可以使用 cbs 参数向 Learner 传递回调函数。

以下是我们使用 Mixup 训练模型的步骤：

```
model = xresnet50()
learn = Learner(dls, model, loss_func=CrossEntropyLossFlat(),
                metrics=accuracy, cbs=Mixup)
learn.fit_one_cycle(5, 3e-3)
```

当用这样"混合"的数据来训练模型会发生什么？显然，训练起来会变得更困难，因为看到每张图像中有什么变得困难了。而且模型不得不为每张图像预测两个标签而非一个，同时还要计算出每个标签的权重。不过过拟合这类问题似乎不太可能在这里出现，因为在每个周期中，我们展示的都不是相同的图像，而是两张图像的一种随机组合。

与我们之前见过的数据增强方法相比，为获得更好的准确率，使用 Mixup 需要更多的训练周期。你可以使用 fastai repo（参见链接 110）中的 *examples/train_imagenette.py* 脚本分别来试着使用或不用 Mixup 方法训练 Imagenette。在本文撰写时，Imagenette repo（参见链接 111）上的排行榜显示，在周期数大于 80 的所有训练中都用到了 Mixup，而在周期较少的训练中，Mixup 则没有被使用。这也符合我们使用 Mixup 的经验。

Mixup 令人如此振奋的原因之一是，它可以应用于其他类型的数据，而不仅仅局限于照片。实际上，有些人不仅仅是在输入数据上使用 Mixup，甚至在模型内部的激活值上也使用 Mixup，而最终也能得到良好的效果——这也让 Mixup 能够被用于 NLP 与其他类型的数据上。

Mixup 还为我们处理了另一个十分微妙的问题，即之前看过的模型不可能让我们的损失值变得完美。问题在于我们的标签是 1 与 0，但 softmax 与 sigmoid 的输出不可能等于 1 或 0。这意味着越训练模型，会让激活值越接近这些值，这样的周期越多，激活值就会变得越极端。

使用 Mixup，不会再有这个问题，因为我们的标签只有在恰好将两个类别相同的图像混合时才会是 0 或 1。其他情况时，标签会是一个线性组合，比如之前的教堂与加油站分别占 0.3 与 0.7 的例子。

然而，这样做的一个问题是，Mixup 会"错误地"令标签大于 0 或小于 1。也就是说，我们没有明确地告诉模型想要以这种方式改变标签。因此，如果想要令标签接近或远离 0 与 1，必须改变 Mixup 的数量——这也改变了数据增强的数量，但这可能不是我们想要的。然而，有一种方法可以更直接地解决这个问题，那就是使用标签平滑。

标签平滑

从理论的角度看分类问题的损失值表达式的话，你会发现，损失计算的目标是独热编码（在实践中，为节省内存，我们倾向于避免这么做，但会计算得到和使用独热编码时相同的损失值）。这意味着模型被训练成一个只对某类返回 1、对其他类返回 0 的模型。即使是 0.999 也"不够好"；该模型会获得梯度，并学习以更高的可信度预测激活值。这会鼓励过拟合，并在推理时给你一个不是特别有意义的概率的模型：即使它不太确定，也总会将类别预测为 1，只因它是这样被训练的。

如果你的数据没有被完美地标注，这可能会带来非常严重的危害。在第 2 章学习的熊分类器中，我们看到了一些被错误地标注或是包含两种不同的熊的图像。一般来说，你的数据永远不会是完美的。即使这些标签是人工标注的，因为标注者不同也有可能出错，或是对难以标注的图像有不同的见解。

取而代之的方法是，我们可以用一个比 1 小一点儿的数字替换所有的 1，用一个比 0 大一点儿的数字替换所有的 0，然后再训练，这被称作标签平滑。标签平滑会让模型不那么自信，从而使你的训练即使在有错误的标注数据的情况下也能够更加鲁棒，从而使得模型能够具有更好的泛化推理能力。

标签平滑在实际模型训练过程中的工作方式是：我们从独热编码标签开始，然后用 $\frac{\epsilon}{N}$ [这是希腊字母 epsilon，在介绍标签平滑的论文（参见链接 112）中使用过，在 fastai 代码中也使用过] 替代所有的 0，其中 N 是类别的数目，ϵ 是参数（通常取 0.1，指的是我们对标签有 10% 的不确定）。因为我们希望令标签总和为 1，所以还要用 $1 - \epsilon + \frac{\epsilon}{N}$ 替代所有的 1。如此一来，就不会促使模型过于自信地预测一些事情。在有 10 个类的 Imagenette 例子中，目标会变成这样（这里目标对应的下标为 3）：

```
[0.01, 0.01, 0.01, 0.91, 0.01, 0.01, 0.01, 0.01, 0.01, 0.01]
```

在实际中，我们不希望使用独热编码来编码标签，幸运的是，也不需要这样做（在这里，独热编码只是用来方便解释标签平滑这一概念并对标签进行可视化的工具）。

论文中的标签平滑

以下是 Christian Szegedy 等人在论文中对标签平滑背后推理的解释：

> 对有限的 z_k 来说，是无法达到最大值的，但如果对所有的 $k \neq y$ 都有 $z_y >> z_k$（即 ground-truth 标签对应的 logit 比其他 logit 大得多），这个最大值就是可以接近的。然而这会带来两个问题。首先，这可能会导致过拟合：如果模型学习到为每个训练实例的 ground-truth 标签分配全概率，就不能保证泛化能力。其二，这会促使最大 logit 与其他 logit 之间的差异变大，再加上有界梯度 $\frac{\partial \ell}{\partial z_k}$，会降低模型的适应能力。直观地说，这是因为模型对其预测变得过于自信了。

让我们练习一下阅读论文的技巧，来解释上述文字。"最大值"指的是这一段的前一部分，该部分讨论了 1 是正类的标签值这一事实。因此，对任何值（除了无穷大）而言，都不可能在 sigmoid 或 softmax 后得到 1。在论文中，你通常不会看到"任意值"这种字样；取而代之的是一个符号，在本例中是 z_k。在论文中这种简写是很有用的，因为它可以在以后被再次引用，读者也会知道正在讨论的是哪个值。

然后它说："如果对所有的 $k \neq y$ 都有 $z_y >> z_k$"，此处，论文遵循在给出数学公式后，再进行描述，这种写法很方便，因为你可以直接阅读并进行理解。在数学上，y 指的是目标（论文前面定义过 y；有时很难找到符号定义的位置，但几乎所有论文都会在某个地方定义它们用到的所有符号），z_y 是对应于目标的激活值。所以为了接近 1，这个激活值要比其他所有激活值都高。

接下来思考"如果模型学习到为每个训练实例的 ground-truth 标签分配全概率，就不能保证泛化能力"这句话。这就是说，让 z_y 非常大意味着我们在整个模型中需要大的权重和激活值。大的权重会导致"崎岖不平"的函数，即输入发生微小变化就会导致预测产生巨大变化。这对泛化来说真的非常糟糕，因为这意味着仅仅一个像素的改变就有可能颠覆我们的预测！

最后，还剩一句"这会促使最大 logit 与其他 logit 之间的差异变大，再加上有界梯度 $\frac{\partial \ell}{\partial z_k}$，会降低模型的适应能力"。记住，交叉熵的梯度，基本上就是 output - target。output 和 target 都在 0 与 1 之间，所以差值在 -1 与 1 之间，这也就是为什么论文说梯度是"有界的"（不会是无限的）。因此，我们的 SGD 步骤也是有界的。"降低模型的适应能力"意味着它会很难在迁移学习环境中得到更新。这是因为错误预测带来的损失差异是无界的，但我们每次只能采取有限的步骤。

要在实践中使用它，只需在调用 Learner 时修改损失函数：

```
model = xresnet50()
learn = Learner(dls, model, loss_func=LabelSmoothingCrossEntropy(),
                metrics=accuracy)
learn.fit_one_cycle(5, 3e-3)
```

和 Mixup 一样，你通常看不到标签平滑带来的显著改进，除非你训练了更多的周期。自己尝试一下，然后看看：在标签平滑展现出比之前的方法更优的结果前，你需要训练多少个周期？

结论

现在你已经了解了在计算机视觉领域训练高水准的模型所需的一切技巧，无论是从零开始或是使用迁移学习。现在你所要做的就是用你自己的问题进行试验！看看长时间使用 Mixup 和 / 或标签平滑能否避免过拟合并带来更好的结果。尝试渐进式调整尺寸与测试期的数据增强。

最重要的是，请记住，如果你的数据集很大，那就没有必要对整个数据进行建模。找到一个能代表整体的小子集，就像我们在 Imagenette 中做的那样，并对其进行试验。

在接下来的三章里，我们会介绍其他 fastai 直接支持的应用：协同过滤、表格建模和文本处理。我们会在本书的下一部分回到计算机视觉，并在第 13 章深入研究卷积神经网络。

问题

1. ImageNet 和 Imagenette 的区别是什么？什么时候用其中一种做试验比用另一种更好？
2. 什么是标准化？
3. 为什么在使用预训练模型时不必关心标准化？
4. 什么是渐进式调整尺寸？
5. 在你自己的项目中实现渐进式调整尺寸，并观察它是否有帮助。
6. 什么是测试期的数据增强？在 fastai 中你要如何使用它？
7. 在模型推理时使用 TTA 比常规推理慢还是快？为什么？
8. 什么是 Mixup ？在 fastai 中你要如何使用它？
9. 为什么 Mixup 可以防止模型过于自信？
10. 为什么使用 Mixup 训练五个周期的结果比不使用 Mixup 训练更糟糕？

11. 标签平滑背后的原理是什么？

12. 在你的数据中有什么问题时可以用标签平滑来帮助解决？

13. 使用标签平滑处理五个类别的数据时，与索引 1 相关联的目标是什么？

14. 当你想要在一个新的数据集上进行快速的试验建模时，第一步应该做什么？

深入研究

1. 使用 fastai 说明文件构建一个能够裁剪出图像四角的四个正方形的函数；然后实现一个 TTA 方法，将中心裁剪和这四个裁剪区域的预测值进行平均。观察这个方法是否有帮助，你能找到比 fastai 的 TTA 更好的方法吗？

2. 在 arXiv 上找到 Mixup 的论文并阅读。再选一两篇介绍 Mixup 变体的论文并阅读；然后尝试在你的问题上实现它们。

3. 找到使用 Mixup 训练 Imagenette 的脚本，以它为例构建一个能在你自己的项目上进行长时间训练的脚本。执行它，看看 Mixup 对你的任务来说是否有帮助。

4. 阅读本章前面的"论文中的标签平滑"专栏，然后阅读原始论文的相关部分，看看你能否理解。不要害怕寻求帮助!

第 8 章

深入协同过滤

有一个要解决的常见问题：现在有一些用户和一些产品，你需要考虑哪些产品对哪些用户最可能有用。这里需要考虑诸多变量：例如，（在 Netflix 上）推荐电影，需要计算在主页上为用户突出显示什么内容，决定在社交媒体信息流中显示哪些故事等。这个问题的一般解决方案，称为协同过滤，其工作原理是这样的：查看当前用户使用过或喜欢过哪些产品，找到使用或喜欢类似产品的其他用户，然后推荐这些用户使用过或喜欢过的其他产品给当前用户。

例如，你可能在 Netflix 上看过很多 20 世纪 70 年代制作的动作片类的科幻电影。Netflix 可能不知道你看过的电影具有这些特殊属性，但它能够知道和你所看的电影相同的其他人也倾向于看 20 世纪 70 年代制作的其他动作片类的科幻电影。换句话说，要使用这种方法，我们只需要知道谁喜欢看电影，不一定需要知道有关电影的相关细节。

这个方法不仅能解决用户与产品之间的问题，还能处理其他类型的问题。实际上，在协同过滤中，我们通常使用的是项目而不是产品。项目可以是人们点击的链接，为病人做出的诊断等。

关键的底层思想是潜在特征。在 Netflix 的例子中，我们一开始就假设你喜欢充满动作的老科幻电影，但你从未告诉 Netflix 你喜欢这些类型的电影，而 Netflix 也从来不需要在它的电影列表中增添列，来说明哪些电影是这些类型的。尽管如此，仍然必须形成一些关于科幻、动作和电影年代的潜在概念，而且这些概念一定与一些人的观影决策相关。

在本章中，我们将解决上文所说到的电影推荐问题。我们会首先获取一些适合协同过滤模型的数据。

了解数据

我们无法访问 Netflix 的全部观影的历史数据集，但我们可以使用一个很棒的数据集，这个数据集叫作 MovieLens（参见链接 113）。这个数据集包含数千万条电影评分数据（电影 ID、用户 ID 和数字评分的组合），我们只取其中 100 000 条数据作为示例。如果你感兴趣的话，可以在 2500 万条数据上尝试这个方法，这将是一个很好的学习项目。（数据可以在它们的网站上获得。）

数据集可通过常用的 fastai 函数获得：

```
from fastai.collab import *
from fastai.tabular.all import *
path = untar_data(URLs.ML_100k)
```

说明文档在文件 *README* 中，主表在文件 *u.data* 中。每条数据用制表符作为分隔符，各列分别是用户、电影、评分和时间戳。由于这些列没有被显式命名，所以我们需要在用 Pandas 读取这些文件时加入这些信息。下面是查看这个表的方法，以及一些数据示例：

```
ratings = pd.read_csv(path/'u.data', delimiter='\t', header=None,
                      names=['user', 'movie', 'rating', 'timestamp'] )
ratings.head()
```

	user	movie	rating	timestamp
0	196	242	3	881250949
1	186	302	3	891717742
2	22	377	1	878887116
3	244	51	2	880606923
4	166	346	1	886397596

虽然这包含了我们需要的所有信息，但这种格式对人们来说并不直观。在图 8-1 中，我们以另一种更有利于人们查看的交叉表形式展示了相同的数据。

在这个交叉表示例中，我们只选择了一些最受欢迎的电影，以及观看电影最多的用户。表中的空白单元格就是我们希望模型学到的内容。这些空白单元格代表该用户没有对这部电影评分，这可能是因为这个用户还没有看过这部电影。对于每位用户，我们都想挖掘出他们最有可能喜欢的电影。

	movieId														
userId	27	49	57	72	79	89	92	99	143	179	180	197	402	417	505
14	3.0	5.0	1.0	3.0	4.0	4.0	5.0	2.0	5.0	5.0	4.0	5.0	5.0	2.0	5.0
29	5.0	5.0	5.0	4.0	5.0	4.0	4.0	5.0	4.0	4.0	5.0	5.0	3.0	4.0	5.0
72	4.0	5.0	5.0	4.0	5.0	3.0	4.5	5.0	4.5	5.0	4.0	5.0	4.5	5.0	4.0
211	5.0	4.0	4.0	3.0	5.0	3.0	4.0	4.5	4.0		3.0	3.0	5.0	3.0	
212	2.5		2.0	5.0		4.0	2.5		5.0	5.0	3.0	3.0	4.0	3.0	2.0
293	3.0		4.0	4.0	4.0	3.0		3.0	4.0	4.0	4.5	4.0	4.5	4.0	
310	3.0	3.0	4.0	4.5		4.5	2.0	4.0	4.5	4.0	4.5	4.5	4.0	2.0	4.0
379	5.0		4.0	4.0			4.0	5.0	4.0		4.0		3.0	5.0	4.0
451	4.0	5.0	4.0	5.0	4.0	4.0	5.0	5.0	4.0		4.0	4.0	2.0	3.5	5.0
467	3.0	3.5	3.0	2.5			3.0	3.5	3.5	3.5		3.5	4.0	4.0	
508	5.0		5.0	4.0	3.0	5.0	2.0	4.0	4.0	5.0		3.0	4.5	3.0	4.5
546		5.0	2.0	3.0	5.0		5.0	5.0		2.5	2.0	3.5	3.5	3.5	5.0
563	1.0	5.0	3.0	5.0	4.0	5.0	5.0		2.0	5.0		3.0	4.0	5.0	
579	4.5	4.5	3.5	3.0	4.0	4.5	4.0	4.0	4.0	4.0	3.5	3.0	4.5	4.0	4.5
623		5.0	3.0	3.0		3.0	5.0		5.0	5.0	5.0	5.0	2.0	5.0	4.0

图8-1: 电影和用户的交叉表示例图

如果我们知道每位用户对电影的每个重要属性的喜好程度，例如，电影类型、电影年代、导演和演员等，并且知道每部电影对应的属性信息，那么完善此表的一个简单方法就是将每部电影和每个用户的对应属性的特征值相乘后再求和。例如，假设这些特征值的范围在 −1 到 1 之间，正数表示较强的匹配度，负数则表示较弱的匹配度，我们取科幻、动作和老电影三个属性为例，那么可以将电影 *The Last Skywalker* 用如下向量表示：

```
last_skywalker = np.array( [ 0.98 , 0.9 , -0.9 ] )
```

比如，我们设定这部电影的科幻性属性对应的特征值为 0.98，而年代久远属性对应的特征值为 −0.9。

同样，我们可以将一个喜欢现代科幻动作片的用户表示为如下向量：

```
user1 = np.array( [ 0.9 , 0.8 , -0.6 ] )
```

现在可以计算这个组合之间的匹配度：

```
(user1*last_skywalker).sum()
```

```
2.1420000000000003
```

将两个向量进行元素级相乘后，再将得到的结果进行求和，这一运算称为点积。点积在机器学习中被大量使用，并构成矩阵乘法的基础。我们将在第 17 章中花更多精力来研究矩阵乘法和点积。

术语：点积

将两个向量的各元素分别相乘，然后将其结果进行求和的数学运算。

再例如，我们可以将电影 *Casablanca* 表示为：

```
casablanca = np.array([-0.99,-0.3,0.8])
```

这个组合之间的匹配度如下：

```
(user1*casablanca).sum()

-1.611
```

由于我们不知道潜在特征是什么，也不知道如何为每位用户和电影的匹配度打分，所以我们应该学习它们。

学习潜在特征

我们接下来要做的和之前做预测那章使用的方式十分相似，会先预设一个模型的结构，然后对该模型进行训练。我们可以直接使用通用的梯度下降法完成模型学习的目的。

简单梯度下降法的第一步是随机初始化一些参数。这些参数代表了每位用户和每部电影的一组潜在特征。我们必须决定使用多少个参数。稍后我们将讨论如何选择参数，但为了说明问题，现在先用 5 个参数。因为每位用户都有一组这样的特征，并且每部电影也都有一组这样的特征，所以我们可以在交叉表中的用户和电影旁边显示这些随机初始化的值，然后在中间填写每个组合的点积。例如，图 8-2 显示了这些参数在表格中的呈现形式，而左上角的单元格公式显示了计算过程。

第二步是计算我们的预测。正如前面所说，可以通过简单地计算每位用户与每部电影的点积来实现预测。例如，如果第一个潜在用户特征表示用户是否很喜欢动作片，而第一个潜在电影特征表示电影中是否有很多动作，那么，如果用户喜欢动作片且电影中有很多动作，或者用户不喜欢动作片且电影中没有任何动作，那这两个特征乘积得出的结果就会特别高。另一方面，如果我们有一个不匹配的情况（用户喜欢动作片，但电影不是动作片，或者用户不喜欢动作片，但电影是动作片），乘积结果将非常低。

第三步是计算我们的损失。可以使用任何想用的损失函数，在这里我们以选择均方差为例，这是一种预测准确率的常用方法。

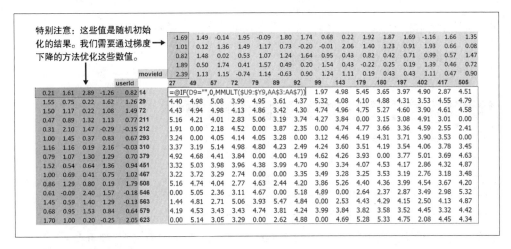

图8-2：用交叉表分析潜在特征

以上就是简单的梯度下降法所需的全部步骤。有了这些，我们就可以使用随机梯度下降法来优化参数（潜在特征），比如，使损失最小化。在每一步中，随机梯度下降优化器将使用点积来计算每部电影和每位用户之间的相似度，并计算其与用户对电影的实际评分之间的误差，以此作为损失值。然后，计算该值的导数，并通过将其与学习率相乘来增加权重。这样做很多次之后，损失会变得越来越小，推荐机制也会被训练得越来越好。

要使用常用的 Learner.fit 函数，还需要将数据放入 DataLoaders 中，因此接下来我们将重点讲解这一点。

创建 DataLoaders

展示数据的时候，我们更愿意看到电影名，而不是电影 ID。u.item 表中包含了 ID 与电影名的对应关系：

```
movies = pd.read_csv(path/'u.item',  delimiter='|', encoding='latin-1',
                     usecols=(0,1), names=('movie','title'), header=None)
movies.head()
```

	movie	title
0	1	Toy Story (1995)
1	2	GoldenEye (1995)
2	3	Four Rooms (1995)
3	4	Get Shorty (1995)
4	5	Copycat (1995)

可以将这个表和评分表（ratings）合并，这样就能通过电影名得到用户评分：

```
ratings = ratings.merge(movies)
ratings.head()
```

	user	movie	rating	timestamp	title
0	196	242	3	881250949	Kolya (1996)
1	63	242	3	875747190	Kolya (1996)
2	226	242	5	883888671	Kolya (1996)
3	154	242	3	879138235	Kolya (1996)
4	306	242	5	876503793	Kolya (1996)

然后，可以根据这张表构建一个 DataLoaders 对象。默认情况下，第一列用来表示用户，第二列用来表示项目（电影），第三列用来表示评级。对例子中的 item_name 值，需要将 ID 值改为电影名：

```
dls = CollabDataLoaders.from_df(ratings , item_name='title' , bs=64)
dls.show_batch()
```

	user	title	rating
0	207	Four Weddings and a Funeral (1994)	3
1	565	Remains of the Day, The (1993)	5
2	506	Kids (1995)	1
3	845	Chasing Amy (1997)	3
4	798	Being Human (1993)	2
5	500	Down by Law (1986)	4
6	409	Much Ado About Nothing (1993)	3
7	721	Braveheart (1995)	5
8	316	Psycho (1960)	2
9	883	Judgment Night (1993)	5

在 PyTorch 中，为了适合我们的深度学习框架，不能直接使用交叉表来表示协同过滤。可以将电影和用户的潜在特征表表示为简单的矩阵：

```
n_users = len(dls.classes['user'])
n_movies = len(dls.classes['title'])
n_factors = 5

user_factors = torch.randn(n_users, n_factors)
movie_factors = torch.randn(n_movies, n_factors)
```

要计算指定电影和用户组合的结果，必须先在电影潜在特征矩阵中查找电影的索引，在用户潜在特征矩阵中查找用户的索引，然后用这两个潜在特征向量进行点积计算。我们的深度学习模型知道如何做矩阵乘法和激活函数运算，但是并不知道如何查找索引。

不过好在我们可以通过矩阵乘法来实现索引查找。诀窍是用独热编码向量替换索引。接下来展示一个例子，它表现了如果我们让一个向量乘以表示索引3的独热编码向量，会发生什么的情况：

```
one_hot_3 = one_hot(3, n_users).float()
user_factors.t() @ one_hot_3

tensor([-0.4586, -0.9915, -0.4052, -0.3621, -0.5908])
```

结果是我们会得到与矩阵中索引3的那个向量相同的向量：

```
user_factors[3]

tensor([-0.4586, -0.9915, -0.4052, -0.3621, -0.5908])
```

如果我们一次性对好几个索引都执行相同的操作，将用矩阵乘法得到一个由独热编码向量组成的矩阵！使用这种架构构建模型当然也没什么问题，只是这种方式会耗费更多的内存和时间。我们知道，没有真正的潜在理由来存储独热编码向量，或者用它搜索来查找是否出现数字1——应该能直接在一个数组中用整数索引。因此，大多数深度学习库（包括 PyTorch）都包含一个特殊的层来执行此操作；该层使用整数对向量进行索引，但其导数的计算方式与使用独热编码向量进行矩阵乘法时的结果相同。这称为嵌入。

术语：嵌入

乘以独热编码矩阵，使用简单的直接索引即可实现的计算快捷方式。对于一个非常简单的概念来说，这是一个相当花哨的词。将一个独热编码矩阵乘以（或者，使用计算快捷方式，直接将其编入索引）的内容称为嵌入矩阵。

在计算机视觉中，我们可以简单地通过像素的 RGB 值来获取像素的所有信息：用三个数字来表示彩色图像中的每个像素。这三个数字分别表示包含红色、绿色和蓝色的程度，这三个数字就足以让我们的模型运作起来。

我们现在面临的问题是，在描述用户和电影的时候，没有像用三个数字来表示 RGB 值一样简单的方法。这可能与描述的类型有关：如果某个用户喜欢浪漫电影，用户可能会给浪漫电影更高的评分，也有可能受电影是否是多动作少对话，或者电影里有用户特别喜欢的演员等其他特征影响。

怎样确定用哪些数字来描述这些特征呢？答案是，我们不做这个工作。我们会让模型学习它们。通过分析用户和电影之间的关系，模型可以自我训练并计算出那些看起来重要或不重要的特征。

这就是所谓的嵌入。我们将为每位用户和每部电影分配一个指定长度的随机向量（在这里分配 n_factor=5），这样我们就可以使用这些可学习的参数。也就是说，每一次通过比较预测值与真实目标值的误差来计算损失时，我们都要计算损失值对这些嵌入向量的梯度，并使用 SGD（或另一个优化器）的规则来更新这些嵌入向量。

初始时，因为这些数字是随机的，所以它们并没有什么意义。但在训练结束时，这些数字就有意义了。通过学习用户和电影的现有关系数据，在没有任何其他信息的情况下，我们会看到这些数字代表了一些重要的特征，可以区分重磅大片与独立制作电影、动作片与爱情电影等。

现在我们可以从头开始创建整个模型了。

从头开始进行协同过滤

在用 PyTorch 编写模型之前，我们首先需要学习面向对象编程和 Python 的基础知识。如果你以前没有进行过任何面向对象的编程，那也没关系，我们将在下面对其快速进行一个介绍，但是仍建议你在学习下面的知识之前查阅相关教程并进行一些实践。

面向对象编程的核心思想是类。我们在这本书中一直在使用类，如 DataLoader、String 和 Learner。Python 让我们可以轻松地创建新的类。下面是一个简单类的示例：

```
class Example:
    def __init__ (self, a): self.a = a
    def say(self ,x): return f 'Hello {self.a}, {x}.'
```

其中最重要的部分是名为 __init__ 的特殊函数（读作 Dunder init）。在 Python 中，像这样用双下画线括起来的函数都是特殊函数，表示某些与此方法名相关的一些额外操作。Python 会在创建新对象时调用 __init__ 函数。因此，你可以在这里设置创建对象时需要初始化的任何状态。在构造类实例时包含的所有参数都将传递给 __init__ 函数。需要注意的是，类中定义的所有方法的第一个参数都是 self，因此你可以使用此参数来设置和获取你需要的任何属性：

```
ex = Example('Sylvain')
ex.say('nice to meet you')

'Hello Sylvain, nice to meet you.'
```

还要注意，创建新的 PyTorch 模块需要继承 Module 类。继承是面向对象的一个重要概念，我们不会在这里详细讨论——简而言之，继承意味着我们可以向现有类添加额外的行为。PyTorch 已经提供了一个 Module 类，它提供了我们想要建立的类别基础。因此，我们先定义好类的名字，然后在这个名字后面加上这个超类的名字，如以下示例所示。

最后需要强调的是，当你的模块实例被调用时，PyTorch 将自动调用你的类中一个名为 forward 的函数，并传入调用中包含的所有参数。以下是定义点积模型的类：

```
class DotProduct(Module):
    def __init__(self, n_users, n_movies, n_factors):
        self.user_factors = Embedding(n_users, n_factors)
        self.movie_factors = Embedding(n_movies, n_factors)

    def forward(self, x):
        users = self.user_factors(x[ : , 0])
        movies = self.movie_factors(x[ : , 1])
        return (users * movies).sum(dim = 1)
```

如果你没看过面向对象的编程，不要担心，本书中不需要经常使用它。之所以我们在这里提到这种方法，是因为大多数在线教程和文档会使用面向对象的语法。

需要注意的是，模型的输入是一个形状为 batch_size x 2 的张量，其中第一列（x[:, 0]）包含用户 ID，第二列（x[:, 1]）包含电影 ID。如前所述，我们使用嵌入层来表示用户和电影潜在特征的矩阵。

```
x,y = dls.one_batch()
x.shape

torch.Size([64, 2])
```

既然已经定义了架构并创建了参数矩阵，现在就需要创建一个 Learner 来优化模型。以往我们使用过一些特殊的函数，如 cnn_learner，这个函数可以为我们设置特定应用程序的一切。由于我们现在是从头开始学习，所以将先学习使用普通的 Learner 类函数：

```
model = DotProduct(n_users, n_movies, 50)
learn = Learner(dls, model, loss_func=MSELossFlat())
```

我们现在准备拟合模型：

```
learn.fit_one_cycle(5, 5e-3)
```

epoch	train_loss	valid_loss	time
0	1.326261	1.295701	00:12
1	1.091352	1.091475	00:11
2	0.961574	0.977690	00:11
3	0.829995	0.893122	00:11
4	0.781661	0.876511	00:12

为了让这个模型更好，我们能做的第一件事就是强制将这些预测值设置在 0 到 5 之间。因此，只需使用第 6 章用过的 sigmoid_range 函数。根据经验发现，最好让范围超过 5 一点点，所以我们使用（0,5.5）这个区间。

```
class DotProduct(Module):
    def __init__(self, n_users, n_movies, n_factors, y_range=(0 , 5.5) ) :
        self.user_factors = Embedding(n_users, n_factors)
        self.movie_factors = Embedding(n_movies, n_factors)
        self.y_range = y_range

    def forward(self, x):
        users = self.user_factors(x[ : , 0])
        movies = self.movie_factors(x[ : , 1])
        return sigmoid_range((users * movies).sum(dim = 1), *self.y_range)

model = DotProduct(n_users, n_movies , 50)
learn = Learner(dls, model, loss_func=MSELossFlat( ))
learn.fit_one_cycle(5 , 5e-3)
```

epoch	train_loss	valid_loss	time
0	0.976380	1.001455	00:12
1	0.875964	0.919960	00:12
2	0.685377	0.870664	00:12
3	0.483701	0.874071	00:12
4	0.385249	0.878055	00:12

这种开始方式很合理，但我们可以做得更好。这种方式有一个明显缺陷，那就是有些用户的评分比其他人更积极或更消极，而一些电影比其他电影更好或更差。但就点积呈现而言，我们没有办法对这些东西进行编码。比如就一部电影而言，只能说它是非常科幻的，非常多动作的，而且不是很老的电影，这样描述后你也没办法判断大多数人是否喜欢它。

这是因为在这一点上，我们只有权重，没有偏差。如果给每位用户一个单一的数字，那么就可以以此计算分数。对每部电影来说也是如此，这样就可以很好地解决这个缺陷。首先，调整一下我们的模型架构：

```
class DotProductBias (Module):
    def __init__(self, n_users, n_movies, n_factors, y_range=(0 , 5.5) ) :
        self.user_factors = Embedding(n_users, n_factors)
        self.user_bias = Embedding (n_users, 1)
        self.movie_factors = Embedding(n_movies, n_factors)
        self.movie_bias = Embedding(n_movies, 1)
        self.y_range = y_range

    def forward(self, x):
        users = self.user_factors(x[ : , 0])
        movies = self.movie_factors(x[ : , 1])
        res = (users * movies).sum(dim=1, keepdim=True)
        res += self.user_bias ( x[ : , 0]) + self.movie_bias( x [ : , 1])
        return sigmoid_range(res , *self.y_range)
```

让我们试着用这种方式训练，看看效果如何：

```
model = DotProduct(n_users, n_movies , 50)
learn = Learner(dls, model, loss_func=MSELossFlat( ))
learn.fit_one_cycle(5 , 5e-3)
```

epoch	train_loss	valid_loss	time
0	0.929161	0.936303	00:13
1	0.820444	0.861306	00:13
2	0.621612	0.865306	00:14
3	0.404648	0.886448	00:13
4	0.292948	0.892580	00:13

结果非但没有变得更好，反而变得更糟（至少在训练结束时变得更糟）。为什么会这样呢？仔细观察这两次训练，可以看到验证集的损失在中途停止改善，然后开始变得更糟。正如我们已经看到的，这是一个明显的过拟合的迹象。在应对这种情况时，无法使用数据增强，因此不得不使用另一种可能有帮助的正则化技术——权重衰减（weight decay）。

权重衰减

权重衰减，也叫 *L2 范数正则化*，包括向损失函数添加所有权重的平方和。为什么要做权重衰减？因为当我们计算梯度时，它可以让权重衰减到更小的值，在一定程度上可以减少模型过拟合的问题。

为什么它能防止过拟合？我们认为，系数越大，损失函数中的峡谷就越陡峭。如果我们用抛物线为例：$y = a * (x**2)$，a 越大，抛物线的幅度就越缓和。

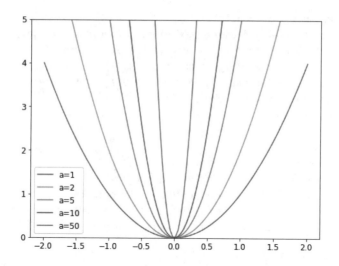

因此，让模型学习高参数据可能会导致这样的结果，模型用一个变化非常剧烈且过于复杂的函数来拟合训练集中的所有数据点，最终导致过拟合。

过多限制权重增长，将会减慢模型的训练速度，但它会形成一种泛化得更好的状态。简单地回归到理论上来说，权重衰减（或简称 wd）这个参数控制着在损失函数中添加的平方和（假设 parameters 是所有参数的张量）。

```
loss_with_wd = loss + wd * (parameters**2).sum()
```

然而，在实践中，计算这个数值很大的总和并将其加入损失是非常低效的（而且可能在数值上也不稳定）。如果你还记得一点儿数学知识，可能记得 p**2 相对于 p 的导数是 2*p，所以上述所说的做法与这种导数的做法完全等同：

```
parameters.grad += wd * 2 * parameters
```

在实践中，由于权重衰减是自己选择的一个参数，可以把它变成两倍大，所以我们甚至可以不需要这个方程中的 *2。若要在 fastai 中使用权重衰减，请在调用中将权重衰减传递给 fit 或 fit_one_cycle 函数（也可以传递给这两个方法）：

```
model = DotProductBias(n_users, n_movies, 50)
learn = Learner(dls, model, loss_func=MSELossFlat())
learn.fit_one_cycle(5, 5e-3, wd=0.1)
```

epoch	train_loss	valid_loss	time
0	0.972090	0.962366	00:13
1	0.875591	0.885106	00:13

epoch	train_loss	valid_loss	time
2	0.723798	0.839880	00:13
3	0.586002	0.823225	00:13
4	0.490980	0.823060	00:13

这样的效果变得好多了!

创建我们自己的嵌入模块

到目前为止，我们使用了 Embedding，但是没有考虑它实际的工作原理。现在让我们自己来构造 DotProductBias 这个类。对每个嵌入，我们需要一个随机权重矩阵来初始化。不过，必须小心。回顾一下第 4 章，优化器要求从模块的参数方法中获得模块的所有参数。然而，这并不是完全自动发生的。如果只是把张量作为属性添加到 Module 中，它将不会被包含在参数中：

```
class T(Module):
    def __init__( self): self.a = torch.ones(3)

L(T().parameters())

(#0) [ ]
```

要想把一个张量添加为 Module 的参数，必须把张量包装在 nn.Parameter 类中。这个类并没有添加任何功能（除了自动调用 requires_grad_ 之外）。它仅仅用作"标记"，以显示要包含在参数中的内容：

```
class T(Module):
    def __init__( self): self.a = nn.Parameter(torch.ones (3))

L(T().parameters())

(#1) [Parameter containing:
tensor([1., 1., 1.], requires_grad=True)]
```

所有 PyTorch 模块都使用 nn.Parameter 来表示任何可训练的参数，这就是为什么到现在为止，我们仍不需要明确地使用这个包装器的原因：

```
class T(Module):
    def __init__( self): self.a = nn.Linear(1, 3, bias=False)

t=T()
L (t.parameters())

(#1) [Parameter containing:
```

```
tensor([[-0.9595],
        [-0.8490],
        [ 0.8159]], requires_grad=True)]

type(t.a.weight)

torch.nn.parameter.Parameter
```

可以创建一个张量作为参数，并进行随机初始化，如下：

```
def create_params(size):
    return nn.Parameter(torch.zeros(*size).normal_(0, 0.01))
```

让我们用这个张量来创建 DotProductBias 类，而不使用 Embedding：

```
class DotProductBias (Module):
    def __init__(self, n_users, n_movies, n_factors, y_range=(0 , 5.5) ) :
        self.user_factors = create_params([n_users, n_factors])
        self.user_bias = create_params ([n_users])
        self.movie_factors = create_params ([n_movies, n_factors])
        self.movie_bias = create_params ([n_movies])
        self.y_range = y_range

    def forward(self, x):
        users = self.user_factors(x[ : , 0])
        movies = self.movie_factors(x[ : , 1])
        res = (users * movies).sum(dim=1)
        res += self.user_bias ( x[ : , 0]) + self.movie_bias( x [ : , 1])
        return sigmoid_range(res , *self.y_range)
```

再训练一次，检查得到的结果是否与上一节中看到的结果相同：

```
model = DotProductBias(n_users, n_movies, 50)
learn = Learner(dls, model, loss_func=MSELossFlat())
learn.fit_one_cycle(5, 5e-3, wd=0.1)
```

epoch	train_loss	valid_loss	time
0	0.962146	0.936952	00:14
1	0.858084	0.884951	00:14
2	0.740883	0.838549	00:14
3	0.592497	0.823599	00:14
4	0.473570	0.824263	00:14

现在，来看看模型学到的成果。

嵌入和偏差的解释

我们的模型已经可以使用了，它可以为用户推荐电影——但看看它发现了哪些参数也很有意思。最容易理解的是偏差。以下是偏差向量中数值最低的电影。

```
movie_bias = learn.model.movie_bias.squeeze()
idxs = movie_bias.argsort()[ : 5]
[dls.classes['title'][ i ] for i in idxs]

['Children of the Corn: The Gathering (1996)',
 'Lawnmower Man 2: Beyond Cyberspace (1996)',
 'Beautician and the Beast, The (1997)',
 'Crow: City of Angels, The (1996)',
 'Home Alone 3 (1997)']
```

想一想这意味着什么。对于一部电影，即使用户与它的潜在特征非常匹配（后面可以看到，这些特征往往包括动作级别、电影的新旧等），大部分用户仍然不喜欢这部电影。我们本可以直接简单地根据电影的平均评分来对电影进行分类，但观察我们长期养成的习惯偏差，会发现一些更有趣的东西。这些偏差不仅能告诉我们一部电影是不是大众不喜欢看的类型，而且让本来可能喜欢这部电影的人们变得不愿意看这部电影。出于同样的原因，以下是最具偏差的电影：

```
idxs = movie_bias.argsort(descending=True)[ : 5]
[dls.classes['title'][ i ] for i in idxs]

['L.A. Confidential (1997)',
 'Titanic (1997)',
 'Silence of the Lambs, The (1991)',
 'Shawshank Redemption, The (1994)',
 'Star Wars (1977)']
```

举个例子，即使你平时不喜欢看侦探片，你也可能会喜欢《洛城机密》！

直接解释嵌入矩阵并不那么容易。对我们人类而言，需要观察太多的特征。但有一种技术可以从这样的矩阵中提取出最重要的潜在方向，其被称为主成分分析（PCA）。我们不会在本书中详细讨论这个问题，因为要成为一名深度学习从业者，了解这个问题并不是特别重要，但如果你有兴趣，建议去看看 fast.ai 的课程 *Computational Linear Algebra for Coders*（参见链接 114）。图 8-3 展示了基于两个最强的 PCA 组件的电影表现形式。

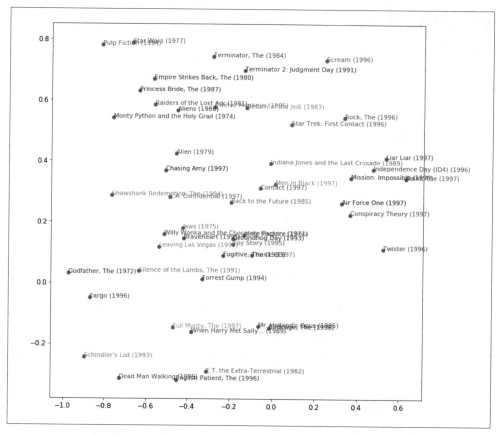

图8-3: 基于两个最强的PCA组件的电影表现形式

从图 8-3 中可以看到，这个模型似乎已经发现了经典与流行文化电影的概念。或者说，这个模型表现的是广受好评的电影。

杰里米说

即使我训练过多个模型，这个模型也仍使我感到震撼和惊讶。这些随机初始化的数字，只需要通过如此简单的机制进行训练，就能自动地发现数据中的关系和亮点。我可以创建代码来做一些有用的事情，而不需要告诉代码如何做这些事情，这看起来似乎是在作弊。

现在我们从头开始定义模型，让你从内部学习模型是如何运作的，但是你也可以直接使用 fastai 库来建立模型。接下来我们看看模型是怎么做到的。

使用 fastai.collab

通过使用 fastai 的 collab_learner，可以创建并训练一个协同过滤模型，这个模型的结构与前文所示完全相同：

```
learn = collab_learner(dls, n_factors=50, y_range=(0, 5.5))
learn.fit_one_cycle(5, 5e-3, wd=0.1)
```

epoch	train_loss	valid_loss	time
0	0.931751	0.953806	00 : 13
1	0.851826	0.878119	00 : 13
2	0.715254	0.834711	00 : 13
3	0.583173	0.821470	00 : 13
4	0.496625	0.821688	00 : 13

通过打印模型可以看到所有层的名称：

```
learn.model

EmbeddingDotBias(
  (u_weight): Embedding(944, 50)
  (i_weight): Embedding(1635, 50)
  (u_bias): Embedding(944, 1)
  (i_bias): Embedding(1635, 1)
)
```

可以使用这些名称来重复在上一节中所做的所有分析，例如：

```
movie_bias = learn.model. i_bias. weight.squeeze()
idxs = movie_bias.argsort(descending=True)[ : 5]
[dls.classes['title'][ i ] for i in idxs]

['Titanic (1997)',
 "Schindler's List (1993)",
 'Shawshank Redemption, The (1994)',
 'L.A. Confidential (1997)',
 'Silence of the Lambs, The (1991)']
```

可以用这些训练好的嵌入做的另一件有趣的事情，就是观察距离。

嵌入距离

在二维地图上，我们可以使用毕达哥拉斯公式 $\sqrt{x^2+y^2}$（假设 x 和 y 是每个轴上的坐标）来计算两个坐标点之间的距离。对于一个 50 维的嵌入，我们可以做完全相同的事情，只是需要把 50 个坐标值的平方加起来。

如果有两部几乎相同的电影，那么它们的嵌入向量也必须是几乎相同的，因为喜欢它们的用户几乎完全相同。目前有一个更普遍的共识：电影相似性可以由喜欢这些电影的用户的相似性来定义。而这直接意味着，两部电影的嵌入向量之间的距离可以定义这种相似性。我们可以用这个距离来找到与《沉默的羔羊》最相似的电影。

```
movie_factors = learn.model.i_weight.weight
idx = dls.classes['title'].o2i['Silence of the Lambs, The (1991)']
distances = nn.CosineSimilarity(dim=1)(movie_factors, movie_factors[idx][None])
idx = distances.argsort(descending=True)[1]
dls.classes['title'][idx]

'Dial M for Murder (1954)'
```

现在我们已经成功训练了一个模型，来看看如何处理没有用户数据的情况。该如何向新用户进行推荐呢？

启动协同过滤模型的自助取样

在实践中，使用协同过滤模型的最大挑战是自助取样启动问题。这个问题的最极端情况是没有用户，因此也就不能从历史信息中学习。你会向你的第一个用户推荐什么产品呢？

但是，即使你是一家运营很久的用户交易公司，也仍然会面对这样的问题：当一个新用户注册时，应该怎么做？事实上，当在你的投资组合中增加一个新产品时，你该怎么做？这个问题没有很好的解决方案，我们建议的解决方案是运用你的常识。你可以给新用户分配其他用户所有嵌入向量的平均值，但这样做存在一个问题，即潜在特征的特定组合可能根本不常见（例如，科幻特征的平均值可能很高，而动作特征的平均值可能很低，但喜欢没有动作的科幻片的人并不常见）。选择一个特定的用户来代表平均喜好可能会更好。

更好的做法是使用基于用户元数据的表格式资料模型来构建初始嵌入向量。当用户注册时，想想可以问些什么问题来帮助你了解他们的喜好。然后你可以创建一个模型，模型中的因变量是用户的嵌入向量，自变量是你问他们问题的结果，以及他们的注册元数据。在下一节中，我们将看到如何创建这类表格式资料模型。（你可能已经注意到，当你注册 Pandora 和 Netflix 等服务平台时，它们往往会问你几个问题，比如你喜欢什么类型的电影或音乐；这就是它们得出给你最初的协同过滤推荐内容的方法。）

有一点需要注意，少数非常热心的用户可能最终使整个用户群的有效推荐失效。例如在电影推荐系统中，这个问题非常常见。看动漫的人往往会看很多动漫，而其他的人看得很少，并且他们会花很多时间在网站上打分。因此，在有史以来最好的电影排行榜上，很多动漫经常上榜，这往往其实是被严重夸大了。在这种特殊的情况下，很明显，你的评分表现是有选择性偏差的，但如果这些选择性偏差发生在潜在特征中的话，我们就很难发现这些偏差。

这样的问题可以改变你的用户群以及你的系统行为。由于存在着正反馈回路，这一点也将尤为明显。如果你的少数用户倾向于推荐系统所设定的方向，那最终自然会吸引更多和这些用户一样的人体验你的系统。这样推荐下来自然而然会放大原来的选择性偏差。这种类型的偏差会被成倍地放大，这是一种自然的倾向。你可能见过这样的例子：公司高管对他们的在线平台迅速恶化表示惊讶，以至于他们表达的价值观与创始人的价值观背道而驰。在这种反馈回路的存在下，很容易看出这种分歧是如何迅速发生以及是如何隐蔽地导致这种结果的。

在这样一个自我强化的系统中，我们也许应该期待这类反馈回路是常态，而不是例外。因此，你应该假设你会看到这类反馈回路，为此制订计划，并预先准备好你将如何处理这些问题。试着思考反馈回路在你的系统中的可能的表现方式，以及如何在数据中识别它们。最后，这又回到了我们最初的建议，即在推出任何类型的机器学习系统时应该如何避免灾难发生。这都是为了确保有人类参与其中；其中有仔细的监测，以及循序渐进和深思熟虑的推广。

我们的点积模型运行的效果很不错，它是当前许多成功的推荐系统的基础。这种协同过滤的方法被称为概率矩阵分解（PMF）。另一种方法是深度学习，在给定相同数据的情况下，这种方法通常也能取得很好的效果。

用于协同过滤的深度学习

要将我们的架构转变为深度学习模型，第一步是获取嵌入查找的结果，完成激活后，这就形成了一个矩阵，通过这个矩阵，我们可以用常用的方式通过线性层和非线性层进行处理。

由于我们将连接两个嵌入矩阵，而不是取它们的点积，所以这两个嵌入矩阵的大小（不同数量的潜在特征）可以不同。fastai 有一个函数 get_emb_sz，这个函数可以为你的数据返回嵌入矩阵的推荐大小，这是基于 fast.ai 发现的一种启发式方法，在实践中这种方法往往很有效：

```
embs = get_emb_sz(dls)
embs

[(944, 74), (1635, 101)]
```

让我们来实现这个类：

```
class CollabNN(Module):
    def __init__(self, user_sz, item_sz, y_range=(0,5.5), n_act=100):
        self.user_factors = Embedding(*user_sz)
        self.item_factors = Embedding(*item_sz)
        self.layers = nn.Sequential(
            nn.Linear(user_sz[1]+item_sz[1], n_act), nn.ReLU(),
            nn.Linear(n_act, 1))
        self.y_range = y_range

    def forward(self, x):
        embs = self.user_factors(x[:,0]),self.item_factors(x[:,1])
        x = self.layers(torch.cat(embs, dim=1))
        return sigmoid_range(x, *self.y_range)
```

然后用它来创建一个模型：

```
model = CollabNN(*embs)
```

CollabNN 创建嵌入层的方式与本章先前介绍的类相同，不同之处就是，现在使用了
embs 大小。self.layer 与我们在第 4 章中为 MNIST 创建的微型神经网络相同。然后，
在 forward 中，我们应用嵌入，将结果串联起来，并将结果传递给微型神经网络。最后，
和在以前的模型中操作的方式一样，在模型中应用 sigmoid_range。

让我们看看它是否能训练出来：

```
learn = Learner(dls, model, loss_func=MSELossFlat())
learn.fit_one_cycle(5, 5e-3, wd=0.01)
```

epoch	train_loss	valid_loss	time
0	0.940104	0.959786	00:15
1	0.893943	0.905222	00:14
2	0.865591	0.875238	00:14
3	0.800177	0.867468	00:14
4	0.760255	0.867455	00:14

如果你在调用 collab_learner（包括调用 get_emb_sz）时传递 use_nn=True，fastai 就
会在 fastai.collab 中提供此模型，这个模型可以让你轻松地创建更多的层。例如，这
里我们要创建两个隐藏层，大小分别为 100 和 50：

```
learn = collab_learner(dls, use_nn=True, y_range=(0, 5.5), layers=[100,50])
learn.fit_one_cycle(5, 5e-3, wd=0.1)
```

epoch	train_loss	valid_loss	time
0	1.002747	0.972392	00:16
1	0.926903	0.922348	00:16
2	0.877160	0.893401	00:16
3	0.838334	0.865040	00:16
4	0.781666	0.864936	00:16

learn.model 是 EmbeddingNN 类型的对象。来看看这个类下的 fastai 的代码：

```
@delegates(TabularModel)
class EmbeddingNN(TabularModel):
    def __init__( self, emb_szs, layers, **kwargs):
        super().__init__(emb_szs, layers=layers, n_cont=0, out_sz=1, **kwargs)
```

哇，只需要这么几行代码！这个类继承了 TabularModel 的所有功能。在 __init__ 中，它调用了 TabularModel 中的相同方法，传递 n_cont=0 和 out_sz=1；除此之外，它只传递它所收到的参数。

kwargs 和 Delegate

EmbeddingNN 将 **kwargs 作为参数包含到 __init__ 中。在 Python 中，参数列表中的 **kwargs 意味着"将所有额外的关键字参数放入一个叫作 kwargs 的字典中"。而参数列表中的 **kwargs 表示"将 kwargs 字典中的所有键 / 值对作为命名参数插入在这里"。这种方法运用在了许多流行的库中，例如 matplotlib，其中主要的 plot 函数只是有 plot(*args, **kwargs) 的签名。plot 文档（参见链接 115）中表明"这些 kwargs 是 Line2D 的属性"，并且文档中列出了这些属性。

我们在 EmbeddingNN 中使用 **kwargs，可以避免将参数二次写入 TabularModel，并确保参数的同步性。然而，这使得我们的 API 接口变得很难使用，因为现在 Jupyter notebook 不知道有哪些参数可用。因此，像参数名称和签名弹出列表等制表符补全操作将不起作用。

fastai 通过提供一个特殊的 @Delegates 修饰符来解决这个问题，这个修饰符可以自动更改类或函数（本例中的 EmbeddingNN）的签名，可以将其所有的关键字参数插入签名中。

尽管 EmbeddingNN 的结果比点积方法（它显示了仔细构建域的体系结构的能力）稍差一些，但它确实允许我们做一些非常重要的事情：我们现在可以直接合并其他用户和电影信息、日期和时间信息，或者任何其他可能与推荐相关的信息。这正是 TabularModel 所做的。事实上，我们现在已经看到 EmbeddingNN 只是一个 TabularModel，n_cont=0 和 out_sz=1。所以，最好花一些时间来学习 TabularModel，以及如何使用它来获得更好的结果！我们将在下一章中介绍这一点。

结论

对于我们的第一个非计算机视觉应用，我们研究了推荐系统，看到梯度下降是如何从评级历史中学习项目的内在特征或偏差的。这可以给我们提供数据的相关信息。

我们还在 PyTorch 中建立了第一个模型。我们将在本书的下一部门做更多其他的工作，但在这之前，让我们继续使用表格数据研究深度学习其他的一般应用。

问题

1. 协同过滤能解决什么问题？

2. 协同过滤是如何解决问题的？

3. 为什么协同过滤预测模型可能无法成为一个非常有用的推荐系统？

4. 协同过滤数据的交叉表的表示形式是什么？

5. 编写代码来创建 MovieLens 数据的交叉表（你可能需要在网络中搜索一下！）

6. 什么是潜在特征？为什么是"潜在"的？

7. 什么是点积？请使用带列表的纯 Python 手动计算点积。

8. pandas.DataFrame.merge 有什么用途？

9. 什么是嵌入矩阵？

10. 嵌入矩阵和独热编码向量矩阵有什么关系？

11. 如果可以用独热编码向量来做同样的事情，为什么还需要嵌入？

12. 在开始训练之前，（假设没有使用预训练的模型）嵌入包含什么？

13. 创建一个类并使用它（最好不要偷看！）。

14. x[:,0] 会返回什么？

15. 重写一个 DotProduct 类，并用它来训练一个模型（最好不要偷看！）。

16. 对于 MovieLens 而言，什么是一个好的损失函数？为什么？

17. 如果使用 MovieLens 的交叉熵损失，会发生什么？需要怎样改变模型？

18. 点积模型中的偏差有什么用处？

19. 权重衰减等价于什么？

20. 写出权重衰减的方程式（不要偷看！）。

21. 写出权重衰减的梯度公式。为什么它有助于减少权重？

22. 为什么减少权重会产生更好的归纳？

23. 在 PyTorch 中，argsort 的作用是什么？

24. 对电影偏差进行排序的结果是否与按电影平均分配的总体电影评分相同？为什么呢 / 为什么不呢？

25. 如何打印模型中各层的名称和细节？

26. 协同过滤中的"自动取样启动问题"是什么？

27. 如何处理新用户的自助取样启动问题？对于新电影又会怎么处理呢？

28. 反馈回路如何影响协同过滤系统？

29. 当在协同过滤中使用神经网络时，为什么可以为电影和用户设置不同数量的特征？

30. 为什么 CollabNN 模型中包含 nn.Sequential？

31. 如果想在协同过滤模型中添加关于用户和项目的元数据，或者日期和时间等信息，应该使用什么样的模型？

深入研究

1. 查看一下 DotProduct bias 的嵌入版本和 create_params 版本之间的所有差异，并尝试理解为什么需要在这些方面进行更改。如果你不确定，可以尝试恢复每个更改，看看会有什么变化。（注：甚至在 forward 中使用的括号类型也进行更改）。

2. 找出其他三个正在使用协同过滤的领域，并确定这种方法在这些领域的利弊。

3. 使用完整的 MovieLens 数据集完成这个 notebook，并将你的结果与在线基准进行比较。看看是否能提高准确性。在本书的网站和 fast.ai 论坛上寻找思路。注意，在完整的数据集中还有更多的列——看看你是否也可以使用这些列（下一章可能会给你一些思路）。

4. 创建一个使用交叉熵损失的 MovieLens 模型，并将其与本章中的模型进行比较。

第9章
深入学习表格建模

表格建模以表格的形式存取数据（如电子表格或 CSV 文件），表格建模的目标是根据其他列中的值（自变量）预测某一列中的值（因变量）。在这一章中，我们关注的不仅仅是深度学习技术，还会关注更通用的机器学习技术，比如随机森林，因为有时候机器学习技术在处理你的问题时可以提供更好的结果。

我们将学习如何进行数据预处理、数据清洗，以及如何在训练后解释模型的结果。但首先我们将了解如何使用嵌入（embedding）方法将包含类别的列（非数值数据）转换为数值数据。

分类嵌入

在表格数据中，一些列可能包含数值数据，比如"年龄"，但是有些列包含的可能是字符串，比如"性别"。数值数据可以直接作为模型的输入（有的需要进行数据预处理），但是非数值数据需要转换成数值数据才能作为模型的输入。由于这些非数值变量中的值对应于不同的类别，所以通常将这种类型的变量称为分类变量，而将数值变量称为连续变量。

术语：连续变量和分类变量

连续变量是数值数据，比如"年龄"，可以直接作为模型的输入（有的需要进行数据预处理），因为可以直接将它们相加或相乘。分类变量包含许多分类级别（level），比如"电影标识"，对于这些分类级别，简单的加法和乘法都是没有意义的（即使将它们转换为数字）。

2015 年年底，在著名数据分析竞赛平台 Kaggle 上举行了 Rossmann 销售竞赛（参见链接 116）。参赛者可以获取德国各类商店的所有信息，主办方要求参赛者尝试预测未来几天内这些商店的销售额。这样做的目的是帮助公司合理地管理库存，并在不需要积压库存的情况下处理掉这些库存。官方训练集提供了很多关于商店的各种信息，同时允许参赛选手使用其他数据，但是这些数据必须是公开的并且可以供所有的参赛者使用。

其中一位金牌得主使用了深度学习，这是已知的最早使用一流的深度学习表格模型的例子之一。深度学习的方法与其他金牌得主的方法相比，它们都是基于同一领域的，只是其他人的方法涉及的特征工程要少得多。论文"Entity Embeddings of Categorical Variables"（参见链接 117）描述了这位金牌得主的方法，另外在本书网站上，我们展示了如何从零开始复制它，并获得与论文中所展示的一样的精度。在论文摘要中，作者（Cheng Guo 和 Felix Bekhahn）说：

> 与独热编码相比，采用实体嵌入的方法不仅可以减少内存的使用，而且可以加快神经网络训练的速度，更重要的是，通过在嵌入空间中映射彼此接近的相似值可以揭示分类变量的内在属性……嵌入表示对于具有大量高基数特征的数据集尤其有用，在这些数据集中，其他方法往往会过拟合……由于实体嵌入定义了分类变量的距离指标信息，所以它可以用于可视化分类数据或者用于数据聚类。

当构建协同过滤模型时，我们已经注意到了所有这些要点。然而我们还可以清楚地注意到，仅仅使用协同过滤方法远远无法满足这些要点，需要使用其他方法进行辅助。

论文还指出（正如我们在前 1 章中所讨论的），嵌入层完全等同于在每一个独热编码输入层之后放置一个普通的线性层。作者使用图 9-1 所示的图展示了这种等效性。请注意，"密集层"是与"线性层"含义相同的术语，而独热编码层代表模型的输入。

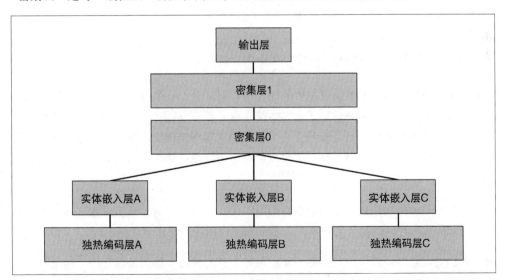

图9-1：神经网络中的实体嵌入（由Cheng Guo和Felix Berkhahn提供）

上面所说的见解很重要，因为我们已经知道如何训练模型的线性层，所以这表明从架构和我们的训练算法的角度来看，嵌入层只是增加了一层线性层。我们在前一章的实践中也看到了这一点，当时我们构建了一个与此图完全相同的协同过滤神经网络。

正如我们分析电影评论的嵌入权重一样，实体嵌入论文的作者分析了他们的销售预测模型的嵌入权重。他们的发现结果相当惊人，也就是他们得出的第二个关键见解：嵌入将分类变量转换为连续有意义的输入。

图 9-2 中的图像解释了上述所说的见解。我们采用了论文中使用的方法，并添加了一些分析后得出了这个结果。

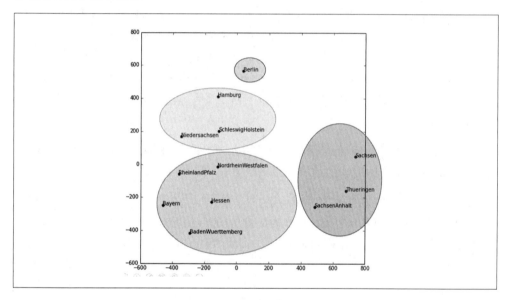

图9-2：州嵌入和映射（由Cheng Guo和Felix Berkhahn提供）

图 9-2 所示的是德国的州类别可能值的嵌入矩阵图。对于一个分类变量，我们把变量的可能值称为它的"级别（level）"（或"类别"，或"类"），所以这里的一个类是"Berlin"，另一个类是"Hamburg"等。虽然主办方举办的竞赛所提供的数据不包含德国各州的实际地理位置信息，但是模型本身只需要依据每个州的商店销售行为就能知道它们在德国的哪个州！

还记得我们是如何谈论嵌入之间的距离的吗？论文的作者绘制了商店嵌入之间的距离与商店之间的实际地理距离（见图 9-3）。他们发现这两者的距离十分接近！

我们曾经尝试绘制一周中的几天和一年中的几个月的嵌入，然后发现日历上相近的日期和月份最终的嵌入结果也十分接近，如图 9-4 所示。

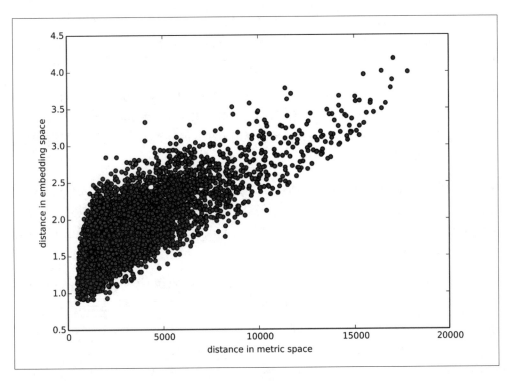

图9-3: 商店距离（由Cheng Guo和Felix Berkhahn提供）

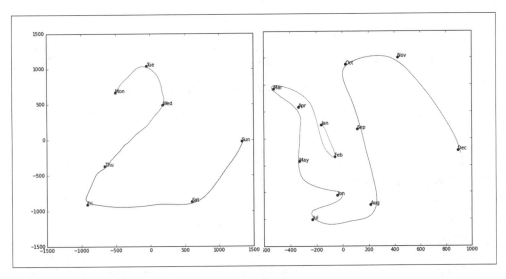

图9-4: 日期嵌入（由Cheng Guo和Felix Berkhahn提供）

这两个例子有它们的特别之处，那就是我们为模型提供了离散实体（如，德国各州或一周中的几天）的基础分类数据，然后这个模型学习了这些实体嵌入，这些实体嵌入学习到了实体之间实际的距离关系。因为这些嵌入距离是根据实体的真实场景学习到的，所以这些嵌入距离跟实际情况很接近。

此外，嵌入是连续的，这本身就很有价值，因为模型更擅长理解连续变量。这并不奇怪，因为模型是由许多连续的参数权重和连续的激活值构成的，这些参数权重和激活值通过梯度下降（一种用于寻找连续函数最小值的学习算法）进行更新，模型就自然而然变得擅长理解连续变量了。

另一个好处是，我们可以用一种直接的方式将连续嵌入值与真正连续的输入数据结合起来：只需连接变量并将连接输入第一个密集层。换句话说，原始分类输入数据在与原始连续输入数据交互之前由嵌入层转换。这就是 fastai、Guo 和 Berkhahn 处理包含连续变量和分类变量的表格模型的方式。

如论文 "Wide&Deep Learning for Recommender Systems"（参见链接 118）中所述，Google 就使用了这种连接方法在 Google Play 上做推荐。图 9-5 说明了这一点。

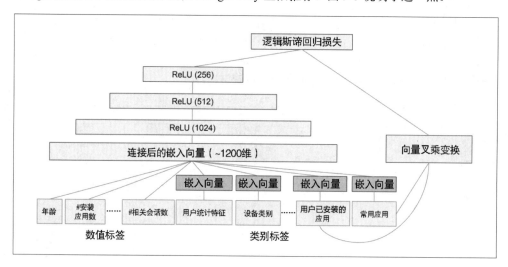

图9-5：Google Play推荐系统

有趣的是，谷歌团队结合了我们在上一章中看到的两种方法：点积（也称为叉积）和神经网络方法。

到目前为止，我们所有建模问题的解决方案都是训练一个深度学习模型。事实上，对于图像、声音、自然语言文本等复杂的非结构化数据来说，深度学习模型是一个很好的模型，另外，深度学习模型对于协同过滤也非常有效。但是使用深度学习模型分析表格数据并不是一种好的方法。

超越深度学习

大多数机器学习课程会直接向你介绍几十种算法，但是不会给你讲这些算法背后的数学原理，只会给你讲一个虚构的例子。你可能搞不清楚那些课程演示的算法，并且无法理解这些算法的实际应用。

不过好消息是，现代机器学习可以被细分为几项可以广泛应用的关键技术。最近的研究表明，对于绝大多数数据集，仅用两种方法就能训练出不错的模型，这两种方法如下所示：

- 决策树集成（即随机森林和梯度提升机），主要处理结构化数据（这些数据大部分是企业里的表格数据）。
- 使用 SGD 学习的多层神经网络（即浅层和 / 或深层网络），主要处理非结构化数据（例如，音频、图像和自然语言等形式的数据）。

尽管深度学习在处理非结构化数据上的表现几乎总是优于机器学习，但在处理多种结构化数据时，使用上述两种方法往往会得到与深度学习非常相似的结果。决策树集成的训练速度往往更快，并且更容易解释，还有，不需要使用特殊的 GPU 硬件进行大规模加速，只需较少的超参数调整，因此对于结构化数据，我们通常使用决策树集成方法。决策树集成方法比深度学习流行了更久，因此相比于深度学习，决策树集成的工具和文档系统更为成熟。

最重要的是，使用决策树集成时，解释表格数据模型的关键步骤就变得容易多了。有一些现成的工具和方法可以回答相关的问题，比如，数据集中的哪些列对你的预测最重要？这一列与因变量有什么关系？这些列之间是如何相互影响的？对于某些特定的结果，哪些特征是更重要的？

因此，决策树集成是我们分析新标签数据集的首选方法。

当数据集出现以下任一情况时，决策树集成就变得不适用了：

- 有一些非常重要的高基数分类变量（"基数"指的是代表类别的分类级别的数量，因此高基数分类变量类似于邮政编码，可以有成千上万个可能的级别）。
- 有些列的数据更适合用神经网络来理解，用神经网络会比用决策树集成更容易理解，比如纯文本数据。

在实践中，当我们处理包含以上特殊条件的数据集时，总是会尝试决策树集成和深度学习两种方法，然后对比看看哪种方法的效果更好。在我们的协同过滤模型中，深度学习可能是一种有用的方法，因为我们至少有两个高基数分类变量：用户和电影。但是在实践中，事情通常不是一成不变的，往往是高基数和低基数的分类变量和连续变量混合得出的数据集。

不管用哪种方式，很明显需要将决策树集成添加到我们的建模工具箱中!

到目前为止，我们几乎已经使用 PyTorch 和 fastai 完成了所有麻烦的工作。但是这些库主要是为做大量矩阵乘法和求导而设计的（也就是说，主要是针对深度学习设计的）。决策树根本不需要这些操作，所以 PyTorch 对于决策树集成来说用处不大。

然而，我们将在很大程度上依赖一个名为 scikit-learn（也称其为 sklearn）的库。scikit-learn 是一个创建机器学习模型的热门的编程库，这个库里包含许多深度学习没有的方法。此外，我们需要使用 Pandas 库做一些表格数据处理和查询工作。最后，我们还需要 NumPy 库，因为这是 sklearn 库和 Pandas 库都依赖的主要数字编程库。

在本书中，我们没有时间深入探讨所有的这些库，所以只介绍每个库中的一些主要部分。如果你想进一步了解这些库和相关内容，强烈建议你读一读韦斯·麦金尼的 *Python for Data Analysis*（O'Reilly）这本书。麦金尼创建了 Pandas 库，所以你大可放心此书的内容!

首先，让我们收集将要使用的数据。

数据集

我们在本章中使用的数据集来自 Blue Book for Bulldozers Kaggle 竞赛，其中对数据进行了解释性描述："竞赛的目标是根据特定重型设备的用途、设备类型和配置，来预测设备的拍卖价格。数据来源于拍卖结果的公告，其中包括设备使用信息和设备配置信息。

这是一种非常常见的数据集，也是一个非常常见的预测问题，这个问题在你的项目和工作场景中很容易见到。Kaggle 是一个主办数据科学竞赛的网站，你也可以在 Kaggle 上下载这个数据集。

Kaggle 竞赛

如果你是一个有想法、有目标的数据科学家，或者你想提高自己的机器学习技能，那么千万别错过 Kaggle 这个很棒的资源。提高技能的最快最好的办法就是，亲自练习并接收实时的反馈信息。

Kaggle 提供了以下内容：

- 有趣的数据集。

- 工作内容的及时反馈。

- 排行榜，可以看到什么样的算法做得好，什么样的算法可能能实现目标，什么样的算法是最先进的。

- 获胜选手的博客，他们会在博客上分享有用的技巧和技术。

到目前为止，我们可以通过 fastai 的集成数据集系统下载所有的数据集。然而，我们只能从 Kaggle 获得本章要使用的数据集。你需要在网站上注册，然后跳转到竞赛网页（参见链接 119）。在这个网页中，你可以先单击"协议"按钮，然后单击"理解并接受"按钮。（虽然比赛已经结束，你无法再参加这个比赛，但你依然必须同意这些协议，才能获取下载数据集的许可。）

下载 Kaggle 数据集最简单的方法是使用 Kaggle API。你可以在 notebook 单元格中使用 pip 来安装它：

```
!pip install kaggle
```

你需要获取一个 API 密钥来使用 Kaggle API；可以先点击你在 Kaggle 网站上的个人资料图像，然后选择 My Account，最后点击创建新的 API Token 来获取一个秘钥。这样操作下来，你的电脑中会保存一个文件名为 *kaggle.json* 的文件。你需要在你的GPU 服务器上复制这个密钥。要想复制秘钥，请打开下载的文件，然后复制其中的内容，并将复制的内容粘贴到与本章相关联的 notebook 中的单元格的单引号内（例如，creds='{"username": "xxx","key": "xxx"}'）：

```
creds = ''
```

然后执行该单元（只需运行一次）：

```
cred_path = Path('~/.kaggle/kaggle.json').expanduser()
if not cred_path.exists():
    cred_path.parent.mkdir(exist_ok=True)
    cred_path.write(creds)
    cred_path.chmod(0o600)
```

操作完之后,现在就可以在 Kaggle 上下载数据集了！你需要先选择下载数据集的保存路径：

```
path = URLs.path('bluebook')
path
```

```
Path('/home/sgugger/.fastai/archive/bluebook')
```

然后需要用 Kaggle API 将数据集下载到这个路径上，并提取数据集：

```
if not path.exists():
    path.mkdir()
    api.competition_download_cli('bluebook-for-bulldozers', path=path)
    file_extract(path/'bluebook-for-bulldozers.zip')

path.ls(file_type='text')
```

```
(#7) [Path('Valid.csv'),Path('Machine_Appendix.csv'),Path('ValidSolution.csv'),P
> ath('TrainAndValid.csv'),Path('random_forest_benchmark_test.csv'),Path('Test.
> csv'),Path('median_benchmark.csv')]
```

现在我们已经下载了数据集，来看看这个数据集中都有什么信息吧！

查看数据

Kaggle 提供了关于我们所下载的这个数据集的一些字段的信息。此数据网页（参见链接 120）中解释了 *train.csv* 中的关键字段信息：

SalesID

　　销售的唯一标识符。

MachineID

　　机器的唯一标识符。一台机器可以多次出售。

Saleprice

　　机器在拍卖会上的售价（仅在 *train.csv* 中提供）。

Saledate

　　销售日期。

在处理各种类型的数据科学工作中，最重要的是查看数据集中的各种信息，以确保你理解数据的格式、数据集中的数据是如何存储的、数据集中包含什么类型的值等。即使你已经阅读了数据集的各种描述，实际的数据集也可能和你预期的数据集有所不同。我们将从把训练集读入 Pandas DataFrame 开始讲起。通常，除非 Pandas 耗尽内存并返回错误，否则最好指定 low_memory=False。low_memory 参数在默认情况下为真，它告诉 Pandas 一次只查看几行数据，以确定每列中的数据类型。这意味着 Pandas 最终可能会对不同的行使用不同的数据类型，这通常会导致数据处理错误或之后出现模型训练问题。

让我们来安装（load）数据集，看看数据集中包含哪些列：

```
df = pd.read_csv(path/'TrainAndValid.csv', low_memory=False)

df.columns

Index(['SalesID', 'SalePrice', 'MachineID', 'ModelID', 'datasource',
       'auctioneerID', 'YearMade', 'MachineHoursCurrentMeter', 'UsageBand',
       'saledate', 'fiModelDesc', 'fiBaseModel', 'fiSecondaryDesc',
       'fiModelSeries', 'fiModelDescriptor', 'ProductSize',
       'fiProductClassDesc', 'state', 'ProductGroup', 'ProductGroupDesc',
       'Drive_System', 'Enclosure', 'Forks', 'Pad_Type', 'Ride_Control',
       'Stick', 'Transmission', 'Turbocharged', 'Blade_Extension',
       'Blade_Width', 'Enclosure_Type', 'Engine_Horsepower', 'Hydraulics',
       'Pushblock', 'Ripper', 'Scarifier', 'Tip_Control', 'Tire_Size',
       'Coupler', 'Coupler_System', 'Grouser_Tracks', 'Hydraulics_Flow',
       'Track_Type', 'Undercarriage_Pad_Width', 'Stick_Length', 'Thumb',
       'Pattern_Changer', 'Grouser_Type', 'Backhoe_Mounting', 'Blade_Type',
       'Travel_Controls', 'Differential_Type', 'Steering_Controls'],
      dtype='object')
```

我们看到，这个数据集中有很多列。现在请试着浏览数据集，了解每一列包含了什么类型的信息。很快我们将学习如何聚焦在最有趣的部分。

查看完数据集后，当下需要做的第一步是处理序数列（ordinal columns）。序数列是指包含字符串或类似内容的列，但这些字符串的顺序是自然生成的。例如，以下是ProductSize的级别：

```
df['ProductSize'].unique()

array([nan, 'Medium', 'Small', 'Large / Medium', 'Mini', 'Large', 'Compact'],
 > dtype=object)
```

我们可以告诉Pandas这些级别的合理顺序，例如：

```
sizes = 'Large','Large / Medium','Medium','Small','Mini','Compact'

df['ProductSize'] = df['ProductSize'].astype('category')
df['ProductSize'].cat.set_categories(sizes, ordered=True, inplace=True)
```

最重要的数据列是因变量，因变量指的是我们想预测的变量。回想一下，我们使用的模型的指标反映了一个函数预测结果的好坏。另外，需要格外注意的是项目中所使用的指标标准。通常情况下，选择合适的指标是项目设置中很重要的一部分。在许多情况下，选择一个好的指标标准不仅仅是选择一个已经存在的因变量，选择好的指标更像一个设计过程。你应该仔细考虑哪个指标或者哪一组指标可以更好地衡量你的模型。

幸运的是，在这个项目中，Kaggle告诉了我们要使用什么指标，即实际拍卖价格和预测拍卖价格之间的均方根对数误差（RMLSE）。我们只需做少量的处理就可以使用这个指标：把价格记录下来，这样价格这个值的 m_rmse 就可以为我们提供最终需要的东西——RMLSE：

```
dep_var = 'SalePrice'

df[dep_var] = np.log(df[dep_var])
```

现在，准备探索我们的第一个表格数据的机器学习算法：决策树。

决策树

顾名思义，决策树集成依赖于决策树，所以，就从讲解决策树开始！决策树询问一系列关于数据的二分类（是或否）问题。在每次询问之后，树的这一部分的数据被分成"是"和"否"两个分支，如图9-6所示。在进行一次或多次询问之后，要么已经可以对结果做出预测，要么还需要继续询问问题。

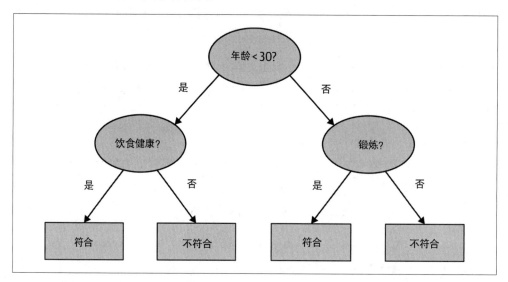

图9-6：决策树的一个例子

现在这一系列问题是一个程序，该程序可以把任何一个来自训练集或者新增加的数据项划分到两个组的某一个组中。也就是说，在提问和回答问题之后，我们可以说这个数据项与所有其他数据项属于同一个组，它们对于这个问题可以给出相同的预测结果。但是这有什么用处呢？我们的模型的最终目标是预测因变量的值，而不是将它们从训练数据集中分组。我们现在可以为每一个组指定一个预测值——要实现回归，我们取组中所有值的平均值。

不妨一起想一想，我们可以用怎样的方式来找到合适的问题来提问。当然，我们不想自己来想这些问题——电脑的作用这时候就凸显出来了。电脑可以根据规则帮助制定需要提出的问题！这样一来，我们就可以很容易地写下训练决策树的基本步骤：

1. 依次遍历数据集中的每一列。

2. 对于每一列，依次遍历该列的每个可能级别。

3. 尝试将数据分成两组，根据它们是否大于或小于某个值（或者如果是分类变量，根据它们是否等于某个分类变量的级别）。

4. 找出这两组设备中每一组的平均销售价格，看看它与该组设备的实际销售价格有多接近。将此视为一个非常简单的"模型"，在这个模型中，我们的预测仅仅是该商品组的平均销售价格。

5. 在循环遍历所有的列和每列的所有可能的级别之后，选择使用那个可以给出最佳预测结果的简单模型的分割点。

6. 基于这一选定的分割点，我们现在有两组数据。将每组视为一个单独的数据集，通过让每个组进行步骤 1 的操作，为这两个组分别找到最佳的分割点。

7. 递归地继续这个过程，直到每个组都达到某个停止标准——例如，当一个组中只有 20 个项目时，停止进一步拆分该组。

虽然这是一个很容易自己实现的算法（也是一个很好的练习），但是我们可以通过使用 sklearn 的内置函数来节省一些时间。

不过，首先我们需要做一些数据预处理操作。

亚历克西斯说

现在就有一个问题很值得思考。如果你认为定义决策树的过程本质上是选择一个变量相关的拆分问题序列，那你可能会问自己，如何知道这个过程选择了正确的序列？划分的规则是选择产生最佳分割的分割点（即，最准确地将项目分成两个不同的类别），然后将相同的规则应用于分割产生的组，依此类推。这在计算机科学中被称为"贪婪"方法。你能想象一个场景吗？在这个场景中，多个当前最好的分割结果产生了整体最好的分割结果。

处理日期

我们需要做的第一步数据预处理操作是丰富表示日期的方式。我们刚才描述的决策树的基础是二划分——将一个组分成两个组。查看顺序变量，并根据变量的值是否大于（或小于）某个阈值来划分数据集，然后查看分类变量，并根据变量的级别是否是某个特定级别来划分数据集。因此，这个算法就可以基于有序数据和分类数据进行划分。

但这个算法如何能对一个常见的数据类型——日期也适用呢？你可能想把一个日期当作一个有序数据，因为说一个日期大于另一个日期是有意义的。然而，日期与大多数有序数据有点不同，因为有些日期在某种程度上与其他日期有质的不同，这通常与我们正在建模的系统相关。

为了帮助算法智能地处理日期，我们希望模型知道一个日期比另一个日期相隔时间更近还是更远。我们可能希望模型会根据该日期是一周中的第几天、这个日期是否是假期、这个日期在几月份等因素而做出决定。为了实现这种能力，我们用一组日期元数据列替换每个日期列，该日期元数据列可以由哪个假期、星期几和几月等构成。这些列为我们提供了有用的分类数据。

fastai 附带了一个函数，可以帮助完成这个任务——我们只需传递一个包含日期的列名：

```
df = add_datepart(df, 'saledate')
```

针对测试集，也可以这样做：

```
df_test = pd.read_csv(path/'Test.csv', low_memory=False)
df_test = add_datepart(df_test, 'saledate')
```

可以看到，现在 DataFrame 中有许多新列：

```
' '.join(o for o in df.columns if o.startswith('sale'))

'saleYear saleMonth saleWeek saleDay saleDayofweek saleDayofyear
> saleIs_month_end saleIs_month_start saleIs_quarter_end saleIs_quarter_start
> saleIs_year_end saleIs_year_start saleElapsed'
```

这是一个很好的开始，但我们仍需要做更多的数据预处理工作。为此，我们将使用名为 TabularPandas 和 TabularProc 的 fastai 对象。

使用 TabularPandas 和 TabularProc

第二个预处理步骤是确保我们可以处理字符串数据和缺项数据。sklearn 也无法做到开箱即用。可以使用 fastai 的 TabularPandas 类来处理字符串数据和缺项数据，fastai 的 TabularPandas 类可以将数据包装成 Pandas DataFrame，并为一些操作提供便利。为了填充 TabularPandas 类，我们将使用 Categorify 和 FillMissing 这两个 TabularProcs 的子类。一个 TabularProc 就像一个常规的 Transform，除了以下情况：

- 在适当的位置修改对象之后，TabularProc 返回传递给它的完全相同的对象。
- TabularProc 在第一次传入数据时运行一次转换，而不是在数据被访问时再进行转换。

Categorify 是 TabularProc 的一个子类，它用一个数字分类列替换字符串列。FillMissing 也是 TabularProc 的一个子类，它用列的中位数替换缺失值，并创建一个新的布尔列，该列将含有缺失值的所有行都设置为 True。你将会使用的几乎每一个表格数据集都需要这两个转换，因此这是你开始做数据预处理的一个好起点：

```
procs = [Categorify, FillMissing]
```

TabularPandas 还会将数据集分割成训练集和验证集。我们需要特别关注验证集，因为需要将它设计得和 Kaggle 中用来评判比赛的测试集一样。

回想一下验证集和测试集之间的区别，如第 1 章中所述的。验证集中的数据是在训练中保留的数据，验证集用来确保训练过程不会过度依赖训练数据。而测试集中的数据是隐藏得更深的数据，测试集通常用来确保我们在探索各种模型架构和超参数时不会过度依赖验证数据。

我们看不到测试集，但我们确实希望能够定义出验证集，验证集和测试集比较类似，都与训练集有着特定的关系。

在某些情况下，只要随机选择数据集的子集就可以得到验证集。但日期数据不是这种情况，因为日期是一个时间序列，它可能包含更多复杂的情况。

如果你查看测试集中显示的日期范围，会发现测试集中涵盖了从 2012 年 5 月开始的 6 个月的数据，这比训练集中的所有日期都要晚。这才是一个好的设计，因为竞赛主办方希望模型能够预测未来的结果。但这也就意味着，如果我们要有一个有用的验证集，我们也希望验证集的时间比训练集的时间晚。Kaggle 训练数据最晚是 2012 年 4 月的，因此我们将定义一个范围更小的训练数据集，该数据集仅由 2011 年 11 月之前的 Kaggle 训练数据组成，然后我们将 2011 年 11 月之后的数据集组成一个验证集。

为此，我们使用 np.where，其是一个有用的函数，它会返回（作为元组的第一个元素）所有值为 True 的索引：

```
cond = (df.saleYear<2011) | (df.saleMonth<10)
train_idx = np.where( cond)[0]
valid_idx = np.where(~cond)[0]

splits = (list(train_idx),list(valid_idx))
```

需要告诉 TabularPandas 类哪些列是连续的，哪些是分类的。我们可以使用辅助函数 cont_cat_split 来自动进行这个步骤：

```
cont,cat = cont_cat_split(df, 1, dep_var=dep_var)

to = TabularPandas(df, procs, cat, cont, y_names=dep_var, splits=splits)
```

TabularPandas 的行为很像 fastai 的 Datasets 对象，包括提供 train 和 valid 属性：

```
len(to.train),len(to.valid)
```

```
(404710, 7988)
```

可以看到，数据仍然显示为分类的字符串（在这里只显示了几列，因为整个表太大，无法放在一个页面上）：

```
to.show(3)
```

	state	ProductGroup	Drive_System	Enclosure	SalePrice
0	Alabama	WL	#na#	EROPS w AC	11.097410
1	North Carolina	WL	#na#	EROPS w AC	10.950807
2	New York	SSL	#na#	OROPS	9.210340

但是，这些数据的基础列值都是数字：

```
to.items.head(3)
```

	state	ProductGroup	Drive_System	Enclosure
0	1	6	0	3
1	33	6	0	3
2	32	3	0	6

分类列到数字的映射是简单地通过用数字替换每个唯一的级别来完成的。与级别相关联的数字是按列中的顺序选择的，因此转换后分类列中的数字没有特殊意义。但有一种例外情况是，如果你首先将一列转换为 Pandas 有序类别（就像之前对 ProductSize 所做的那样），在这种情况下，独热编码将使用你选择的排序进行分类列到数字的映射。可以通过查看 classes 属性来查看这个映射：

```
to.classes['ProductSize']
```

```
(#7) ['#na#','Large','Large / Medium','Medium','Small','Mini','Compact']
```

由于处理数据需要 1 分钟左右的时间，因此我们应该保存它——这样的话，在未来，我们可以从数据处理之后继续工作，而不必重新运行数据处理之前的步骤。fastai 提供了一种保存方法，使用 Python 的 *pickle* 系统来保存几乎所有 Python 对象：

```
(path/'to.pkl').save(to)
```

要稍后使用保存的结果，可以输入以下内容：

```
to = (path/'to.pkl').load()
```

既然所有的这些预处理都完成了，我们就可以准备创建一棵决策树了。

创建决策树

首先，定义自变量和因变量：

```
xs,y = to.train.xs,to.train.y
valid_xs,valid_y = to.valid.xs,to.valid.y
```

既然数据都是数值类型的，并且没有缺失值，那么就可以开始创建一棵决策树了：

```
m = DecisionTreeRegressor(max_leaf_nodes=4)
m.fit(xs, y);
```

为了简单起见，我们告诉 sklearn 只创建 4 个叶节点。要了解决策树学到了什么，可以对决策树进行可视化：

```
draw_tree(m, xs, size=7, leaves_parallel=True, precision=2)
```

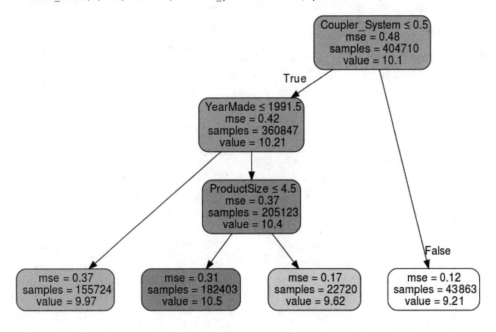

要想透彻理解决策树，最好的一种方法就是去理解上面这张图，所以我们先看图的最上面，然后逐一解释每一部分。

当所有数据都在一个组中时，顶部节点代表所有子组完成之前的*初始模型*。这是最简单的可能会形成的模型。这样的模型没有询问任何问题的结果，并且这个模型始终将预测值设置为整个数据集的平均值。在这种情况下，我们可以看到它预测销售价格的对数为10.1，给出的均方差为 0.48，平方根是 0.69。（请记住，除非看到 m_rmse 或均方根误差，否则看到的值都是在求平方根之前的值，因此它只是差值平方的平均值。）我们还可以看到，这个组中有 404 710 条拍卖记录——这就是训练集的总规模。此处显示的最后一条信息是找到的最佳分割点，即根据 Coupler_System 列进行拆分找到的最佳分割点。

往这张图的左边看，在这个节点可以看到 Coupler_System 小于 0.5 的有 360 847 条设备的拍卖记录。这组因变量的平均值是 10.21。从初始模型向右方移动，可以看到 Coupler_System 大于 0.5 的记录。

最下面一行包含了叶节点：已经得到最终结果的节点，这些叶节点已经没有更多的问题需要回答。该行最右边的是包含 Coupler_System 大于 0.5 的记录的节点。平均值为 9.21，因此我们可以看到决策树算法确实找到了一个将高价值和低价值拍卖结果分开的二元决策点。仅仅通过分隔 Coupler_System 列，我们就得到了预测平均值为 9.21 和 10.1。

在第一个决策点之后返回到顶部节点，基于询问 YearMade 是否小于或等于 1991.5 的结果，我们可以看到已经进行了第二次二元决策分类。对于这种情况成立的组（记住，现在是遵循两个二元决策，分别基于 Coupler_System 和 YearMade），平均值为 9.97，该组中有155 724 个拍卖记录。对于该决策不成立的拍卖组，平均值为 10.4，有 205 123 条记录。同样，我们可以看到决策树算法已经成功地将所有的拍卖记录分成了两个不同值的组。

我们可以使用 Terence Parr 强大的 dtreeviz 库（参见链接 121）来展示同样的信息：

```
samp_idx = np.random.permutation(len(y))[:500]
dtreeviz(m, xs.iloc[samp_idx], y.iloc[samp_idx], xs.columns, dep_var,
        fontname='DejaVu Sans', scale=1.6, label_fontsize=10,
        orientation='LR')
```

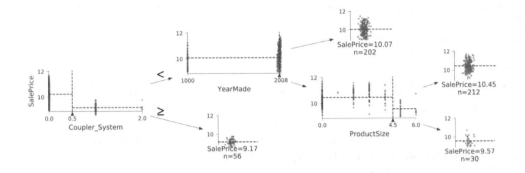

上面这张图显示了每个分割点的数据分布表。可以清楚地看到YearMade数据有一个问题：数据中包含一架1000年制造的推土机，但我们知道，显然不可能包含这种数据！可以大致猜想一下，这可能只是一个不会显示的缺失值（一个在其他情况下不会出现在数据中的值，在值丢失的情况下用作占位符）。出于建模的目的，1000这个值很好，但是正如你所看到的，这个异常值会使可视化我们感兴趣的值更加困难。因此，有必要用1950年来代替这个异常值：

```
xs.loc[xs['YearMade']<1900, 'YearMade'] = 1950
valid_xs.loc[valid_xs['YearMade']<1900, 'YearMade'] = 1950
```

使用1950代替1000可以使树的可视化过程中的分割变得更加清晰，尽管它并没有用任何显著的方式来改变模型的结果。这是一个很好的案例，说明了决策树可以适应各类数据问题。

```
m = DecisionTreeRegressor(max_leaf_nodes=4).fit(xs, y)
dtreeviz(m, xs.iloc[samp_idx], y.iloc[samp_idx], xs.columns, dep_var,
    fontname='DejaVu Sans', scale=1.6, label_fontsize=10,
    orientation='LR')
```

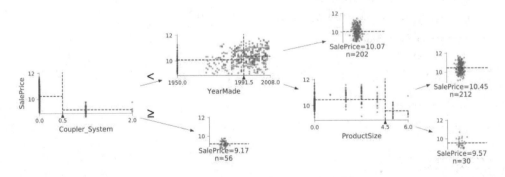

现在我们可以让决策树算法构建一棵更大的树。在这里，我们没有使用任何停止标准，

例如，没有使用 max_leaf_nodes：

```
m = DecisionTreeRegressor()
m.fit(xs, y);
```

因为模型的均方根误差是比赛的判断标准，所以我们将创建一个函数来检查模型的均方根误差（m_rmse）：

```
def r_mse(pred,y): return round(math.sqrt(((pred-y)**2).mean()), 6)
def m_rmse(m, xs, y): return r_mse(m.predict(xs), y)

m_rmse(m, xs, y)

0.0
```

得到这样的函数结果，那我们的模型就是完美的吗？不要太快得出结论……记住，我们务必要检查验证集，确保模型不会出现过拟合的情况：

```
m_rmse(m, valid_xs, valid_y)

0.337727
```

啊——看来我们的模型已经出现过拟合了。来分析一下原因：

```
m.get_n_leaves(), len(xs)

(340909, 404710)
```

叶节点几乎和数据点一样多！这似乎有点过于离谱。事实上，sklearn 的默认设置允许决策树一直拆分节点，直到每个叶节点中只包含一个值。我们不妨更改停止规则，告诉 sklearn 确保每个叶节点至少包含 25 条拍卖记录：

```
m = DecisionTreeRegressor(min_samples_leaf=25)
m.fit(to.train.xs, to.train.y)
m_rmse(m, xs, y), m_rmse(m, valid_xs, valid_y)

(0.248562, 0.32368)
```

现在的结果看起来好多了。让我们再次检查一下树叶的数量：

```
m.get_n_leaves()

12397
```

这个数量就合理多了！

亚历克斯斯说

这是我对一个叶节点多于数据项形成了过拟合决策树的第一反应。思考一下"二十个问题"这个游戏。在这个游戏中，一个玩家需要想象一个物体（比如"电视机"），猜测的玩家可以提出 20 个回答是或否的问题来猜测物体是什么（比如"它比面包盒大吗？"这样的问题）。猜测的玩家并不是试图预测一个数值，而是从所有可以想象的物体中找出一个特定的物体。当你的决策树的叶子比你领域中可能存在的对象多的时候，你的决策树本质上相当于一个训练有素的猜测玩家。它已经学会了识别训练集中某个特定数据项所需的问题序列，并且只通过描述该项目的值来进行"预测"。这是一种记忆训练集的方法——即过拟合。

构建决策树是创建数据模型的好方法。它非常灵活，可以清楚地处理变量之间的非线性关系。但是可以看到，我们需要在它的泛化程度和它在训练集上的准确性之间做一个折中。可以通过构建各种小的决策树实现泛化，使用各种大的决策树实现训练集的准确性。

那么如何才能做到两全其美呢？在处理完一个重要的遗漏的细节之后——如何处理分类变量，再向你展示如何实现两全其美。

分类变量

在前一章中，当使用深度学习网络时，我们可以通过独热编码来处理分类变量，并将它们输入嵌入层。嵌入层有助于模型发现这些变量不同层次的含义（分类变量的层次没有内在含义，除非使用 Pandas 手动指定顺序）。在决策树中，没有嵌入层，那这些未经处理的分类变量如何在决策树中做一些有用的事情呢？例如，怎样能让某些东西变成像我们使用的产品代码这样的分类变量呢？

一句话回答就是：简单粗暴！想想拍卖中出现的这种情况，其中一个产品代码比所有其他产品代码都贵得多。在这种情况下，任何二元决策分类都将导致这个昂贵的产品代码位于某个组中，并且导致这个组会比另一组更贵。因此，我们简单的决策树构建算法将选择这种分割。在接下来的训练期间，算法将进一步分割包含这个昂贵产品代码的子组，并且随着不断对此加以训练，决策树就可以定位到这个昂贵的产品。

使用独热编码也可能能将单个分类变量替换为多个独热编码列，其中每一列代表变量可能有的级别。Pandas 中的 get_dummies 方法可以做到这一点。

然而，的确没有任何证据表明这种方式能优化决策树的最终结果。由于这种方式最终会导致你的数据集变得更难被处理，因此，通常需要尽可能避免使用这种方式。2019 年，MarvinWright 和 Inke König 在他们的论文 "Splitting on Categorical Predictors in Random Forests"（参见链接 122）中也探讨了这个问题：

产生名义预测值的标准方法是考虑 k 个预测值类别的所有 $2^{k-1}-1$ 的 2 分区。但是，这种指数关系会产生大量要评估的潜在子组，并增加了计算复杂性，同时限制了大多数实际情况中可能会出现的类别数量。研究表明，对于二元分类和回归，在每个子组中对预测的分类进行排序，会产生与标准方法完全一样的子组。这降低了计算的复杂性，因为对于具有 k 个类别的名义预测器，只需考虑 k-1 个子组。

既然你已经理解了决策树是如何工作的，那么是时候采用上面所说的两全其美的解决方案了：随机森林。

随机森林

1994 年，Leo Breiman 教授在退休一年后发表了一篇名为 "Bagging Predictors" 的小型技术报告（参见链接 123），该报告的思想后来被证明是当代机器学习中最具影响力的思想之一。报告开篇介绍了：

Bagging 预测器（Bagging 指的是 bootstrap aggregating，是集成学习的一种思想）是一种方法，可以用来生成预测器的多个版本，并使用这些版本来获得一个聚合预测器，得到一个集成的预测结果。集成过程会对所有版本进行平均聚合……复制之前用于学习的集合，并进行 bootstrap 操作，就获得了新的用于下一版本的集合。测试……表明 bagging 可以在准确率上获得实质性的提升。影响 bagging 效果的一个关键因素是：预测方法的不稳定性。如果对学习集进行扰动，导致构建的预测器发生较大的变化，那么用 bagging 可以提高准确率。

以下是 Breiman 提出的操作步骤：

1. 随机抽样你的数据行的子集。

2. 使用此子集训练一个模型。

3. 保存这个模型，然后重复执行几次步骤 1。

4. 执行多次后，你将得到多个经过训练的模型。要进行预测，请使用所有模型进行预测，然后取这些模型预测的平均值。

这个过程被称为 *bagging*。它遵循了一个深刻而重要的见解：尽管在数据子集上训练的每个模型，都比在使用完整数据集上训练的模型产生的误差更大，但这些误差彼此之间没有关联性。不同的模型会产生不同的误差，所以这些误差的平均值为零！因此，如果我们拥有较多的模型，并且取所有这些模型预测的平均值，那么应该可以得到一个更接近正确答案的预测。这是一个非同寻常的结果——这意味着可以通过使用不同的随机数据子集来做多次训练，并对所有的预测结果取平均值，从而面对任何一种机器学习算法，它们的准确性都能有所提升。

在 2001 年，Breiman 继续证明了这种构建模型的方法，他的这种方法特别适用于决策树构建算法。该方法不仅可以为每个模型训练随机选择行，还可以进一步在每棵决策树中拆分时，随机选择某列的子集。Breiman 把这种方法称为随机森林。如今，随机森林可能是使用最广泛和最重要的机器学习方法。

本质上，随机森林是一个模型，它对大量决策树的预测结果进行平均，这些决策树是通过随机改变各种参数而生成的，而这些参数指的是特定用于训练树的数据和其他树的参数。Bagging 是一种组合多个模型的结果的特殊集成方法。Bagging 在实践中是如何运用的呢？让我们开始创建自己的随机森林吧！

创建一个随机森林

可以像构建决策树那样构建一个随机森林，不过需要为随机森林指定一些特定的参数，这些参数包含：森林中应该有多少棵树，应该如何对数据项（行）进行子集化，以及应该如何对字段（列）进行子集化。

在下面的函数定义中，n_estimators 表示我们想要的树的数量，max_samples 表示训练每棵树需要采样多少行数据，max_features 表示在每个分割点要采样多少列数据（其中 0.5 表示"取总列数的一半"）。还可以使用在上一节中使用过的 min_samples_leaf 参数来指定何时停止分割树节点，从而有效地限制树的深度。最后，我们传递 n_jobs=-1 来告诉 sklearn 使用所有的 CPU 来并行构建树决策。通过将这个过程创建成一个函数，我们可以在本章接下来的部分中，更快地尝试各种变量：

```
def rf(xs, y, n_estimators=40, max_samples=200_000,
       max_features=0.5, min_samples_leaf=5, **kwargs):
    return RandomForestRegressor(n_jobs=-1, n_estimators=n_estimators,
        max_samples=max_samples, max_features=max_features,
        min_samples_leaf=min_samples_leaf, oob_score=True).fit(xs, y)

m = rf(xs, y);
```

相比于上一次我们的决策树回归器使用所有可用数据仅生成一棵树这样的结果，现在的评估标准 RMSE 已经有了很大的改进：

```
m_rmse(m, xs, y), m_rmse(m, valid_xs, valid_y)

(0.170896, 0.233502)
```

随机森林最重要的特性之一是，它们对特定的超参数的使用并不是非常敏感，如 max_features。可以将 n_estimators 设置为你有时间训练的最大值——拥有的树越多，模型就越精确。对于 max_samples，通常将其设置为默认值，除非你有超过 200 000 个数据点，在这种情况下，将其设置为 200 000 会使模型的训练速度更快，但是对准确性的影响不是很大。max_features=0.5 和 min_samples_leaf=4 通常都可以得到不错的结果，采用 sklearn 的默认值也可以得到令人满意的结果。

sklearn 文档中展示了一个示例，树越来越多，以及不同的 max_features 的效果变化（参见链接 124）。在图 9-7 中，蓝色线使用最少的特征，绿色线使用最多的特征（使用所有特征）。正如你在图 9-7 中看到的，使用一个特征子集得到误差最小的模型，但是这个模型使用了大量的树。

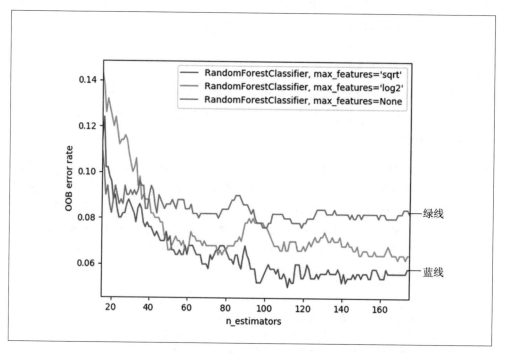

图9-7：基于最多特征和树的数量产生的误差（来源：参见链接124）

为了查看 n_estimators 对模型的影响，我们从随机森林的每一棵树中获取预测结果（这些结果包含在 estimators_attribute 中），然后对它们取平均值并与随机森林的预测结果进行比较：

```
preds = np.stack([t.predict(valid_xs) for t in m.estimators_])
```

如你所见，preds.mean(0) 给出了与随机森林同样的预测结果：

```
r_mse(preds.mean(0), valid_y)
```

```
0.233502
```

我们看一下随着随机森林中树的数量增加，RMSE 会发生什么变化。如你所见，增加到大约 30 棵树后，RMSE 改进的程度有所下降：

```
plt.plot([r_mse(preds[:i+1].mean(0), valid_y) for i in range(40)]);
```

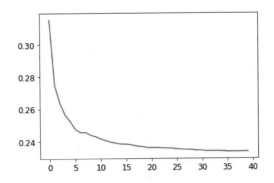

验证集的性能比训练集的性能差了。不过这是因为模型过拟合了，还是因为验证集覆盖了不同的时间段，或者两个原因都有可能？以我们已经看到的现有信息，无法做出判断。然而，随机森林有一个非常聪明的技巧，叫作 out-of-bag（OOB）error（也称袋外误差），OOB error 可以帮助我们解决这个问题（当然还有更多其他的技巧！）。

out-of-bag error

回想一下，在随机森林中，每棵树都是在不同的训练数据子集上训练的。OOB error 是一种测试训练集中预测误差的方法。构建随机森林时可能没用到某些数据，用这些没有被选中的行数据来测试，计算出 OOB error 就可以得到测试误差。这允许我们查看模型是否过拟合，而不需要额外创建单独的验证集。

亚历克西斯说

我的主观感受是，因为每棵树都是用不同的随机选择的行子集训练的，所以 out-of-bag error 有点像每棵树也有自己的验证集。这个验证集就是这棵树训练过程中没有被选中的行数据。

这种做法在只有少量训练数据的情况下尤其有效，因为无须移除部分数据就可创建验证集，就可以查看模型是否具有一定的泛化能力。我们可以通过使用 oob_prediction_ 属性得到 OOB 预测。请注意，我们将 OOB 预测与训练集标签进行比较，是因为这是使用训练集的树来计算的：

```
r_mse(m.oob_prediction_, y)
```

```
0.210686
```

可以看到，OOB误差远低于验证集误差。这表明，除正常的泛化误差之外，还有其他原因导致了验证集误差。我们将在本章接下来的部分讨论其他的原因。

这是解释模型预测的一种方式，现在让我们关注更多的预测。

模型解释

对于表格数据，模型解释尤为重要。对于给定的模型，我们最有可能感兴趣的内容如下：

- 对使用某一特定行的数据得到的预测结果，我们有多少信心？
- 对于用特定数据行进行预测，最重要的因素是什么，它们如何影响预测结果？
- 哪些列的特征是最强的预测指标，哪些特征可以忽略？
- 出于预测的目的，哪些列的特征实际上是相互冗余的？
- 当改变这些特征时，预测结果是如何变化的？

我们马上就可以看到，特别适合用随机森林来回答这些问题。我们先从第一个问题开始！

树预测置信度的方差

我们已经看到模型如何对单棵树的预测进行平均，以获得一个总体预测结果，这个结果是对因变量的估计。但是怎样才能知道估计的置信度呢？一个简单的方法是使用跨树预测的标准偏差，而不仅仅是使用平均值。使用标准偏差可以告诉我们预测的相对置信度。相对于那些给出相同结果的行数据（较低的偏差），我们通常会对给出不同结果的行数据（较高的偏差）更谨慎。

在本章前面"创建一个随机森林"一节中，我们看到了如何对验证集进行预测，使用Python递推式构造列表对森林中的每棵树执行预测操作：

```
preds = np.stack([t.predict(valid_xs) for t in m.estimators_])
```

```
preds.shape
```

```
(40, 7988)
```

现在我们对验证集中的每棵树和每一次拍卖都有了一个预测结果（40棵树和7988次拍卖）。

根据这个结果，可以得到每一次拍卖中所有树的预测标准偏差：

```
preds_std = preds.std(0)
```

以下是前五次拍卖预测的标准偏差，即验证集的前五行数据的标准偏差：

```
preds_std[:5]

array([0.21529149, 0.10351274, 0.08901878, 0.28374773, 0.11977206])
```

如你所见，预测的置信度差异很大。对于某些拍卖，由于树的预测结果一致，因此它的标准偏差较低。但对于其他情况来说，由于树预测的结果不一致，标准偏差就较高了。标准偏差是生产环境中一类很有用的信息；举例而言，如果你使用这个模型来决定在拍卖会上出价哪些商品，一个低置信度的预测可能会让你在出价之前更谨慎地斟酌的拍卖物品。

特征重要性

仅仅知道一个模型可以做出准确的预测往往是不够的——我们还想知道它是如何做出预测的。特征重要性给我们提供了解决方法，可以通过查看随机森林中 sklearn 的 feature_importances_ 属性来获得特征重要性。这里有一个简单的函数，我们可以用这个函数把特征重要性信息放入一个 DataFrame 中，并对它们进行排序：

```
def rf_feat_importance(m, df):
    return  pd.DataFrame({'cols':df.columns, 'imp':m.feature_importances_}
                         ).sort_values('imp', ascending=False)
```

模型的特征重要性表明，前几个重要列的特征重要性得分比其他特征高得多，（毫不奇怪的是）YearMade 和 ProductSize 位于列表的最上面：

```
fi = rf_feat_importance(m, xs)
fi[:10]
```

	cols	imp
69	YearMade	0.182890
6	ProductSize	0.127268
30	Coupler_System	0.117698
7	fiProductClassDesc	0.069939
66	ModelID	0.057263
77	saleElapsed	0.050113
32	Hydraulics_Flow	0.047091
3	fiSecondaryDesc	0.041225
31	Grouser_Tracks	0.031988
1	fiModelDesc	0.031838

下面这张特征重要性的图表清晰地展示了特征之间的相对重要性：

```
def plot_fi(fi):
    return  fi.plot('cols', 'imp', 'barh', figsize=(12,7), legend=False)

plot_fi(fi[:30]);
```

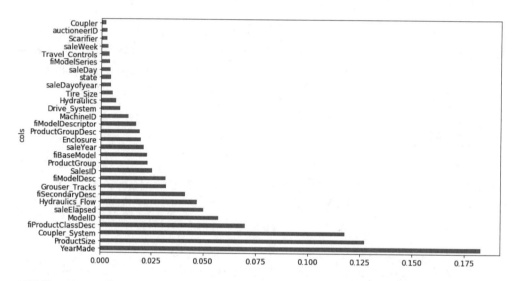

要计算这些重要性，可以采取非常简单且优雅的方式。特征重要性算法循环遍历每棵树，然后递归探索每个分支。在每个分支中，它会查看当前子组使用了什么特征，以及当前子组会给模型带来多大的改进。它会将改进（由该组中的行数加权）添加到该特征的重要性分数中，然后得到所有树的所有分支的总和，最后将分数标准化，使分数的和为1，得到最终的特征重要性。

删除低重要性特征

我们似乎可以通过删除低重要性的特征来创建特征子集，并且仍然可以得到好的预测结果。让我们试着只保留那些特征重要性大于0.005的特征：

```
to_keep = fi[fi.imp>0.005].cols
len(to_keep)
```

```
21
```

可以只使用特征集的这个子集来抑制模型，防止模型出现过拟合：

```
xs_imp = xs[to_keep]
valid_xs_imp = valid_xs[to_keep]
```

```
m = rf(xs_imp, y)
```

然后可以得到以下结果：

```
m_rmse(m, xs_imp, y), m_rmse(m, valid_xs_imp, valid_y)
```

(0.181208, 0.232323)

得到的准确率几乎和之前的差不多，但是这次我们只用了很少的特征去学习：

```
len(xs.columns), len(xs_imp.columns)
```

(78, 21)

我们发现，改进模型的第一步通常是简化模型——78 个特征对于我们来说太多了，无法深入研究这么多特征！此外，通常情况下，在实践中，更简单、更易于解释的模型更容易推导和维护。

另外，如果我们使用简单的模型，特征重要性图更容易解释。让我们再看一遍特征重要性图：

```
plot_fi(rf_feat_importance(m, xs_imp));
```

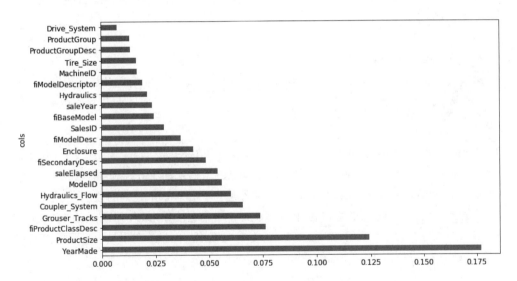

冗余特征会导致特征重要性图变得很难解释，有些变量的含义看起来非常相似，例如，ProductGroup 和 ProductGroupDesc。让我们尝试删除冗余特征。

删除冗余特征

首先执行下面这行代码：

```
cluster_columns(xs_imp)
```

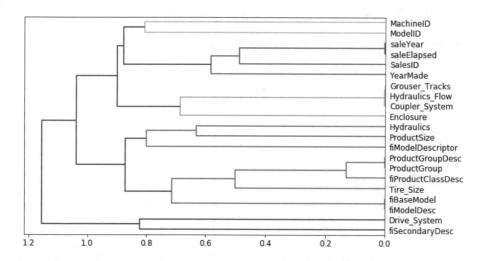

在上面这张图表中，最相似的特征栏是早期合并在一起的特征，也就是远离左侧树的"根"。不出所料，ProductGroup 和 ProductGroupDesc 字段很早就合并了，saleYear 和 saleElapsed、fiModelDesc 和 fiBaseModel 也是如此。这些特征是如此密切相关，实际上它们彼此之间都是同义词。

确定相似性

我们可以计算秩相关来找到最相似的特征对，这意味着所有的值都用它们的秩（第一、第二、第三行等），然后计算相关性。（不过，你也可以放心忽略这个小细节，因为它不会在这本书里再出现了！）

让我们试着删除一些密切相关的特性，看看是否可以在不影响精度的情况下简化模型。首先，创建一个函数，通过使用较低的 max_samples 和较高的 min_samples_leaf，快速训练一个随机森林并返回 OOB 分数。OOB 分数是一个由 sklearn 返回的数字，范围在 1.0（完美模型）和 0.0（随机模型）之间。（在统计学中，它被称为 R^2，但是现在我们不需要对此进行详细解释。）我们不需要 OOB 分数非常准确——只是在删除一些可能的冗余列的基础之上，用它来比较不同的模型。

```
def get_oob(df):
    m = RandomForestRegressor(n_estimators=40, min_samples_leaf=15,
        max_samples=50000, max_features=0.5, n_jobs=-1, oob_score=True)
    m.fit(df, y)
    return m.oob_score_
```

这是我们的基线：

```
get_oob(xs_imp)
```

```
0.8771039618198545
```

现在，尝试删除每个可能冗余的变量，一次删除一个：

```
{c:get_oob(xs_imp.drop(c, axis=1)) for c in (
    'saleYear', 'saleElapsed', 'ProductGroupDesc','ProductGroup',
    'fiModelDesc', 'fiBaseModel',
    'Hydraulics_Flow','Grouser_Tracks', 'Coupler_System')}
```

```
{'saleYear': 0.8759666979317242,
 'saleElapsed': 0.8728423449081594,
 'ProductGroupDesc': 0.877877012281002,
 'ProductGroup': 0.8772503407182847,
 'fiModelDesc': 0.8756415073829513,
 'fiBaseModel': 0.8765165299438019,
 'Hydraulics_Flow': 0.8778545895742573,
 'Grouser_Tracks': 0.8773718142788077,
 'Coupler_System': 0.8778016988955392}
```

现在尝试删除多个变量。我们将从前面说的每个紧密排列的对中删除一个变量。来看看这样做有什么用：

```
to_drop = ['saleYear', 'ProductGroupDesc', 'fiBaseModel', 'Grouser_Tracks']
get_oob(xs_imp.drop(to_drop, axis=1))
```

```
0.8739605718147015
```

看起来得到的结果不错！这个结果真的不会比包含所有字段训练的模型差多少。让我们创建没有这些列的 DataFrame，并保存它们：

```
xs_final = xs_imp.drop(to_drop, axis=1)
valid_xs_final = valid_xs_imp.drop(to_drop, axis=1)

(path/'xs_final.pkl').save(xs_final)
(path/'valid_xs_final.pkl').save(valid_xs_final)
```

稍后可以再把它们补充回去：

```
xs_final = (path/'xs_final.pkl').load()
valid_xs_final = (path/'valid_xs_final.pkl').load()
```

现在可以再次检查 RMSE，以确认精度没有实质性变化：

```
m = rf(xs_final, y)
m_rmse(m, xs_final, y), m_rmse(m, valid_xs_final, valid_y)
```

(0.183263, 0.233846)

通过关注核心变量并删除一些冗余变量，已经极大地简化了模型。现在，让我们使用部分依赖图来看看这些变量是如何影响预测的。

部分依赖

正如我们所见，ProductSize 和 YearMade 是两个最重要的预测特征。我们想了解这些预测特征与销售价格之间的关系，最好先检查每个类别的计数值（由 Pandas value_Counts 方法提供），然后看看每个类别的通用性：

```
p = valid_xs_final['ProductSize'].value_counts(sort=False).plot.barh()
c = to.classes['ProductSize']
plt.yticks(range(len(c)), c);
```

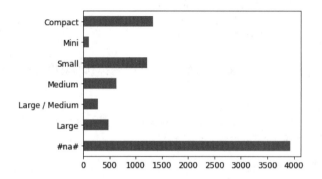

最大的组是 #na#，#na# 是 fastai 用来表示缺失值的标签。

对于 YearMade，我们可以做同样的事情。由于这是一个数字特征，因此需要绘制一个直方图，将年份值分成几个分类的区间：

```
ax = valid_xs_final['YearMade'].hist()
```

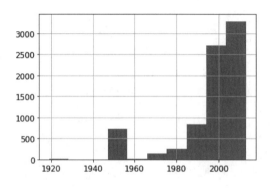

1950 年这是个特殊值，我们用 1950 对缺失的年份值进行了编码，大部分数据都是 1990 年之后的。

现在可以看一下部分依赖。部分依赖图可以尝试回答这样一个问题：如果某一行数据除了所讨论的特征外没有其他变化，这一行将会如何影响因变量？

例如，在所有其他条件都不变的情况下，YearMade 会对销售价格有何影响？要回答这个问题，我们不能只取每个 YearMade 的平均销售价格来回答这个问题。这种方法会带来的问题是，许多其他的特征也是逐年变化的，比如售出了哪些产品，有多少产品有制冷效应，有多少产品受到了通货膨胀的影响等。因此，如果仅仅对相同的 YearMade 的所有拍卖品价格进行平均，那么得到的结果也会受到其他所有领域随着 YearMade 的变化而发生变化的影响，以及受到总体变化对价格的影响。

我们所做的是用 1950 年取代 YearMade 列中的每一个值，得出每场拍卖的预测售价，并取所有拍卖品价格的平均值。然后我们对 1951 年、1952 年做同样的工作，以此类推，直到计算到最后一年 2011 年。这就避免了 YearMade 的影响（即使 YearMade 是计算一些虚构的记录的平均值，查在这些记录中，我们分配的 YearMade 值实际上可能永远不会与其他值同时存在）。

亚历克西斯说

如果你是一个偏重于用哲学思维看待问题的人，那我们为计算方便而设计的各种假设肯定会让你很难理解。首先，事实上，每个预测都是假设的，因为我们没有记录经验数据。其次，我们不只是想知道如果改变了 YearMade 和其他特征，销售价格会如何变化；我们更想知道的是，在一个只有 YearMade 发生变化的假设的世界里，销售价格会如何变化？啊啊啊！我们竟然能思考这么有深度的问题。如果你有兴趣更深入地探索形式主义来分析这些细节问题，我推荐你读一读朱迪亚·珀尔（Judea Pearl）和达娜·麦肯齐（Dana Mackenzie）写的关于因果关系的书：*The Book of Why*（Basic Books）。

有了这些平均值，我们就可以用 x 轴表示年份，用 y 轴表示每个预测值。然后，就形成了一个部分依赖图。现在我们一起来看一下：

```python
from sklearn.inspection import plot_partial_dependence

fig,ax = plt.subplots(figsize=(12, 4))
plot_partial_dependence(m, valid_xs_final, ['YearMade','ProductSize'],
                        grid_resolution=20, ax=ax);
```

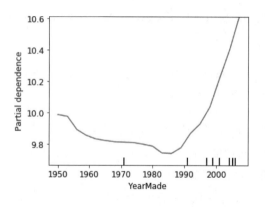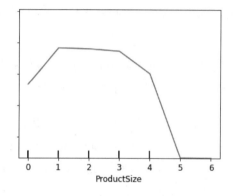

首先看看 YearMade 图，特别是 1990 年之后的部分（因为我们在前面说过，这部分数据最多）。可以看到年份和价格之间几乎是呈线性关系的。注意，我们的因变量会先经过对数操作，所以这意味着在实际操作中，价格会出现指数级上涨。这比较符合我们的预期：贬值通常被认为是一个随时间推移的乘性特征，所以对于给定的销售日期，不同的年份应该与销售价格呈指数关系。

ProductSize 的部分依赖图有点令人担忧。它表明，最后一组的价格最低，也就是我们看到的代表缺失值的那一组价格最低。为了在实践中应用这个结论，我们想找出它经常缺失的原因以及这样的结论意味着什么。缺失值有时可以成为有用的预测指标——这完全取决于造成它们缺失的原因是什么。不过，有时它们可能表示数据泄露（data leakage）。

数据泄露

在论文"Leakage in Data Mining: Formulation, Detection, and Avoidance"（参见链接 125）中，作者 Shachar Kaufman 等人是这样描述数据泄露的：

> 数据挖掘问题中的目标标签的信息不应该被合法地运用在数据挖掘中。数据泄露一般会以非常微妙且难以察觉的方式发生，例如模型中使用目标本身作为输入，从而得出例如"下雨天下雨"这样的结论。在实践中，我们通常无意引入不合法的信息，它们是在数据收集、汇总和准备过程中引入的。

他们举了一个例子：

> 在 IBM 的一个真实的智能商业项目中，IBM 可以根据用户在网站上搜索的关键词来识别出某些产品的潜在客户。事实上，这就是一种泄露，因为用于训练的网站内容，从获取客户数据并取样的这个时间点开始，潜在用户就已经变成

实际的客户了，比如"Websphere"这个词（例如，在购买消息中或是客户使用的一个特定产品功能中）。

数据泄露不易被发现，而且数据泄露可以有多种形式。特别是，缺失值通常表示数据泄露。

例如，杰里米曾经参加了一项 Kaggle 竞赛，这个竞赛的目的是预测哪些研究人员最终会得到研究基金。这些竞赛中的数据信息是由一所大学提供的，包含了数以千计的研究项目实例、相关研究人员的信息和最终是否接受了每项资助的数据。这所大学希望能够利用在这次比赛中开发的模型，对申请资助的研究人员进行排序，看哪些人的资助申请最有可能成功，这样学校就可以为这些研究人员优先处理。

杰里米使用随机森林对数据进行建模，然后使用特征重要性来找出哪些特征最具预测性。他注意到三件奇怪的事情：

- 该模型能在 95% 的情况下正确预测能获得资助的人员。
- 明显毫无意义的标识符列却是最重要的预测特征。
- 星期几和年月日这两列也有很强的预测性；例如，在周日提出的资助申请绝大多数都被接受了，而且许多被接受的资助申请都是在 1 月 1 日这一天。

对于标识符列，部分依赖图显示，当信息缺失时，申请几乎都被拒绝。事实证明，在实践中，这所大学只有在资助申请被接受后才填写这些信息。通常情况下，对于没有被接受的申请，这些信息就会被留作空白。这些信息不是在收到申请时就有的数据，因此，也不能用于预测模型——这就是数据泄露。

同样，对于成功的申请，往往是在周末或年底自动成批完成最后的处理工作的。最终出现在数据中的，正是这个最终处理日期，因此这也是同样的道理，这些信息虽然是预测性的，但这些信息无法在收到申请时应用。

这个示例展示了识别数据泄露的最实用且最简单的方法，也就是构建一个模型，然后执行以下操作：

- 检查一下这个模型的准确率是否过于好了，好到令人难以置信。
- 看看有没有在实际中没有意义的重要预测特征。
- 看看有没有在实际中没有意义的部分依赖图结果。

回想一下我们的熊分类器，这反映了我们在第 2 章中提供的建议——首先构建模型，然后进行数据清洗，这样的流程通常更顺利，反之亦然。这样的模型可以帮助识别潜在的数据问题。

也可以通过使用树解释器，来帮助确定哪些特征会影响特定的预测。

树解释器

在开始阅读本节时曾经说过，我们想要回答以下 5 个问题：

- 对使用某一特定行的数据得到的预测结果，我们有多少信心？
- 对于用特定数据行进行预测，最重要的特征是什么，它们如何影响预测结果？
- 哪些列的特征是最强的预测指标，哪些特征可以忽略？
- 出于预测的目的，哪些列的特征实际上是相互冗余的？
- 当改变这些特征时，预测结果是如何变化的？

至此，我们已经回答了 4 个问题，只剩下第二个问题还没被解决。为了回答第二个问题，我们需要使用 *treeinterpreter* 库。我们还将使用 *waterfallcharts* 库来绘制结果图表。你可以在 notebook 单元格中运行这些命令来安装它们：

```
!pip install treeinterpreter
!pip install waterfallcharts
```

我们已经知道了如何计算整个随机森林中的特征重要性。基本思想就是，在每棵树的每个分支上查看每个变量对模型改进的贡献，然后将每个变量的所有贡献相加。

可以只针对单行数据进行重复操作。例如，假设我们正在看拍卖会上的一件特定物品。模型可能预测这件商品的价格非常高，我们想知道原因。因此，我们把这一行数据放在第一棵决策树上，看看在整棵树的每个点上使用了什么分割。对于每个分割，我们找出相比于树的父节点，看看哪些部分增加或减少了。对每一棵树都按照这种做法做，并按子组变量将重要性的总变化相加。

例如，我们选取验证集的前几行：

```
row = valid_xs_final.iloc[:5]
```

然后，可以将这些代码传递给 treeinterpreter：

```
prediction,bias,contributions = treeinterpreter.predict(m, row.values)
```

prediction 就是随机森林所做的预测，bias 是取因变量（即作为每棵树的根的 *model*）的平均值所做的预测，contributions 是最有趣的点——它告诉我们每个自变量在预测中的总变化。因此，对于每一行，contributions 加 bias 的总和一定等于 prediction。现在我们只看第一行：

```
prediction[0], bias[0], contributions[0].sum()
(array([9.98234598]), 10.104309759725059, -0.12196378442186026)
```

展示 contributions 最清晰的方式是用瀑布图。瀑布图显示了所有自变量的正数贡献和负数贡献，以及正负数贡献是如何相加得出最终预测的，最终预测也就是这里最右边的 net 列：

```
waterfall(valid_xs_final.columns, contributions[0], threshold=0.08,
          rotation_value=45,formatting='{:,.3f}');
```

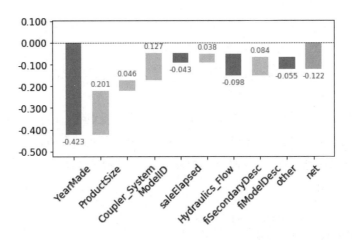

这类信息并不是在模型开发期间最有用，而是在生产环境中最有用。你可以用这些信息来为你的数据产品的用户提供有用的信息，让你的用户了解预测背后的原因。

我们已经了解了可以解决这个问题的经典机器学习技术，现在来看看深度学习能为你提供什么帮助吧！

外推与神经网络

像所有机器学习或深度学习算法一样，随机森林的一个问题是，它并不总是能很好地适用于新数据。我们接下来会学习到，在哪种情况下神经网络的泛化效果更好。但首先，来看看随机森林存在的外推问题，以及随机森林如何帮助识别域外数据。

外推问题

我们来思考一个简单的任务：用 40 个数据点进行预测的简单任务。这些数据点显示的是一个略带噪声的线性关系：

```
x_lin = torch.linspace(0,20, steps=40)
y_lin = x_lin + torch.randn_like(x_lin)
```

```
plt.scatter(x_lin, y_lin);
```

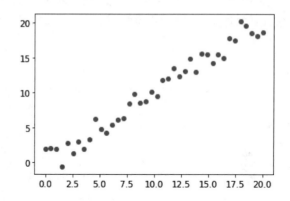

虽然只有一个自变量，但 sklearn 期望收到的是一个自变量矩阵，而不是一个单一的向量。所以我们必须把这个向量变成一个有一列的矩阵。换句话说，必须把形状从 [40] 改为 [40,1]。要实现这种效果，可以使用 unqueeze 方法，该方法会在要求的维度上为张量添加一个新的单位轴：

```
xs_lin = x_lin.unsqueeze(1)
x_lin.shape,xs_lin.shape

(torch.Size([40]), torch.Size([40, 1]))
```

一个更灵活的方法是使用特殊值 None 对数组或张量进行切片，用这个方法会在该位置引入一个额外的单位轴：

```
x_lin[:,None].shape

torch.Size([40, 1])
```

现在可以为该数据创建一个随机森林。只需要使用前 30 行来训练模型：

```
m_lin = RandomForestRegressor().fit(xs_lin[:30],y_lin[:30])
```

然后，我们将在整个数据集上测试这个训练出来的模型。下图中的蓝色点是训练数据，红色点是预测数据（彩色图参见"参考链接.pdf"文件中的图 1）：

```
plt.scatter(x_lin, y_lin, 20)
plt.scatter(x_lin, m_lin.predict(xs_lin), color='red', alpha=0.5);
```

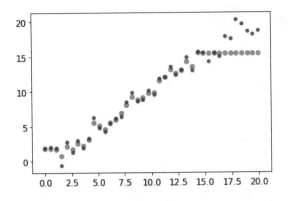

现在我们遇到大麻烦了！在训练数据覆盖的范围之外，预测值都太低了。你想一想，为什么会得到这样的结果呢？

记住，随机森林只是对若干树的预测取平均值，而一棵树只需预测在一个叶节点数据列的平均值。因此，一棵树和一个随机森林永远不可能预测训练数据范围以外的值。当你的数据有随着时间变化的趋势（例如通货膨胀）时，这样的问题尤为突出，如你希望能对未来进行预测，那你会发现预测值会系统性地过低。

但这个问题已经超出了时间变量的范畴。从更普遍的意义上讲，随机森林无法在它们没见过的数据类型上进行推断。这就是需要确保我们的验证集不包含域外数据的原因。

查找域外数据

有时很难知道你的测试集的分布情况是否与你的训练数据相同，或者，如果不同，则很难知道哪些列反映了这种差异。有一个简单的方法可以解决这个问题，那就是使用随机森林！

但在这种情况下，我们没有使用随机森林来预测实际的因变量，而是试着预测某一行是在验证集还是在训练集中。要得到实际的答案，可以结合训练集和验证集，创建一个代表每一行来自哪个数据集的因变量，使用该数据构建一个随机森林，并获得其特征重要性：

```
df_dom = pd.concat([xs_final, valid_xs_final])
is_valid = np.array([0]*len(xs_final) + [1]*len(valid_xs_final))

m = rf(df_dom, is_valid)
rf_feat_importance(m, df_dom)[:6]
```

	cols	imp
5	saleElapsed	0.859446
9	SalesID	0.119325
13	MachineID	0.014259
0	YearMade	0.001793
8	fiModelDesc	0.001740
11	Enclosure	0.000657

结果表明，有三列在训练集和验证集之间有明显的不同：saleElapsed、SalesID 和 MachineID。可以推断，saleElapsed 不同的原因很明显，因为它是数据集的开始日期和每一行的日期之间的天数，因此它直接对日期数据进行编码。而 SalesID 出现了差异则表明，拍卖销售的标识符可能会随着时间的推移而递增。MachineID 的结果表明了，在这些拍卖会上出售的个别物品可能也会发生随时间推移而递增的情况。

我们得到了一个原始随机森林模型的 RMSE 的基线，然后可以看看依次删除这些列的效果：

```
m = rf(xs_final, y)
print('orig', m_rmse(m, valid_xs_final, valid_y))

for c in ('SalesID','saleElapsed','MachineID'):
    m = rf(xs_final.drop(c,axis=1), y)
    print(c, m_rmse(m, valid_xs_final.drop(c,axis=1), valid_y))
orig 0.232795
SalesID 0.23109 saleElapsed 0.236221
MachineID 0.233492
```

看起来我们应该能删除 SalesID 和 MachineID，并且不会损失任何准确性。让我们检查一下：

```
time_vars = ['SalesID','MachineID']
xs_final_time = xs_final.drop(time_vars, axis=1)
valid_xs_time = valid_xs_final.drop(time_vars, axis=1)

m = rf(xs_final_time, y)
m_rmse(m, valid_xs_time, valid_y)

0.231307
```

去除这些变量后，模型的准确性略有提高；但更重要的是，这样的操作应该使模型能随着时间的推移变得不那么敏感、更容易维护和理解。我们建议，对于所有的数据集，你可以尝试建立一个因变量为 is_valid 的模型，就像我们在这里做的这样。这个模型通常可以发现你可能会忽略的那些微妙的域转移问题。

对我们的示例而言，简单地避免使用旧数据可能会有帮助。通常情况下，旧数据显示的是已经失效的关系。可以试着只使用最近几年的数据：

```
xs['saleYear'].hist();
```

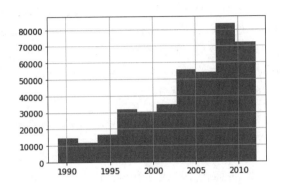

以下是对这个子集的训练结果：

```
filt = xs['saleYear']>2004
xs_filt = xs_final_time[filt]
y_filt = y[filt]

m = rf(xs_filt, y_filt)
m_rmse(m, xs_filt, y_filt), m_rmse(m, valid_xs_time, valid_y)

(0.17768, 0.230631)
```

结果表现相对来说会更好一些，这表明你不应该总是使用整个数据集；有时使用一个子集，效果会更好。

现在，我们一起看看使用神经网络是否有帮助。

使用神经网络

我们可以使用相同的方法来建立神经网络模型。先重复之前的步骤，重新设置 TabularPandas 对象：

```
df_nn = pd.read_csv(path/'TrainAndValid.csv', low_memory=False)
df_nn['ProductSize'] = df_nn['ProductSize'].astype('category')
df_nn['ProductSize'].cat.set_categories(sizes, ordered=True, inplace=True)
df_nn[dep_var] = np.log(df_nn[dep_var])
df_nn = add_datepart(df_nn, 'saledate')
```

我们可以将随机森林部分的工作迁移到神经网络中来，具体为把随机森林算法中经过修剪后的特征给神经网络使用：

```
df_nn_final = df_nn[list(xs_final_time.columns) + [dep_var]]
```

与决策树方法相比，神经网络中对分类列的处理方式非常不同。正如我们在第 8 章中看到过的，在神经网络中，处理分类变量的一个好方法是使用嵌入（embedding）。为了创建嵌入，fastai 需要确定哪些列应该被视为分类变量。fastai 会比较变量中不同层次的数量和 max_card 参数的值，如果变量中的层次数量更低，fastai 就会把该变量视为分类变量。一般来说，除非你测试了有更好的方法来分组变量，否则我们不会使用大于 10 000 的嵌入尺寸，因此将使用 9000 作为 max_card 的值：

```
cont_nn,cat_nn = cont_cat_split(df_nn_final, max_card=9000, dep_var=dep_var)
```

然而，在本例中，有一个变量是我们绝对不想作为分类变量处理的：那就是 saleElapsed。根据定义，分类变量不能外推到它所看到的数值范围之外，但我们希望能够预测未来的拍卖价格。因此，需要使 saleElapsed 成为一个连续变量：

```
cont_nn.append('saleElapsed')
cat_nn.remove('saleElapsed')
```

我们一起看一下到目前为止选择的每一个分类变量的基数：

```
df_nn_final[cat_nn].nunique()
```

```
YearMade              73
ProductSize            6
Coupler_System         2
fiProductClassDesc    74
ModelID             5281
Hydraulics_Flow        3
fiSecondaryDesc      177
fiModelDesc         5059
ProductGroup           6
Enclosure              6
fiModelDescriptor    140
Drive_System           4
Hydraulics            12
Tire_Size             17
dtype: int64
```

有两个与设备的"模型"有关的变量，这两个变量都具有相似的极高基数。这一事实表明，这两个变量可能都包含类似的冗余信息。请注意，我们在分析冗余特征时，不一定会注意到这一点，因为这依赖于用相同的顺序对相似变量进行排序（也就是它们需要具备类似的命名级别）。一个具有 5000 个级别的列意味着在嵌入矩阵中需要 5000 列，如果可能的话，最好避免这种情况。让我们看看删除其中一个模型的列，会对随机森林造成怎样的影响：

```
xs_filt2 = xs_filt.drop('fiModelDescriptor', axis=1)
valid_xs_time2 = valid_xs_time.drop('fiModelDescriptor', axis=1)
m2 = rf(xs_filt2, y_filt)
m_rmse(m, xs_filt2, y_filt), m_rmse(m2, valid_xs_time2, valid_y)

(0.176706, 0.230642)
```

删除一列的影响微乎其微，因此可以将这一可作为预测器的列移除神经网络：

```
cat_nn.remove('fiModelDescriptor')
```

可以像创建随机森林时那样，用同样的方式来创建 TabularPandas 对象，但需要补充一个非常重要的操作：标准化（normalization）。随机森林不需要任何标准化——构建树的过程只需关心变量中数值的顺序，根本不关心它们的大小。但正如我们所看到过的那样，神经网络肯定会关心这个问题。因此，在建立 TabularPandas 对象时，添加了 Normalize 处理器：

```
procs_nn = [Categorify, FillMissing, Normalize]
to_nn = TabularPandas(df_nn_final, procs_nn, cat_nn, cont_nn,
                      splits=splits, y_names=dep_var)
```

表格模型和数据通常不需要消耗太多 GPU RAM，因此可以使用更大的批次大小：

```
dls=to_nn.dataloaders (1024)
```

正如已经讨论过的，为回归模型设置 y_range 是一个好主意，那么我们来找出因变量的最小值和最大值：

```
y = to_nn.train.y
y.min(),y.max()

(8.465899897028686, 11.863582336583399)
```

现在，可以构建 Learner 来创建这个表格模型了。和往常的做法一样，我们使用特定应用程序的 Learner 函数，从而可以更好地利用这个特定应用所定制化的默认设置。我们将损失函数设置为 MSE，因为本次比赛使用的就是 MSE。

在默认设置的情况下，fastai 面向表格数据时，会创建一个包含两个隐藏层的神经网络，这两个隐藏层分别有 200 个激活值和 100 个激活值。这样的设置对于小数据集来说效果很好，但在现在这个示例中，我们有一个相当大的数据集，因此需要将层的大小增加到 500 和 250：

```
from fastai.tabular.all import *

learn = tabular_learner(dls, y_range=(8,12), layers=[500,250],
                        n_out=1, loss_func=F.mse_loss)
learn.lr_find()

(0.005754399299621582, 0.0002754228771664202)
```

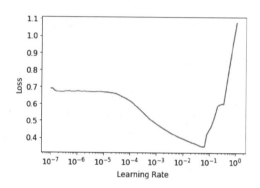

我们不需要使用 fine_tune，因此会使用 fit_one_cycle 进行几个周期的训练，现在看看训练效果如何：

```
learn.fit_one_cycle (5,1e-2)
```

epoch	train_loss	valid_loss	time
0	0.069705	0.062389	00:11
1	0.056253	0.058489	00:11
2	0.048385	0.052256	00:11
3	0.043400	0.050743	00:11
4	0.040358	0.050986	00:11

可以使用 r_mse 函数将结果与之前获得的随机森林结果进行比较：

```
preds,targs = learn.get_preds()
r_mse(preds,targs)

0.2258
```

用 r_mse 函数得到的结果比随机森林好太多了！（尽管使用 r_mse 函数需要花更长的训练时间，在超参数调优方面也更加烦琐，但是结果为王）。

在继续操作下面的步骤之前，需要先保存模型，以备后续还需再次使用：

```
learn.save('nn')
```

---

fastai 表格分类

在 fastai 中，表格模型只是简单地获取连续数据的列或分类数据的列，并预测类别（分类模型）或连续值（回归模型）。先是分类自变量通过嵌入并串联，就像我们在协同过滤的神经网络中看到的那样，然后连续变量也被串联起来。

在 tabular_learner 中创建的模型是一个 TabularModel 类的对象。现在我们看一下 tabular_learner 的源代码（记住，那是 Jupyter 中的 tabular_learner）。你将会看到，tabular_learner 就像 collab_learner 一样，它首先调用 get_emb_sz 来计算适当的嵌入尺寸（你可以使用 emb_szs 参数来覆盖这些大小，emb_szs 参数是一个字典，其中包含了你想要手动设置大小的任何列名），并且它还设置了其他一些默认值。除此之外，tabular_learner 还创建了 TabularModel，并将 TabularModel 传递给 TabularLearner（请注意，TabularLearner 除了有一个自定义的 predict 方法，TabularLearner 与 Learner 完全相同）。

这意味着，所有的工作都发生在 TabularModel 中，因此现在我们可以看一下 TabularModel 的源代码。除了 BatchNorm1d 和 Dropout 层（我们很快就会学到），你现在已经掌握了理解这整个类所需的知识。请看一下上一章结尾我们对 EmbeddingNN 的讨论和相应解释。现在，回想一下，它将 n_cont=0 传递给了 TabularModel。现在我们可以明白为什么会有这样的传递操作了：因为有零个连续变量（在 fastai 中，n_ 前缀表示"数量"，cont 是"连续"的缩写）。

另一种可以帮助泛化的方法是使用几个模型，并取这几个模型预测的平均值——如前所述，这种技术被称为集成。

集成

随机森林表现这么好，回想一下这背后的原因：尽管每棵树都有误差，但这些误差彼此之间并不相关，因此一旦有足够多的树，这些误差的平均值就应该趋向于零。同理，我们可以类推到不同算法训练模型这个场景，可以对不同算法训练模型的预测取平均值。

在我们的示例中，有两个差异很大的模型使用了明显不同的算法进行训练：随机森林和神经网络。我们有理由相信，每个模型所产生的误差种类会有很大不同。因此，我们可以得出这样一个结论，它们的预测平均值会比任何一个单独的模型的预测值要好。

之前学习过，随机森林本身就是一个集成。但是，我们可以把随机森林纳入另一个集成算法——随机森林和神经网络的集成算法！其实这也是我们现在的目标。虽然集成不会影响模型建成过程中的成功与否，但集成肯定可以优化你构建的所有模型。

必须注意的一个小问题：PyTorch 模型和 sklearn 模型各自创建了不同类型的数据。PyTorch 给我们一个 2 阶张量（列矩阵），而 NumPy 给我们一个 1 阶数组（向量）。squeeze 从张量中去除任何单位轴，to_np 将张量转换为 NumPy 数组：

```
rf_preds = m.predict(valid_xs_time)
ens_preds = (to_np(preds.squeeze()) + rf_preds) /2
```

这样的结果比只使用一种模型本身实现的结果更好：

```
r_mse(ens_preds,valid_y)
```

```
0.22291
```

事实上，这个结果比 Kaggle 排行榜上显示的所有分数都要好。然而，这并不具有直接的可比性，因为 Kaggle 排行榜使用的是一个我们没有权限访问的数据集。Kaggle 不允许提交这个旧的比赛来评判我们的成绩，但我们的结果确实不错，这样的结果太棒啦！

boosting

到目前为止，我们的集成方法一直是使用 bagging，这涉及用平均的形式来组合多个模型（每个模型都需要用不同的数据子集来训练）。正如所看到的，我们对决策树采取的这种做法，被称为随机森林。

还有另一种重要的集成方法，称之为 boosting。用 boosting 时，我们将模型相加，而不是取模型得出的平均值。以下是 boosting 的工作原理：

1. 训练一个不适合你的数据集的小模型。

2. 用这个模型为训练集做预测。

3. 将目标值减去预测值，得出的结果称为残差，残差代表训练集中每个点的误差。

4. 返回步骤 1，但不使用原始目标值，而使用残差作为训练目标值。

5. 继续执行上述操作，直到结果达到停止条件（如树的最大数量），或者你观察到验证集误差越来越严重。

使用这种方法，每一棵新树都会试着拟合之前所有的树组合得出的误差。因为我们不断地从上一棵树的残差中减去每一棵新树的预测值，然后得出新的残差，因此通常情况下残差会变得越来越小。

要用 boosting 树的集成进行预测，我们需要计算每棵树的预测值，然后将每棵树的预测值相加。许多模型都采用了这样的基本方法，而且同一种模型的名称各异。你可能会经常看到梯度 boosting 机（gradient boosting machine，GBM）和梯度 boosted 决策树（gradient boosted decision trees, GBDT）这两个术语，或者可能会看到实现这两个东西的特定库的名称；在写这本书的时候，XGBoost 特别受欢迎，是现在最流行的模型。

请注意，与随机森林不同的是，哪怕使用了集成这种方法，也没有任何东西可以避免发生过拟合。我们在随机森林中使用更多的树并不会导致过拟合，因为每棵树都是相互独立的。但是在 boosted 型的集成中，你拥有的树越多，训练误差就越大，最终会看到验证集上的过拟合。

我们不打算在这里详细介绍训练一个集成的梯度 boosted 树的方法，因为这个领域发展太快了，当你读到这块内容时，我们给出的所有相关指导肯定都过时了。就在我们写这本书的时候，sklearn 刚刚被添加了一个 `HistGradientBoostingRegressor` 类，它的性能非常好。对于这个类及我们见过的所有梯度 boosted 树方法，都有许多超参数需要调整。与随机森林不同的是，梯度 boosted 树对这些超参数的选择非常敏感；在实践中，大多数人都会使用一个循环来尝试一系列的超参数，从而找到效果最好的那些。

此外，目前还有一种表现优异的技术，那就是在机器学习模型中嵌入神经网络学习。

将嵌入与其他方法相结合

在本章开头我们提到过一篇关于实体嵌入的论文，论文的摘要中写道：从训练好的神经网络中获得嵌入，并将嵌入作为输入特征，可以大幅提升所有测试过的机器学习方法的性能。论文中提供了一个非常有趣的表格，如图 9-8 所示。

method	MAPE	MAPE (with EE)
KNN	0.290	0.116
random forest	0.158	0.108
gradient boosted trees	0.152	0.115
neural network	0.101	0.093

图9-8：使用神经网络嵌入作为其他机器学习方法的输入效果（Cheng Guo和Felix Berkhahn提供）

这个表格展示了 4 种建模技术之间的平均百分比误差（MAPE），其中三种方法我们之前已经看到过，还有一种方法是 K 最近邻算法（KNN），KNN 是一种非常简单的基线方法。第一列数值表示了使用这些方法来处理比赛中提供的数据得到的结果；第二列数值表示了如果你先用分类嵌入训练一个神经网络，然后用这些分类嵌入代替模型中的原始分类列，最终会得到的结果。正如你所看到的，在每一种情况下，模型使用嵌入而不是使用原始类别得到的结果都会比使用原始类别好很多。

这是一个很重要的结果，因为它表明，你在推理时无须使用神经网络就可以获得神经网络能优化的大部分性能的结果。因为用嵌入实际上就相当于数组查找，所以你可以只使用一个嵌入和一个小型决策树集成。

这些嵌入甚至不需要为组织中的每个模型或某个任务单独学习。而且，一旦为特定任务的列学习了一组嵌入，它们就可以被存储在一个重要位置，并在多个模型中重复使用。事实上，从和大公司的从业人员的私下交流中得知，在许多地方这种用法已经很普遍了。

结论

我们讨论了两种表格建模方法：决策树集成和神经网络。我们还提到了两种决策树集成：随机森林和梯度 boosting 机。每种方法都很有效，但每种方法也需要付出相应的代价：

- 随机森林是最容易训练的，因为它们对超参数的选择不那么敏感，而且基本不需要预处理。它们的训练速度很快，如果你有足够多的树，应该不会出现过拟合的情况。但它们的准确率相对可能会低一些，特别是在需要外推的情况下，比如预测未来的时间段，这类外推情况的准确率可能会更低。
- 梯度 boosting 机在理论上和随机森林的训练速度一样快，但在实际的实践过程中，你必须尝试很多超参数。它们可能会发生过拟合，但通常比随机森林更准确一些。
- 神经网络的训练时间最长，并且需要额外做预处理，例如标准化；在推理时也需要用到这种标准化。它们可以提供很好的结果，并能很好地进行推断，但前提是你要小心地使用超参数，并注意避免过拟合。

我们建议你从随机森林开始分析。你可以从中打好坚实的基础，而且完全可以有自信，这是一个非常合理的起点。然后可以使用这个模型进行特征选择和部分依赖分析，从而更好地理解你的数据。

在此基础上，你便可以尝试使用神经网络和梯度 boosting 机（GBM），如果它们处理验证集时能在合理的时间内得到明显更好的结果，那你就可以使用它们。如果决策树集成对你来说效果很好，你可以试着在数据中加入分类变量的嵌入，看看这是否能帮你的决策树学得更好。

问题

1. 什么是连续变量？

2. 什么是分类变量？

3. 写出两个用于代表分类变量可能的值的词。

4. 什么是密集层？

5. 实体嵌入如何减少内存使用并加速神经网络？

6. 实体嵌入对哪些类型的数据集特别有用？

7. 有哪两个主要的机器学习算法？

8. 为什么有些分类列需要在它们的类中进行特殊排序？如何在 Pandas 中做到这一点？

9. 总结决策树算法的作用。

10. 为什么日期不同于常规的分类变量或连续变量？可以怎样预处理日期数据，从而让它可以在模型中使用？

11. 应该在 bulldozer 比赛中随机挑选一个验证集吗？如果答案是否定的，应该挑选怎样的验证集呢？

12. pickle 是什么？它的用途是什么？

13. 如何在本章构建的决策树中计算 mse、samples 和 values？

14. 在构建决策树之前，如何处理离群值？

15. 如何处理决策树中的分类变量？

16. 什么是 bagging？

17. 在创建随机森林时，max_samples 和 max_feature 之间有什么不同？

18. 如果你把 n_estimators 增加到一个非常高的值，会不会导致过拟合？为什么？

19. 在"创建一个随机森林"这一节中的图 9-7 后面，为什么 preds.means(0) 给出了和我们的随机森林一样的结果？

20. 什么是袋外误差（out-of-bag error）？

21. 列出一个模型的验证集误差可能比 OOB 误差大的原因。如何检验你的假设？

22. 解释为什么随机森林非常适合回答以下问题：

    • 对使用某一特定行的数据得到的预测结果，我们有多少信心？

- 对于用特定数据行进行预测，最重要的特征是什么，它们如何影响预测结果？
- 哪些列的特征是最强的预测指标，哪些特征可以忽略？
- 出于预测的目的，哪些列的特征实际上是相互冗余的？
- 当改变这些特征时，预测结果是如何变化的？

23. 删除不重要的变量的目的是什么？

24. 哪种图表最适合展示树解释器的结果？

25. 什么是外推问题？

26. 如何判断你的测试集或验证集的分布方式是否与你的训练集不同？

27. 为什么要让 saleElapsed 成为一个连续变量，即使它只有不到 9000 个不同的值？

28. 什么是 boosting？

29. 怎样才能让随机森林使用嵌入？这有帮助吗？

30. 为什么不能总是使用神经网络进行表格建模呢？

深入研究

1. 在 Kaggle 上挑选一个有表格数据（现在或过去）的比赛，并尝试采用本章中介绍的技术来争取得到最佳结果。将你的结果与它们得到的私人排行榜进行比较。

2. 自己从头开始实现本章中的决策树算法，并用这个算法来处理第一个练习中使用的数据集。

3. 在随机森林中使用本章介绍的神经网络的嵌入，看看能否改善我们看到的随机森林结果。

4. 解释 TabularModel 源代码中每一行的作用（BatchNorm1d 和 Dropout 层除外）。

第 10 章

NLP深度探究：RNN

在第 1 章中，我们看到深度学习在自然语言数据集上能获得巨大的成果。我们的案例依赖于使用一个预训练的语言模型，并对其进行微调以对评论进行分类。这个例子突出显示了 NLP 和计算机视觉中的迁移学习之间的区别：一般来说，在 NLP 中，预训练的模型需要在不同的任务上进行训练。

我们所说的语言模型是一个经过训练的，能够猜测文本中的下一个单词（之前已经读过）的模型。这种任务被称为自监督学习：不需要给模型贴上标签，只需给它提供大量的文本就行了。这其中有一个从数据中自动获得标签的过程，但这项任务并不简单：为了准确地猜出一个句子中的下一个词，模型必须具有对英语（或其他）语言的理解能力。自监督学习也可用于其他领域；例如，有关视觉应用的介绍，请参阅文章 "Self-Supervised Learning and Computer Vision"（参见链接 126）。自监督学习通常不会用于直接训练的模型，而是将其用于为了迁移学习的预训练模型。

术语：自监督学习

使用嵌入在自变量中的标签来训练模型，而不需要外部标签。例如，训练模型预测文本中的下一个单词。

我们在第 1 章中用来对 IMDb 评论进行分类的语言模型是在维基百科上预训练的。通过直接将这个语言模型微调到电影评论分类器上得到了很好的结果，但是通过一个额外的步骤，我们可以做得更好。维基百科的英语与 IMDb 的英语略有不同，因此我们可以将预训练的语言模型微调到 IMDb 语料库，然后将其作为我们的分类器的基础，而不是直接将其当成分类器。

即使我们的语言模型只知道我们在任务中使用的语言的基础知识（例如，我们的预训练模型使用的是英语），它也有助于适应我们所针对的语料库的风格。它可能是更非正式的语言，也可能是更技术性的语言，有新的词汇需要学习或有不同的造句方式。在 IMDb 数据集中，会有很多电影导演和演员的名字，而且往往和维基百科中的风格相比，正规的遣词造句的方式更少。

我们已经看到，通过 fastai，可以下载一个预先训练好的英语语言模型，并用它来获得最先进的 NLP 分类结果。（我们预计很快就会有更多语言的预训练模型；事实上，在你阅读这本书的时候，它们很可能已经可以使用了。）那么，为什么我们还要详细学习如何训练语言模型呢？

当然，其中一个原因是对你理解正在使用的模型基础是有帮助的。但是还有一个更实际的原因，那就是，如果你在微调分类模型之前对（基于序列的）语言模型进行微调，那么会得到更好的结果。例如，对于 IMDb 的情感分析任务，数据集中包括 50 000 条没有附加任何正面或负面标签的额外电影评论。由于训练集中有 25 000 条有标签的评论，验证集中有 25 000 条，所以总共有 100 000 条电影评论。我们可以使用这些评论来微调预训练的语言模型，该模型只在维基百科的文章上进行训练；这将促使该语言模型在预测电影评论的下一个词时表现更加出色。

这被称为通用语言模型微调（ULMFiT）方法。介绍该方法的文献（参见链接 127）表明，在对分类任务进行迁移学习之前，对语言模型进行微调的这一额外操作，会带来明显更好的预测结果。使用这种方法，我们在 NLP 中有三个迁移学习阶段，如图 10-1 所示。

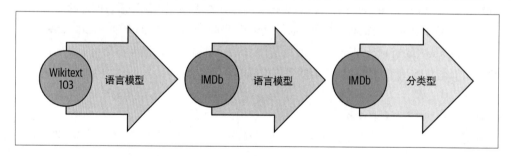

图10-1：ULMFiT过程

现在，我们将利用前两章中介绍过的概念，探讨如何将神经网络应用于语言建模的问题。但在阅读更多内容之前，请停下来想一想你将如何处理这一问题。

文本预处理

如何使用我们目前所学到的知识来构建语言模型，这一点并不明显。句子可以有不同的长度，而文档也可以很长。那么，如何使用神经网络来预测一个句子中的下一个单词呢？

让我们拭目以待吧！

我们已经了解了分类的类别变量如何被用作神经网络的自变量。下面是我们对一个单一类别变量采取的方法：

1. 将该类别变量的所有可能的层级整理成一个列表（将这个列表称为词汇表 *vocab*）。

2. 将每个层级的表示替换为其在词汇表 vocab 中的索引。

3. 为此创建一个嵌入矩阵，其中每一列都包含一个层级的信息（即 vocab 中的每一列）。

4. 将这个嵌入矩阵作为神经网络的第一层。（专用嵌入矩阵可以把步骤 2 中创建的原始词汇索引作为输入；这与把代表索引的独热编码向量作为输入矩阵等效，但速度更快、效率更高）。

我们几乎可以对文本做同样的事情！不同的是序列的概念。首先，我们将数据集中的所有文档串联成一个大的长字符串，并将其分割成单词（或语义单元 token），从而得到一个非常长的单词列表。自变量将是以该列表中的第一个单词为起点，以倒数第二个单词为终点的单词序列，而因变量将是以第二个单词为起点，以最后一个单词为终点的单词序列。

我们的 vocab 将由已经在预训练模型词汇中的常见词和语料库中的特定新词（例如，电影术语或演员的名字）组成。我们的嵌入矩阵将按照以下方式建立：对于预训练模型的词汇，将采用预训练模型嵌入矩阵中的相应行；但对于新词，将用一个随机向量初始化相应的行。

创建语言模型的每一个必要步骤都与自然语言处理领域的专业术语有关，fastai 和 PyTorch 类可以提供帮助。具体步骤如下：

分词（tokenization）
将文本转换为单词列表（或字符，或子字符串，具体取决于模型的粒度）。

数值化
列出所有出现的唯一单词（vocab 中），并通过查询 vocab 中的索引将每个词转换成数字。

语言模型数据加载器的创建
fastai 提供了一个 LMDataLoader 类，它可以自动处理并创建一个与自变量相差一个语义单元的因变量。它还处理了一些重要的细节，例如如何把数据集洗乱，但还能使因变量和自变量保持所需的结构。

语言模型的创建

我们需要一种特殊的模型来做一些我们以前没见过的事情：处理任意大小的输入列表。有许多方法可以做到这一点；在本章中，我们将使用一个递归神经网络（RNN）。我们将在第 12 章讨论 RNN 的细节，但现在，你可以把它看作另一个深度神经网络。

让我们详细看看每个步骤是如何工作的。

分词

当我们说"将文本转换成单词列表"时，其实忽略了很多细节。例如，如何处理标点符号？如何处理"don't"这样的词，它是一个词还是两个词？长长的医学或化学词汇怎么办？它们是否应该被分割成各自不同的含义呢？有连字符的词如何处理？像德语和波兰语这样的语言，可以从很多的小片段中创造出真正的长词，又该如何处理？

因为这些问题没有正确的答案，所以分词也就没有单一的方法。这里有三种主要的做法。

基于单词

用空格拆分句子，并应用特定的语言规则，即使在没有空格的情况下，也要尝试分离部分意义（如将"don't"变成"do n't"）。一般来说，标点符号也被分割成独立的单元。

基于子词

根据最常出现的子字符串，将单词拆分成更小的部分。例如，"occasion"可以被标记为"o c ca sion"。

基于字符

把一个句子分成几个单独的字符。

我们将在这里介绍单词和子词的分词方法，并将基于字符的分词留给你在本章末尾的习题中实现。

术语：语义单元（token）
由分词过程创建的列表中的一个元素。它可以是一个单词、一个单词的一部分（子词），或单个字符。

用 fastai 进行分词

fastai 没有提供自己的分词器，而是为外部库中的一系列分词器提供了一个一致的接口。分词是一个活跃的研究领域，新的和改进的分词器不断涌现，所以 fastai 使用的默认值也在变化。然而，API 和选项不应该变化太大，因为即使底层技术发生了变化，fastai 也试图保持一个一致的 API。

让我们用在第 1 章中使用的 IMDb 数据集来尝试一下：

```
from fastai.text.all import *
path = untar_data(URLs.IMDB)
```

我们需要获取文本文件，以尝试使用一个分词器。就像 get_image_files（已经用过很多次了）可以获得一个路径中的所有图像文件一样，get_text_files 可以获得一个路径中的所有文本文件。我们还可以选择传递文件夹，以将搜索限制在特定的子文件夹列表中：

```
files = get_text_files(path, folders = ['train', 'test', 'unsup'])
```

下面是一篇评论，我们将对其进行分词（为了节省空间，在这里只打印它的开头）：

```
txt = files[0].open().read(); txt[:75]
```

```
'This movie, which I just discovered at the video store, has apparently sit '
```

在写作本书的时候，fastai 的默认英语单词分词器使用一个名为 *spaCy* 的库。它有一个复杂的规则引擎，可以为 URL、个性化的特殊英语单词等制定特殊规则。然而，我们不是直接使用 SpacyTokenizer，而是使用 WordTokenizer，因为这将始终指向 fastai 当前的默认分词器（默认分词器的设定取决于你何时阅读本文，不一定是 spaCy）。

来试试吧。我们将使用 fastai 的 coll_repr(*collection, n*) 函数来显示结果。这将显示 *collection* 的前 *n* 项，以及完整大小——这也是 L 默认使用的。请注意，fastai 的分词器需要对一个文件集合进行操作，所以我们必须将 txt 包装在一个列表中：

```
spacy = WordTokenizer()
toks = first(spacy([txt]))
print(coll_repr(toks, 30))
```

```
(#201) ['This','movie',',','which','I','just','discovered','at','the','video','s
 > tore',',','has','apparently','sit','around','for','a','couple','of','years','
 > without','a','distributor','.','It',"'s",'easy','to','see'...]
```

如你所见，spaCy 主要是将单词和标点符号分开。但它在这里也做了一些其他事情：它把"it's"分成"it"和"s"。这在直觉上是有道理的；这些确实是独立的词。当你考虑到所有必须处理的小细节时，会发现分词是一项令人惊讶的微妙任务。幸运的是，spaCy 为我们很好地处理了这些问题——例如，在这里我们看到，当"."结束一个句子时，它是被分开的，但在首字母缩写或数字中，它不与字母和数字分开：

```
first(spacy(['The U.S. dollar $1 is $1.00.']))
```

```
(#9) ['The','U.S.','dollar','$','1','is','$','1.00','.']
```

fastai 然后使用 Tokenizer 类为分词过程添加了一些附加功能：

```
tkn = Tokenizer(spacy)
print(coll_repr(tkn(txt), 31))
```

```
(#228) ['xxbos','xxmaj','this','movie',',','which','i','just','discovered','at',
> 'the','video','store',',','has','apparently','sit','around','for','a','couple
> ','of','years','without','a','distributor','.','xxmaj','it',"'s",'easy'...]
```

请注意，现在有一些以"xx"开头的语义单元，这在英语中不是一个常见的单词前缀，这些是特殊的语义单元。

例如，列表中的第一项，xxbos，是一个特殊的语义单元，表示一个新文本的开始（"BOS"是一个标准的 NLP 缩写，意味着"流的开始"）。通过识别这个定义为开始的语义单元，该模型能够明白它需要"忘记"之前说过的话，并专注于即将到来的单词。

这些特殊语义单元并不直接来自 spaCy。它们之所以存在，是因为 fastai 在处理文本时，默认情况下会通过应用一些规则来添加它们。这些规则旨在使模型更容易识别句子的重要部分。从某种意义上说，我们正在将原始的英语语言序列翻译成简化的分词语言——一种旨在让模型易于学习的语言。

例如，这些规则将用一个感叹号替换一连串的四个感叹号，接着是一个特殊的重复字符语义单元，然后是数字 4。通过这种方式，模型的嵌入矩阵可以编码一般概念的信息，如重复的标点符号，而不需要对每个标点符号的每一次重复次数进行单独标记。同样地，一个大写的单词将被替换成一个特殊的大写语义单元，然后是该单词的小写版本。这样，嵌入矩阵只需要单词的小写版本，节省了计算和内存资源，但仍然可以学习大写的概念。

以下是你将看到的一些主要的特殊语义单元：

xxbos

表示一个文本的开始（此处为评论）。

xxmaj

表示下一个单词以大写开头（因为所有的字母都是小写的）。

xxunk

表示下一个单词未知。

要查看所使用的规则，你可以检查默认规则：

```
defaults.text_proc_rules

[<function fastai.text.core.fix_html(x)>,
 <function fastai.text.core.replace_rep(t)>,
 <function fastai.text.core.replace_wrep(t)>,
 <function fastai.text.core.spec_add_spaces(t)>,
 <function fastai.text.core.rm_useless_spaces(t)>,
 <function fastai.text.core.replace_all_caps(t)>,
 <function fastai.text.core.replace_maj(t)>,
 <function fastai.text.core.lowercase(t, add_bos=True, add_eos=False)>]
```

与往常一样，可以通过键入以下内容在 notebook 中查看每一项的源代码：

```
??replace_rep
```

以下是对每种功能的简要总结。

fix_html

用可读的版本替换特殊的 HTML 字符（IMDb 评论中有很多这样的内容）。

replace_rep

将任何重复三次及以上的字符替换为特殊的语义单元（xxrep），连接重复次数，然后连接字符。

replace_wrep

将任何重复三次及以上的单词替换为重复的特殊语义单元（xxwrep），连接重复次数，然后连接单词。

spec_add_spaces

在 / 和 # 前后添加空格。

rm_useless_spaces

删除空格字符的所有重复项。

replace_all_caps

将一个全部以大写字母书写的单词改为小写，并在其前面添加一个大写字母的特殊语义单元（xxcap）。

```
replace_maj
```
将首字母大写的单词改为全部小写，并在其前面添加大写（xxmaj）的特殊语义单元。

```
lowercase
```
将所有文本改为小写，并在开头和 / 或结尾添加特殊语义单元(xxbos)和 / 或(xxeos)。

让我们来看其中几个实际使用的例子：

```
coll_repr(tkn('&copy; Fast.ai www.fast.ai/INDEX'), 31)
coll_repr(tkn('&copy;   Fast.ai www.fast.ai/INDEX'), 31)

"(#11) ['xxbos','©','xxmaj','fast.ai','xxrep','3','w','.fast.
ai','/','xxup','ind
> ex'...]"
```

现在让我们看看子词分词是如何工作的。

根据子词分词

除了上一节中介绍的单词分词方法外，另一种流行的分词方法是子词分词。单词分词依赖于这样一种假设，即空格为句子中的意义成分提供了一个有用的分离。然而，这一假设并不总是合适的。例如，考虑这样一句话：**我的名字是郝杰瑞**（"My name is Jeremy Howard"的中文形式）。这句话在单词分词器中不会有很好的效果，因为其中没有空格！像汉语和日语这样的语言不使用空格，事实上它们甚至没有一个定义明确的"词"的概念。其他语言，如土耳其语和匈牙利语，可以在没有空格的情况下将许多子词加在一起，创造出包含大量独立信息的非常长的单词。

要处理这些情况，通常最好使用子词分词。此过程分两个步骤进行：

1.   分析文档语料库，找出最常出现的字符组合。这些就组成了词汇表（vocab）。

2.   使用这个子词单元的词汇表对语料库进行分词。

来看一个例子。对于我们的语料库，我们将使用前 2 000 条电影评论：

```
txts = L(o.open().read() for o in files[:2000])
```

实例化分词器，传入想要创建的 vocab 的大小，然后"训练"它。也就是说，需要让它读取文档并找到常见的字符序列来创建 vocab。这是通过 setup 完成的。我们很快就会看到，setup 是一种特殊的 fastai 方法，在通常的数据处理管道中会被自动调用。但是，由于我们目前正在手动完成所有操作，因此必须自己调用它。这是一个函数，它针对给定的 vocal 大小执行这些步骤并显示案例输出：

```
def subword(sz):
    sp = SubwordTokenizer(vocab_sz=sz)
    sp.setup(txts)
    return ' '.join(first(sp([txt]))[:40])
```

让我们试一试：

```
subword(1000)
```

'_This _movie , _which _I _just _dis c over ed _at _the _video _st or e , _has
> _a p par ent ly _s it _around _for _a _couple _of _years _without _a _dis t
> ri but or . _It'

使用 fastai 的子词分词器时，特殊字符 _ 代表原文中的空格字符。

如果我们使用更小的 vocab，每个语义单元将代表更少的字符，并且将需要更多的语义
单元来表示一个句子：

```
subword(200)
```

'_ T h i s _movie , _w h i c h _I _ j u s t _ d i s c o v er ed _a t _ the _ v i d e
> o _ st or e , _ h a s'

另一方面，如果使用更大的 vocab，大多数常见的英语单词将最终出现在 vocab 本身中，
我们不需要那么多来代表一个句子：

```
subword(10000)
```

"_This _movie , _which _I _just _discover ed _at _the _video _store , _has
> _apparently _sit _around _for _a _couple _of _years _without _a _distributor
> . _It ' s _easy _to _see _why . _The _story _of _two _friends _living"

选择一个子词的 vocab 大小代表了一种折中：更大的 vocab 意味着每个句子的语义单元
更少，这意味着更快的训练、更少的记忆和更少的模型要记住的状态；但不利的一面是，
这意味着更大的嵌入矩阵，需要更多的数据来学习。

总的来说，子词分词提供了一种在字符分词（使用小的子词 vocab）和词分词（使用大
的子词 vocab）之间轻松扩展的方法，并且无须开发语言特定的算法即可处理每种人类
语言。 它甚至可以处理其他"语言"，例如基因组序列或 MIDI 乐谱！ 为此，它在去年
人气飙升，似乎很可能成为最常见的分词方法（当你阅读到这一部分时，它很可能已经
是最常见的分词法了！ ）。

文本一旦被拆分为语义单元，就需要将它们转换为数字。我们继续往下进行。

使用 fastai 进行数值化

数值化是将语义单元映射到整数的过程。这些步骤与创建 Category 变量（例如，MNIST 中数字的因变量）所需的步骤基本相同：

1. 列出该类别变量（vocab）的所有可能的层级，并将其构建成一个列表。

2. 用 vocab 中的索引替换每个层级的词汇。

看一下我们之前看到的单词分词文本的实际效果：

```
toks = tkn(txt)
print(coll_repr(tkn(txt), 31))

(#228) ['xxbos','xxmaj','this','movie',',','which','i','just','discovered','at',
 > 'the','video','store',',','has','apparently','sit','around','for','a','couple
 > ','of','years','without','a','distributor','.','xxmaj','it',"'s",'easy'...]
```

和 SubwordTokenizer 一样，需要在 Numericalize 上调用 setup；这就是我们创建 vocab 的方式。这意味着首先需要我们的分词语料库。由于分词需要一段时间，因此由 fastai 并行完成；但对于本案例，我们将使用一个小子集：

```
toks200 = txts[:200].map(tkn)
toks200[0]

(#228)
> ['xxbos','xxmaj','this','movie',',','which','i','just','discovered','at'...]
```

可以将其传递给 setup 以创建你的 vocab：

```
num = Numericalize()
num.setup(toks200)
coll_repr(num.vocab,20)

"(#2000) ['xxunk','xxpad','xxbos','xxeos','xxfld','xxrep','xxwrep','xxup','xxm
aj
 > ','the','.',',','a','and','of','to','is','in','i','it'...]"
```

首先出现特殊规则语义单元，然后每个单词按频率顺序出现一次。Numericalize 的默认值是 min_freq=3 和 max_vocab=60000。max_vocab=60000 使 fastai 用特殊的未知单词语义单元 xxunk 替换最常见的 60 000 个单词以外的所有单词。这有助于避免出现过大的嵌入矩阵，因为过大的嵌入矩阵会减慢训练速度并占用过多内存，这也意味着可能没有足够的数据来训练稀有词的表示。然而，最后一个问题最好通过设置 min_freq 来处理；默认的 min_freq=3 意味着任何出现次数少于 3 次的词都会被替换为 xxunk。

fastai 还可以通过传递单词列表作为 vocab 参数，使用你提供的 vocab 对数据集进行数值化。

一旦创建了 Numericalize 对象，我们就可以像使用函数一样使用它：

```
nums = num(toks)[:20]; nums

tensor([  2,    8,   21,   28,   11,   90,   18,   59,    0,   45,    9, 351, 499,   11,
> 72, 533, 584, 146,   29,   12])
```

这一次，语义单元已经被转换成模型可以接收的整数张量。接下来我们可以检查它们是否可以映射回原始文本：

```
' '.join(num.vocab[o] for o in nums)

'xxbos xxmaj this movie , which i just xxunk at the video store , has apparently
> sit around for a'
```

现在我们有了语义单元的数字表示，需要对模型进行更快的处理，对这些数据进行分批。

将文本分批作为语言模型的输入

在处理图像时，需要将图像调整为相同的高度和宽度，然后再将它们组合成一个小批次，这样它们就可以在一个张量中高效地被堆叠在一起。这里会有一点儿不同，因为人们不能简单地将文本调整到所需的长度。同时，我们希望语言模型能够按顺序阅读文本，这样它才可以有效地预测下一个单词是什么。这意味着每一个新批次都应该从上一个批次停止的地方开始。

假设我们有以下文本：

In this chapter, we will go back over the example of classifying movie reviews we studied in chapter 1 and dig deeper under the surface. First we will look at the processing steps necessary to convert text into numbers and how to customize it. By doing this, we'll have another example of the PreProcessor used in the data block API.

Then we will study how we build a language model and train it for a while.

分词过程将添加特殊语义单元、处理标点符号并返回此文本：

xxbos xxmaj in this chapter, we will go back over the example of classifying movie reviews we studied in chapter 1 and dig deeper under the surface. xxmaj first we will look at the processing steps necessary to convert text into numbers and how to customize it. xxmaj by doing this, we'll have another example of the preprocessor used in the data block xxup api. \n xxmaj then we will study how we build a language model and train it for a while.

现在有 90 个语义单元，用空格隔开。假设我们想要 6 个批次，需要将这段文字分成 6 个连续的部分，每个部分的长度为 15：

xxbos	xxmaj	in	this	chapter	,	we	will	go	back	over	the	example	of	classifying
movie	reviews	we	studied	in	chapter	1	and	dig	deeper	under	the	surface	.	xxmaj
first	we	will	look	at	the	processing	steps	necessary	to	convert	text	into	numbers	and
how	to	customize	it	.	xxmaj	by	doing	this	,	we	'll	have	another	example
of	the	preprocessor	used	in	the	data	block	xxup	api	.	\n	xxmaj	then	we
will	study	how	we	build	a	language	model	and	train	it	for	a	while	.

在理想情况下，可以把这一批数据直接交给模型进行分析。但这种方法在此处并不适用，因为除了这个表格所展现的内容，单个批次所包含的所有语义单元将会十分巨大，大概率会超出现在的 GPU 内存所能处理的容量（这里有 90 个语义单元，但所有 IMDb 评论加在一起给出了几百万个）。

因此，需要对这个列表进行更精细的拆分，将其分成固定序列长度的子列表。维持这些子列表内部和子列表之间的序列关系是很重要的，因为我们将使用一个模型来维持一个状态，以便模型在预测下一步要做什么时，通过这个状态记住它以前读到的内容。

回到我们之前得到的数据，在总共 6 个批次，长度为 15 的案例中，如果选择一个长度为 5 的序列，这意味着我们将首先输入以下数组：

xxbos	xxmaj	in	this	chapter
movie	reviews	we	studied	in
first	we	will	look	at
how	to	customize	it	.
of	the	preprocessor	used	in
will	study	how	we	build

然后输入这一部分：

,	we	will	go	back
chapter	1	and	dig	deeper
the	processing	steps	necessary	to
xxmaj	by	doing	this	,
the	data	block	xxup	api
a	language	model	and	train

最后才是它们：

over	the	example	of	classifying
under	the	surface	.	xxmaj
convert	text	into	numbers	and
we	'll	have	another	example
.	\n	xxmaj	then	we
it	for	a	while	.

回到我们的电影评论数据集，第一步是将单个文本连接在一起，把它们转换成一串文字。就像处理图像一样，最好也可以随机地改变输入的顺序。因此在每个训练开始时，我们将对数据进行重新排序以形成新的数据（对文档的顺序重新进行排序，而不是重新排序单词的顺序，否则文本将不再有意义！）。

然后我们将这个文字串切分成特定数量的区块（这就是批次大小）。例如，如果该文字串有 50 000 个语义单元，并且将批次大小设置为 10，这将提供 10 个具有 5000 个语义单元的小型文字串。重要的是，我们保留了语义单元的顺序（第一个小数据流从 1 到 5000，然后从 5001 到 10 000……），因为我们希望模型读取连续的文本行（就像之前预处理的例子一样）。在预处理期间，在每个文本串的开始处添加一个 xxbos 语义单元，以便模型知道当读取文本字符串时，哪里是一个新的文本串的开始。

因此，概括地说，在每个训练周期，我们都会重组文档集合，并将它们连接成一串语义单元。然后，将这一串语义单元分割成一批固定大小的小文字串。我们的模型将按顺序读取这些被分割后的文字串，然后根据模型的内部状态，无论选择的序列长度如何，它都将产生相同的激活值。

当我们创建一个 LMDataLoader 时，上面提到的这一切处理流程都是由 fastai 库在内部完成的，并不需要我们去指定这些操作。为此，在建立 LMDataLoader 时，需要对分词过后的文本进行 Numericalize：

```
nums200 = toks200.map(num)
```

然后将它传递给 LMDataLoader：

```
dl = LMDataLoader(nums200)
```

让我们通过抓取第一批文本来确认给出的结果是不是和预期相符：

```
x,y = first(dl)
x.shape,y.shape

(torch.Size([64, 72]), torch.Size([64, 72]))
```

然后看自变量的第一行，它应该是第一个文本的开始：

```
' '.join(num.vocab[o] for o in x[0][:20])

'xxbos xxmaj this movie , which i just xxunk at the video store , has apparently
> sit around for a'
```

因变量是位移了一个语义单元后的同一句话：

```
' '.join(num.vocab[o] for o in y[0][:20])

'xxmaj this movie , which i just xxunk at the video store , has apparently sit
> around for a couple'
```

需要应用到数据的所有预处理步骤到此结束，现在准备训练文本分类器。

训练文本分类器

正如在本章开头看到的，使用迁移学习来训练一个最先进的文本分类器有两个步骤：首先，需要根据 IMDb 评论的语料库来微调我们在维基百科上预处理的语言模型，然后可以使用该模型来训练一个分类器。

像往常一样，让我们从处理数据开始。

使用数据块来训练语言模型

当 TextBlock 被传递到 DataBlock 时，fastai 就会自动处理分词和进行数值化。所有可以传递给分词器和数值化的参数也可以传递给 TextBlock。在下一章中，我们将讨论分别运行这些步骤的最简单的方法，以简化调试过程，但是你随时都可以通过在数据的子集上手动运行它们来进行调试，如前面几节所示。不要忘记 DataBlock 方法，这对于调试数据、找出数据中存在的问题非常有用。

以下是我们如何使用 TextBlock 创建语言模型的方法，在这里使用的是 fastai 的默认值：

```
get_imdb = partial(get_text_files, folders=['train', 'test', 'unsup'])

dls_lm = DataBlock(
    blocks=TextBlock.from_folder(path, is_lm=True),
    get_items=get_imdb, splitter=RandomSplitter(0.1)
).dataloaders(path, path=path, bs=128, seq_len=80)
```

与之前在 DataBlock 中使用的类型不同的一点是，我们不只是直接使用类（即 TextBlock(...)），而是调用一个类方法。类方法是一种 Python 方法，顾名思义，它属于类而不是对象。（如果你不熟悉类方法，请务必在网上搜索关于它的更多信息，因为它在许多 Python 库和应用程序中都会被使用到；我们之前在书中使用过好几次了，但可能没有引起你的注意。）TextBlock 之所以特别，是因为设置数值化的 vocab 可能需要很长时间（我们必须对每个文档都进行读取和分词才能获得 vocab）。

为了尽可能地提高效率，fastai 进行了一些优化：

- 它将分词后的文档保存在临时文件夹中，因此不必多次对文档进行分词处理。
- 它并行运行多个语义单元化进程，以充分地利用计算机的 CPU。

我们需要告诉 TextBlock 如何访问文本，这样它才可以进行一个初始的预处理——这就是 from_folder 所做的事情。

然后，show_batch 以之前常见的方式给出输出：

```
dls_lm.show_batch(max_n=2)
```

	text	text_
0	xxbos xxmaj it's awesome ! xxmaj in xxmaj story xxmaj mode, your going from punk to pro. xxmaj you have to complete goals that involve skating, driving, and walking. xxmaj you create your own skater and give it a name, and you can make it look stupid or realistic. xxmaj you are with your friend xxmaj eric throughout the game until he betrays you and gets you kicked off of the skateboard	xxmaj it's awesome ! xxmaj in xxmaj story xxmaj mode, your going from punk to pro. xxmaj you have to complete goals that involve skating, driving, and walking. xxmaj you create your own skater and give it a name, and you can make it look stupid or realistic. xxmaj you are with your friend xxmaj eric throughout the game until he betrays you and gets you kicked off of the skateboard xxunk
1	what xxmaj i've read, xxmaj death xxmaj bed is based on an actual dream, xxmaj george xxmaj barry, the director, successfully transferred dream to film, only a genius could accomplish such a task. \n\n xxmaj old mansions make for good quality horror, as do portraits, not sure what to make of the killer bed with its killer yellow liquid, quite a bizarre dream, indeed. xxmaj also, this	xxmaj i've read, xxmaj death xxmaj bed is based on an actual dream, xxmaj george xxmaj barry, the director, successfully transferred dream to film, only a genius could accomplish such a task. \n\n xxmaj old mansions make for good quality horror, as do portraits, not sure what to make of the killer bed with its killer yellow liquid, quite a bizarre dream, indeed. xxmaj also, this is

现在数据已经准备好了，可以对预训练的语言模型进行微调了。

微调语言模型

为了将整数形式的单词索引转换成可以用于神经网络的激活值，我们将使用嵌入这一操作，使用的流程和在协同过滤和表格建模时所做的一样。然后，我们将使用一个叫作 *AWD-LSTM* 的架构把这些嵌入传递给一个递归神经网络（RNN）（将在第 12 章展示如何从头开始编写这样一个模型）。正如我们前面讨论的，预训练模型中的嵌入会与"不在预训练词汇表中的单词"的随机嵌入合并在一起。这个操作也是在 language_model_learner 中被自动处理的：

```
learn = language_model_learner(
    dls_lm, AWD_LSTM, drop_mult=0.3,
    metrics=[accuracy, Perplexity()]).to_fp16()
```

默认情况下，使用的损失函数是交叉熵损失，因为这本质上还是一个分类问题（这里的类别是 vocab 中的单词）。这里使用的指标 *perplexity* 也是我们常在 NLP 语言模型中使用的：它其实是损失的指数（即 torch.exp(*cross _entropy*)）。又因为交叉熵（正如我们所看到的）难以解释，而且主要能告诉我们的是模型的可信度，而不是模型的准确率，所以我们在这里还包括了准确率这一指标，以查看模型在尝试预测下一个单词时有多少次是正确的。

回到本章开头所示的流程图。第一个箭头中需要做的操作已经完成了，并在 fastai 中作为预训练模型提供给我们，而刚刚也为第二阶段构建了 DataLoaders 和 Learner。现在我们已经准备好要微调语言模型了！

每个训练周期都需要花费相当长的时间，所以我们将在训练过程中保存中间模型的结果。既然微调不会为我们实现这一目的，我们就需要自己使用 fit_one_cycle 来完成这一功能。就像 cnn_learner 一样，language_model_learner 在使用预训练模型（这是默认的）时会自动调用 freeze，因此这将只训练模型的嵌入层（模型中唯一包含随机初始化权重的部分，即在 IMDb vocab 中的单词，但不在预训练模型 vocab 中的嵌入）：

```
learn.fit_one_cycle(1, 2e-2)
```

epoch	train_loss	valid_loss	accuracy	perplexity	time
0	4.120048	3.912788	0.299565	50.038246	11:39

这个模型需要一段时间来训练，所以这是一个谈论保存中间结果的好机会。

保存和加载模型

你可以轻松保存模型的状态，如下所示：

```
learn.save('1epoch')
```

这将在 *learn.path/models/* 创建一个名为 *1epoch.pth* 的文件。如果你以同样的方式创建 `Learner` 后，要想将你的模型加载到另一台机器上，或者以后恢复训练，可以按如下方式加载该文件的内容：

```
learn = learn.load('1epoch')
```

一旦初始训练完成，就可以在解冻后继续微调模型：

```
learn.unfreeze()
learn.fit_one_cycle(10, 2e-3)
```

epoch	train_loss	valid_loss	accuracy	perplexity	time
0	3.893486	3.772820	0.317104	43.502548	12:37
1	3.820479	3.717197	0.323790	41.148880	12:30
2	3.735622	3.659760	0.330321	38.851997	12:09
3	3.677086	3.624794	0.333960	37.516987	12:12
4	3.636646	3.601300	0.337017	36.645859	12:05
5	3.553636	3.584241	0.339355	36.026001	12:04
6	3.507634	3.571892	0.341353	35.583862	12:08
7	3.444101	3.565988	0.342194	35.374371	12:08
8	3.398597	3.566283	0.342647	35.384815	12:11
9	3.375563	3.568166	0.342528	35.451500	12:05

一旦这样做了，我们就会保存除了最后一层的所有模型，这将模型的激活值转换为词汇表中选择每个语义单元的概率。不包括最后一层的模型称为编码器。我们可以用 `save_encoder` 保存：

```
learn.save_encoder('finetuned')
```

术语：编码器

该模型不包括特定于任务的最终层。当应用于卷积神经网络时，该术语与"body"的含义大致相同，但"编码器"更倾向于在自然语言处理和生成式模型中使用。

这就完成了文本分类过程的第二阶段：微调语言模型。现在可以用它和 IMDb 情感标签来微调我们的分类器了。然而，在继续微调分类器之前，让我们快速尝试一些不同的东西：使用模型生成随机评论。

文本生成

因为我们的模型被训练的目的是猜测句子的下一个单词，所以我们可以用它来写新的评论：

```
TEXT = "I liked this movie because"
N_WORDS = 40
N_SENTENCES = 2
preds = [learn.predict(TEXT, N_WORDS, temperature=0.75)
         for _ in range(N_SENTENCES)]

print("\n".join(preds))
```

```
i liked this movie because of its story and characters . The story line was very
 > strong , very good for a sci - fi film . The main character , Alucard , was
 > very well developed and brought the whole story
i liked this movie because i like the idea of the premise of the movie , the (
 > very ) convenient virus ( which , when you have to kill a few people , the "
 > evil " machine has to be used to protect
```

如你所见，我们添加了一些随机性（根据模型返回的概率选择一个随机单词），因此不会两次获得完全相同的评论。我们的模型中没有任何关于句子结构或语法规则的编程知识，但它显然学到了很多关于英语句子的知识：它会正确地使用首字母大写（I 被转换为 i，因为规则要求在有两个或更多的字符时，才可以将一个单词的首字母设置为大写，所以在这里看到小写是正常的），并且使用一致的时态。乍一看这些评论是很合理的，只有仔细阅读之后，才能注意到有些地方有点儿不对劲儿。对一个训练了几个小时的模型来说，这个结果还不错！

但我们的最终目标不是训练一个模型来产生评论，而是对它们进行分类……所以让我们用这个模型来完成分类这个任务吧。

创建分类器的数据加载器

我们现在正从语言模型的微调转向分类器的微调。概括地说，语言模型预测文档的下一个单词，因此它不需要任何外部标签。然而，分类器预测一个外部标签——在 IMDb 的例子中，这个外部标签表示的是文档的情感。

这意味着，NLP 分类数据块的结构和我们常使用的 DataBlock 结构非常相似。这与我们在许多图像分类数据集上看到的也几乎相同：

```
dls_clas = DataBlock(
    blocks=(TextBlock.from_folder(path, vocab=dls_lm.vocab),CategoryBlock),
    get_y = parent_label,
    get_items=partial(get_text_files, folders=['train', 'test']),
    splitter=GrandparentSplitter(valid_name='test')
).dataloaders(path, path=path, bs=128, seq_len=72)
```

与图像分类一样，show_batch 显示因变量（在本例中是文本的情感）和每个自变量（电影的评论文本）：

```
dls_clas.show_batch(max_n=3)
```

	文本	分类
0	xxbos i rate this movie with 3 skulls, only coz the girls knew how to scream, this could 've been a better movie, if actors were better, the twins were xxup ok, i believed they were evil, but the eldest and youngest brother, they sucked really bad, it seemed like they were reading the scripts instead of acting them... .spoiler : if they 're vampire 's why do they freeze the blood ? vampires ca n't drink frozen blood, the sister in the movie says let 's drink her while she is alive … .but then when they 're moving to another house, they take on a cooler they 're frozen blood. end of spoiler \n\n it was a huge waste of time, and that made me mad coz i read all the reviews of how	neg
1	xxbos i have read all of the xxmaj love xxmaj come xxmaj softly books. xxmaj knowing full well that movies can not use all aspects of the book, but generally they at least have the main point of the book. i was highly disappointed in this movie. xxmaj the only thing that they have in this movie that is in the book is that xxmaj missy 's father comes to xxunk in the book both parents come). xxmaj that is all. xxmaj the story line was so twisted and far fetch and yes, sad, from the book, that i just could n't enjoy it. xxmaj even if i didn't read the book it was too sad. i do know that xxmaj pioneer life was rough, but the whole movie was a downer. xxmaj the rating	neg

	文本	分类
2	xxbos xxmaj this, for lack of a better term, movie is lousy. xxmaj where do i start … … \n\n xxmaj cinemaphotography - xxmaj this was, perhaps, the worst xxmaj i 've seen this year. xxmaj it looked like the camera was being tossed from camera man to camera man. xxmaj maybe they only had one camera. xxmaj it gives you the sensation of being a volleyball. \n\n xxmaj there are a bunch of scenes, haphazardly, thrown in with no continuity at all. xxmaj when they did the ' split screen ', it was absurd. xxmaj everything was squished flat, it looked ridiculous. \n\n xxmaj the color tones were way off. xxmaj these people need to learn how to balance a camera. xxmaj this ' movie ' is poorly made, and	neg

从数据块的定义来看，除了两个很重要的点不同外，每个部分都与我们之前构建的数据块相似：

- TextBlock.from_folder 函数不再有 is_lm=True 参数。
- 我们传入了为语言模型微调而创建的 vocab。

我们传入语言模型的 vocab 的原因是确保使用相同的语义单元及索引之间的对应关系。否则，我们在微调语言模型中学习的嵌入对这个模型没有任何意义，微调步骤也没有任何用处。

通过传递 is_lm=False（或者根本不传递 is_lm，因为它默认就为 False），告诉 TextBlock 我们有常规的语义单元数据，而不是使用下一个语义单元作为标签。然而，我们必须应对一个挑战，那就是将多个文档整理成一个小批次。让我们看一个例子，尝试创建一个包含前 10 个文档的小批次。首先，我们将对它们进行数值化：

```
nums_samp = toks200[:10].map(num)
```

现在来看看这 10 部电影的评论中各有多少语义单元：

```
nums_samp.map(len)
```

```
(#10) [228,238,121,290,196,194,533,124,581,155]
```

请记住，PyTorch 的 DataLoaders 需要将一个批次中的所有数据项整理成单个张量，单个张量具有固定的形状（即在每个轴上都有特定的长度，所有数据项必须一致）。这听起来应该很熟悉：我们在图像方面也处理过同样的问题。在这种情况下，我们使用裁剪、填充和 / 或挤压来使所有输入的大小相同。裁剪对于文档来说可能不是一个好主意，因为可能会删除一些关键信息（话虽如此，同样的问题也适用于图像，我们在那里使用了裁剪；数据增强还没有在自然语言处理中得到很好的探索，所以也许在自然语言处理中也有使用裁剪的机会！）。当然了，你不能真的"压扁"一份文件，所以就只剩下对文件进行"填充"了！

我们将扩展最短的文本，使它们大小相同。为此，我们使用一个特殊的填充语义单元，这个语义单元将被模型忽略。此外，为了避免内存问题，并提高性能，我们将把长度大致相同的文本分批放在一起（对训练集进行一些排序）。在每个周期之前按长度对数据集中的文档进行排序。其结果是，整理成一批的文件往往长度相似。我们不会将每批都填充为相同的大小，而是使用每批中最大文档的大小作为目标大小。

动态调整图像大小

可以对图像做一些类似的事情，这对于不规则尺寸的矩形图像尤其有用，但是在撰写本文时，还没有任何库为此提供良好的支持，也没有任何论文涉及相关做法。然而，这一内容是我们计划很快就会添加到 fastai 的东西，所以请留意本书的网站；一旦添加的部分在实际中运行得还不错，我们就会提供相关信息供大家参考。

当使用 is_lm=False 及 TextBlock 时，数据块 API 会自动进行排序和填充。（对于语言模型数据，没有这类问题，因为我们首先将所有文档拼接在一起，然后将它们分成大小相等的部分。）

现在可以创建一个模型来对文本进行分类：

```
learn = text_classifier_learner(dls_clas, AWD_LSTM, drop_mult=0.5,
                                metrics=accuracy).to_fp16()
```

训练分类器之前的最后一步是，从我们微调的语言模型中加载编码器。使用 load_encoder 而不是 load，因为我们只有编码器可用的预训练权重；如果加载了不完整的模型，默认情况下 load 会引发异常：

```
learn = learn.load_encoder('finetuned')
```

微调分类模型

最后一步是用不同的学习率和逐渐解冻的方式进行训练。在计算机视觉中，我们经常一次性解冻所有模型，但是对于 NLP 分类器，我们发现一次解冻几层会有真正不同的结果：

```
learn.fit_one_cycle(1, 2e-2)
```

epoch	train_loss	valid_loss	accuracy	time
0	0.347427	0.184480	0.929320	00:33

仅在一个周期内，我们就获得了与第 1 章中介绍的相同的训练结果——还不错！可以通过将 -2 传入 freeze_to 来冻结除最后两个参数组以外的所有参数组：

```
learn.freeze_to(-2)
learn.fit_one_cycle(1, slice(1e-2/(2.6**4),1e-2))
```

epoch	train_loss	valid_loss	accuracy	time
0	0.247763	0.171683	0.934640	00:37

然后可以多解冻一点儿，继续训练：

```
learn.freeze_to(-3)
learn.fit_one_cycle(1, slice(5e-3/(2.6**4),5e-3))
```

epoch	train_loss	valid_loss	accuracy	time
0	0.193377	0.156696	0.941200	00:45

最后，解冻整个模型！

```
learn.unfreeze()
learn.fit_one_cycle(2, slice(1e-3/(2.6**4),1e-3))
```

epoch	train_loss	valid_loss	accuracy	time
0	0.172888	0.153770	0.943120	01:01
1	0.161492	0.155567	0.942640	00:57

我们达到了 94.3% 的准确率，这在三年前还是最先进的表现。对原文本进行翻转之后，我们使用反向的文本来训练另一个模型，并对这两个模型的预测进行平均时，我们甚至可以达到 95.1% 的准确率，这是 ULMFiT 这篇论文中介绍的较为先进的技术水平。就在几个月前，通过微调一个更大的模型和使用昂贵的数据增强技术（先翻译成另一种语言的句子，然后再用另一种模型翻译回去），已经能得到超越上述的较为优秀的成绩了。

使用一个预训练模型，让我们构建一个非常强大的微调语言模型，要么生成虚假评论，要么有助于对它们进行分类。这是令人兴奋的事情，但最好记住这项技术也可以用于恶意目的。

虚假信息和语言模型

在广泛使用深度学习语言模型之前，即使是基于规则的简单算法也可以用来创建欺诈账户，并试图影响决策者。杰夫·高现在是 ProPublica 的一名计算记者，他分析了发送给美国联邦通信委员会（FCC）的关于2017年废除网络中立的建议的评论。在他的文章"More than a Million Pro-Repeal Net Neutrality Comments Were Likely Faked"（参见链接128）中，他报道了他是如何发现一大群反对网络中立的评论的，这些评论似乎是由某种疯狂实验室（Mad Libs）风格的邮件合并产生的。在图10-2中，假评论被杰夫用颜色标示出来，以突出它们公式化的性质。

```
"In the matter of restoring Internet freedom. I'd like to recommend the commission to undo The
Obama/Wheeler power grab to control Internet access. Americans, as opposed to Washington bureaucrats,
deserve to enjoy the services they desire. The Obama/Wheeler power grab to control Internet access is
a distortion of the open Internet. It ended a hands-off policy that worked exceptionally successfully
for many years with bipartisan support.",
"Chairman Pai:  With respect to Title 2 and net neutrality. I want to encourage the FCC to rescind
Barack Obama's scheme to take over Internet access. Individual citizens, as opposed to Washington
bureaucrats, should be able to select whichever services they desire. Barack Obama's scheme to take
over Internet access is a corruption of net neutrality. It ended a free-market approach that
performed remarkably smoothly for many years with bipartisan consensus.",
"FCC:  My comments re: net neutrality regulations. I want to suggest the commission to overturn
Obama's plan to take over the Internet. People like me, as opposed to so-called experts, should be
free to buy whatever products they choose. Obama's plan to take over the Internet is a corruption of
net neutrality. It broke a pro-consumer system that performed fabulously successfully for two decades
with Republican and Democrat support.",
"Mr Pai:  I'm very worried about restoring Internet freedom. I'd like to ask the FCC to overturn The
Obama/Wheeler policy to regulate the Internet. Citizens, rather than the FCC, deserve to use
whichever services we prefer. The Obama/Wheeler policy to regulate the Internet is a perversion of
the open Internet. It disrupted a market-based approach that functioned very, very smoothly for
decades with Republican and Democrat consensus.",
"FCC:  In reference to net neutrality. I would like to suggest Chairman Pai to reverse Obama's
scheme to control the web. Citizens, as opposed to Washington bureaucrats, should be empowered to buy
whatever products they prefer. Obama's scheme to control the web is a betrayal of the open Internet.
It undid a hands-off approach that functioned very, very successfully for decades with broad
```

图10-2：FCC在网络中立性辩论期间收到的评论

杰夫估计"在2200多万条评论中，只有不到80万条被认为是真正有效的"，并且"超过99%的真正有效的评论支持保持网络中立"。

鉴于自2017年以来语言建模的进步，现在几乎不可能捕捉到这种欺诈活动。现在有了所有必要的工具来创建一个引人注目的语言模型——一个可以生成适合上下文的、可信的文本的模型。它不一定是完全准确的，但它是可信的。想想这项技术与我们近年来了解到的各种虚假信息运动结合在一起意味着什么。看看图10-3所示的 Reddit 对话，一个基于 OpenAI 的 GPT-2 算法的语言模型正在与自己讨论美国政府是否应该削减国防开支。

虽然这个例子讲的是可以使用一种算法来生成对话。但是想象一下，如果有不法分子决定在社交网络上散播这样一个算法，会发生什么——他们可以缓慢而小心地这样做，让这个算法随着时间的推移逐渐培养追随者，并获得他们的信任。不需要太多的资源就可以让数百万个账户完成这项工作。在这种情况下，我们可以很容易地想象到这样一种场景，网上的绝大多数话语来自机器人，并且没有人会知道这种情况在何时发生。

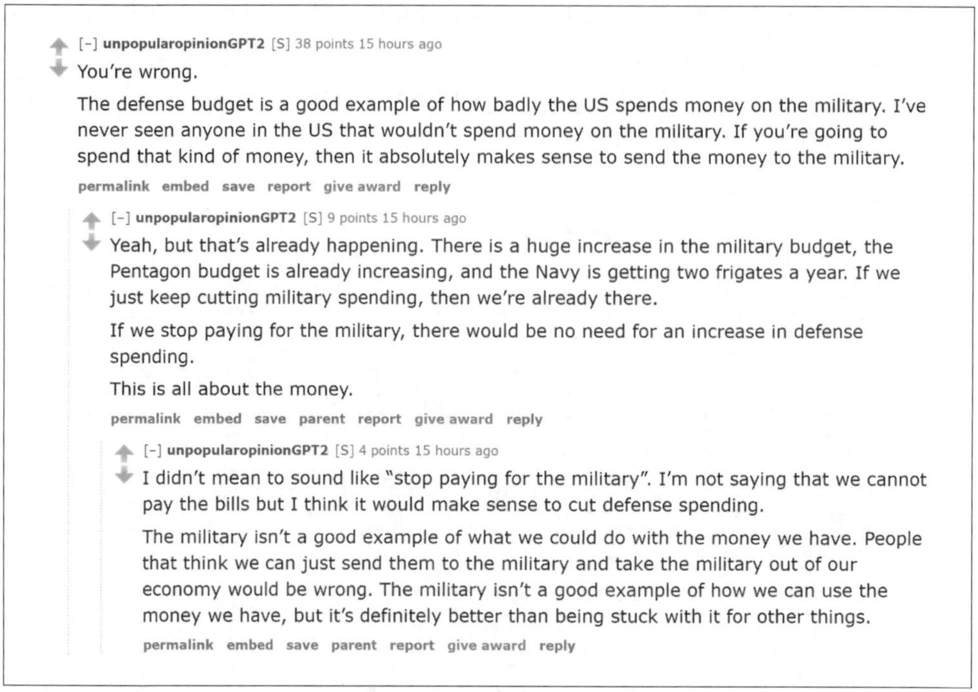

[–] unpopularopinionGPT2 [S] 38 points 15 hours ago
You're wrong.

The defense budget is a good example of how badly the US spends money on the military. I've never seen anyone in the US that wouldn't spend money on the military. If you're going to spend that kind of money, then it absolutely makes sense to send the money to the military.

permalink embed save report give award reply

[–] unpopularopinionGPT2 [S] 9 points 15 hours ago
Yeah, but that's already happening. There is a huge increase in the military budget, the Pentagon budget is already increasing, and the Navy is getting two frigates a year. If we just keep cutting military spending, then we're already there.

If we stop paying for the military, there would be no need for an increase in defense spending.

This is all about the money.

permalink embed save parent report give award reply

[–] unpopularopinionGPT2 [S] 4 points 15 hours ago
I didn't mean to sound like "stop paying for the military". I'm not saying that we cannot pay the bills but I think it would make sense to cut defense spending.

The military isn't a good example of what we could do with the money we have. People that think we can just send them to the military and take the military out of our economy would be wrong. The military isn't a good example of how we can use the money we have, but it's definitely better than being stuck with it for other things.

permalink embed save parent report give award reply

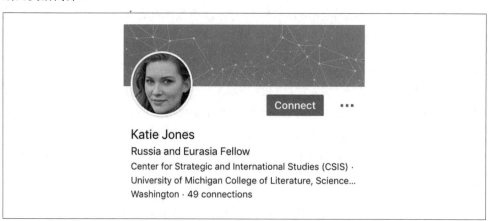

图10-3：算法在Reddit上的自我对话

同时，我们已经看到有机器学习被用来生成身份的例子。例如，图 10-4 显示了凯蒂 · 琼斯的英语简介。

图10-4：凯蒂·琼斯在领英上的自我简介

凯蒂 · 琼斯在 LinkedIn 上与几个主流华盛顿智库的成员有联系，但她其实是不存在的。

你看到的这张照片是由一个生成式对抗网络自动生成的，事实上，没有一个叫凯蒂·琼斯的人从战略与国际研究中心毕业。

许多人假设或希望算法为我们识别并对抗这一现象——我们将开发能够自动识别自动生成内容的分类算法。然而，问题是，这将永远是一场军备竞赛，在这场竞赛中，更好的分类（或鉴别器）算法可以用来创建更好的生成算法。

结论

在本章中，我们探讨了 fastai 库提供的最后一个应用领域：文本。我们看到了两种类型的模型：可以生成文本的语言模型，以及确定评论是正面还是负面的分类模型。为了建立一个最先进的分类模型，我们使用了一个预训练的语言模型，根据任务的语料库对其进行微调，然后使用它的主体（body）（编码器）以及新的头部（head）来进行分类。

在本书的这一部分结束之前，我们还将看一下 fastai 库如何帮助你为特定问题收集数据。

问题

1. 什么是自监督学习？

2. 什么是语言模型？

3. 为什么语言模型被认为是自监督的？

4. 自监督模型通常用于什么？

5. 为什么要微调语言模型？

6. 创建先进的文本分类模型的三个步骤是什么？

7. 50 000 篇无标签的电影评论如何帮助 IMDb 数据集创建更好的文本分类模型？

8. 为语言模型准备数据的三个步骤是什么？

9. 什么是语义单元？为什么需要它？

10. 说出三种分词方法。

11. xxbos 是什么？

12. 列出 fastai 在分词过程中对文本执行的 4 个规则。

13. 为什么重复的字符可被一个表示重复次数和重复字符的语义单元所取代？

14. 什么是数值化？

15. 为什么会有单词被替换为"未知单词"语义单元？

16. 批次大小为 64，张量的第一行表示第一个批次，其中包含数据集的前 64 个语义单元。

那么这一张量的第二行包含什么？第二批次的第一行包含什么？（小心——学生们经常弄错这一点！一定要在本书的网站上检查一下你的答案。）

17. 为什么文本分类需要填充？为什么语言建模不需要填充？

18. NLP 的嵌入矩阵包含什么？它是什么形状的？

19. 什么是 perplexity？

20. 为什么必须将语言模型的词汇表传递给分类模型的数据块？

21. 什么是逐渐解冻？

22. 为什么文本生成技术总是有可能优于机器生成文本的自动识别技术？

深入研究

1. 看看你从语言模型和虚假信息中能学到什么。当今最好的语言模型有哪些？看看它们的一些输出。你觉得它们有说服力吗？一个不法分子如何利用这样的模型来制造冲突和不稳定性？

2. 鉴于模型不太可能永远都准确地识别机器生成的文本这一局限性，还需要什么方法来处理利用深度学习生成大规模虚假信息的活动？

第 11 章
使用fastai的中间层API
来处理数据

我们已经看到了分词器和数值化可以对一组文本做些什么事情，以及它们是如何在数据块 API 中被使用的，该接口可以直接使用 TextBlock 为我们处理这些转换。但是，如果我们只想应用这些转换中的一个，目的要么是为了看到中间结果，要么是因为我们已经对文本进行了分词，那该怎么办呢？更宽泛地说，当数据块 API 不够灵活，不能适应特定用例时，我们能做什么？为此，我们需要使用 fastai 的中间层 API 来处理数据。数据块 API 建立在这一层之上，因此它可以帮我们完成数据块 API 所做的一切任务，甚至更多其他需要完成的工作。

深入研究 fastai 的分层 API

fastai 库是建立在分层 API 之上的。正如我们在第 1 章中看到的，允许我们用五行代码训练模型的应用程序在顶层。例如，在为文本分类器创建数据加载器的情况下，我们使用了这一行代码：

```
from fastai.text.all import *

dls = TextDataLoaders.from_folder(untar_data(URLs.IMDB), valid='test')
```

当你的数据以与 IMDb 数据集完全相同的方式排列时，使用工厂方法 TextDataLoaders.from_folder 非常方便，但在实践中，情况往往并非如此。数据块 API 提供了更大的灵活性。正如在上一章中看到的，我们可以用以下方式得到相同的结果：

```
path = untar_data(URLs.IMDB)
```

```
dls = DataBlock(
    blocks=(TextBlock.from_folder(path),CategoryBlock),
    get_y = parent_label,
    get_items=partial(get_text_files, folders=['train', 'test']),
    splitter=GrandparentSplitter(valid_name='test')
).dataloaders(path)
```

但有时这样的方式还不够灵活。例如，出于调试的目的，我们可能只需要应用该数据块附带的部分转换。或者，我们可能想为 fastai 不直接支持的应用任务创建一个数据加载器。在本节中，我们将深入研究 fastai 内部用来实现数据块 API 的各个部分。了解这些将使你能够利用好这个中间层 API 所具备的强大能力和灵活性。

中间层 API

中间层 API 不仅仅包含创建数据加载器的功能，它还具有回调系统和通用优化器，回调系统允许我们以任何喜欢的方式定制训练循环。这两部分内容都将在第 16 章进行讨论。

转换

在前一章研究分词和数值化时，我们是从抓取一堆文本开始的：

```
files = get_text_files(path, folders = ['train', 'test'])
txts = L(o.open().read() for o in files[:2000])
```

然后，展示了如何使用分词器对它们进行分词：

```
tok = Tokenizer.from_folder(path)
tok.setup(txts)
toks = txts.map(tok)
toks[0]
```

```
(#374) ['xxbos','xxmaj','well',',',',','"','cube','"','(','1997',')'...]
```

以及如何数值化，包括为语料库自动创建 vocab：

```
num = Numericalize()
num.setup(toks)
nums = toks.map(num)
nums[0][:10]
```

```
tensor([   2,    8,   76,   10,   23, 3112,   23,   34, 3113,   33])
```

这个类还有一个 decode 方法。例如，Numericalize.decode 返回字符串语义单元：

```
nums_dec = num.decode(nums[0][:10]); nums_dec
(#10) ['xxbos','xxmaj','well',',',',','"','cube','"','(','1997',')']
```

Tokenizer.decode 将它转换回单个字符串（但是，它可能与原始字符串不完全相同；这取决于分词器是否可逆，在撰写本书时，默认的单词分词器是不可逆的）：

```
tok.decode(nums_dec)
'xxbos xxmaj well , " cube " ( 1997 )'
```

fastai 的 show_batch 和 show_results 以及其他一些推断方法使用 decode 将预测和小批次转换为人类可以理解的表示。

对于前面例子中的每一个 tok 或 num，我们都创建了一个名为 setup 方法的对象（如果 tok 需要的话，它会训练分词器并为 num 创建 vocab），将其应用到我们的原始文本中（通过将对象作为函数调用），然后最终将结果解码回一个可理解的表示。大多数数据预处理任务都需要这些步骤，所以 fastai 提供了一个封装它们的类，也就是 Transform 类。Token 和 Numericalize 都属于 Transform 这一类。

一般来说，Transform 是一个行为类似于函数的对象，它有一个初始化内部状态的可选 setup 方法（如 num 中的 vocab）和一个恢复函数的可选解码方法（这种恢复可能不是完美的，就像我们在 tok 中看到的那样）。

decode 的一个很好的例子是我们在第 7 章中看到的 Normalize 转换：为了能够绘制图像，它的 decode 方法取消了标准化（即，它乘以标准差并加回平均值）。另一方面，数据增强转换没有 decode 方法，因为我们希望显示图像上的效果，以确保数据增强的流程是按照我们想要的方式进行的。

Transform 所具有的一个特殊行为是：它们总是用于处理元组。一般来说，我们的数据总是一个元组（input, target）（有时有多个输入或多个目标）。当像这样在一个项目上应用一个转换时，比如调整大小，我们不想把元组作为一个整体来调整大小；我们希望分别调整输入（如果适用）和目标（如果适用）的大小。对于进行数据增强的批次转换也是如此：当输入是图像而目标是分割掩码时，转换需要以相同的方式对输入和目标进行处理。

如果将一组文本传递给 tok，我们可以看到这种行为：

```
tok((txts[0], txts[1]))
((#374) ['xxbos','xxmaj','well',',',',','"','cube','"','(','1997',')'...],
 (#207)
>['xxbos','xxmaj','conrad','xxmaj','hall','went','out','with','a','bang'...])
```

编写自定义转换

如果你想编写一个自定义转换，并将其应用于你的数据，最简单的方法是编写一个函数。如你在此案例中所见，如果提供了转化所对应的类型，那转换的方法就只会对特定的类型生效（否则，所有类型都会应用转换操作）。在下面的代码中，函数签名中的 :int 表示 f 只应用于 ints。这就是为什么 tfm(2.0) 返回 2.0，而 tfm(2) 在这里返回 3：

```
def f(x:int): return x+1
tfm = Transform(f)
tfm(2),tfm(2.0)
```

```
(3, 2.0)
```

这里，f 被转换成一个没有 setup 和 decode 方法的 Transform。

Python 有一种特殊的语法，用于将一个函数（如 f）传递给另一个函数（或行为类似于函数的东西，在 Python 中称为可调用的），称为装饰器（decorator）。装饰器的使用方法是在可调用的前面加上 @，并将其放在函数定义之前（有很多关于 Python 装饰器的优秀的在线教程，所以如果这对你来说是一个新概念的话，你可以看看相关的教程）。以下代码与之前的代码相同：

```
@Transform
def f(x:int): return x+1
f(2),f(2.0)
```

```
(3, 2.0)
```

如果你需要 setup 或 decode，需要首先创建一个子类继承 Transform，并且在 encodes 里面实现实际的编码行为，然后（可选）在 setups 中实现设置行为，并且在 decodes 中实现解码的目的：

```
class NormalizeMean(Transform):
    def setups(self, items): self.mean = sum(items)/len(items)
    def encodes(self, x): return x-self.mean
    def decodes(self, x): return x+self.mean
```

NormalizeMean 在这里会在设置(setup)过程中初始化某个状态(传递的所有元素的均值)；转换就是减去平均值。在解码时，通过增加平均值来实现该转换的逆转换。这里有一个标准化的例子：

```
tfm = NormalizeMean()
tfm.setup([1,2,3,4,5])
start = 2
y = tfm(start)
```

```
z = tfm.decode(y)
tfm.mean,y,z

(3.0, -1.0, 2.0)
```

请注意，对于每种方法，调用的方法和实现的方法是不同的：

类	调用	实现
nn.Module(PyTorch)	()(i.e., call as function)	forward
Transform	()	encodes
Transform	decode()	decodes
Transform	setup()	setups

例如，你永远不会直接调用所有 setups，而是对 setup 进行分别调用。原因是，安装程序在为你调用安装程序之前和之后都会做一些工作。要了解更多关于转换以及如何根据输入类型使用转换来实现不同行为的知识，请务必查看 fastai 文档中的教程。

管道

为了组合几个不同的转换，fastai 提供了 Pipeline 类。我们通过向管道（pipeline）传递 Transform 列表来定义 Pipeline；然后，将在管道中组合转换。当对你的对象调用 Pipeline 时，Pipeline 将自动调用内部的转换形式，顺序如下：

```
tfms = Pipeline([tok, num])
t = tfms(txts[0]); t[:20]

tensor([    2,    8,   76,   10,   23, 3112,   23,   34, 3113,   33,   10,    8,
 > 4477,   22,   88,   32,   10,   27,   42,   14])
```

你可以根据编码结果调用 decode，以获得可以显示和分析的内容：

```
tfms.decode(t)[:100]

'xxbos xxmaj well , " cube " ( 1997 ) , xxmaj vincenzo \'s first movie , was one
 > of the most interesti'
```

在管道中唯一不同于转换的部分是设置（setup）。要在某些数据上正确设置转换管道，需要使用一个 TfmdLists。

TfmdLists 和 Dataset：转换后的集合

我们的数据通常是一组原始项目（如文件名或数据框中的行），你希望对其应用一系列转换。我们刚刚看到，一系列的转换由 fastai 中的一个 Pipeline 来表示。将此管道与你的原始项目分组的类称为 TfmdLists。

TfmdLists

下面是我们在上一节中看到的进行转换的简单方法：

```
tls = TfmdLists(files, [Tokenizer.from_folder(path), Numericalize])
```

在初始化时，TfmdLists 将按顺序自动调用每个转换的 setup 方法，按顺序为每个转换提供的不是原始的数据，而是由所有以前的转换方法转换过后的数据。我们可以在任何原始元素上获得管道的结果，只要通过索引检索 TfmdLists 中的值即可：

```
t = tls[0]; t[:20]
tensor([     2,      8,     91,     11,     22,   5793,     22,     37,   4910,     34,
>   11,      8,  13042,     23,    107,     30,     11,     25,     44,     14])
```

TfmdLists 知道如何解码以达到展示的目的：

```
tls.decode(t)[:100]
```

```
'xxbos xxmaj well , " cube " ( 1997 ) , xxmaj vincenzo \'s first movie , was one
> of the most interesti'
```

事实上，它甚至还有一个名为 show 的方法：

```
tls.show(t)
xxbos xxmaj well , " cube " ( 1997 ) , xxmaj vincenzo ·s first movie , was one
> of the most interesting and tricky ideas that xxmaj i · ve ever seen when
> talking about movies . xxmaj they had just one scenery , a bunch of actors
> and a plot . xxmaj so , what made it so special were all the effective
> direction , great dialogs and a bizarre condition that characters had to deal
> like rats in a labyrinth . xxmaj his second movie , " cypher " ( 2002 ) , was
> all about its story , but it was n · t so good as " cube " but here are the
> characters being tested like rats again .

" nothing " is something very interesting and gets xxmaj vincenzo coming back
> to his · cube days · , locking the characters once again in a very different
> space with no time once more playing with the characters like playing with
> rats in an experience room . xxmaj but instead of a thriller sci - fi ( even
> some of the promotional teasers and trailers erroneous seemed like that ) , "
> nothing " is a loose and light comedy that for sure can be called a modern
> satire about our society and also about the intolerant world we · re living .
> xxmaj once again xxmaj xxunk amaze us with a great idea into a so small kind
> of thing . 2 actors and a blinding white scenario , that ·s all you got most
> part of time and you do n · t need more than that . xxmaj while " cube " is a
> claustrophobic experience and " cypher " confusing , " nothing " is
```

> completely the opposite but at the same time also desperate .

xxmaj this movie proves once again that a smart idea means much more than just
> a millionaire budget . xxmaj of course that the movie fails sometimes , but
> its prime idea means a lot and offsets any flaws . xxmaj there · s nothing
> more to be said about this movie because everything is a brilliant surprise
> and a totally different experience that i had in movies since " cube " .

TfmdLists 的名称里面有"s"，是因为它可以处理带有 splits 参数的训练集和验证集。
你只需将训练集中元素的索引和验证集中元素的索引传递给它即可：

```
cut = int(len(files)*0.8)
splits = [list(range(cut)), list(range(cut,len(files)))]
tls = TfmdLists(files, [Tokenizer.from_folder(path), Numericalize],
                splits=splits)
```

然后，可以通过 train 和 valid 属性访问它们：

```
tls.valid[0][:20]

tensor([    2,     8,    20,    30,    87,   510,  1570,    12,   408,   379,
>  4196,    10,     8,    20,    30,    16,    13, 12216,   202,   509])
```

如果你已经手动编写了一个 Transform（转换），该转换将一次执行所有的预处理，将
原始项转换成一个包含输入和目标的元组，TfmdLists 就是你需要的类。可以使用
DataLoaders 方法直接将其转换为数据加载器对象。这就是我们在本章后面的 Siamese
例子中要做的。

不过，一般来说，你会有两个（或更多）并行的转换管道：一个将原始数据处理为输入，
另一个将原始数据处理为目标。例如，在这里，我们定义的管道只将原始文本处理成输入。
如果要做文本分类，还得把标签处理成目标。

为此，我们需要做两件事。首先，从父文件夹中获取标签名。有一个函数可以对
parent_label 完成这件事：

```
lbls = files.map(parent_label)
lbls

(#50000)[·pos·,·pos·,·pos·,·pos·,·pos·,·pos·,·pos·,·pos·,·pos·,·
pos·...]
```

然后，需要一个转换，它将获取唯一的数据项，并在设定的过程中用它们构建一个
vocab，然后在调用时将字符串标签转换成整数。fastai 为我们提供了这个函数，其名称
为 Categorize：

```
cat = Categorize()
cat.setup(lbls)
cat.vocab, cat(lbls[0])

((#2) [·neg·,·pos·], TensorCategory(1))
```

为了在文件列表中自动完成整个设置流程，我们可以像以前一样创建一个 TfmdLists：

```
tls_y = TfmdLists(files, [parent_label, Categorize()])
tls_y[0]

TensorCategory(1)
```

但是，我们最终得到了两个独立的对象作为输入和目标，这不是我们想要的。数据集可以帮我们进一步解决相关问题。

Datasets

Datasets 会将两个（或多个）管道并行应用于同一个原始对象，并使用结果构建一个元组。像 TfmdLists 一样，它会自动设置流程，当我们索引到一个 DataSets 时，它会返回一个元组，其中包含每个管道的结果：

```
x_tfms = [Tokenizer.from_folder(path), Numericalize]
y_tfms = [parent_label, Categorize()]
dsets = Datasets(files, [x_tfms, y_tfms])
x,y = dsets[0]
x[:20],y
```

像 TfmdLists 一样，我们可以将 splits 传递给 Datasets，以便在训练集和验证集之间分割数据：

```
x_tfms = [Tokenizer.from_folder(path), Numericalize]
y_tfms = [parent_label, Categorize()]
dsets = Datasets(files, [x_tfms, y_tfms], splits=splits)
x,y = dsets.valid[0]
x[:20],y

(tensor([    2,     8,    20,    30,    87,   510,  1570,    12,   408,   379,
 > 4196,    10,     8,    20,    30,    16,    13, 12216,   202,   509]),
  TensorCategory(0))
```

它还可以解码任何已处理的元组或直接显示它：

```
t = dsets.valid[0]
dsets.decode(t)
```

```
( · xxbos xxmaj this movie had horrible lighting and terrible camera movements .
> xxmaj this movie is a jumpy horror flick with no meaning at all . xxmaj the
> slashes are totally fake looking . xxmaj it looks like some 17 year - old
> idiot wrote this movie and a 10 year old kid shot it . xxmaj with the worst
> acting you can ever find . xxmaj people are tired of knives . xxmaj at least
> move on to guns or fire . xxmaj it has almost exact lines from " when a xxmaj
> stranger xxmaj calls " . xxmaj with gruesome killings , only crazy people
> would enjoy this movie . xxmaj it is obvious the writer does n\ · t have kids
> or even care for them . i mean at show some mercy . xxmaj just to sum it up ,
> this movie is a " b " movie and it sucked . xxmaj just for your own sake , do
> n\ · t even think about wasting your time watching this crappy movie · · ,
· neg · )
```

最后一步是将 Datasets 对象转换为 DataLoaders，这可以通过 dataloaders 方法来完成。在这里，我们需要传递一个特殊的参数来处理填充问题（正如我们在前面的章节中看到的）。这些步骤需要在对元素进行批处理之前完成，因此我们将其传递给 before_batch：

```
dls = dsets.dataloaders(bs=64, before_batch=pad_input)
```

dataloaders 直接在数据集的每个子集上调用 DataLoader。fastai 的 DataLoader 扩展了同名的 PyTorch 类，并负责将数据集内的数据进行分批整理。它有很多定制点，但你应该知道的最重要的点如下：

after_item

　　在 DataSets 内抓取后应用于每个项目。这相当于 DataBlock 中的 item_tfms。

before_batch

　　在整理一连串的数据之前进行调用。这是将数据处理成相同尺寸的理想时间点。

after_batch

　　处理完成后，作为一个整体应用于该批次。这相当于 DataBlock 中的 batch_tfms。

总之，以下是为文本分类准备数据所需的完整代码：

```
tfms = [[Tokenizer.from_folder(path), Numericalize], [parent_label, Categorize]]
files = get_text_files(path, folders = [ 'train', 'test'])
splits = GrandparentSplitter(valid_name='test')(files)
dsets = Datasets(files, tfms, splits=splits)
dls = dsets.dataloaders(dl_type=SortedDL, before_batch=pad_input)
```

与前面的代码的两个不同之处是，使用 GrandparentSplitter 来分割训练和验证数据，以及 dl_type 参数。这是告诉 dataloaders 使用 DataLoader 的 SortedDL 类，而不是通常使用的那一个。SortedDL 通过将大致相同长度的样本放在一起来构建一个批次。

这与之前对数据块的处理流程完全相同：

```
path = untar_data(URLs.IMDB)
dls = DataBlock(
    blocks=(TextBlock.from_folder(path),CategoryBlock),
    get_y = parent_label,
    get_items=partial(get_text_files, folders=['train', 'test']),
    splitter=GrandparentSplitter(valid_name='test')
).dataloaders(path)
```

现在你知道如何定制它的每一部分了！

接下来让我们在一个计算机视觉的例子中练习一下刚刚学到的使用这个中间层 API 进行数据预处理的方法。

应用中间层数据 API：孪生体（Siamese Pair）

Siamese 模型首先会接收两幅图像，并且判断它们是否属于同一类。对于这个例子，我们将再次使用 Pet 数据集，并为一个模型准备数据，该模型必须预测两幅图像中的宠物是否是同一品种。我们将在这里解释如何为这样一个模型准备数据，然后在第 15 章中训练这个模型。

首先，获取数据集中的图像：

```
from fastai.vision.all import *
path = untar_data(URLs.PETS)
files = get_image_files(path/"images")
```

如果不打算显示对象，可以直接创建一个转换来预处理这个列表中的文件。不过，由于我们想要查看这些图像，所以需要创建一个自定义的类型。当在 TfmdLists 或 Datasets 对象上调用 show 方法时，它将先对数据进行解码，直到包含 show 方法的类型，并使用它来显示对象。这个 show 方法会接收一个 ctx，ctx 可以是 matplotlib 图像的轴，也可以是 DataFrame 中的一列，用来显示文本。

在这里，我们创建了一个 SiameseImage 对象，它对 Tuple 进行子类化，其中包含三个内容：两张图像，以及一个布尔值，如果图像是同一类型的，则该布尔值为真。我们还实现了特殊的 show 方法，这样它将中间有一条黑线的两幅图像拼接起来。不要太担心 if 中的部分（当图像是 Python 图像而不是张量时，就会以 SiameseImage 的格式进行展示）；重要的部分在最后三行：

```
class SiameseImage(Tuple):
    def show(self, ctx=None, **kwargs):
        img1,img2,same_breed = self
        if not isinstance(img1, Tensor):
            if img2.size != img1.size: img2 = img2.resize(img1.size)
            t1,t2 = tensor(img1),tensor(img2)
            t1,t2 = t1.permute(2,0,1),t2.permute(2,0,1)
        else: t1,t2 = img1,img2
        line = t1.new_zeros(t1.shape[0], t1.shape[1], 10)
        return show_image(torch.cat([t1,line,t2], dim=2),
                          title=same_breed, ctx=ctx)
```

创建第一个SiameseImage，并检查展示方法是否有效：

```
img = PILImage.create(files[0])
s = SiameseImage(img, img, True)
s.show();
```

True

也可以尝试两张图像不是同一类的例子：

```
img1 = PILImage.create(files[1])
s1 = SiameseImage(img, img1, False)
s1.show();
```

False

正如之前所看到的，对于转换来说，其中一件很重要的事情是，转换会在元组或它们的子类上进行分派。这就是为什么我们在这个例子中选择了元组子类——可以将任何对图像起作用的转换应用到SiameseImage，并且它将应用到元组中的每张图像上：

```
s2 = Resize(224)(s1)
s2.show();
```

False

这里，Resize 转换会被应用于这两张图像，但不会处理布尔值。即使我们只有一个自定义类型，也可以从库中所有的数据增强的图像转换中受益。

现在准备构建 Transform，我们将使用它来为 Siamese 模型准备数据。首先，需要一个函数来确定所有图像的类别：

```
def label_func(fname):
    return re.match(r'^(.*)_\d+.jpg$', fname.name).groups()[0]
```

对于每张图像，我们的转换将以 0.5 的概率从同一个类型中取出一张图像，并返回一个带有真标签的 SiameseImage，或者从另一个类型中取出一张图像，并返回一个带有假标签的 SiameseImage。这些操作都会在 private _draw 函数中完成。训练集和验证集有一个区别，这也是为什么需要用分割来初始化转换：在训练集上，我们将在每次读取图像时进行随机选取，而在验证集上，我们在初始化时进行随机选取。通过这种方式，可以在训练过程中获得更多不同的样本，但验证集始终是相同的：

```
class SiameseTransform(Transform):
    def __init__(self, files, label_func, splits):
        self.labels = files.map(label_func).unique()
        self.lbl2files = {l: L(f for f in files if label_func(f) == l)
                          for l in self.labels}
        self.label_func = label_func
        self.valid = {f: self._draw(f) for f in files[splits[1]]}

    def encodes(self, f):
        f2,t = self.valid.get(f, self._draw(f))
        img1,img2 = PILImage.create(f),PILImage.create(f2)
        return SiameseImage(img1, img2, t)

    def _draw(self, f):
        same = random.random() < 0.5
        cls = self.label_func(f)
        if not same:
            cls = random.choice(L(l for l in self.labels if l != cls))
        return random.choice(self.lbl2files[cls]),same
```

然后，可以创建我们的主转换了：

```
splits = RandomSplitter()(files)
tfm = SiameseTransform(files, label_func, splits)
tfm(files[0]).show();
```

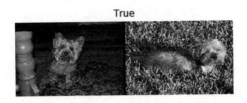

在用于数据收集的中间层 API 中，有两个对象可以帮助我们对一组数据进行转换：TfmdLists 和 Datasets。我们刚刚学习过的，一个应用了一个 Pipeline 转换，而另一个则并行使用了好几个 Pipeline 转换的方法来构建元组。在这里，我们的主转换已经构建好了元组，所以接下来使用 TfmdLists：

```
tls = TfmdLists(files, tfm, splits=splits)
show_at(tls.valid, 0);
```

最后可以通过调用 dataloaders 方法从 DataLoaders 中获取我们的数据。这里要注意的一点是，这个方法不像在 DataBlock 中使用 item_tfms 和 batch_tfms。fastai 中的 DataLoader 有一些以事件命名的钩子函数（hook），我们在对象被抓取后对它们应用 after_item，在批处理构建后应用的内容被称为 after_batch：

```
dls = tls.dataloaders(after_item=[Resize(224), ToTensor],
after_batch=[IntToFloatTensor, Normalize.from_stats(*imagenet_stats)])
```

请注意，我们传入的转换的数量会比平常更多，因为数据块 API 通常会进行自动添加：

- ToTensor 是将图像转化为张量的函数（同样，它应用于元组的每一个部分）。
- IntToFloatTensor 会将取值范围为 0 到 255 的图像张量转换为浮点数，并且除以 255 让数值介于 0 到 1 之间。

现在我们可以使用这个 DataLoaders 训练模型了，和我们平常使用的 cnn_learner 提供的普通模型相比，它需要提供更多定制的内容，因为它必须接收两张图像而不是常见的只接收一张图像作为输入的任务，在第 15 章将会介绍如何创建并训练这样一个模型。

结论

fastai 提供了分层 API。在常规设置下，只需要一行代码它就可以抓取数据，这让初学者更容易专注于训练模型而无须花费太多时间来组合数据。高层数据模块 API 允许混合和匹配构建的部件，从而提供更大的灵活性。在高层数据模块 API 之下，还有中间层 API，它在你的数据上应用转换方法时提供了更大的灵活性。你可能需要这些方法来处理实际的问题，我们希望它能够尽可能地简化数据处理的步骤。

问题

1. 为什么说 fastai 有"分层"的 API？这是什么意思？

2. 为什么 Transform 有 decode 方法？它有什么作用？

3. 为什么 Transform 有 setup 方法？它有什么作用

4. 在元组上调用 Transform 时，它是如何运作的？

5. 编写自己的 Transform 时，需要实现哪些方法？

6. 编写一个 Normalize 来对数据进行标准化转换（减去均值并且除以数据集的标准偏差），并对该行为进行解码。

7. 编写一个对分词文本进行数值化的转换（它可以从数据集中自动设置 vocab 并具有一种解码方法）。如果你需要帮助可以查看 fastai 的源码。

8. 什么是 Pipeline？

9. 什么是 TfmdLists？

10. 什么是 Datasets？它与 TfmdLists 有什么不同？

11. 为什么 TfmdLists 和 Datasets 的名字中会有"s"？

12. 如何从一个 TfmdLists 或者一个 Datasets 中构建一个 DataLoaders？

13. 当从 TfmdLists 或者 Datasets 构建 DataLoaders 时，如何传递 item_tfms 和 batch_tfms？

14. 当需要在自定义的数据中使用类似 show_batch 或者 show_results 之类的方法时，需要做什么？

15. 为什么可以轻松地将 fastai 数据增强转换应用于构建的 SiamesePair？

深入研究

1. 使用中间层 API 在你自己的数据集上用 DataLoaders 处理好数据。用第 1 章中的 Pet 数据集和 Adult 数据集试着解决这个问题。

2. 查询 fastai 文档中的 Siamese 教程，了解如何对新类型的项目自定义 show_batch 和 show_results 的行为，并在你的项目中实现它。

理解 fastai 的应用：总结

恭喜你已经完成了本书中包含如何进行模型训练和如何使用深度学习并且进行实践的关键部分的所有章节！你了解了如何使用 fastai 中所包含的所有内置应用，以及如何使用数据块 API 和损失函数自定义它们。你甚至已经了解了如何从头开始创建一个神经网络并且训练它！

你已经掌握的知识足以创建出多种类型的神经网络应用的完整工作原型。更重要的是，这可以帮助你理解深度学习模型的能力和局限性，以及如何设计一个可以很好适应它们的系统。

在本书剩余部分，我们将逐个拆分这些应用程序，以了解它们建立的基础。这对于深度学习从业者来说，是十分重要的知识，因为它让你可以检查和调试创建的模型并且为你的特殊项目创建出新的定制应用。

深度学习基础

第 12 章

从零开始制作语言模型

在接下来的内容，我们要更进一步地深入研究深度学习！现在你已经学会了训练一个基本的神经网络的方法，但是如何才能更进一步创建更先进的模型呢？在本章中，我们将从语言模型入手，揭开深度学习中的谜团。

在第 10 章，我们已经学习过微调一个预训练语言模型的方法，并且还自己创建了文本分类器。在本章中，我们将向你进一步阐述模型内部的内容并介绍 RNN 的概念。不过首先，我们需要收集一些数据，以便能够快速构建各种类型的模型。

数据

在准备处理一个新问题时，我们总会优先考虑使用最简单的数据集。使用简单的数据集可以让我们快速轻松地尝试各种方法，并及时对训练结果做出解释。几年前，我们开始研究建立语言模型时，基本上找不到可以快速制作原型的数据集，因此就自己做了一个数据集，并称这个数据集为 *Human Numbers*，其中包含了用英语写出的前 10 000 个数字。

杰里米说

在实践过程中，我发现了一些最常见的错误。比如在分析过程中，哪怕是经验丰富的专业从业人员，都没有在合适的时候使用适当的数据集，特别是许多人还更倾向于在一开始就用非常大且非常复杂的数据集。

可以用一些常规方式下载、提取和查看我们的数据集：

```
from fastai.text.all import *
path = untar_data(URLs.HUMAN_NUMBERS)
```

```
path.ls()
```

```
(#2) [Path('train.txt'),Path('valid.txt')]
```

打开这两个文件，看看里面有什么。首先，我们将拼接所有文本，忽略数据集给出的训练集/验证集分割（将在之后恢复原始分割）：

```
lines = L()
with open(path/'train.txt') as f: lines += L(*f.readlines())
with open(path/'valid.txt') as f: lines += L(*f.readlines())
lines
```

```
(#9998) ['one \n','two \n','three \n','four \n','five \n','six \n','seven
> \n','eight \n','nine \n','ten \n'...]
```

我们将这些行拼接至一个大的流中。从一个数字到下一个数字，使用 . 作为分割符：

```
text = ' . '.join([l.strip() for l in lines])
text[:100]
```

```
'one . two . three . four . five . six . seven . eight . nine . ten . eleven
 > twelve . thirteen . fo'
```

也可以用空格作为分割符对这个数据集进行分词（tokenize），将其划分成若干个词：

```
tokens = text.split(' ')
tokens[:10]
```

```
['one', '.', 'two', '.', 'three', '.', 'four', '.', 'five', '.']
```

为了方便模型更好地处理数据，需要将文本数据数值化，因此必须构建一个字典（我们的 *vocab*），字典中包含了所有存储大于一次的分词（unique tokens）列表：

```
vocab = L(*tokens).unique()
vocab
```

```
(#30) ['one','.','two','three','four','five','six','seven','eight','nine'...]
```

然后，可以在字典中查找每个 token 分词的索引，将每个 token 转换为一个唯一的索引编号：

```
word2idx = {w:i for i,w in enumerate(vocab)}
nums = L(word2idx[i] for i in tokens)
nums
```

```
(#63095) [0,1,2,1,3,1,4,1,5,1...]
```

现在我们已经有了一个小数据集，在这个小数据集上建模应该就不难了，接下来就可以构建我们的第一个模型了。

从零开始构建你的第一个语言模型

构建神经网络模型有一种简单的方法：根据前三个单词预测后面的每个词。我们可以创建一个列表，每三个单词的序列作为自变量，每个序列后的那个单词作为因变量。

可以用 Python 来实现。让我们先看一下 tokens 本身的形式是什么样的：

```
L((tokens[i:i+3], tokens[i+3]) for i in range(0,len(tokens)-4,3))
```

```
(#21031) [(['one', '.', 'two'], '.'),(['.', 'three', '.'], 'four'),(['four',
> '.', 'five'], '.'),(['.', 'six', '.'], 'seven'),(['seven', '.', 'eight'],
> '.'),(['.', 'nine', '.'], 'ten'),(['ten', '.', 'eleven'], '.'),(['.',
> 'twelve', '.'], 'thirteen'),(['thirteen', '.', 'fourteen'], '.'),(['.',
> 'fifteen', '.'], 'sixteen')...]
```

现在可以使用数值化的张量来实现，接下来我们的语言模型实际上也使用的是这类张量：

```
seqs = L((tensor(nums[i:i+3]), nums[i+3]) for i in range(0,len(nums)-4,3))
seqs
```

```
(#21031) [(tensor([0, 1, 2]), 1),(tensor([1, 3, 1]), 4),(tensor([4, 1, 5]),
> 1),(tensor([1, 6, 1]), 7),(tensor([7, 1, 8]), 1),(tensor([1, 9, 1]),
> 10),(tensor([10,  1, 11]), 1),(tensor([ 1, 12,  1]), 13),(tensor([13,  1,
> 14]), 1),(tensor([ 1, 15,  1]), 16)...]
```

可以使用轻松的方式来处理数据，也就是使用 DataLoader 类方法对数据进行批次化。现在我们随机拆分序列：

```
bs = 64
cut = int(len(seqs) * 0.8)
dls = DataLoaders.from_dsets(seqs[:cut], seqs[cut:], bs=64, shuffle=False)
```

现在，我们就可以创建一个以三个单词作为输入的神经网络架构，并且返回字典中每个可能的下一个单词的概率。可以使用三个标准线性层，但是需要做两个细微的调整。

第一个调整是，第一个线性层将只使用第一个单词的嵌入作为激活值，第二层将使用第二个单词的嵌入加上第一层的输出作为激活值，第三层将使用第三个词的嵌入加上第二层的输出作为激活值。这样调整的作用是让每一个单词都受到其前面的单词的信息的影响。

第二个调整是，这三层中的每一层都将使用相同的权重矩阵。一个单词被前一个单词影响激活值的方式不应该受单词的位置影响。换句话说，激活值将随着数据在层中移动而变化，但是层权重本身不会在层与层之间变化。因此，一层不能单独学习处理一个序列位置，它必须学会处理所有位置。

由于层的权重不变，你可能会将这些连续层视为重复的同一层。实际上，PyTorch 实现了让我们可以只创建一个层，然后对这个层多次进行使用。

PyTorch 语言模型

现在，可以创建上述所说的语言模型模块了：

```
class LMModel1(Module):
    def __init__(self, vocab_sz, n_hidden):
        self.i_h = nn.Embedding(vocab_sz, n_hidden)
        self.h_h = nn.Linear(n_hidden, n_hidden)
        self.h_o = nn.Linear(n_hidden, vocab_sz)

    def forward(self, x):
        h = F.relu(self.h_h(self.i_h(x[:,0])))
        h = h + self.i_h(x[:,1])
        h = F.relu(self.h_h(h))
        h = h + self.i_h(x[:,2])
        h = F.relu(self.h_h(h))
        return self.h_o(h)
```

如你所见，我们创建了三层：

- 嵌入层（i_h，代表从 *input* 到 *hidden*）。
- 为下一个单词创建激活值的线性层（h_h，代表从 *hidden* 到 *hidden*）。
- 用来预测第四个单词的最后一层（h_o，代表从 *hidden* 到 *output*）。

可能用图形的形式来解释会更清晰简单，我们用基础的神经网络定义了一个简单的图示。如图 12-1 所示，用这张图表示一个带有隐藏层的神经网络。

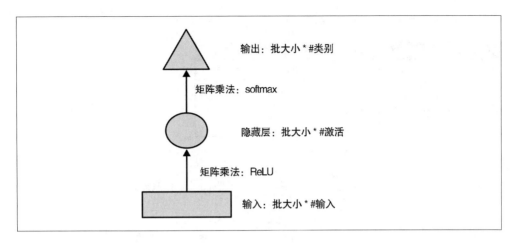

图12-1：简单神经网络的图示

每个形状代表对应的激活值：矩形代表输入激活值，圆形代表隐藏层（内部层）激活值，三角形代表输出激活值。我们将在本章的所有图表中都使用相应的图形形状（图 12-2 中汇总了所有相应表示）。

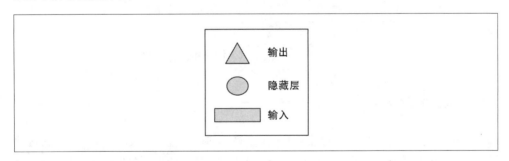

图12-2：图形表示中所使用的相应形状

箭头表示实际上的层间计算——例如，线性层的层间计算是激活函数。使用这种表示方法，我们可以在图 12-3 中看到简单的语言模型结构（图 12-3 的彩色图见"参考链接 .pdf"文件中的图 12-3）。

为了简化起见，我们删除了每一个箭头表示的层间计算的细节。我们还对箭头做了相应的颜色编码，所有相同颜色的箭头都有同样的权重矩阵。举个例子，所有输入层都使用相同的嵌入矩阵，因此相应的箭头都是相同的颜色（绿色）。

接下来，我们可以试着训练这个模型，并且可以观察一下模型的运作方式：

```
learn = Learner(dls, LMModel1(len(vocab), 64), loss_func=F.cross_entropy,
                metrics=accuracy)
```

```
learn.fit_one_cycle(4, 1e-3)
```

epoch	train_loss	valid_loss	accuracy	time
0	1.824297	1.970941	0.467554	00:02
1	1.386973	1.823242	0.467554	00:02
2	1.417556	1.654497	0.494414	00:02
3	1.376440	1.650849	0.494414	00:02

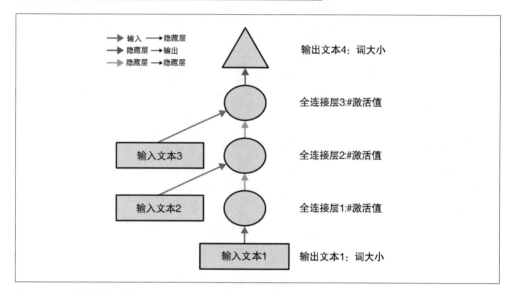

图12-3: 基础的语言模型结构

为了确认这个模型好不好, 我们可以看看一个简单的模型将会给我们带来什么。在这种
情况下, 我们总是可以预测最常见的 token, 因此可以找一下验证集中最常见的 token:

```
n,counts = 0,torch.zeros(len(vocab))
for x,y in dls.valid:
    n += y.shape[0]
    for i in range_of(vocab): counts[i] += (y==i).long().sum()
idx = torch.argmax(counts)
idx, vocab[idx.item()], counts[idx].item()/n

(tensor(29), 'thousand', 0.15165200855716662)
```

最常见的 token 的索引是 29, 索引 29 对应 thousand 这个 token 分词。我们多次预测这
个 token, 得到的准确率大概是 15%, 所以现在我们做得更好了。

亚历克斯斯说

我首先猜的是，分隔符应该会是最常见的 token 分词，因为每一个数字都会带一个分隔符。但是观察并分析了所有分词之后，我想到很多大的数字是由很多单词组成的，因此数字上万之后，你的英文词组里会有很多"thousand"：例如，five thousand、five thousand and one、five thousand and two 等。哎呀！你真的很有必要查看一下自己的数据集，这可以帮助你发现一些细节特征和一些让你感到意外的明显特征！

这是一个很好的基线，之后我们看看如何使用循环重构它。

我们的第一个循环神经网络

通过查看模块的代码，我们可以使用带有 for 循环的层来替换重复的代码，从而简化模块。除了可以让代码变得更简单，这样做还有一个好处，那就是可以让我们的模块同样适用于不同长度的 token 序列——我们的 token 列表不会被仅仅限制在长度为 3 个字符：

```python
class LMModel2(Module):
    def __init__(self, vocab_sz, n_hidden):
        self.i_h = nn.Embedding(vocab_sz, n_hidden)
        self.h_h = nn.Linear(n_hidden, n_hidden)
        self.h_o = nn.Linear(n_hidden,vocab_sz)

    def forward(self, x):
        h = 0
        for i in range(3):
            h = h + self.i_h(x[:,i])
            h = F.relu(self.h_h(h))
        return self.h_o(h)
```

检查一下通过这种重构是否获得了相同的结果：

```python
learn = Learner(dls, LMModel2(len(vocab), 64), loss_func=F.cross_entropy,
                metrics=accuracy)
learn.fit_one_cycle(4, 1e-3)
```

epoch	train_loss	valid_loss	accuracy	time
0	1.816274	1.964143	0.460185	00:02
1	1.423805	1.739964	0.473259	00:02
2	1.430327	1.685172	0.485382	00:02
3	1.388390	1.657033	0.470406	00:02

也可以使用完全相同的方式来重构我们的图示，如图 12-4 所示（此处删除了激活值尺寸的细节，除此之外，还使用了和图 12-3 中相同的箭头颜色）。

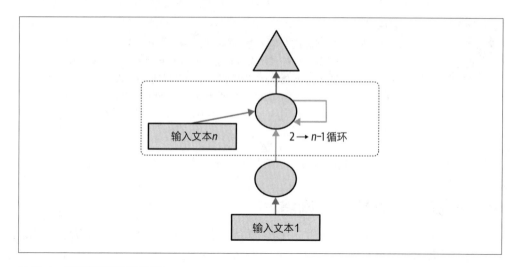

图12-4: 基础的循环神经网络

可以看到每次循环都会更新一组激活值,其存储在变量 h 中——h 指的是 hidden state(隐藏层状态),其中存储的主要是"近期记忆"。

术语:hidden state(隐藏层状态)

RNN 中每一步更新的激活值。

使用这样的循环所定义的神经网络,被称为循环神经网络(RNN,recurrent neural network)。RNN 不是一个复杂的新结构,而是一个使用 for 循环进行重构的多层神经网络,意识到这一点非常重要。

亚历克西斯说

分享一下我个人的见解:如果对这样的神经网络用 "looping neural network" 这种说法,从 LNN 这个方向去理解,理解门槛瞬间可以降低 50%!

现在我们已经知道 RNN 是什么了,接下来试试怎样把它变得更好。

改进 RNN

查看一下我们的 RNN 代码,有一点似乎有很大的问题:对于每一个新的输入序列,我们都将隐藏层状态初始化为零。为什么这样会出问题呢?因为将样本序列设置得很短,所以样本序列能够更好地适应不同的批次，但是如果我们正确地将这些样本进行排列，模型将会按顺序读取样本序列，会将原始序列扩展为较长的序列。

另一件我们可以看到的事情其实包含了更多的迹象：为什么在可以使用中间预测来预测第二个和第三个单词时，我们只预测第四个词？一起来看看如何实现这样的改变，首先我们会增加一些状态。

维持 RNN 的状态

因为我们将每个新样本的模型的隐藏层状态初始化为零，所以实际上放弃了目前看到过的所有句子的相关信息，这也就意味着，我们的模型实际上并不清楚当前信息在整个句子序列中所处的位置。这个问题很好解决，可以将隐藏层状态的初始化移到 __init__ 中。

但是这种方式会产生一些小问题，这些小问题对我们来说也很致命。这种方式会有效地让我们的神经网络的层数与文档中所有的语义单元数量一样深。举例来说，如果数据集中有 10 000 个语义单元，那么我们应该创建一个有 10 000 层的神经网络。

想得知其中的原因，你可以看一看使用 for 循环重构神经网络之前的 RNN 原始图解，如图 12-3 所示。可以看到每一层都对应一个语义单元输入。在解释一个未经过 for 循环重构的 RNN 时，我们会将其称为循环体的展开表示（unrolled representation）。倘若想要深入理解 RNN 网络，思考循环体的展开表示将会对理解有很大的帮助。

一个 10 000 层的神经网络会产生的问题是：如果你计算到了数据集的第 10 000 个单词，那么仍然需要一直计算导数直到算到第一层。这样一直计算，进程会很慢，并且会占用大量的内存。夸张点说，你甚至不太可能在 GPU 上存储一个小批次（mini-batch）。

面对这样的问题，解决方法是告诉 PyTorch，我们不想通过整个隐式神经网络的导数来反向传播，我们只需保持最后三层的梯度。要删除所有在 PyTorch 中的梯度历史，可以使用 detach 方法。

以下就是我们的 RNN 的新版本。这个新版本现在是有状态的，因为它记住了对 forward 不同调用的激活值，这表示这个版本使用了批次中的不同样本：

```
class LMModel3(Module):
    def __init__(self, vocab_sz, n_hidden):
        self.i_h = nn.Embedding(vocab_sz, n_hidden)
        self.h_h = nn.Linear(n_hidden, n_hidden)
        self.h_o = nn.Linear(n_hidden,vocab_sz)
        self.h = 0

    def forward(self, x):
```

```
for i in range(3):
    self.h = self.h + self.i_h(x[:,i])
    self.h = F.relu(self.h_h(self.h))
out = self.h_o(self.h) self.h = self.h.detach() return out

def reset(self): self.h = 0
```

无论我们选择了哪一种序列长度，这个模型都会有相同的激活方式，因为隐藏层状态会记住上一个批次的最后一次激活值。唯一不同的是每一步计算的梯度：它们只会在过去的序列长度的语义单元上进行计算，而不是对整个流进行计算。这个算法称为随时间反向传播（BPTT，backpropagation through time）。

术语：BPTT 算法（随时间反向传播算法）

将神经网络看成一个大模型，每次高效地处理其中的一层神经元（通常会将这个步骤重构成一个循环），并且使用常规的方式对它进行模型的梯度计算。为了避免内存和时间的不足，我们通常使用截断的 BPTT，其可以降低计算成本。

为了使用 LMMModel3，我们需要确认样本将会以某种顺序出现。正如第 10 章所示的，如果第一个批次的第一行是 dset[0]，第二个批次应该将 dset[1] 作为第一行，以便模型可以理解文本流。

从第 10 章的介绍中可以看到，LMDataLoader 已经可以实现这样的要求。不过这一次，我们要自己来动手实现。

为此，需要重新排列我们的数据集。首先我们将样本分为 m=len(dset)//bs 组（这相当于拆分整个合并的数据集，例如，由于在这里使用了 bs=64，所以可以将数据集拆分成 64 个大小相同的块）。m 代表每一个片段的长度。例如，如果我们使用整个数据集（尽管我们稍后会将这整个数据集拆分成训练集和验证集），那么可得到以下结果：

```
m = len(seqs)//bs
m,bs,len(seqs)

(328, 64, 21031)
```

第一个批次的样本是：

```
(0, m, 2*m, ..., (bs-1)*m)
```

第二个批次的样本是：

```
(1, m+1, 2*m+1, ..., (bs-1)*m+1)
```

以此类推。这样一来，在每个周期中，模型都会在每个批次的每一行看到一大块连续的大小为3*m的文本（文本的尺寸大小为3）。

以下函数将重新进行索引：

```
def group_chunks(ds, bs):
    m = len(ds) // bs new_ds = L()
    for i in range(m): new_ds += L(ds[i + m*j] for j in range(bs))
    return new_ds
```

接下来，在构建 DataLoaders 时，就只需传递 drop_last=True 来丢弃最后一个和批大小不同的形状。也可以传递 shuffle=False，确保依次读取文本：

```
cut = int(len(seqs) * 0.8)
dls = DataLoaders.from_dsets(
    group_chunks(seqs[:cut], bs),
    group_chunks(seqs[cut:], bs),
    bs=bs, drop_last=True, shuffle=False)
```

最后还需要做的事情是：通过回调对训练的回路进行一些调整。我们将会在 16 章对回调展开深入讨论，回调会在每个批次的开始和每个验证阶段之前调用模型的 reset 方法。因为我们做了一个设置，将模型的隐藏层状态（hidden state）设置为了 0，所以这会保障我们在读取这些连续的文本块之前，拥有一个较为干净的状态。现在，可以开始进行更长时间的训练了：

```
learn = Learner(dls, LMModel3(len(vocab), 64), loss_func=F.cross_entropy,
                metrics=accuracy, cbs=ModelResetter)
learn.fit_one_cycle(10, 3e-3)
```

epoch	train_loss	valid_loss	accuracy	time
0	1.677074	1.827367	0.467548	00:02
1	1.282722	1.870913	0.388942	00:02
2	1.090705	1.651793	0.462500	00:02
3	1.005092	1.613794	0.516587	00:02
4	0.965975	1.560775	0.551202	00:02
5	0.916182	1.595857	0.560577	00:02
6	0.897657	1.539733	0.574279	00:02
7	0.836274	1.585141	0.583173	00:02
8	0.805877	1.629808	0.586779	00:02
9	0.795096	1.651267	0.588942	00:02

现在变得更好了！下一步我们要使用更多的指标，并将这些指标与中间预测进行比较。

创建更多的标志

我们目前所采用的方法会引发另一个问题，每三个输入单词只能得出一个输出单词的预测。如果我们不是仅仅能预测每三个单词后的下一个单词，而是可以预测每一个单词后的下一个单词，这样得到的预测结果会更好，如图 12-5 所示。

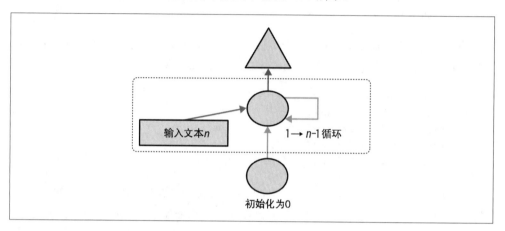

图12-5：每一个token后的RNN预测

很容易实现这样的要求。首先需要更改数据，让因变量在我们的三个输入单词的每一个后，能有相应的三个单词。可以用属性 sl（sequence length，序列长度）来替代 3，并让这个属性 sl 更大一些：

```
sl = 16
seqs = L((tensor(nums[i:i+sl]), tensor(nums[i+1:i+sl+1]))
         for i in range(0,len(nums)-sl-1,sl))
cut = int(len(seqs) * 0.8)
dls = DataLoaders.from_dsets(group_chunks(seqs[:cut], bs),
                             group_chunks(seqs[cut:], bs),
                             bs=bs, drop_last=True, shuffle=False)
```

查看 seqs 的第一个元素，可以看到第一个元素包含两个同样尺寸的列表。第二个列表与第一个列表相同，但是偏移了一个元素：

```
[L(vocab[o] for o in s) for s in seqs[0]]

[(#16) ['one','.','two','.','three','.','four','.','five','.'...],
 (#16) ['.','two','.','three','.','four','.','five','.','six'...]]
```

现在需要修改我们的模型，让它在每一个单词后面都能输出一个预测，而不是在一个三个单词的序列之后输出一次：

```python
class LMModel4(Module):
    def __init__(self, vocab_sz, n_hidden):
        self.i_h = nn.Embedding(vocab_sz, n_hidden)
        self.h_h = nn.Linear(n_hidden, n_hidden)
        self.h_o = nn.Linear(n_hidden,vocab_sz)
        self.h = 0

    def forward(self, x):
        outs = []
        for i in range(sl):
            self.h = self.h + self.i_h(x[:,i])
            self.h = F.relu(self.h_h(self.h))
            outs.append(self.h_o(self.h))
        self.h = self.h.detach()
        return torch.stack(outs, dim=1)

    def reset(self): self.h = 0
```

这个模型将返回形状为 bs×sl×vocab_sz（在 dim=1 处进行了堆叠）的输出。因为我们的目标尺寸为 bs×sl，所以需要在使用交叉熵函数之前，对输出进行摊平处理：

```python
def loss_func(inp, targ):
    return F.cross_entropy(inp.view(-1, len(vocab)), targ.view(-1))
```

现在就可以使用这个损失函数来训练模型了：

```python
learn = Learner(dls, LMModel4(len(vocab), 64), loss_func=loss_func,
                metrics=accuracy, cbs=ModelResetter)
learn.fit_one_cycle(15, 3e-3)
```

epoch	train_loss	valid_loss	accuracy	time
0	3.103298	2.874341	0.212565	00:01
1	2.231964	1.971280	0.462158	00:01
2	1.711358	1.813547	0.461182	00:01
3	1.448516	1.828176	0.483236	00:01
4	1.288630	1.659564	0.520671	00:01
5	1.161470	1.714023	0.554932	00:01
6	1.055568	1.660916	0.575033	00:01
7	0.960765	1.719624	0.591064	00:01
8	0.870153	1.839560	0.614665	00:01
9	0.808545	1.770278	0.624349	00:01

epoch	train_loss	valid_loss	accuracy	time
10	0.758084	1.842931	0.610758	00:01
11	0.719320	1.799527	0.646566	00:01
12	0.683439	1.917928	0.649821	00:01
13	0.660283	1.874712	0.628581	00:01
14	0.646154	1.877519	0.640055	00:01

我们需要训练得更久一些，因为现在任务发生了一些变化，并且这个任务变得更加复杂了。但是最终我们得到的结果是好的（至少有时候得到的结果是好的）。如果你训练了几次，那么可以看到：在不同的训练中，得到的结果完全不同。这是因为我们在这里使用了一个非常深的网络，这会导致梯度消失或者梯度爆炸。我们会在本章的后面讲解处理这个问题的方法。

要想构建出更好的模型，一个显而易见的方法是加深网络的深度：在我们的基础 RNN 中的隐藏层状态和输出层激活值之间，只有一个线性层，因此如果设置更多的线性层，可能会得到更好的结果。

多层循环神经网络

在一个多层循环神经网络中，我们将循环神经网络中的激活值传递到第二个循环神经网络中，如图 12-6 所示。

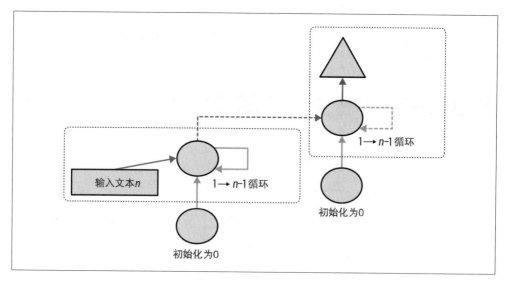

图12-6：2层RNN

展开表示的结构，如图 12-7 所示（类似于图 12-3）。

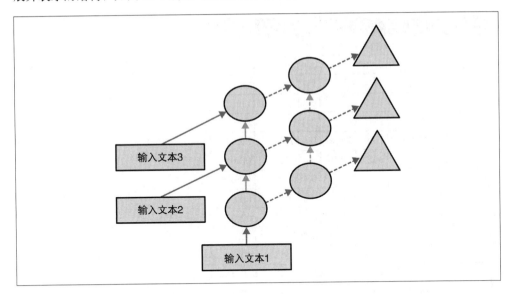

图12-7：2层展开的RNN

我们看看在实际操作过程中如何实现这一点。

模型

可以通过使用 PyTorch 中的 RNN 类再节省一些时间，RNN 类能帮我们实现之前创建过的模型，而且还给了我们堆叠多个 RNN 的选项，这种情况和之前讨论过的情况类似：

```
class LMModel5(Module):
    def __init__(self,  vocab_sz, n_hidden, n_layers):
        self.i_h = nn.Embedding(vocab_sz, n_hidden)
        self.rnn = nn.RNN(n_hidden, n_hidden, n_layers, batch_first=True)
        self.h_o = nn.Linear(n_hidden, vocab_sz)
        self.h = torch.zeros(n_layers, bs, n_hidden)

    def forward(self, x):
        res,h = self.rnn(self.i_h(x), self.h)
        self.h = h.detach()
        return self.h_o(res)

    def reset(self): self.h.zero_()

learn = Learner(dls, LMModel5(len(vocab), 64, 2),
                loss_func=CrossEntropyLossFlat(),
                metrics=accuracy, cbs=ModelResetter)
```

```
learn.fit_one_cycle(15, 3e-3)
```

epoch	train_loss	valid_loss	accuracy	time
0	3.055853	2.591640	0.437907	00:01
1	2.162359	1.787310	0.471598	00:01
2	1.710663	1.941807	0.321777	00:01
3	1.520783	1.999726	0.312012	00:01
4	1.330846	2.012902	0.413249	00:01
5	1.163297	1.896192	0.450684	00:01
6	1.033813	2.005209	0.434814	00:01
7	0.919090	2.047083	0.456706	00:01
8	0.822939	2.068031	0.468831	00:01
9	0.750180	2.136064	0.475098	00:01
10	0.695120	2.139140	0.485433	00:01
11	0.655752	2.155081	0.493652	00:01
12	0.629650	2.162583	0.498535	00:01
13	0.613583	2.171649	0.491048	00:01
14	0.604309	2.180355	0.487874	00:01

但是现在得到的结果不太理想，还是之前的单层 RNN 表现得更好。为什么会这样呢？是因为我们有了神经网络层数更多的模型，这会导致激活值消失或爆炸。

激活值消失 / 爆炸

在实践中，要想从这种 RNN 中创建精确的模型比较困难。如果不那么频繁地调用 detach 方法，我们将会得到更好的结果——这可以使我们的 RNN 学习时间范围变得更大、构建的特征更丰富。但这同时也意味着，我们需要去训练神经网络层数更深的模型。目前，深度学习发展面临的一个主要难题就是：如何训练这类模型。

在你多次去乘一个矩阵的情况下，就可能面临这样的挑战。想一想，倘若你乘一个数字很多次会发生什么。举个例子，如果你从 1 开始乘以 2，并且一直乘以 2，那么会得到一个 1, 2, 4, 8…这样的序列，在累计乘了 32 次之后，最终会得到 4 294 967 296 这个结果。同样，如果按照这样的操作一直乘以 0.5，那么会得到 0.5, 0.25, 0.125…这样的序列。累计乘了 32 次 0.5 之后，会得到 0.000 000 000 23 这样的结果。正如你所见，如果一直乘以一个略高于 1 或者略低于 1 的数字，就会导致原始数字经历多次重复乘法之后的结果变得极大（爆炸）或者变得极小（消失）。

因为矩阵乘法是将数字相乘再相加，所以重复的矩阵乘法也是一样的。这实际上就是深度神经网络的原理，每一个额外的层都是另一次矩阵乘法。这意味着深度神经网络很容易以一个极大（无穷大）的数字或者极小（趋于 0）的数字结束。

这是一个问题，因为计算机存储数字（浮点数）的方式意味着数字离 0 越远结果就越不准确。在一篇优秀的文章"What You Never Wanted to Know about Floating Point but Will Be Forced to Find Out"（参见链接 129）中，提供了图 12-8 所示的这张示意图，其展示了浮点数的精度如何随着数字线的变化而变化。

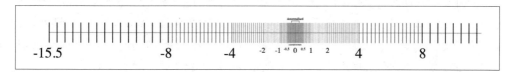

图12-8：浮点数的精度

这种不准确性意味着：通常对于深度网络而言，为了权重更新而计算的梯度最终会趋于零或者变得无穷大。我们一般称这种现象为梯度消失或者梯度爆炸。这意味着在 SGD（随机梯度下降）中，权重要么根本没有更新，要么会跳到无穷大。无论出现什么情况，权重都不会优化训练。

研究人员已经找到了解决这个问题的方法，这些我们之后会展开讨论。其中一种方法是，选择让层不太可能爆炸的激活值，从而更改层的定义。我们在第 13 章会解释标准化、在第 14 章解释 ResNet，并会在这两章讨论上述方法的实现细节，尽管这些细节通常来说在实践中并不那么重要（除非你是一位研究人员，并且正在探索解决此问题的新方法）。另一种处理这个问题的策略是"格外注意初始化"，这是我们会在第 17 章详细分析的一个重点主题。

对于 RNN 来说，经常会使用两种类型的层来避免梯度爆炸：一种层是门控循环单元（GRU，gated recurrent units），另一种层是长短期记忆（LSTM，long short-term memory）。这些层可以在 PyTorch 中使用，并且它们是 RNN 层的直接替代品。本书仅讲解 LSTM 的相关内容。（很多在线教程已经向大家解释了 GRU 的内容，GRU 属于 LSTM 设计的一个次要变体。）

LSTM

1997 年，Jürgen Schmidhuber 和 Sepp Hochreiter 提出了 LSTM 这种结构。在这种结构中，有两个隐藏层状态。在我们的基础 RNN 中，隐藏层状态是 RNN 在上一个时间步的输出。隐藏层状态主要有两大作用：

1. 为输出层提供正确的信息，从而去预测正确的下一个标签。

2. 保留句子中产生的所有内容的记忆。

例如，思考一下这两个句子："亨利有一只狗，他非常喜欢他的狗"和"苏菲有一只狗，她非常喜欢她的狗"。很明显，RNN 只需要记得句子开头的名字，就能够预测接下来的人称所有格是"他"还是"她"，或者预测是"他的"还是"她的"。

在实践中，相对而言，RNN 对于保留句子中早期发生的事情的记忆会比较差，这就是为什么需要 LSTM 中的另一种隐藏层状态，我们称之为细胞状态（cell state）。细胞状态是记忆的状态，负责保存长短期记忆，而隐藏层状态将会专注预测下一个 token。现在我们来详细了解一下如何实现这种能力，并从零开始构建 LSTM。

从零开始构建 LSTM

要构建一个 LSTM，首先需要了解它的结构。图 12-9 展示了它的内部结构。

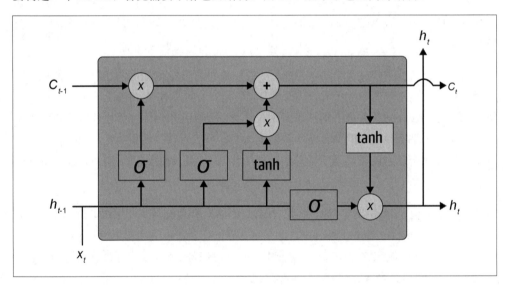

图12-9：LSTM的结构（彩色图参见"参考链接.pdf"文件中的图12-9）

在这张图中，我们的输入 x_t 具有先前的隐藏层状态（h_{t-1}）和细胞状态（c_{t-1}），输入 x_t 会先从左侧进入。四个橙色的方框代表四层（我们的神经网络），这四层要么带有 sigmoid（σ）激活，要么带有 tanh 激活。tanh 只会把 sigmoid 函数重新缩放到 -1 到 1 的范围。tanh 的数学表达式为：

$$\tanh(x) = \frac{e^x + e^{-x}}{e^x - e^{-x}} = 2\sigma(2x) - 1$$

其中 σ 是 sigmoid 函数。图中的绿色圆圈代表的是元素运算操作。右边外侧的是新的隐藏层状态（h_t）和新的细胞状态（c_t），准备作为下一个输入。同时新的隐藏层状态也是 LSTM 的最终输出，这就是为什么图中 h_t 的箭头会指向上方。

让我们逐一回顾这四个神经网络（也称为门），并且来解释一下这张图。但在此之前，请注意一下顶部的细胞状态几乎没有变化。它甚至没有直接穿过神经网络！这正是细胞状态会持续更长时间的原因。

首先，通过箭头将输入和旧的隐藏层状态连接在一起。在本章前面部分所描述的 RNN 中，这指的是把输入和旧的隐藏层状态加在一起。在 LSTM 中，我们将它们堆叠在一个大的张量中。这意味着嵌入的维度（就是 x_t 的维度）可能不同于隐藏层状态的维度。如果调用 n_in 和 n_hid，底部的箭头所具有的特征维度就是 n_in + n_hid，因此所有的神经网络（橙色方框）是具有 n_in + n_hid 的输入和 n_hid 的输出的线性层。

第一个门（从左向右看）被称为遗忘门，它决定丢弃多少细胞状态的信息。因为线性层后面跟着一个 sigmoid 函数，所以它的输出是一个数值在 0 到 1 之间的标量。我们将此结果乘以细胞状态，以确定要保留哪些信息，丢弃哪些信息：接近 0 的值被丢弃，意味着被完全忘记；接近 1 的值被保留，意味着被完全记住。这让 LSTM 能够忘记长期状态的内容。举个例子，在跨越一个句点或者一个 xxbos 标签的时候，我们希望 LSTM（学会了）重置它的细胞状态。

第二个门是输入门，它决定需要将多少输入信息加入新的细胞状态。它和第三个门（这个门没有名字，但是有时被称为细胞门）共同来更新细胞状态。举个例子，我们可能会看到一个新的性别代词，在这种情况下，需要替换遗忘门丢弃的性别信息。和遗忘门相似，输入门决定了哪些细胞状态的元素（值接近于 1）会被更新或者哪些（值接近于 0）不会被更新，也就是决定了各部分信息通过的比例，1 表示"让所有信息通过"，0 表示"不让任何信息通过"。第三个门决定了这些更新的值是在 -1 到 1 的范围内的哪个值（由 tanh 函数得出）。最终结果会被加到细胞状态上。

最后一个门是输出门，它决定了细胞状态的哪些信息最终需要输出。细胞状态会通过一个 tanh 层（把数值都归到 -1 和 1 之间），然后把 tanh 层的输出和 sigmoid 层计算出来的权重相乘，这样就得到了最后输出的一个新的隐藏层状态。我们可以像下面这样通过代码编写出同样的步骤：

```
class LSTMCell(Module):
    def __init__(self, ni, nh):
        self.forget_gate = nn.Linear(ni + nh, nh)
        self.input_gate  = nn.Linear(ni + nh, nh)
        self.cell_gate   = nn.Linear(ni + nh, nh)
```

```
            self.output_gate = nn.Linear(ni + nh, nh)
    def forward(self, input, state):
        h,c = state
        h = torch.stack([h, input], dim=1)
        forget = torch.sigmoid(self.forget_gate(h))
        c = c * forget
        inp = torch.sigmoid(self.input_gate(h))
        cell = torch.tanh(self.cell_gate(h))
        c = c + inp * cell
        out = torch.sigmoid(self.output_gate(h))
        h = outgate * torch.tanh(c)
        return h, (h,c)
```

在实践中，我们可以重构代码。此外，在性能方面，做一个大的矩阵乘法比做四个较小的矩阵乘法好一些（这是因为只需要启动一次 GPU 上的特殊快速内核，它让 GPU 可以做更多的并行工作）。堆叠会花费一些时间（因为必须移动 GPU 上的一个张量，将其全部放在一个连续的数组中），所以我们对输入和隐藏层状态要使用两个单独的层。优化和重构后的代码看起来像下面这样：

```
class LSTMCell(Module):
    def __init__(self, ni, nh):
        self.ih = nn.Linear(ni,4*nh)
        self.hh = nn.Linear(nh,4*nh)

    def forward(self, input, state):
        h,c = state
        # One big multiplication for all the gates is better than 4 smaller ones
        gates = (self.ih(input) + self.hh(h)).chunk(4, 1)
        ingate,forgetgate,outgate = map(torch.sigmoid, gates[:3])
        cellgate = gates[3].tanh()

        c = (forgetgate*c) + (ingate*cellgate)
        h = outgate * c.tanh()
        return h, (h,c)
```

这里使用 PyTorch 中的 chunk 方法来将张量分为四个模块。具体如下：

```
t = torch.arange(0,10); t

tensor([0, 1, 2, 3, 4, 5, 6, 7, 8, 9])

t.chunk(2)

(tensor([0, 1, 2, 3, 4]), tensor([5, 6, 7, 8, 9]))
```

现在让我们使用这个结构来训练一个语言模型吧!

使用 LSTM 训练一个语言模型

这是与 LMMModel5 相同的网络，它使用了两层的 LSTM。我们可以在更高的学习率的情况下用更短的时间来训练它，并获得更高的准确率：

```
class LMMModel6(Module):
    def __init__(self, vocab_sz, n_hidden, n_layers):
        self.i_h = nn.Embedding(vocab_sz, n_hidden)
        self.rnn = nn.LSTM(n_hidden, n_hidden, n_layers, batch_first=True)
        self.h_o = nn.Linear(n_hidden, vocab_sz)
        self.h = [torch.zeros(n_layers, bs, n_hidden) for _ in range(2)]

    def forward(self, x):
        res,h = self.rnn(self.i_h(x), self.h)
        self.h = [h_.detach() for h_ in h]
        return self.h_o(res)

    def reset(self):
        for h in self.h: h.zero_()

learn = Learner(dls, LMMModel6(len(vocab), 64, 2), loss_
                func=CrossEntropyLossFlat(),
                metrics=accuracy, cbs=ModelResetter)
learn.fit_one_cycle(15, 1e-2)
```

epoch	train_loss	valid_loss	accuracy	time
0	3.000821	2.663942	0.438314	00:02
1	2.139642	2.184780	0.240479	00:02
2	1.607275	1.812682	0.439779	00:02
3	1.347711	1.830982	0.497477	00:02
4	1.123113	1.937766	0.594401	00:02
5	0.852042	2.012127	0.631592	00:02
6	0.565494	1.312742	0.725749	00:02
7	0.347445	1.297934	0.711263	00:02
8	0.208191	1.441269	0.731201	00:02
9	0.126335	1.569952	0.737305	00:02
10	0.079761	1.427187	0.754150	00:02
11	0.052990	1.494990	0.745117	00:02
12	0.039008	1.393731	0.757894	00:02
13	0.031502	1.373210	0.758464	00:02
14	0.028068	1.368083	0.758464	00:02

结果比多层 RNN 得到的结果好！可以看到虽然仍有一点过拟合，但这也表明一些正则化可能会有帮助。

对 LSTM 进行正则化

我们之前看到过梯度和激活值消失的问题，一般来说，循环神经网络很难训练。相比于最简单的循环神经网络 vanilla RNN，使用 LSTM（或者 GRU）单元可以让训练变得更简单，但它们仍然很容易过拟合。与图像场景相比较而言，在文本数据的场景下会更少使用数据增强。因为在大多数情况下，数据增强需要另一个模型来生成随机增强（例如，将文本翻译成另一种语言，然后再翻译回原来的那种语言）。总而言之，文本数据的数据增强目前还未探索出很好的解决方案。

然而，我们可以使用其他正则化技术来减少过拟合，在 Stephen Merity 等人的"Regularizing and Optimizing LSTM Language Models"研究论文中，展示了如何高效地使用随机失活（dropout）正则化、激活单元正则化（AR，activation regularization）和时序激活单元的正则化（TAR，temporal activation regularization）让 LSTM 击败最先进的结果，当时得出这个先进结果需要使用更加复杂的模型。作者称使用了这些技术的 LSTM 为 AWD-LSTM，算是当前最先进的语言建模经典。我们将按顺序来了解这些技术。

dropout

Geoffrey Hinton 等人在"Improving Neural Networks by Preventing Co-Adaptation of Feature Detectors"（参见链接 130）论文中引入了 dropout 正则化技术，它是神经网络中常用的正则化技术。dropout 的基本原理就是在训练过程中随机地将一些激活值设置为 0，这能确保所有神经元都积极地输出，如图 12-10 所示（来自 Nitish Srivastava 等人撰写的"Dropout：A Simple Way to Prevent Neural Networks from Overfitting"论文，参见链接 131）。

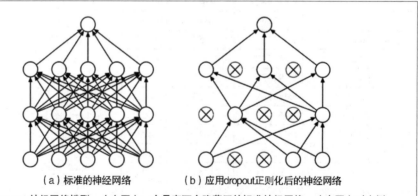

（a）标准的神经网络　　　　　（b）应用 dropout 正则化后的神经网络

图1：dropout 神经网络模型。（左图）一个具有两个隐藏层的标准神经网络。（右图）对左侧的神经网络进行了 dropout 操作后获得了一个窄且瘦的神经网络案例。有叉子符号的单元代表在网络中被丢弃。

图12-10：在神经网络中应用 dropout 正则化（由 Nitish Srivastava 等人提供）

Hinton 在接受采访时用了一个很有意思的比喻来解释 dropout：

> 我去银行的时候，接待我的柜员总是不一样的人，我问其中一位为什么会这样。他说他不知道，但是他们总是会被调到其他地方。我猜测这一定是因为怕员工之间存在某种合作，会有诈骗银行的风险。这使我意识到，在每个例子中删除不同的神经元可以防止出现一些"阴谋"，可以通过这种方法防止过拟合。

在同一次采访中，他还解释说神经科学为他提供了额外的灵感：

> 我们不知道为什么会有神经元放电活动。一种理论说，它们想通过更多的噪声来进行正则化，因为我们的参数比数据点多得多。dropout 的关键点是：如果你有更多不同的激活值，那么你就有能力去使用一个大的模型。

这解释了 dropout 能增强泛化能力背后的原因：首先，它有助于神经元更好地合作；其次，它使激活值变得更加复杂多样，从而使模型变得更加健壮。

然而，我们可以看到，如果只是将这些激活值归零而不做其他任何事情，那么模型可能会出现一些训练问题：如果将五个激活值的和（因为使用了 ReLU，所以都是正数）改为仅两个激活值的和，那么这样操作不会得出相同的数值范围。因此，如果我们对概率 p 应用 dropout，需要将激活值除以 $1-p$ 来重新调整缩放，（p 取平均将会被归零，所以使用 $1-p$），正如图 12-11 所示。

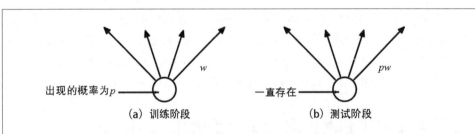

图2：（左图）在训练阶段以概率 p 出现的单元，与下一层神经元连接的权重为 w。（右图）在测试阶段，这些单元会一直存在，并且其权重会与概率 p 相乘。在测试阶段获得的输出被期望与训练阶段的输出保持一致。

图12-11：使用 dropout 的时候为什么要缩放激活值

下面是 PyTorch 中 dropout 层的完整实现（尽管 PyTorch 的原始层是用 C 语言写的，而不是用 Python 写的）：

```
class Dropout(Module):
    def __init__(self, p): self.p = p
```

```
def forward(self, x):
    if not self.training: return  x
    mask = x.new(*x.shape).bernoulli_(1-p)
    return  x * mask.div_(1-p)
```

bernoulli_ 方法创建了一个随机 0 的张量（概率为 p）和随机 1 的张量（概率为 1-p），然后在除以 1-p 之前乘以我们的输入。注意 training 属性的使用，每一个 PyTorch 的 nn.Module 都可以使用，并且会告诉我们是在训练还是在做推理。

动手做你自己的实验

如果是在本书的前几章中，我们会在这里加一个 bernoulli_ 的代码示例，这样你就可以清楚地看到实际运行的代码是怎样的了。但是现在你已经学习了足够多的内容，可以自己去运行代码了，所以之后你将会看到越来越少的例子。我们更希望你能自己去实验，看看代码背后的运行原理。在本章结尾的问题中，我们会要求你用 bernoulli_ 来做实验，但是要想更深入地理解你现在正在学习的代码，请不要等着我们要求你来做实验。自己动手用自己的方式去做实验吧！

在将 LSTM 的输出传递到最终层之前，可以使用 dropout 帮助减少过拟合。在许多其他模型中也会使用 dropout，包括在 fastai.vision 中使用的默认 CNN head，并且也可以通过传递 ps 参数在 fastai.tabular 中使用 dropout（其中添加至 Dropout 层的每个"p"被传递到各个层），我们将会在第 15 章中看到这些内容。

dropout 在训练和验证模式中有不同的表现，这里我们指定使用 Dropout 层中的 training 属性。在模块中调用 train 方法会将 training 设置为 True（对于调用该方法的模块和它递归包含的每个模块都是如此），eval 将其设置为 False。这是在调用 Learner 方法时自动完成的，但如果你不使用该类，请注意根据需要进行切换。

激活单元正则化和时序激活单元正则化

激活单元正则化（AR）和时序激活单元正则化（TAR）是两种非常类似于权重衰减的正则化方法。当使用权重衰减时，在损失上添加一个小惩罚，目的是使权重尽可能小。对于激活单元正则化，我们将尽量减小 LSTM 产生的最终激活值，而不是权重。

为了正则化最终激活值，我们必须将它们存储在某个地方，然后将它们的平方的均值与损失相加（再乘以 alpha，这就像 wd 表示权重衰减）：

```
loss += alpha * activations.pow(2).mean()
```

时序激活单元正则化与预测句子中的 token 有关。这意味着当按顺序读取 LSTM 的输出时，它们很可能是有意义的。TAR 通过给损失添加惩罚，使连续两个激活值的区别尽可能小来鼓励这种行为：我们的激活值张量有 bs×sl×n_hid 的形状，可连续读取激活值序列长度轴（中间的维度）。由此，TAR 可以表示为：

```
loss += beta * (activations[:,1:] - activations[:,:-1]).pow(2).mean()
```

alpha 和 beta 是两个需要调整的超参数。为了实现这一点，我们需要带 dropout 的模型返回三项内容：正确的输出、LSTM 在 dropout 处理之前的激活值以及 LSTM 在 dropout 处理之后的激活值。AR 通常应用于 dropped-out 激活值（以避免对之后变成 0 的激活值进行惩罚），而 TAR 应用于 non-dropped-out 的激活值（因为那些 0 会在两个连续的时间步之间产生很大的差异）。一个名称为 RNNRegularizer 的回调函数将提供这种正则化。

训练一个权重绑定正则化 LSTM

我们可以结合 dropout（在进入输出层之前应用）、AR 和 TAR 来训练之前的 LSTM。只需要返回三项内容：LSTM 的正常输出、dropped-out 激活值和来自 LSTM 的激活值。最后两项将由回调 RNNRegularizer 针对它为损失做的贡献选取。

我们可以从 AWD-LSTM 论文（参见链接 132）中得到的另一个有用的技巧是：权重绑定。在语言模型中，输入嵌入层表示从英语单词到激活值的映射，输出隐藏层表示从激活值到英语单词的映射。因此我们可以直观地认为，这些映射可能是相同的。可以通过在 PyTorch 中为每一层分配相同的权重矩阵来表示：

```
self.h_o.weight = self.i_h.weight
```

在 LMModel7 中，包括了以下最终的调整：

```
class LMModel7(Module):
    def __init__(self, vocab_sz, n_hidden, n_layers, p):
        self.i_h = nn.Embedding(vocab_sz, n_hidden)
        self.rnn = nn.LSTM(n_hidden, n_hidden, n_layers, batch_first=True)
        self.drop = nn.Dropout(p)
        self.h_o = nn.Linear(n_hidden, vocab_sz)
        self.h_o.weight = self.i_h.weight
        self.h = [torch.zeros(n_layers, bs, n_hidden) for _ in range(2)]

    def forward(self, x):
        raw,h = self.rnn(self.i_h(x), self.h)
        out = self.drop(raw)
        self.h = [h_.detach() for h_ in h]
        return self.h_o(out),raw,out

    def reset(self):
        for h in self.h: h.zero_()
```

可以使用 RNNRegularizer 回调创建一个正则化的 Learner：

```
learn = Learner(dls, LMModel7(len(vocab), 64, 2, 0.5),
                loss_func=CrossEntropyLossFlat(), metrics=accuracy,
                cbs=[ModelResetter, RNNRegularizer(alpha=2, beta=1)])
```

TextLearner 自动添加了这两个回调函数（默认值为 alpha 和 beta），因此我们可以简化前面的一行：

```
learn = TextLearner(dls, LMModel7(len(vocab), 64, 2, 0.4),
                    loss_func=CrossEntropyLossFlat(), metrics=accuracy)
```

然后可以训练模型，通过将权重衰减增加到 0.1 来增加额外的正则化：

```
learn.fit_one_cycle(15, 1e-2, wd=0.1)
```

epoch	train_loss	valid_loss	accuracy	time
0	2.693885	2.013484	0.466634	00:02
1	1.685549	1.187310	0.629313	00:02
2	0.973307	0.791398	0.745605	00:02
3	0.555823	0.640412	0.794108	00:02
4	0.351802	0.557247	0.836100	00:02
5	0.244986	0.594977	0.807292	00:02
6	0.192231	0.511690	0.846761	00:02
7	0.162456	0.520370	0.858073	00:02
8	0.142664	0.525918	0.842285	00:02
9	0.128493	0.495029	0.858073	00:02
10	0.117589	0.464236	0.867188	00:02
11	0.109808	0.466550	0.869303	00:02
12	0.104216	0.455151	0.871826	00:02
13	0.100271	0.452659	0.873617	00:02
14	0.098121	0.458372	0.869385	00:02

现在这个模型比以前的好多了！

结论

现在你已经学完了我们在第 10 章文本分类中使用的 AWD-LSTM 结构的所有内容。它在很多地方都使用了 dropout：

- Embedding dropout（就在嵌入层之后）

- Input dropout（嵌入层后）
- Weight dropout（适用于 LSTM 在各个训练步骤的权重）
- Hidden dropout（适用于两层之间的隐藏层状态）

这使得它更加正则化。由于微调这 5 个 dropout 值（包括输出层之前的 dropout 值）是复杂的，所以我们已经确定了不错的默认值，并允许通过 `drop_mult` 参数对 dropout 的大小进行总体调优（乘以每个 dropout 值）。

另一个结构非常强大，特别是在"序列到序列"问题（其中的因变量本身是一个可变长度的序列，例如语言翻译）中，这个结构就是 Transformers 体系结构。你可以在本书的网站中找到它。

问题

1. 如果项目的数据集太大太复杂，需要花费大量的时间，你应该怎么做？

2. 为什么在创建语言模型之前需要拼接数据集中的文档？

3. 如果要使用一个标准的全连接网络在给出前三个单词的情况下去预测第四个单词，需要对模型做哪两项调整？

4. 如何在 PyTorch 中跨多个层共享权重矩阵？

5. 编写一个模块，在不作弊的情况下根据句子的前两个单词预测第三个单词。

6. 什么是循环神经网络（RNN）？

7. 什么是隐藏层状态（hidden state）？

8. 在 LMModel1 中等效于隐藏层状态的是什么？

9. 为了在 RNN 中维持状态，为什么将文本按顺序传递给模型很重要？

10. 在 RNN 中"展开"表示什么？

11. 为什么在 RNN 中维持隐藏层状态会导致内存和性能问题？如何解决这个问题？

12. BPTT 算法是什么？

13. 编写代码打印验证集的前几批，包括将语义单元 ID 转换回英文字符串，正如在第 10 章中对 IMDb 数据的批处理所述。

14. ModelResetter 回调做什么？为什么需要它？

15. 每三个输入单词预测一个输出单词的缺点是什么？

16. 为什么需要在 LMModel4 中自定义损失函数？

17. 为什么 LMModel4 的训练不稳定？

18. 在展开表示中，可以看到一个 RNN 循环神经网络有很多层。那么为什么需要堆叠 RNN 来获得更好的结果呢？

19. 画一个堆叠（多层）RNN 的表示。

20. 为什么在 RNN 中，如果不经常调用 detach，就会得到更好的结果？为什么简单的 RNN 在实践中不会发生这种情况？

21. 为什么深层网络会导致非常大或非常小的激活值？为什么这很重要？

22. 在计算机中使用浮点表示数字时，哪些数字最精确？

23. 为什么消失的梯度会阻止训练？

24. 为什么在 LSTM 体系结构中有两种隐藏层状态会更有用？每一种隐藏层状态的作用是什么？

25. （接上题）这两种状态在 LSTM 中叫什么？

26. tanh 是什么，它和 sigmoid 有什么关系？

27. 下面这行代码在 LSTMCell 中的作用是什么：

```
h = torch.stack([h, input], dim=1)
```

28. chunk 在 PyTorch 中有什么用？

29. 仔细研究 LSTMCell 的重构版本，确保你理解它如何及为什么要与非重构版本做同样的事情。

30. 为什么可以在 LMModel6 中使用更高的学习率？

31. AWD-LSTM 模型中使用的三种正则化技术是什么？

32. dropout 是什么？

33. 为什么要用 dropout 来衡量权重？这在训练、推理或两者中都适用吗？

34. dropout 中这行代码的作用是什么：

```
if not self.training: return x
```

35. 自己动手用 bernoulli_ 来做实验来理解它是如何运行的。

36. 如何在 PyTorch 的训练模式中设置模型？在评价模式中如何设置呢？

37. 写出激活单元正则化的方程式（数学或代码均可）。它和权重衰减有什么不同？

38. 写出时序激活单元正则化的方程式（数学或代码均可）。为什么不能用它来解决计算机视觉问题呢？

39. 语言模型中的权重绑定是什么？

深入研究

1. 在 LMModel2 中，为什么可以向前从 h=0 开始？为什么不用 h=torch.zeros(…) 呢？

2. 从零开始编写 LSTM 的代码（可以参考图 12-9）。

3. 在网上搜索 GRU 架构且从头开始执行，并尝试训练一个模型。看看你是否能得到与我们在本章中得到的类似结果。将你的结果与 PyTorch 内置 GRU 模块的结果进行比较。

4. 看一下 fastai 中 AWD-LSTM 的源代码，并尝试将每一行代码映射到本章展示的概念中。

第 13 章

卷积神经网络

在第 4 章中，我们学习了如何创建识别图像的神经网络。在区分数字 3 和数字 7 时，能够达到超过 98% 的准确率，但我们也看到了 fastai 的内置类能够让准确率接近 100%。接下来，让我们开始努力缩小这两者之间的差距吧。

在本章中，我们将先搞清楚什么是卷积，并从头开始构建一个 CNN。然后，通过学习使用一系列的技术来提高训练的稳定性，并学习一些库来为我们提供一些适当的优化调整，以获得更好的结果。

卷积的魔力

特征工程是机器学习实践者可以使用的最强大的工具之一。特征是为了简化建模而设计的数据转换。例如，我们在第 9 章中介绍的用于表格数据集预处理的 add_datepart 函数，其为 Bulldozers 数据集添加了日期特征。那我们可以从图像中得到什么样的特征呢？

术语：特征工程
创建一种新的方法来对输入数据进行转换，使得转换后的数据更容易建模。

在图像的环境中，特征是视觉上与众不同的属性。例如，数字 7 的特征是在数字的顶部附近有一条水平边，在它下面有一条从右上角到左下角的对角线。数字 3 的特征是在数字的左上角和右下角有一条对角线，在左下角和右上角有一条相反的对角线，在中间、上、下有水平边，等等。那么，如果我们可以提取关于每幅图像中边缘的信息，然后将这些信息作为特征，而不是原始像素的话，会如何呢？

事实证明，在图像中寻找边缘是计算机视觉中一项非常常见的任务，而且特别简单。要做到这一点，需要用到一个叫作卷积的东西。卷积只需要乘法和加法——这两种运算将完成我们在本书中所看到的深度学习模型中的绝大多数工作！

卷积在图像上应用核函数。核函数是一个小矩阵，如图 13-1 右上方所示的 3 × 3 的矩阵。

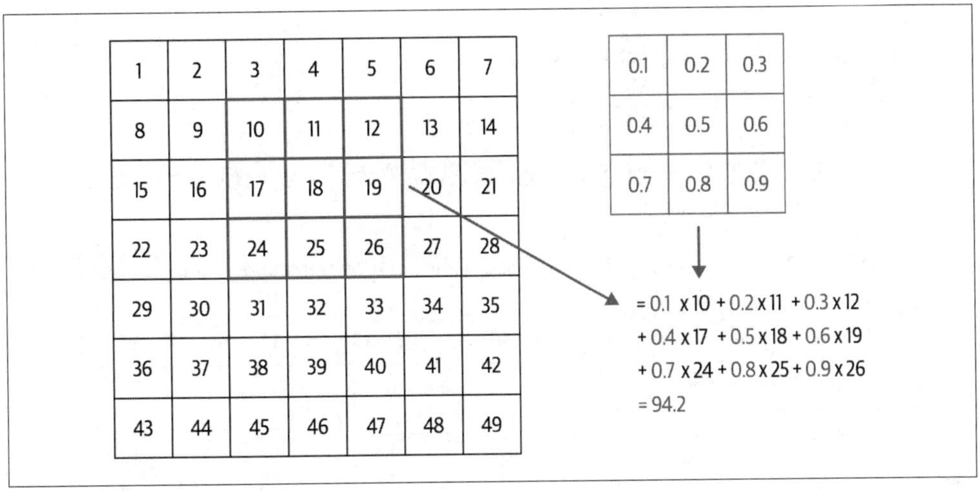

图13-1：将核函数应用到一个位置

左边的 7 × 7 网格是我们要应用核函数的图像。卷积运算将核函数的每个元素乘以图像中 3 × 3 的区域块中的每个元素，然后把这些乘法的结果加在一起。图 13-1 显示了将核函数应用到图像中的某个位置（单元格 18 周围的 3 × 3 的区域块）的示例。

我们对其进行编码。首先，创建一个 3 × 3 的小矩阵，如下所示：

```
top_edge = tensor([[-1,-1,-1],
                   [ 0, 0, 0],
                   [ 1, 1, 1]]).float()
```

把它叫作卷积核（这是计算机视觉研究人员对它的叫法）。当然，我们需要一张图像：

```
path = untar_data(URLs.MNIST_SAMPLE)

im3 = Image.open(path/'train'/'3'/'12.png')
show_image(im3);
```

现在要取图像上方的 3 像素 × 3 像素的方块，然后把这些值乘以核中的每一项，再把它们加起来，就像下面这样：

```
im3_t = tensor(im3)
im3_t[0:3,0:3] * top_edge
```

```
tensor([[-0., -0., -0.],
        [0., 0., 0.],
        [0., 0., 0.]])
```

```
(im3_t[0:3,0:3] * top_edge).sum()
```

```
tensor(0.)
```

到目前为止还不是很有趣——所有左上角的像素都是白色的。我们挑几个更有趣的点：

```
df = pd.DataFrame(im3_t[:10,:20])
df.style.set_properties(**{'font-size':'6pt'}).background_gradient('Greys')
```

	0	1	2	3	4	5	6	7	8	9	10	11	12	13	14	15	16	17	18	19
0	0	0	0	0	0	0	0	0	0	0	0	0	0	0	0	0	0	0	0	0
1	0	0	0	0	0	0	0	0	0	0	0	0	0	0	0	0	0	0	0	0
2	0	0	0	0	0	0	0	0	0	0	0	0	0	0	0	0	0	0	0	0
3	0	0	0	0	0	0	0	0	0	0	0	0	0	0	0	0	0	0	0	0
4	0	0	0	0	0	0	0	0	0	0	0	0	0	0	0	0	0	0	0	0
5	0	0	0	12	99	91	142	155	246	182	155	155	155	155	131	52	0	0	0	0
6	0	0	0	138	254	254	254	254	254	254	254	254	254	254	254	252	210	122	33	0
7	0	0	0	220	254	254	254	235	189	189	189	189	150	189	205	254	254	254	75	0
8	0	0	0	35	74	35	35	25	0	0	0	0	0	13	224	254	254	254	153	0
9	0	0	0	0	0	0	0	0	0	0	0	0	0	0	90	254	254	247	53	0

单元格 (5,7) 有一条上边。重复一下我们的计算：

```
(im3_t[4:7,6:9] * top_edge).sum()
```

```
tensor(762.)
```

单元格 (8,18) 有一条右边。这给了我们什么结果？

```
(im3_t[7:10,17:20] * top_edge).sum()
```

```
tensor(-29.)
```

正如你所看到的，这个小计算返回了一个较高的数值，其中 3 像素 × 3 像素的正方形表示一条上面的边（也就是说，在正方形的顶部有一个低值，而在正下方有一个高值）。这是因为在这种情况下，核中 -1 的影响很小，但 1 的影响很大。

让我们稍微看一下数学分析。这个过滤器将在图像中选取任意大小为 3 × 3 的窗口，如果我们这样命名像素值：

$a1$　$a2$　$a3$
$a4$　$a5$　$a6$
$a7$　$a8$　$a9$

它将返回 $a1 + a2 + a3 - a7 - a8 - a9$。如果在图像中 $a1$、$a2$、$a3$ 的和等于 $a7$、$a8$、$a9$ 的和，这些项就会相互抵消得到 0。但是，如果 $a1$ 大于 $a7$、$a2$ 大于 $a8$、$a3$ 大于 $a9$，我们将得到一个较大的数。所以这个过滤器可以更精确地检测水平边缘，即从图像顶部明亮的部分到底部较暗部分的边缘。

改变我们的过滤器，使上面的一行 1 和下面的一行 -1 可以检测从暗到亮的水平边缘。把 1 和 -1 放在列中而不是行中，就可以得到检测垂直边缘的过滤器。每一组权重将产生不同类型的结果。

让我们为一个位置创建一个函数，并检查它是否与之前的结果匹配：

```
def apply_kernel(row, col, kernel):
    return (im3_t[row-1:row+2,col-1:col+2] * kernel).sum()

apply_kernel(5,7,top_edge)

tensor(762.)
```

但请注意，我们不能将它应用到角落（例如，位置 (0,0)），因为那里没有一个完整的 3 × 3 的正方形。

应用一个卷积核

我们可以在坐标网格上使用 apply_kernel()。也就是说，我们将使用 3 × 3 的卷积核并将其应用到图像的每个 3 × 3 的部分。例如，图 13-2 显示了在 5 × 5 图像的第一行可以应用 3 × 3 卷积核的位置。

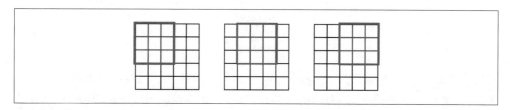

图13-2：跨网格应用卷积核

要获得坐标网格，可以使用嵌套的递推式构造列表来得到所有的坐标，如下所示：

```
[[(i,j) for j in range(1,5)] for i in range(1,5)]

[[(1, 1), (1, 2), (1, 3), (1, 4)],
 [(2, 1), (2, 2), (2, 3), (2, 4)],
 [(3, 1), (3, 2), (3, 3), (3, 4)],
 [(4, 1), (4, 2), (4, 3), (4, 4)]]
```

嵌套的递推式构造列表

在 Python 中经常使用嵌套的递推式构造列表，所以如果你以前没有见过它们，请花几分钟时间确保你能够理解，并尝试编写你自己的嵌套的递推式构造列表。

这是在坐标网格上应用核的结果：

```
rng = range(1,27)
top_edge3 = tensor([[apply_kernel(i,j,top_edge) for j in rng] for i in rng])

show_image(top_edge3);
```

看上去不错！上边缘是黑色的，而下边缘是白色的（因为它们是上边缘的对立面）。现在我们的图像也包含负数，matplotlib 自动改变了颜色，使白色显示为图像中最小的数字，黑色显示为最大的数字，零显示为灰色。

我们可以对左边的边做同样的事情：

```
left_edge = tensor([[-1,1,0],
                    [-1,1,0],
                    [-1,1,0]]).float()

left_edge3 = tensor([[apply_kernel(i,j,left_edge) for j in rng] for i in rng])

show_image(left_edge3);
```

正如之前提到的，卷积就是在一个网格上应用这样一个卷积核的运算。Vincent Dumoulin 和 Francesco Visin 的论文 "A Guide to Convolution Algorithm for Deep Learning"（参见链接 133）中有很多很棒的图表，展示了如何应用图像的卷积核。图 13-3 是该论文中的一个示例，（在底部）显示了一个浅蓝色的 4×4 的图像，其中应用了一个深蓝色的 3×3 的核，并在顶部创建了一个 2×2 绿色的激活值映射输出。

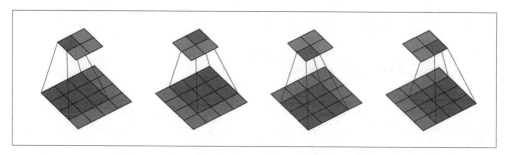

图13-3：将3×3的卷积核应用到4×4图像上的结果（由Vincent Dumoulin和Francesco Visin提供，彩色图参见"参考链接.pdf"文件中的图13-3）

看看结果的形状。如果原始图像的高度为 h，宽度为 w，可以找到多少个 3×3 的窗口？正如你从例子中看到的，有 (h-2)×(w-2) 个窗口，所以我们得到的图像的高度是 h-2，宽度是 w-2。

我们不会从头开始实现这个卷积函数，而是使用 PyTorch 来实现（它比在 Python 中做的任何事情都要快得多）。

PyTorch 中的卷积

卷积是非常重要且被广泛使用的操作，PyTorch 内置了卷积。它被称为 F.conv2d（还记得 F 是从 fastai 中导入的 torch.nn.functional 吗？ PyTorch 推荐这样做）。PyTorch 文档告诉我们它包含以下参数。

input

    输入张量的尺寸 (minibatch, in_channels, iH, iW)

weight

    过滤器的尺寸 (out_channels, in_channels, kH, kW)

这里的 iH 和 iW 是图像的高度和宽度（即 28,28），kH 和 kW 是核 (3,3) 的高度和宽度。但是很明显，PyTorch 期望这些参数是一个 4 阶的张量，而目前我们只有 2 阶张量（即矩阵或具有两个轴的数组）。

使用这些额外的维度的原因是因为 PyTorch 本身就有一些小技巧。第一个技巧是，PyTorch 可以同时对多张图像应用卷积。这意味着我们可以一次性地对一批数据中的每一个元素进行调用！

第二个技巧是 PyTorch 可以同时应用多个核。因此我们在这里创建了对角线核，然后把四个边缘核堆成一个张量：

```
diag1_edge = tensor([[ 0,-1, 1],
                      [-1, 1, 0],
                      [ 1, 0, 0]]).float()
diag2_edge = tensor([[ 1,-1, 0], [ 0, 1,-1],
                      [ 0, 0, 1]]).float()

edge_kernels = torch.stack([left_edge, top_edge, diag1_edge, diag2_edge])
edge_kernels.shape

torch.Size([4, 3, 3])
```

为了测试这一点，我们需要一个 DataLoader 和一个小批次的样本。下面使用数据块 API：

```
mnist = DataBlock((ImageBlock(cls=PILImageBW), CategoryBlock),
                  get_items=get_image_files,
                  splitter=GrandparentSplitter(),
                  get_y=parent_label)

dls = mnist.dataloaders(path)
xb,yb = first(dls.valid)
xb.shape

torch.Size([64, 1, 28, 28])
```

默认情况下，fastai 在使用数据块时将数据放到 GPU 上。在下面的例子中，让我们把它移到 CPU 上：

```
xb,yb = to_cpu(xb),to_cpu(yb)
```

一个批次会包含 64 张图像，每张图像 1 个通道、28 像素 × 28 像素。F.conv2d 也可以处理多通道（彩色）图像。通道是图像中的单一基本颜色——对于常规的全彩图像，有三个通道，红、绿、蓝。PyTorch 将图像表示为 3 阶张量，其维度如下：

```
[channels, rows, columns]
```

我们将在本章后面看到如何对多个通道进行处理。传递给 F.conv2d 的卷积核需要的是 4 阶张量：

```
[channels_in, features_out, rows, columns]
```

edge_kernels 目前缺少其中的一项：需要告诉 PyTorch，卷积核中输入通道的数量是 1，我们可以通过在第一个位置插入一个大小为 1 的轴（这被称为一个单元轴），此时 PyTorch 文档中应显示 in_channels。使用 unsqueeze 方法将单位轴插入张量：

```
edge_kernels.shape,edge_kernels.unsqueeze(1).shape

(torch.Size([4, 3, 3]), torch.Size([4, 1, 3, 3]))
```

现在这是 edge_kernels 的正确形状。让我们把这些都传递给 conv2d：

```
edge_kernels = edge_kernels.unsqueeze(1)

batch_features = F.conv2d(xb, edge_kernels)
batch_features.shape

torch.Size([64, 4, 26, 26])
```

根据输出形状的显示，在小批次处理中有 64 张图像、4 个核和 26 像素 × 26 像素大小的边缘映射（我们从 28 像素 × 28 像素的图像开始，但是像前面讨论的那样，每一侧都丢失了一个像素）。可以看到，我们得到了与手动操作相同的结果：

```
show_image(batch_features[0,0]);
```

PyTorch 最重要的技巧是它可以使用 GPU 来并行完成所有这些工作——跨多个通道将多个卷积核应用到多张图像。并行处理大量工作是让 GPU 高效工作的关键，如果一次只执行这些操作中的一个，那么运行速度通常会慢上几百倍（如果使用上一节中介绍的手动卷积循环，运行速度将只有现在的几百万分之一！）因此，要成为一个强大的深度学习从业者，一项需要练习的技能是同时给你的 GPU 安排大量的工作。

如果能够不丢失每个轴上的两个像素就好了。我们的解决方法是添加填充，也就是在图像外部添加额外的像素。最常见的是添加零像素。

步长和填充

通过添加适当的填充，可以确保输出激活值图与原始图像的大小相同，这可以使我们在构建架构时更加简单。图 13-4 显示了如何添加填充使我们能够在图像的角落应用卷积核。

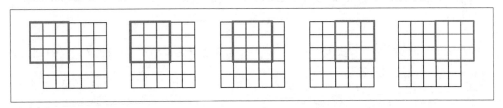

图13-4：一个带有填充的卷积

用了 5×5 的输入、4×4 的卷积核和 2 像素的填充，我们最终得到了一个 6×6 的激活值图，如图 13-5 所示。

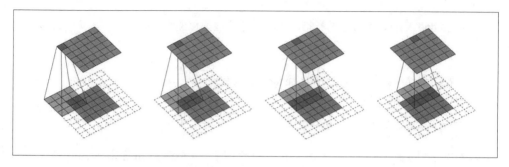

图13-5: 带有5×5的输入和2像素填充的4×4的卷积核（由Vincent Dumoulin和Francesco Visin提供，彩色图见"参考链接.pdf"文件中的图13-5）

如果加入一个大小为 ks × ks 的卷积核（ks 为奇数），那么保持相同形状所需的每边的填充是 ks//2。一个偶数的 ks 需要不同数量的上 / 下和左 / 右填充，但在实践中我们几乎从不使用大小为偶数的过滤器。

到目前为止，当我们将卷积核应用到网格上时，每次移动一个像素。但其实我们可以跳得更远，例如，可以在每个卷积核应用之后移动两个像素，如图 13-6 所示。这就是所谓的步长为 2（stride-2）的卷积。实践中最常见的卷积核大小是 3×3，最常见的填充是 1。正如你所看到的，步长为 2 的卷积用于减少输出的大小，而步长为 1 的卷积用于添加层而不改变输出的大小。

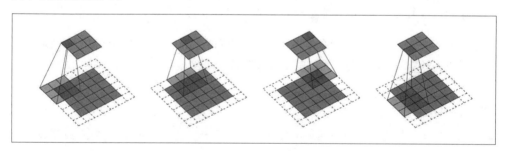

图13-6: 具有5×5输入、步长为2和1像素填充的3×3卷积核（由Vincent Dumoulin和Francesco Visin提供）

在大小为 h×w 的图像中，使用填充为 1、步长为 2 将得到大小为 (h+1)//2 × (w+1)//2 的结果。每个维度的通式是

```
(n + 2*pad - ks) // stride + 1
```

其中 pad 是填充，ks 是核的大小，stride 是步长。现在让我们看一下卷积结果的像素值是如何计算的。

理解卷积方程

为解释卷积背后的数学原理，fast.ai 的学生 Matt Kleinsmith 想出了一个非常聪明的主意，从不同的视角展示 CNN（参见链接 134）。我们将在这里展示它！

这是我们的 3 像素 × 3 像素的图像，每个像素用一个字母标记：

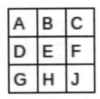

这是卷积核，每个权重都用一个希腊字母标记：

由于过滤器过滤了图像 4 次，所以我们得到了 4 种结果：

图 13-7 展示了如何将卷积核应用到图像的每个部分以产生各种结果。

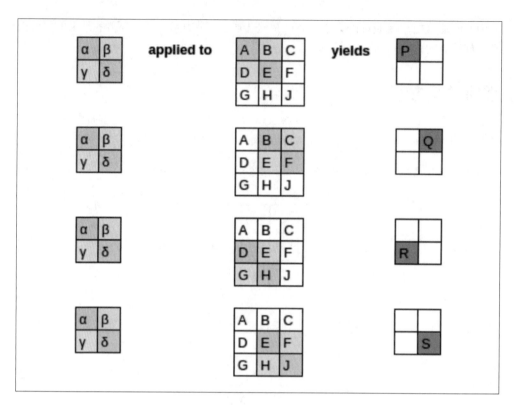

图13-7: 应用卷积核

计算过程如图 13-8 所示。

$$\alpha * A + \beta * B + \gamma * D + \delta * E + b = P$$

$$\alpha * B + \beta * C + \gamma * E + \delta * F + b = Q$$

$$\alpha * D + \beta * E + \gamma * G + \delta * H + b = R$$

$$\alpha * E + \beta * F + \gamma * H + \delta * J + b = S$$

图13-8: 方程

注意，图 13-8 中的偏差项 b 对于图像的每个部分都是相同的。你可以把偏差看作过滤器的一部分，就像权重（α，β，γ，δ）是过滤器的一部分一样。

这里有一个有趣的见解——卷积可以表示一种特殊的矩阵乘法，如图 13-9 所示。权重矩阵与传统神经网络的权重矩阵相似。然而，这个权重矩阵有两个特殊的性质：

1. 灰色的零是不可训练的。这意味着它们将在整个优化过程中保持为零。

2. 有些权重是相等的，当它们是可训练的（即可变的）时，它们必须保持相等。这些被称为共享权重。

零对应的是过滤器不能触及的像素。权重矩阵的每一行对应过滤器的一个应用。

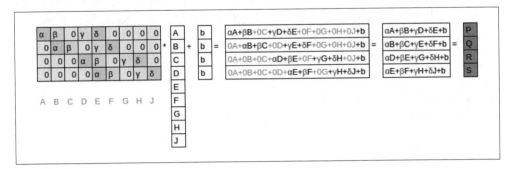

图13-9：卷积作为矩阵乘法

既然理解了卷积是什么，让我们用它们来构建一个神经网络。

我们的第一个卷积神经网络

没有理由相信某些特定的边缘过滤器是对图像识别最有用的卷积核。此外，我们已经看到在后面的层中，卷积核变成了低层特征的复杂转换，但我们不知道如何手动构造它们。

然而，最好是能够学习卷积核的值。我们已经知道怎么做了——SGD！实际上，该模型将学习对分类有用的特征。当使用卷积而不是（或还有）常规线性层时，我们就创建了一个卷积神经网络（CNN）。

创建 CNN

让我们回到第 4 章的基本神经网络。它的定义如下：

```
simple_net = nn.Sequential(
    nn.Linear(28*28,30),
    nn.ReLU(),
    nn.Linear(30,1)
)
```

可以查看模型的定义：

```
simple_net
Sequential(
  (0): Linear(in_features=784, out_features=30, bias=True)
  (1): ReLU()
  (2): Linear(in_features=30, out_features=1, bias=True)
)
```

我们现在想创建一个类似这个线性模型的架构，但是使用卷积层而不是线性层。nn.Conv2d 是 F.conv2d 的等效模块，在创建架构时，它比 F.conv2d 更方便，因为当实例化它时，它会自动创建权重矩阵。

如下是一个可能的架构：

```
broken_cnn = sequential(
    nn.Conv2d(1,30, kernel_size=3, padding=1),
    nn.ReLU(),
    nn.Conv2d(30,1, kernel_size=3, padding=1)
)
```

这里需要注意的一点是，我们不需要指定 28 像素 ×28 像素作为输入大小。这是因为线性层需要每个像素在权重矩阵中的权重，所以它需要知道有多少像素，对每个像素自动应用卷积。正如我们在前一节中所看到的，权重仅取决于输入和输出通道的数量以及卷积核的大小。

想一下输出应该是什么样的形状，下面来试试看：

```
broken_cnn(xb).shape

torch.Size([64, 1, 28, 28])
```

这不是用来进行分类的东西，因为我们需要每张图像的单个输出激活值，而不是激活 28 像素 ×28 像素的映射。处理这一问题的一种方法是使用足够的 stride-2 卷积，使最终层的大小为 1。经过一个 stride-2 卷积，大小将变为 14 像素 ×14 像素，经过两个之后，它将变为 7 像素 ×7 像素，然后是 4 像素 ×4 像素、2 像素 ×2 像素，最后大小为 1。

我们现在试试。首先，我们将定义一个函数，其中包含将在每次卷积中使用的基本参数：

```
def conv(ni, nf, ks=3, act=True):
    res = nn.Conv2d(ni, nf, stride=2, kernel_size=ks, padding=ks//2)
    if act: res = nn.Sequential(res, nn.ReLU())
    return res
```

重构

像这样重构神经网络的某些部分，可以大大降低由于架构不一致而导致错误的可能性，并让读者更清楚地看到实际上哪些层发生了变化。

当使用 stride-2 卷积时，我们通常同时增加特征的数量。这是因为我们将激活映射中的激活次数减少为了原先的 1/4，不想一次将一层的容量降低太多。

术语：**通道和特征**

这两个术语在很大程度上可以互换使用，指的是权重矩阵第二个轴的大小，即卷积后每个网格单元被激活的次数。特征从来没有被用来表示输入数据，但是通道可以表示输入数据（通常，通道是颜色）或网络内的激活值。

下面是我们如何构建一个简单的 CNN 的代码：

```
simple_cnn = sequential(
    conv(1 ,4),              #14x14
    conv(4 ,8),              #7x7
    conv(8 ,16),             #4x4
    conv(16,32),             #2x2
    conv(32,2, act=False),   #1x1
    Flatten(),
)
```

杰里米说

我喜欢在每个卷积之后添加像这里这样的注释，以显示每一层之后的激活映射会有多大。这些注释假定输入大小为 28 像素 × 28 像素。

现在网络输出了两个激活值，它们映射到标签中的两个可能性的级别：

```
simple_cnn(xb).shape
```

```
torch.Size([64, 2])
```

现在可以创建自己的 Learner：

```
learn = Learner(dls, simple_cnn, loss_func=F.cross_entropy, metrics=accuracy)
```

要查看模型中到底发生了什么，可以使用 summary：

```
learn.summary()
```

```
Sequential (Input shape: ['64 x 1 x 28 x 28'])
```

```
================================================================
Layer (type)       Output Shape              Param #     Trainable
================================================================
Conv2d             64x4 x 14 x 14            40          True

ReLU               64x4 x 14 x 14            0           False

Conv2d             64x8 x 7 x 7              296         True

ReLU               64x8 x 7 x 7              0           False

Conv2d             64x16 x 4 x 4             1,168       True

ReLU               64x16 x 4 x 4             0           False

Conv2d             64x32 x 2 x 2             4,640       True

ReLU               64x32 x 2 x 2             0           False

Conv2d             64x2 x 1 x 1             578          True

Flatten            64x2                     0           False

Total params: 6,722
Total trainable params: 6,722
Total non-trainable params: 0

Optimizer used: <function Adam at 0x7fbc9c258cb0>
Loss function: <function cross_entropy at 0x7fbca9ba0170>

Callbacks:
  - TrainEvalCallback
  - Recorder
  - ProgressCallback
```

注意，最终 Conv2d 层的输出是 $64 \times 2 \times 1 \times 1$。我们需要去掉这些额外的 1×1 轴，这就是 Flatten 方法所做的。它基本上与 PyTorch 的 squeeze 方法相同，但是是一个模块。

让我们看看这次的训练！因为这是一个比我们之前从头构建的更深的网络，因此将使用更低的学习率和更多的迭代：

```
learn.fit_one_cycle(2, 0.01)
```

epoch	train_loss	valid_loss	accuracy	time
0	0.072684	0.045110	0.990186	00:05
1	0.022580	0.030775	0.990186	00:05

成功了！它越来越接近 resnet18 的结果，尽管还没到那一步，而且它需要更多的迭代，

需要使用更低的学习率。我们还有一些技巧要学习，但离从零开始创建一个现代 CNN 越来越近了。

理解卷积运算

我们可以从 summary 中看到，输入的大小是 64 × 1 × 28 × 28。轴是 batch、channel、height、width。这通常表示为 NCHW（其中 N 表示批大小）。另外，TensorFlow 使用 NHWC 轴的顺序。这是第一层：

```
m = learn.model[0]
m

Sequential(
  (0): Conv2d(1, 4, kernel_size=(3, 3), stride=(2, 2), padding=(1, 1))
  (1): ReLU()
)
```

由此我们得到 1 个输入通道、4 个输出通道和一个 3 × 3 的卷积核。让我们检查一下第一个卷积的权重：

```
m[0].weight.shape
torch.Size([4, 1, 3, 3])
```

summary 显示我们有 40 个参数，而 4 × 1 × 3 × 3 是 36。其他 4 个参数是什么？让我们看看这个偏差包含了什么：

```
m[0].bias.shape

torch.Size([4])
```

现在我们可以用这个信息来阐明上一节的说法："当使用 stride-2 卷积时，我们通常同时增加特征的数量。这是因为我们将激活映射中的激活次数减少为了原先的 1/4，不想一次将一层的容量降低太多。"

每个通道都有一个偏差。（当通道不是输入通道时，有时它们被称为特征或过滤器。）输出的形状是 64 × 4 × 14 × 14，这将成为下一层的输入形状。根据 summary，下一层有 296 个参数。为了简单起见，我们忽略批处理轴。由此，对于 14 × 14=196 个位置中的每一个，我们乘以 296-8=288 个权重（为了简单起见，忽略偏差），所以在这一层，有 196 × 288=56 448 的倍增。下一层将有 7 × 7 × (1168-16)=56 448 的倍增。

这里所发生的是，我们的 stride-2 卷积将网格大小从 14 × 14 减半到 7 × 7，并且将过滤器的数量从 8 增加到 16，结果在计算量上总体没有变化。如果让每个 stride-2 层的通道数保持不变，网络中完成的计算量会随着深度的增加而越来越少。但是我们知道，更深的层次必须计算语义丰富的特征（比如眼睛或皮毛），所以我们不认为做更少的计算就有意义。

另一种思考方法是基于感受野。

感受野

感受野是一幅图像的区域，它涉及一层的计算。在本书的网站中，你可以找到一个名为 *convon-sample.xlsx* 的 Excel 电子表格文件，它显示了使用 MNIST 数字计算两个 stride-2 卷积层的过程。每一层都有一个单独的卷积核。图 13-10 显示了单击 conv2 部分中的一个单元格所看到的结果，其中显示了第二卷积层的输出，并单击追踪引用单元。

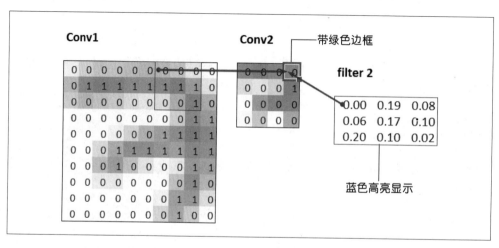

图13-10：Conv2层的直接引用单元（彩色图见"参考链接.pdf"文件中的图13-10）

这里，带有绿色边框的单元格是我们单击的单元格，蓝色高亮显示的单元格是它的引用单元——用于计算其值的单元格。这些单元格是输入层（左侧）对应的 3×3 单元格区域，以及过滤器（右侧）对应的单元格区域。现在让我们再次单击追踪引用单元，看看使用了哪些单元格来计算这些输入，如图 13-11 所示。

在这个例子中，我们只有两个卷积层，每层的步长都为 2，所以现在它正好追踪到输入图像。我们可以看到输入层中的 7×7 区域的单元格被用来计算 Conv2 层中的单个绿色单元格。这个 7×7 区域是 Conv2 中绿色激活值输入的感受野。我们还可以看到，现在需要第二个过滤器核，因为我们有两个层。

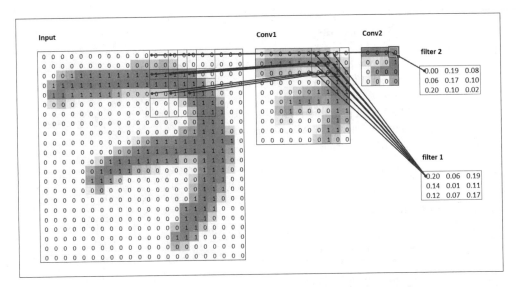

图13-11：Conv2层的次要引用单元（彩色图见"参考链接.pdf"文件中的图13-11）

正如你在这个例子中看到的，在神经网络中的位置越深（具体来说，在一个神经层之前有越多的 stride-2 conv），这个神经层中激活值的感受野就越大。一个大的感受野意味着大量的输入图像被用来计算该层中的每个激活值。我们现在知道，在网络的深层，有语义丰富的特征，对应着更大的感受野。因此，我们希望每个特征都需要更多的权重来处理不断增加的复杂性。这是我们在前一节中提到的同样事情的另一种说法：当在网络中引入 stride-2 conv 时，还应该增加通道的数量。

在写这一章的时候，我们有很多问题需要解答，以便尽可能向大家解释清楚。我们在Twitter 上找到了大部分答案。在继续讨论彩色图像之前，我们先短暂休息一下。

关于 Twitter 的提示

总的来说，我们不是社交网络的大用户。但我们写这本书的目的是帮助你成为最好的深度学习实践者，不提 Twitter 在我们的深度学习旅程中有多么重要是不合适的。

你看，Twitter 上还有另一个部分，在那里深度学习研究人员和从业者每天都在谈论行业的发展。就在我们写这部分的时候，杰里米想再次确认我们所说的关于 stride-2 卷积的内容是否准确，所以他在 Twitter 上问道：

Jeremy Howard
@jeremyphoward

I forget: why did we move from stride 1 convs with maxpool to stride 2 convs? And why don't we use stride 1 convs with avgpool (or do some modern nets do that)? Is it just an empirical thing, or is there some deeper reason? Has someone done the ablation studies?

11:21 AM · Feb 23, 2020 · Twitter Web App

几分钟后，回答跳出来了：

Christian Szegedy
@ChrSzegedy

Replying to @jeremyphoward

This depends on a lot of factors: the overall network architecture, the accelerator (CPU vs GPU vs TPU) etc. Some Inception models used concatenation of (conv + max/avg/l2 pooling). The quality differences were marginal. Some pooling methods are more residual friendly.

11:39 AM · Feb 23, 2020 · Twitter Web App

Christian Szegedy 是《盗梦空间》（参见链接 135）的第一作者，2014 年 ImageNet 获奖者，他提出了现代神经网络中的许多关键见解。两小时后，出现了这样的情况：

Yann LeCun
@ylecun

Replying to @jeremyphoward

My original early 1989 NeurComp paper on ConvNet used stride 2, no pooling, simply because the computation was fast.
The 2nd paper (NIPS 1989) used stride +average pooling/tanh.
It worked better on zipcode digits. But it could have been due to many reasons.

1:35 PM · Feb 23, 2020 · Twitter for Android

认识这个名字吗？在第 2 章讨论建立了深度学习基础的图灵奖获得者时看到过！

Jeremy 还在 Twitter 上请求帮助检查第 7 章中对平滑标签的描述是否准确，并再次得到了 Christian Szegedy 的直接回复（平滑标签最初是在 Inception 的论文中介绍的）：

> **Christian Szegedy**
> @ChrSzegedy
>
> Replying to @jeremyphoward
>
> It was mostly written by Sergey, so he might be the best person to ask. IMO, yours is a fair motivation of label-smoothing. It interprets the passage correctly.
>
> 5:24 PM · Feb 21, 2020 · Twitter Web App

如今，深度学习领域的许多顶尖人士都是 Twitter 的常客，他们非常乐于与社区互动。与他们交流开始的一个好方法是查看 Jeremy 最近在 Twitter 上的点赞列表（参见链接 136），或者 Sylvain 的点赞列表（参见链接 137）。

Twitter 是了解有趣的论文、软件发布和其他深度学习新闻的主要方式。为了与深度学习社区建立联系，我们建议你参与 fast.ai 论坛（参见链接 138）和 Twitter。

让我们回到这一章的核心部分。到目前为止，我们已经向你展示了只有黑白两种颜色的图像，每个像素只有一个值。实际上，在大多数彩色图像中，每个像素由三个值来定义它们的颜色。接下来看看如何处理彩色图像。

彩色图像

彩色图像是一个 3 阶张量：

```
im = image2tensor(Image.open('images/grizzly.jpg'))
im.shape
```

```
torch.Size([3, 1000, 846])
```

```
show_image(im);
```

第一个轴包含红色、绿色和蓝色通道：

```
_,axs = subplots(1,3)
for bear,ax,color in zip(im,axs,('Reds','Greens','Blues')):
    show_image(255-bear, ax=ax, cmap=color)
```

我们看到了过滤器在图像的一个通道上的卷积运算（示例是在一个正方形上完成的）。卷积层将获取具有一定数量通道的图像（第一层为常规 RGB 彩色图像的 3 个通道），并输出具有不同数量通道的图像。正如隐藏大小表示线性层中神经元的数量一样，我们可以决定我们想要拥有的任意多个过滤器，并且每个过滤器都能够专门化（一些用于检测水平边缘，另一些用于检测垂直边缘，等等），给出类似于在第 2 章中研究的示例。

在一个滑动窗口中，我们有一定数量的通道，并且需要同样多的过滤器（不为所有通道使用相同的卷积核）。所以我们的卷积核的大小不是 3 × 3，而是由 3 × 3 表示的 ch_in（用于通道 in）。在每个通道上，将窗口的元素与相应过滤器的元素相乘，然后对结果求和（如前面所示），并对所有过滤器求和。在图 13-12 所示的例子中，窗口上的 conv 层的结果是红 + 绿 + 蓝。

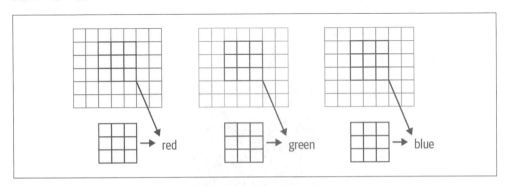

图13-12：对RGB图像的卷积

所以，为了对彩色图像进行卷积，我们需要一个核张量，它的大小与第一个轴相匹配。

在每个位置，卷积核对应的部分和图像对应的部分相乘。

然后将所有这些加在一起，为每个输出特征的每个网格位置生成单个数字，如图 13-13 所示。

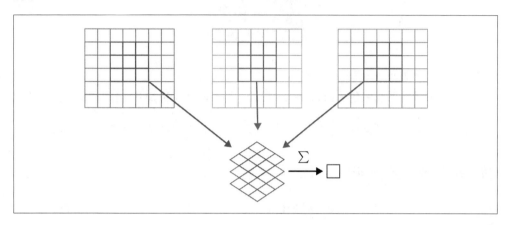

图13-13：添加RGB过滤器

然后我们得到了像这样的 ch_out 过滤器，所以最后，卷积层的结果将是一批具有 ch_out 通道的图像，高度和宽度由前面概述的公式给出。这就得到了 ch_out 张量，大小为 ch_in x ks x ks，我们将其在一个四维张量中表示出来。在 PyTorch 中，这些权重的尺寸顺序是 ch_out x ch_in x ks x ks。

此外，我们可能希望对每个过滤器都有一个偏差。在前面的例子中，卷积层的最终结果将是 $y_R + y_G + y_B + b$。就像在线性层中，有多少个卷积核就有多少个偏差，所以偏差是一个大小为 ch_out 的向量。

在设置 CNN 进行彩色图像训练时，不需要特殊的机制，只要确保第一层有三个输入即可。

彩色图像的处理方法有很多种。例如，可以将它们更改为黑色和白色，从 RGB 更改为 HSV（色调、饱和度和值）颜色空间，等等。一般来说，实验证明，只要你在转换中没有丢失信息，改变颜色的编码不会对模型结果产生任何影响。因此，将图像转换成黑色和白色不是一个好主意，因为它完全删除了颜色信息（这可能是关键的，例如，一个宠物品种可能有一个独特的颜色），但转换为 HSV 模式通常不会有任何不同。

现在你知道第 1 章提到的 Zeiler 和 Fergus 的论文（参见链接 139）"神经网络学习什么"中的那些图像的意思了吧！提醒一下，这是他们拍摄的第一层权重的图像：

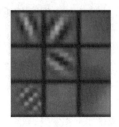

这是对每个输出特征取卷积核的三个切片，并将它们显示为图像。可以看到，神经网络的创造者从来没有明确地创建卷积核来寻找边，神经网络使用 SGD 自动发现这些特征。

现在让我们看看如何训练这些 CNN，并展示 fastai 在高效训练中使用的所有技术。

改善训练稳定性

既然我们很擅长识别出是 7 还是 3，那么让我们来看看更难的事情——识别所有 10 个数字。这意味着需要使用 MNIST 而不是 MNIST_SAMPLE：

```
path = untar_data(URLs.MNIST)

path.ls()

(#2) [Path('testing'),Path('training')]
```

数据位于名为 *training* 和 *testing* 的两个文件夹中，因此必须将此信息（默认为 train 和 valid）告知 GrandparentSplitter。在 get_dls 函数中定义它是为了便于以后更改批次大小：

```
def get_dls(bs=64):
    return DataBlock(
        blocks=(ImageBlock(cls=PILImageBW), CategoryBlock),
        get_items=get_image_files,
        splitter=GrandparentSplitter('training','testing'),
        get_y=parent_label,
        batch_tfms=Normalize()
    ).dataloaders(path, bs=bs)

dls = get_dls()
```

请记住，在使用数据之前先查看一下数据：

```
dls.show_batch(max_n=9, figsize=(4,4))
```

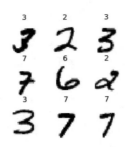

现在已经准备好数据，可以在其上训练一个简单的模型了。

简单基准

在本章的前面，我们基于如下的 conv 函数构建了一个模型：

```
def conv(ni, nf, ks=3, act=True):
    res = nn.Conv2d(ni, nf, stride=2, kernel_size=ks, padding=ks//2)
    if act: res = nn.Sequential(res, nn.ReLU())
    return res
```

以基本的 CNN 作为基准开始。我们将使用与以前相同的方法，但有一项调整：使用更多激活方法。由于还有更多可区分的数字，因此可能需要学习更多的过滤条件。

正如我们所讨论的，通常，每当我们拥有 stride-2 层时，就希望使过滤器数量增加一倍。增加整个网络中过滤器数量的一种方法是，将第一层的激活值数量增加一倍。然后，此后的每一层最终也将是以前版本的两倍。

但这带来了一个微妙的问题。考虑应用于每个像素的内核。默认情况下，我们使用 3 像素 ×3 像素的内核。因此，在每个位置将内核应用于总共 3 × 3 = 9 像素。以前，第一层有 4 个输出过滤器。因此，从每个位置的 9 个像素计算出 4 个值。想一想，如果将此输出加倍到 8 个过滤器，会发生什么。然后，当应用内核时，将使用 9 个像素来计算 8 个数字。这意味着它根本没有学到很多东西：输出大小几乎与输入大小相同。只有当输出的数量在经过一个操作后明显小于输入的数量时，神经网络才会被迫产生一些有用的特征。

为了解决这个问题，我们可以在第一层中使用更大的内核。如果使用 5 像素 ×5 像素的内核，则每个内核应用程序都使用 25 像素。从中创建 8 个过滤器将意味着神经网络必须找到一些有用的特征：

```
def simple_cnn():
    return sequential(
        conv(1 ,8, ks=5),        #14x14
```

```
        conv(8 ,16),            #7x7
        conv(16,32),            #4x4
        conv(32,64),            #2x2
        conv(64,10, act=False),  #1x1
        Flatten(),
    )
```

稍后你会看到，我们可以在模型训练过程中查看模型内部，以尝试找到提高训练效果的方法。为此，我们使用了 Activation Stats 回调，该回调记录了每个可训练层的激活值的平均值、标准偏差和直方图（如我们所见，回调用于将行为添加到训练循环中；我们将在第 16 章中探讨它们如何工作）：

```
from fastai.callback.hook import *
```

要快速进行训练，这意味着要以高学习率进行训练。看一下如何在学习率为 0.06 时运行:

```
def fit(epochs=1):
    learn = Learner(dls, simple_cnn(), loss_func=F.cross_entropy,
                    metrics=accuracy, cbs=ActivationStats(with_hist=True))
    learn.fit(epochs, 0.06)
    return learn

learn = fit()
```

epoch	train_loss	valid_loss	accuracy	time
0	2.307071	2.305865	0.113500	00:16

这根本不好训练! 来找一下原因。

传递给 Learner 的回调的一个方便功能是，它们会自动可用，其名称与回调类相同，但 camel_case 除外。因此，可以通过 activation_stats 访问 ActivationStats 回调。你肯定还记得 learning.recorder...，你能猜到它是如何实现的吗？没错，这是一个被称为 Recorder 的回调!

ActivationStats 包括一些方便的实用程序，用于在训练过程中绘制激活值曲线。plot_layer_stats (*idx*) 绘制层号为 *idx* 的激活值的平均值和标准偏差，以及接近零的激活值所占的百分比。这是第一层的图:

```
learn.activation_stats.plot_layer_stats(0)
```

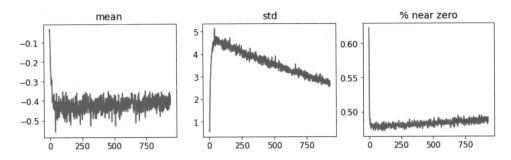

通常，模型在训练过程中应该具有一致的或至少平滑的层激活平均值和标准偏差。接近零的激活值特别成问题，因为这意味着在模型中进行的计算根本不执行任何操作（因为乘以零将得到零）。当在一层中有一些零时，它们通常会延续到下一层……这将创建更多的零。这是我们的网络的倒数第二层：

```
learn.activation_stats.plot_layer_stats(-2)
```

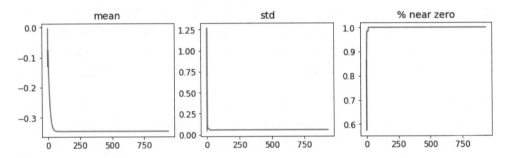

不出所料，随着网络不稳定和零激活值在各层之间的叠加，问题在网络端将变得更加严重。让我们看看如何使训练更加稳定。

增加批次大小

使训练更稳定的一种方法是增加批次大小。较大的批次具有更准确的梯度，因为它们是根据更多数据计算得出的。但是，不利的一面是，较大的批次大小意味着每个周期只有较少的批次，这意味着模型更新权重的机会较少。让我们看看批次大小为 512 时是否有帮助：

```
dls = get_dls(512)

learn = fit()
```

epoch	train_loss	valid_loss	accuracy	time
0	2.309385	2.302744	0.113500	00:08

让我们来看看倒数第二层的情况：

```
learn.activation_stats.plot_layer_stats(-2)
```

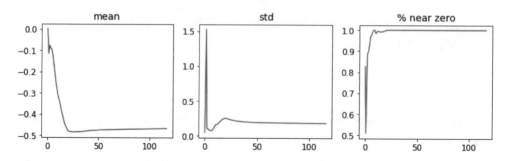

同样，大多数激活值都接近于零。还能采取什么措施来提高培训的稳定性呢？

1 周期训练

初始权重不太适合我们要解决的任务。因此，以高学习率开始训练是很危险的：如我们所见，很可能使训练立即分散。我们也不想以高学习率结束训练，因此我们不会跳过最低要求。但是，我们希望在剩余的训练周期内以较高的学习率进行训练，因为能够以这种方式更快地进行训练。因此，应该在训练过程中将学习率从低变到高，然后再变回低。

Leslie Smith（是的，发明学习率发现器的那个人！）在他的文章"Super-Convergence: Very Fast Training of Neural Networks Using Large Learning Rates"（参见链接 140）中提出了这个想法。他设计了一个学习率安排表，分为两个阶段：一个阶段，学习率从最小值增加到最大值（预热），另一阶段，学习率减少到最小值（退火）。Smith 将这种方法的组合称为 1 周期训练。

1 周期训练使我们可以使用比其他类型的训练更高的最大学习率，这有以下两个好处：

- 通过以更高的学习率进行训练，可以更快地进行训练——Smith 称之为超收敛现象。
- 通过较高的学习率进行训练，会减少过拟合的情况，因为跳过了急剧的局部最小值，最终使得损失的一部分变得更平滑（因此更具普遍性）。

第二点是一个有趣而微妙的观点。基于这样的观察，可以很好地概括一个模型，即如果少量更改输入，其损失不会有太大变化。如果模型以很高的学习率被训练了一段时间，并且这样做时发现有很大的损失，那么它一定找到了一个泛化效果很好的区域，因为它在批次之间跳跃很多（基本上就是高学习率的定义）。问题是，正如我们所讨论的，仅仅跳到高学习率更有可能导致分散的损失，而不是看到损失有所改善。因此，不能直接跳到很高的学习率。取而代之的是，从低学习率开始，在这种学习率中损失不会发散，并且允许优化器通过逐渐提高学习率来找到参数的越来越平滑的区域。

然后，一旦找到适合参数的平滑区域，我们就希望找到该区域的最佳部分，这意味着必须再次降低学习率。这就是为什么 1 周期训练具有逐渐的学习率预热和逐渐的学习率退火的原因。多位研究人员发现，在实践中，这种方法可产生更准确的模型，并且训练速度更快。这就是为什么它是 fastai 中默认用于 fine_tune 方法的原因。

在第 16 章中，我们将学习有关 SGD 的动量。简而言之，动量是一种技术，通过该动量，优化器不仅在梯度方向上迈出了一步，而且继续了先前步骤的方向。Leslie Smith 在 "A Disciplined Approach to Neural Network HyperParameters: Part 1"（参见链接 141）文章中介绍了周期性动量的概念。它表明动量在学习率的相反方向上变化：当处于高学习率时，我们使用较少的动量，而在退火阶段再次使用更多的动量。

可以通过调用 fit_one_cycle 以在 fastai 中使用 1 周期训练：

```
def fit(epochs=1, lr=0.06):
    learn = Learner(dls, simple_cnn(), loss_func=F.cross_entropy,
                    metrics=accuracy, cbs=ActivationStats(with_hist=True))
    learn.fit_one_cycle(epochs, lr)
    return learn

learn = fit()
```

epoch	train_loss	valid_loss	accuracy	time
0	0.210838	0.084827	0.974300	00:08

终于取得了一些进展！现在，我们有了合理的准确性。

通过在 learn.recorder 上调用 plot_sched，我们可以查看整个训练期间的学习率和动量。learning.recorder（顾名思义）记录了训练期间发生的所有事情，包括损失、指标和超参数，例如学习率和动量：

```
learn.recorder.plot_sched()
```

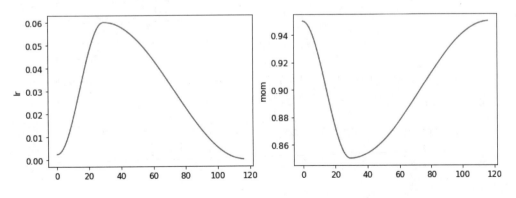

Smith 最初的 1 周期论文使用了线性预热和线性退火。如你所见，通过与其他流行的方法（余弦退火）相结合，在 fastai 中修改了该方法。fit_one_cycle 提供以下可以调整的参数。

lr_max

将使用的最高学习率（也可以是每个层组的学习率的列表，或者是包含第一层和最后一层组学习率的 Python Slice 对象）。

div

将 lr_max 除以多少以获得初始学习率。

div_final

将 lr_max 除以多少以获得最终学习率。

pct_start

用于预热的批次的百分比。

moms

一个元组（*mom1*，*mom2*，*mom3*），其中 *mom1* 是初始动量，*mom2* 是最小动量，*mom3* 是最终动量。

让我们再次查看图层的统计信息：

```
learn.activation_stats.plot_layer_stats(-2)
```

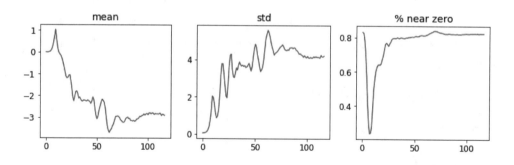

尽管非零权重的百分比仍然很高，但它的百分比越来越高。通过使用 color_dim 并将其传递给图层索引，我们可以进一步了解训练中的情况：

```
learn.activation_stats.color_dim(-2)
```

color_dim 是由 fast.ai 与学生斯特凡诺·乔莫（Stefano Giomo）共同开发的。乔莫将这个概念称为彩色维度，对方法的历史和细节进行了深入的解释（参见链接 142）。基本思想是创建层激活值的直方图，我们希望该直方图遵循诸如正态分布之类的平滑模式（见图 13-14）。

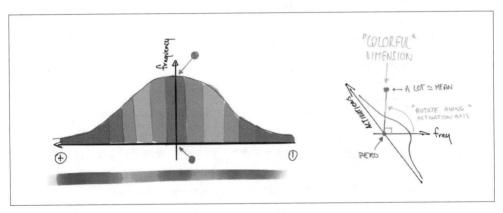

图13-14：　"彩色维度"的直方图（由斯特凡诺·乔莫提供，彩色图见"参考链接.pdf"中的图13-14）

为了创建 color_dim，我们获取此处左侧所示的直方图，并将其转换为图 13-14 底部所示的彩色表示。然后，将图 13-14 左侧上图侧向翻转，如右图所示。我们发现，如果采用直方图值的对数，分布显示会更清晰。然后，乔莫进行了如下描述：

> 每层的最终图是通过沿水平轴堆叠来自每批的激活值直方图来绘制的。因此，可视化中的每个垂直切片都代表单个批次的激活值直方图。颜色强度对应于直方图的高度。换句话说，也就是直方图中的每个条形代表激活次数。

图 13-15 显示了所有这些是如何组合在一起的。

这说明了为什么当 f 遵循正态分布时，$\log(f)$ 比 f 色彩更丰富，因为取对数会以二次方的形式改变高斯曲线，而不是那么窄。

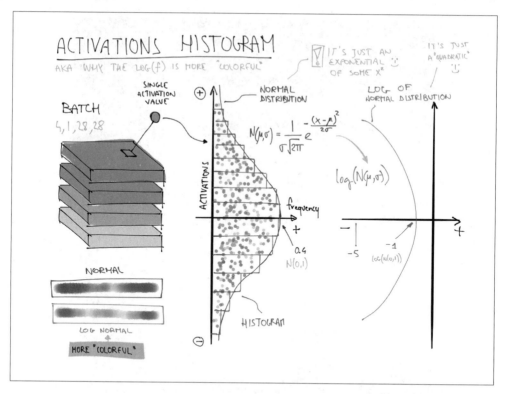

图13-15： "彩色维度"的总结（由斯特凡诺·乔莫提供，彩色图见"参考链接.pdf"中的图13-15）

让我们再来看倒数第二层的结果（彩色图见"参考链接 .pdf"中的图 2）：

```
learn.activation_stats.color_dim(-2)
```

这显示了"不良训练"的经典图像。我们从几乎所有的激活值都为零开始，这就是在最左边的所有的深蓝色。底部的亮黄色表示接近零的激活值。然后，在前几批中，非零激活值的数量呈指数增长。但是它走得太远并崩溃了！深蓝色回来了，底部又变成了明亮的黄色。 训练似乎从头重新开始。然后，激活值再次增加并再次崩溃。重复几次后，最终激活值范围遍及整个范围。

如果训练从一开始就可以顺利进行，那就更好了。指数式增加然后崩溃的周期往往导致大量接近零的激活值，从而导致训练缓慢和最终结果不佳。解决此问题的一种方法是使用批次归一化。

批次归一化

为了解决缓慢的训练和较差的最终结果，我们在上一节中得出了结论，需要修正最初大量的接近零的激活值，然后尝试在整个训练过程中保持激活值的良好分布。

谢尔盖·艾菲（Sergey Ioffe）和克里斯汀·塞格迪（Christian Szegedy）在 2015 年的论文 "Batch Normalization: Accelerating Deep Network Training by Reducing Internal Covariate Shift"（参见链接 143）中提出了解决此问题的方法。在摘要中，他们描述了我们已经看到的问题：

> 训练深度神经网络非常复杂，因为在训练过程中，随着先前各层的参数发生变化，各层输入的分布也会发生变化。可通过降低学习率和谨慎的参数初始化来减慢训练速度……我们将此现象称为内部协变量偏移，并通过归一化层输入来解决该问题。

解决方案如下：

> 将归一化作为模型体系结构的一部分，并对每个训练小批次执行归一化。批次归一化使我们可以使用更高的学习率，而对初始化则不必太在意。

该论文一发布便引起了研究者极大的兴奋，因为它包含了图 13-16 所示的图表，该图清楚地表明，批次归一化可以训练比当前最新技术（Inception 体系结构）更准确的模型，且速度大约快 5 倍。

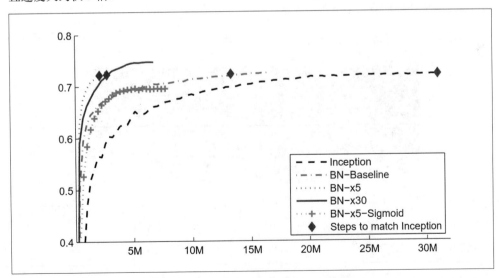

图13-16：批次归一化的影响（由谢尔盖·艾菲和克里斯蒂安·塞格迪提供）

批次归一化（通常称为 batchnorm）的工作方式是获取层激活值的平均值和标准偏差的平均值，然后使用这些值对激活值进行归一化。但是，这可能会引起问题，因为网络可能希望某些激活值确实很高才能做出准确的预测。因此，他们还添加了两个可学习的参数（意味着它们将在 SGD 步骤中进行更新），通常称为 gamma 和 beta。在对激活值进行归一化以获得一些新的激活值向量 *y* 之后，batchnorm 层返回 gamma * *y* + beta。

这就是为什么我们的激活值可以具有任何均值或方差，且与上一层结果的均值和标准差无关的原因。这些统计信息是被单独学习的，从而使我们在模型上的训练变得更加容易。在训练和验证过程中，行为是不同的：在训练过程中，使用批次的均值和标准差对数据进行归一化，而在验证过程中，使用训练过程中计算出的统计量的滑动平均值来代替。

让我们在 conv 中添加一个 batchnorm 层：

```
def conv(ni, nf, ks=3, act=True):
    layers = [nn.Conv2d(ni, nf, stride=2, kernel_size=ks, padding=ks//2)]
    layers.append(nn.BatchNorm2d(nf))
    if act: layers.append(nn.ReLU())
    return nn.Sequential(*layers)
```

并拟合我们的模型：

```
learn = fit()
```

epoch	train_loss	valid_loss	accuracy	time
0	0.130036	0.055021	0.986400	00:10

很好的结果！让我们看一下 color_dim：

```
learn.activation_stats.color_dim(-4)
```

这就是我们希望看到的：激活值的平稳发展，且没有"崩溃"。Batchnorm 在这里确实兑现了诺言！实际上，batchnorm 非常成功，以至于在几乎所有现代神经网络中都能看到它（或非常相似的东西）。

关于包含批次归一化层的模型的有趣观察是，与不包含批次归一化层的模型相比，它们的泛化性更好。尽管还没有对这里发生的事情进行严格的分析，但是大多数研究人员认为，其中的原因是批次归一化为训练过程增加了一些额外的随机性。每个小批次的平均值和标准偏差都将与其他小批次有所不同。因此，每次激活将通过不同的值进行归一化。为了使模型做出准确的预测，必须学习使其对这些变化具有鲁棒性。通常，在训练过程中增加额外的随机化通常会有所帮助。

既然一切进展顺利，接下来再训练几个周期，然后看看进展如何。实际上，这需要提高学习率，因为 batchnorm 论文的摘要中声称应该能够 "以更高的学习率进行训练"：

```
learn = fit(5, lr=0.1)
```

epoch	train_loss	valid_loss	accuracy	time
0	0.191731	0.121738	0.960900	00:11
1	0.083739	0.055808	0.981800	00:10
2	0.053161	0.044485	0.987100	00:10
3	0.034433	0.030233	0.990200	00:10
4	0.017646	0.025407	0.991200	00:10

```
learn = fit(5, lr=0.1)
```

epoch	train_loss	valid_loss	accuracy	time
0	0.183244	0.084025	0.975800	00:13
1	0.080774	0.067060	0.978800	00:12
2	0.050215	0.062595	0.981300	00:12
3	0.030020	0.030315	0.990700	00:12
4	0.015131	0.025148	0.992100	00:12

在这一点上，我认为，如何识别数字是很公平的！现在该继续前进做一些困难的事情了……

结论

我们已经看到，卷积只是矩阵乘法的一种，对权重矩阵有两个约束：某些元素始终为零，而某些元素是被绑定的（强制始终具有相同的值）。在第 1 章中，我们了解了 1986 年 *Parallel Distributed Processing* 一书中提出的 8 个要求，其中之一是 "单元之间的连接模式"。这些约束正是这样做的：它们强制执行某种连接模式。

这些约束使我们可以在模型中使用更少的参数，而不会牺牲表示复杂视觉特征的能力。这意味着可以更快地训练更深的模型，而不会出现过拟合的情况。尽管通用逼近定理表明，在一个全链接网络的隐藏层中，应该可以表示任何东西，但是现在已经看到，在实践中，可以通过考虑网络架构来训练更好的模型。

卷积是我们在神经网络中看到的最常见的连接模式（与常规的线性层一起，称之为全连接），但很可能还有更多的连接模式会被发现。

我们还看到，如何解释网络中各层的激活值情况，以查看训练是否进行得很好，以及batchnorm 如何帮助规范化训练并使其更流畅。在下一章中，我们将使用这两个层来构建计算机视觉中最受欢迎的体系结构：残差网络。

问题

1. 特征是什么？
2. 写出用于顶部边缘检测器的卷积核矩阵。
3. 写出 3×3 的核对图像中单个像素进行的数学运算。
4. 将卷积核应用于 3×3 零矩阵的值是多少？
5. 什么是填充？
6. 什么是步长？
7. 创建一个嵌套的递推式构造列表，以完成你选择的任何任务。
8. PyTorch 的 2D 卷积的 input 和 weight 参数的形状是什么样的？
9. 什么是通道？
10. 卷积和矩阵乘法之间有什么关系？
11. 什么是卷积神经网络？
12. 重构神经网络定义的部分有什么好处？
13. 什么是 Flatten？MNIST CNN 中需要将其包含在何处？为什么？
14. NCHW 是什么意思？
15. 为什么 MNIST CNN 的第三层有 7 * 7 * (1168-16) 个特征？
16. 什么是感受野？
17. 进行两次步长为 2 的卷积，后一次激活值的感受野的大小是多少？为什么？
18. 自己运行 *conv-example.xlsx*，并尝试使用跟踪引用单元。
19. 查看 Jeremy 或 Sylvain 最近的 Twitter "点赞" 列表，看看是否在那里找到了有趣的资源或想法。
20. 如何将彩色图像表示为张量？
21. 卷积如何与颜色输入配合使用？

22. 可以使用什么方法在 DataLoaders 中查看数据？

23. 为什么每次进行 stride-2 转换后能将过滤器的数量增加一倍？

24. 为什么在 MNIST 的第一个转换中使用更大的内核（带有 simple_cnn）？

25. ActivationStats 为每一层保存哪些信息？

26. 训练后，如何访问学习者的回访？

27. plot_layer_stats 绘制的三个统计量是多少？x 轴代表什么？

28. 为什么激活值接近零是有问题的？

29. 批次较大时，训练的优点和缺点是什么？

30. 为什么应该避免在训练开始时就使用较高的学习率？

31. 什么是 1 周期训练？

32. 高学习率的训练有什么好处？

33. 为什么要在训练结束时使用低学习率？

34. 什么是周期性动量？

35. 在训练期间，有哪些回调跟踪超参数值（以及其他信息）？

36. color_dim 图中的一列像素代表什么？

37. color_dim 图中的"不良训练"是什么样的？为什么？

38. 批次归一化层包含哪些可训练参数？

39. 训练期间使用哪些统计量进行批次归一化？验证期间如何？

40. 为什么带有批归一化层的模型能更好地进行泛化？

深入研究

1. 在计算机视觉中（尤其是在深度学习开始流行之前），边缘检测器还使用了哪些其他功能？

2. PyTorch 中提供了其他归一化层。试试看，最有效的方法是什么。了解为什么要开发其他归一化层及它们与批次归一化有何不同。

3. 尝试在 conv 中的批次归一化层之后移动激活功能。这有什么不同吗？查看你可以获取到的有关推荐顺序及原因的信息。

第 14 章

ResNet

在本章中，我们将在上一章介绍的 CNN 的基础上，向你解释 ResNet（残差网络）架构。ResNet 是由 Kaiming He 等人于 2015 年在文章 "Deep Residual Learning for Image Recognition"（参见链接 144）中提出的，目前是最常用的模型架构。图像模型的最新发展几乎都使用了残差连接的技巧，而且大多数时候，它们只是对原始 ResNet 的微调。

我们将首先向你展示最初设计的基本 ResNet，然后解释使其更高效的先进的改进。但是首先，我们需要一个比 MNIST 更难识别的数据集，因为我们已经用一个普通的 CNN 在它上面得到接近 100% 的准确率了。

回到 Imagenette

当已经达到了上一章在 MNIST 上看到的高准确率时，要判断我们对模型的任何改进是否有效将会很困难，所以我们回到 Imagenette，来解决一个更难的图像分类问题。我们将坚持使用小图像，以保持合理的速度。

我们先获取数据——将使用已经缩放到 160 像素的数据版本，以使整个验证想法的过程更快一些，并且将图像随机裁剪到 128 像素：

```
def get_data(url, presize, resize):
    path = untar_data(url)
    return DataBlock(
        blocks=(ImageBlock, CategoryBlock), get_items=get_image_files,
        splitter=GrandparentSplitter(valid_name='val'),
        get_y=parent_label, item_tfms=Resize(presize),
        batch_tfms=[*aug_transforms(min_scale=0.5, size=resize),
                    Normalize.from_stats(*imagenet_stats)],
    ).dataloaders(path, bs=128)
```

```
dls = get_data(URLs.IMAGENETTE_160, 160, 128)

dls.show_batch(max_n=4)
```

之前使用 MNIST 数据集时，我们处理的是 28 像素 × 28 像素的图像。对于 Imagenette 数据集，我们将使用 128 像素 × 128 像素的图像进行训练。之后，我们也希望能够使用更大的图像——至少和 ImageNet 的标准的 224 像素 × 224 像素一样大。你还记得我们是如何从 MNIST 卷积神经网络中得到每张图像的一个激活向量的吗？

我们使用的方法是确保有足够多的步长为 2 的卷积，使得最后一层的网格大小为 1。然后只需展平我们最终得到的单位轴，以获得每张图像的一个向量（所以，这是一个小批次的激活向量矩阵）。我们可以对 Imagenette 做同样的事情，但这会导致两个问题：

- 需要很多步长为 2 的层，以使最后的网格为 1 × 1 的——也许比我们本来想要选择的还要多。
- 该模型无法处理除我们最初训练时使用的尺寸的图像。

处理第一个问题的一种方法是，将最后一个卷积层展平，以处理不同于 1 × 1 的网格大小。我们可以像之前那样简单地将矩阵展平为向量，将每一行放在前一行之后。事实上，一直到 2013 年，卷积神经网络几乎总是采用这种方法。最著名的例子是 2013 年 ImageNet 的获奖者使用的网络架构 VGG，如今也时常会使用它。但是这种架构还有另一个问题：它不仅不能处理与训练集中使用的尺寸不同的图像，而且还需要大量内存，因为展平卷积层会导致许多激活值被输入最后的层中。因此，最后的层的权重矩阵非常巨大。

这个问题通过创建全卷积网络得到了解决。全卷积网络的使用技巧是对卷积网格上的激活值求平均值。换句话说，我们可以简单地使用这个函数：

```
def avg_pool(x): return x.mean((2,3))
```

如你所见，它会在 x 轴和 y 轴上取平均值。这个函数总是会将一组激活值转换为每张图像的单个激活值。PyTorch 提供了一个更通用的模块，叫作 nn.AdaptiveAvgPool2d，它可以将一组激活值平均到你需要的任何大小的目标（尽管我们几乎每次都使用大小为 1 的目标）。

因此，一个全卷积网络有许多卷积层，其中一些是步长为 2 的，在网络的最后是一个自适应平均池化层、一个展平层用来移除单位轴，最后是一个线性层。这是我们的第一个全卷积网络：

```
def block(ni, nf): return ConvLayer(ni, nf, stride=2)
def get_model():
    return  nn.Sequential(
        block(3, 16),
        block(16, 32),
        block(32, 64),
        block(64, 128),
        block(128, 256),
        nn.AdaptiveAvgPool2d(1), Flatten(),
        nn.Linear(256, dls.c))
```

稍后我们将用其他变体替换网络中 block 的实现，这就是为什么不再称它为 conv 的原因。我们还利用 fastai 的 ConvLayer 节省了一些时间，它已经提供了前一章中介绍的 conv 的功能。

反思

考虑一下这个问题：对于一个光学字符识别（OCR）问题，比如 MNIST，上文中所述的方法有没有意义？绝大多数从事 OCR 和类似问题的从业者倾向于使用全卷积网络，因为现在几乎每个人都学习过这一网络架构。但是这样做真的没有任何意义！你不能通过把一个数字切成小块，打乱顺序，然后判断每一个小块平均看起来像 3 还是像 8，最终以这个结果来决定一个数字是 3 还是 8。但这就是自适应平均池化在实际中进行操作的逻辑！全卷积网络只有对于那些没有单一正确方向或大小的对象（比如大多数自然照片）才是一个好的选择。

当完成了卷积层之后，我们会得到一个大小为 bs×ch×h×w（批次大小、通道数量、高度和宽度）的激活值。要将其转换成一个大小为 bs×ch 的张量，需要对最后两个维度取平均值，并像我们在前面的模型中做的那样，对尾部的 1×1 维度进行展平。

这与常规的池化不同，因为那些层通常会对一个给定大小的窗口取平均值（对于平均池化）或最大值（对于最大池化）。例如，大小为 2 的最大池化层，在较老的 CNN 中非常流行，

它们通过对每个 2×2 的窗口取最大值(步长为2)来把图像的尺寸在每个维度上缩小一半。

和以前一样,可以使用自定义模型定义 Learner,然后根据之前获取的数据对其进行训练:

```
def get_learner(m):
    return Learner(dls, m, loss_func=nn.CrossEntropyLoss(), metrics=accuracy
                  ).to_fp16()

learn = get_learner(get_model())

learn.lr_find()

(0.47863011360168456, 3.981071710586548)
```

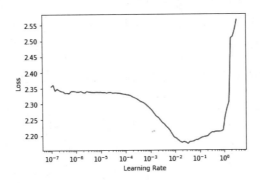

通常对于 CNN 来说,3e-3 是一个很好的学习率,在这里也是如此。因此,尝试一下:

```
learn.fit_one_cycle(5, 3e-3)
```

epoch	train_loss	valid_loss	accuracy	time
0	1.901582	2.155090	0.325350	00:07
1	1.559855	1.586795	0.507771	00:07
2	1.296350	1.295499	0.571720	00:07
3	1.144139	1.139257	0.639236	00:07
4	1.049770	1.092619	0.659108	00:07

考虑到必须从 10 个类别中选择正确的类别,所以这是一个很好的开始,我们仅从头开始训练了 5 个周期! 如果我们使用一个更深的模型,那么可以做得更好,但是只是堆叠新的层并不会真正改善结果(你可以自己试试看!)。为了解决这个问题,ResNet 引入了跳连的概念。我们将在下一节中探讨与 ResNet 相关的内容。

建立现代 CNN:ResNet

我们现在有了构建从本书开始就一直用于计算机视觉任务的模型所需的所有部分:

ResNet。我们将介绍它背后的主要思想，并通过和之前的模型进行对比，展示它是如何在 Imagenette 上提高准确率的，然后再构建一个带有所有优化方案的最新版本。

跳连

2015 年，ResNet 论文的作者注意到了一些令他们感到好奇的东西。在使用 batchnorm 之后，他们仍然发现，层数较多的网络往往效果不如层数少的网络，且重要的是，模型之间没有其他区别。最有趣的是，不仅在验证集中观察到了差异，在训练集中也观察到了差异。因此，这不仅仅是泛化问题，而是训练问题。如论文中所述：

> 出乎意料的是，这类能力上的退化并不是由于过拟合导致的，正如我们之前讨论过的那样，在深度学习的模型中添加更多的层，会导致更高的训练误差，而且我们的实验也充分验证了这一观点。

图 14-1 所示的图形说明了这种现象，左侧为训练误差，右侧为测试误差。

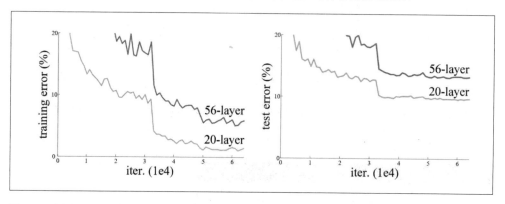

图14-1：训练不同深度的网络（由Kaiming He等提供）

正如作者在这里提到的那样，他们不是第一个注意到这一奇怪现象的人。但是，他们是第一个实现重要的飞跃的人：

> 让我们先定义好一个浅的网络架构，然后在这个浅的网络架构上逐步增加更多的层，从而构建出一个更深的神经网络。而构建深层网络的过程有一种比较好的解决方案：我们添加的网络层使用的是恒等映射，而其他层则直接从学习到的浅层网络中复制即可。

由于这是一篇学术论文，因此它以一种相当难以理解的方式描述了该过程，但是实际上这个概念非常简单：从训练过的 20 层神经网络开始，再添加另外 36 个不做任何事情的层（例如，它们可以是线性层，其单个权重等于 1，偏差等于 0）。结果将形成一个与 20

层的网络功能完全相同的 56 层的网络，至少能达到浅层网络的效果。但是由于某些原因，SGD 似乎无法找到它们。

术语：恒等映射
返回输入而不进行任何更改。此过程由恒等函数执行。

实际上，还有更有趣的方法可以创建额外的 36 层。如果将每次出现的 `conv(x)` 替换为 x+conv(x)，会怎么样呢？`conv` 是上一章中介绍的函数，这一操作会添加第二个卷积，接着是 ReLU，然后是 batchnorm 层。此外，请记住，batchnorm 会执行 gamma * y+beta。如果将这些最终 batchnorm 层中的每一层都初始化为零，结果又会怎么样呢？对于额外的 36 层，`conv(x)` 将始终等于零，这意味着 x+conv(x) 将始终等于 x。

那给我们带来了什么？如果按照原来的说法，这一操作的关键在于，这 36 个额外的层是一个恒等映射，但它们具有参数，这意味着它们是可训练的。因此，可以从最好的 20 层模型开始，添加这 36 个最初根本不起作用的额外层，然后微调整个 56 层的模型。最后，这额外的 36 层可以学习到使整个网络变得最有用的参数！

ResNet 的论文中提出了这种方法的一种变体，它是每到第二个卷积就"跳过"，因此可有效地得到 x+conv2（conv1（x）），如图 14-2 所示（来自论文）。

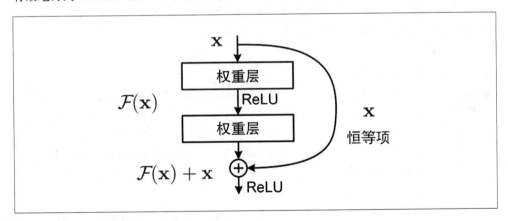

图14-2：一个简单的ResNet块（由Kaiming He等提供）

图 14-2 中右边的箭头表示的是 x+conv2（conv1（x））中 x 的部分，被称为恒等分支或跳连。左侧的路径是 conv2(conv1(x))部分。可以将恒等路径视为提供从输入到输出的直接路由。

在 ResNet 中，不会首先训练较少数量的层，然后添加新层再进行微调。而是，在整个

CNN 中使用 ResNet 块（如图 14-2 中所示的块），以常规方式从头开始初始化，并以常规方式使用 SGD 进行训练。我们会依靠跳连来使网络更易于使用 SGD 进行训练。

还有另一种（大致等效的）方式来考虑这些 ResNet 块。这是论文中的描述方式：

> 将堆叠的几层称为一个块 block，对于某个 block，其可以拟合的函数为 $F(x)$，如果期望的潜在映射为 $H(x)$，与其让 $F(x)$ 直接学习潜在的映射，不如去学习残差 $H(x)-x$，即 $F(x):=H(x)-x$，这样原本的前向路径就变成了 $F(x)+x$，用 $F(x)+x$ 来拟合 $H(x)$。作者认为这样可能更易于优化，因为相比于让 $F(x)$ 学习成恒等映射，让 $F(x)$ 学习成 0 要更加容易实现。

重申一遍，这是一个很难理解的部分。因此，可以尝试用更简单易懂的语言来表述它！如果给定层的结果为 x，并且我们使用的 ResNet 块返回 y=x+block(x)，那么并不是要让该块预测 y，而是要求它预测 y 和 x 之间的差异。因此，这些块的工作不是预测某些特征，而是使 x 与 y 之间的误差最小。因此，ResNet 擅长了解不进行任何操作和经过两个卷积层（具有可训练权重）的块之间的细微差异。这些模型就是在预测残差（提醒，"残差"是预测值减去目标值）。

ResNet 的这两种思考方式共享的一个关键概念是学习的容易性。这是一个重要的主题。回顾一下通用逼近定理，它表明一个足够大的网络可以学习任何东西。这虽然是正确的，但事实证明，在网络原则上能够学习什么和在现实数据和训练方式下容易学习什么之间存在着非常重要的区别。在过去十年中，神经网络的许多进步都像 ResNet 块一样：意识到如何使一些本来就可能的事情变得可行的结果。

真实的映射路径

在原始论文中，实际上并没有介绍在每个块的最后一个 batchnorm 层中使用零作为 gamma 的初始值的技巧，几年之后才有了相关的介绍。所以，ResNet 的原始版本并没有通过 ResNet 块使用真实的映射路径进行训练，但是具有的"穿越"跳连的能力确实使它训练得更好。添加 batchnorm 中的 gamma 初始化技巧使模型能够以更高的学习率进行训练。

这是一个简单的 ResNet 块的定义（由于 norm_type=NormType.BatchZero，fastai 将最后一个 batchnorm 层的 gamma 的权重初始化为零）：

```
class ResBlock(Module):
    def __init__(self, ni, nf):
        self.convs = nn.Sequential(
            ConvLayer(ni,nf),
            ConvLayer(nf,nf, norm_type=NormType.BatchZero))
```

```
def forward(self, x): return x + self.convs(x)
```

但是，这有两个问题：它无法处理 1 以外的步长，并且需要 ni==nf。仔细考虑一下这是为什么。

问题在于，如果其中一个卷积的步长为 2，那么输出激活值的网格大小将是输入每个轴上大小的一半。所以我们不能把它加回到 x 中去，因为 x 和输出激活值有不同的维度。如果 ni!=nf 则也会出现同样的基本问题：输入和输出连接的形状不允许我们把它们加在一起。

要解决这个问题，需要一种方法来改变 x 的形状，使其与 self.convs 的结果匹配。减半网格大小可以使用一个步长为 2 的平均池化层来完成，也就是说，需要一个从输入中取 2×2 小块并用它们的平均值替换它们的层。

改变通道数量可以使用卷积来完成。我们希望这个跳连尽可能接近恒等映射，然而，这意味着要使这个卷积尽可能简单。最简单的可能的卷积是一个核大小为 1 的卷积。这意味着核的大小是 ni×nf×1×1，所以它只是对每个输入像素的通道做点乘——它根本不跨像素组合。这种 1×1 的卷积在现代 CNN 中被广泛使用，请花一点时间想一想它是如何工作的。

术语：1×1 卷积
一个内核大小为 1 的卷积。

这是一个 ResBlock，使用这些技巧可处理跳连中的形状变化：

```
def _conv_block(ni,nf,stride):
    return nn.Sequential(
        ConvLayer(ni, nf, stride=stride),
        ConvLayer(nf, nf, act_cls=None, norm_type=NormType.BatchZero))


class ResBlock(Module):
    def __init__(self, ni, nf, stride=1):
        self.convs = _conv_block(ni,nf,stride)
        self.idconv = noop if ni==nf else ConvLayer(ni, nf, 1, act_cls=None)
        self.pool = noop if stride==1 else nn.AvgPool2d(2, ceil_mode=True)

    def forward(self, x):
        return F.relu(self.convs(x) + self.idconv(self.pool(x)))
```

注意，我们在这里使用了 noop 函数，它只是简单地返回它的输入，保持输入不变（*noop* 是一个计算机科学术语，代表"无操作"）。在这种情况下，如果 nf==nf，那么 idconv 什么都不做；如果 stride==1,pool 则什么都不做。这正是我们在跳连中想要的一个功能。

另外，你会看到我们从 idconv 和 convs 的最后一个卷积中移除了 ReLU（act_cls=None），并将它移到了我们添加的跳连之后。这样做的原因是，整个 ResNet 块就像一层一样，而你希望在每一层之后都有一个启动函数。

用 ResBlock 替换 block，然后尝试一下：

```
def block(ni,nf): return ResBlock(ni, nf, stride=2)
learn = get_learner(get_model())

learn.fit_one_cycle(5, 3e-3)
```

epoch	train_loss	valid_loss	accuracy	time
0	1.973174	1.845491	0.373248	00:08
1	1.678627	1.778713	0.439236	00:08
2	1.386163	1.596503	0.507261	00:08
3	1.177839	1.102993	0.644841	00:09
4	1.052435	1.038013	0.667771	00:09

好多了。但是，这样做的最终目标是训练出一个更深的模型，但我们还没有真正利用好上述准备工作以达到这一目标。

要创建一个两倍深的模型，要做的就是用两个 ResBlock 连续替换我们的 block：

```
def block(ni, nf):
    return nn.Sequential(ResBlock(ni, nf, stride=2), ResBlock(nf, nf))

learn = get_learner(get_model())
learn.fit_one_cycle(5, 3e-3)
```

epoch	train_loss	valid_loss	accuracy	time
0	1.964076	1.864578	0.355159	00:12
1	1.636880	1.596789	0.502675	00:12
2	1.335378	1.304472	0.588535	00:12
3	1.089160	1.065063	0.663185	00:12
4	0.942904	0.963589	0.692739	00:12

现在，我们取得了更好的结果！

ResNet 论文的作者们随后赢得了 2015 年 ImageNet 挑战赛的冠军。当时，这是计算机视觉领域最重要的年度盛事之一。我们已经看过另一个 ImageNet 的优胜者：2013 年的优胜者 Zeiler 和 Fergus。有趣的是，在这两种情况下，突破的起点都是实验观察：在 Zeiler 和 Fergus 的情况下，是关于层实际学习了什么的观察；在 ResNet 作者的情况下，是关于哪些类型的网络可以被训练的观察。设计和分析深思熟虑的实验，或者甚至只是看到一个意想不到的结果，说，"嗯，这很有趣"，然后最重要的是弄清楚到底发生了什么事情，并坚持不懈地探索，这些能力是许多科学发现的核心。深度学习不像纯数学，它是一个高度实验性的领域，所以成为一个强大的实践者而不仅仅是理论家非常重要。

自从 ResNet 被引入以来，它已被广泛地研究和应用到许多领域。其中最有趣的一篇论文发表于 2018 年，题为 "Visualizing the Loss Landscape of Neural Nets"（参见链接 145），由 Hao Li 等人撰写。它显示了，使用跳连有助于平滑损失函数，这使得训练更容易，因为它能避免训练落入一个非常尖锐的区域。图 14-3 展示了该论文中一幅令人惊叹的图像，说明了 SGD 在优化普通 CNN(左) 和 ResNet(右) 时必须导航通过不平坦和平滑地形之间的差异。

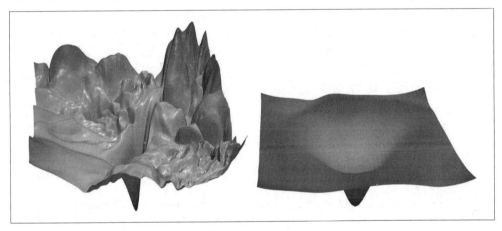

图14-3：ResNet对损失状况的影响（由Hao Li等提供）

第一个模型已经很好了，但是进一步的研究发现了更多可以应用的技巧，可以使之更好。接下来，我们将介绍这些内容。

最先进的 ResNet

Tong He 等人在 "Bag of Tricks for Image Classification with Convolutional Neural Networks"（参见链接 146）论文中，研究了 ResNet 架构的变体，就参数数量或计算数量而言，几乎不需要任何额外的成本。通过使用微调的 ResNet-50 架构和 Mixup，他们在 ImageNet 上实现了 94.6% 的 top-5 准确率。相比之下，没有 Mixup 的普通 ResNet-50 只有 92.2% 的准确率。这个结果比使用普通 ResNet 模型的结果更好，而普通 ResNet 模型的深度是它的两倍（也更慢，而且更容易过拟合）。

术语：top-5 准确率

top-5 准确率是一项指标标准，用于度量模型预测的前 5 个标签中有多少次包含我们想要的标签。它被用于 ImageNet 竞赛，因为许多图像包含多个对象，或者包含容易混淆或甚至可能被标记为类似标签的对象。在这些情况下，查看 top-1 准确率可能不合适。然而，最近 CNN 的效果其实也变得非常不错了，以至于 top-5 准确率能够接近 100%，所以一些研究人员现在也使用 top-1 准确率来评估 ImageNet。

在扩展到完整的 ResNet 时，我们将使用此调整后的版本，因为它的效果要好得多。与我们之前的实现有所不同，它不是直接从 ResNet 块开始，而是先用几个卷积层加上一个最大池化层。这就是第一层，即网络的主干，如下所示：

```python
def _resnet_stem(*sizes):
    return [
        ConvLayer(sizes[i], sizes[i+1], 3, stride = 2 if i==0 else  1)
            for i in range(len(sizes)-1)
    ] + [nn.MaxPool2d(kernel_size=3, stride=2, padding=1)]

_resnet_stem(3,32,32,64)

[ConvLayer(

    (0): Conv2d(3, 32, kernel_size=(3, 3), stride=(2, 2), padding=(1, 1))
    (1): BatchNorm2d(32, eps=1e-05, momentum=0.1)
    (2): ReLU()
), ConvLayer(
    (0): Conv2d(32, 32, kernel_size=(3, 3), stride=(1, 1), padding=(1, 1))
    (1): BatchNorm2d(32, eps=1e-05, momentum=0.1)
    (2): ReLU()
), ConvLayer(
    (0): Conv2d(32, 64, kernel_size=(3, 3), stride=(1, 1), padding=(1, 1))
    (1): BatchNorm2d(64, eps=1e-05, momentum=0.1)
    (2): ReLU()
), MaxPool2d(kernel_size=3, stride=2, padding=1, ceil_mode=False)]
```

术语：主干

CNN 的前几层。通常，主干的结构与 CNN 的主体不同。

我们之所以在网络的主干上使用普通的卷积层，而不是 ResNet 块，是基于一个对所有

深度卷积神经网络都存在的重要洞察：绝大多数的计算发生在前面几层。因此，我们应该让前面几层尽量快速和简单。

要理解为什么大部分计算发生在前面几层，可以考虑一下对一个 128 像素的输入图像进行的第一个卷积。如果它是一个步长为 1 的卷积，它会将卷积核应用到每一个 128 像素 × 128 像素上。这里面有很大的计算量！而在后面几层，网格大小可能只有 4×4 或者 2×2，所以卷积核要应用的地方就少得多。

另一方面，第一层卷积只有 3 个输入特征和 32 个输出特征。因为它是一个 3×3 的核，所以权重中有 3×32×3×3=864 个参数。但是最后一层卷积会有 256 个输入特征和 512 个输出特征，导致有 1 179 648 个权重参数！所以前面几层包含了绝大多数的计算，但是后面几层包含了绝大多数的参数。

一个 ResNet 块比一个普通的卷积块需要更多的计算，因为（在步长为 2 的情况下）一个 ResNet 块有三个卷积和一个池化层。这就是为什么我们想要用普通的卷积来开始 ResNet 的原因。

我们现在准备展示一个现代 ResNet 的实现过程，其中会使用到一系列的小技巧。它使用了 4 组 ResNet 块，分别有 64、128、256 和 512 个过滤器。除了第一组，每组都从一个步长为 2 的块开始，因为第一组刚刚经过了一个最大池化层：

```python
class ResNet(nn.Sequential):
    def __init__(self,  n_out, layers, expansion=1):
        stem = _resnet_stem(3,32,32,64)
        self.block_szs = [64, 64, 128, 256, 512]
        for i in range(1,5): self.block_szs[i] *= expansion
        blocks = [self._make_layer(*o) for o in enumerate(layers)]
        super().__init__(*stem, *blocks,
                         nn.AdaptiveAvgPool2d(1), Flatten(),
                         nn.Linear(self.block_szs[-1], n_out))

    def _make_layer(self, idx, n_layers):
        stride = 1 if idx==0 else 2
        ch_in,ch_out = self.block_szs[idx:idx+2]
        return nn.Sequential(*[
            ResBlock(ch_in if i==0 else  ch_out, ch_out, stride if i==0 else  1)
            for i in range(n_layers)
        ])
```

_make_layer 函数的作用是创建一系列由 n_layers 个块组成的层。第一个块是从 ch_in 到 ch_out，使用指定的步长进行卷积，而其他的块都是步长为 1 的卷积，输入和输出都是 ch_out 维度的张量。一旦定义了块，模型就是纯顺序的，这就是我们将它定义为

nn.Sequential 的子类的原因。(暂时忽略 expansion 参数，我们会在下一节讨论它。现在它是 1，所以不起作用。)

模型的各种版本(ResNet-18、-34、-50 等)仅更改了每个组中的块数。下面是 ResNet-18 的定义：

```
rn = ResNet(dls.c, [2,2,2,2])
```

对其进行一些训练，看看与以前的模型相比它的性能如何：

```
learn = get_learner(rn)
learn.fit_one_cycle(5, 3e-3)
```

epoch	train_loss	valid_loss	accuracy	time
0	1.673882	1.828394	0.413758	00:13
1	1.331675	1.572685	0.518217	00:13
2	1.087224	1.086102	0.650701	00:13
3	0.900428	0.968219	0.684331	00:12
4	0.760280	0.782558	0.757197	00:12

尽管有更多的通道数(因此我们的模型更加准确)，但由于我们优化了初始层，因此训练速度和之前一样快。

为了使我们的模型更深而不占用太多的计算或内存资源，可以使用 ResNet 论文中为 50 层或更深的 ResNet 引入的另一种层：瓶颈层。

瓶颈层

瓶颈层不是堆叠两个内核大小为 3×3 的卷积，而是使用 3 个卷积：两个 1×1 的(在开始处和结束处)和一个 3×3 的，如图 14-4 的右图所示。

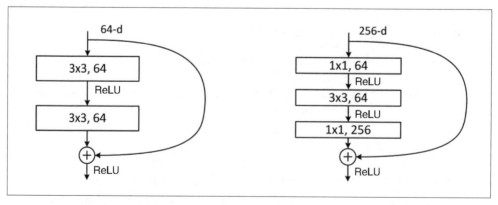

图14-4：常规和瓶颈ResNet块的比较 (由Kaiming He等提供)

为什么这样有用？1×1的卷积要快得多，因此，即使这似乎是一个更复杂的设计，但该块的执行速度也比我们看到的第一个ResNet块要快。这就让我们可以使用更多的过滤器：正如我们在图14-4中看到的，输入和输出的过滤器数量是之前的4倍（是256而不是64）。1×1的卷积减少了，然后恢复了通道数（因此叫作瓶颈）。总体影响是，我们可以在相同的时间内使用更多的过滤器。

尝试用这种瓶颈设计替换ResBlock：

```
def _conv_block(ni,nf,stride):
    return nn.Sequential(
        ConvLayer(ni, nf//4, 1),
        ConvLayer(nf//4, nf//4, stride=stride),
        ConvLayer(nf//4, nf, 1, act_cls=None, norm_type=NormType.BatchZero))
```

我们将使用它来创建一个分组大小为(3,4,6,3)的ResNet-50。现在需要将4传递给ResNet的expansion参数，因为我们一开始会把通道数缩减为原来的1/4，但在最后会将通道数变为原来的4倍。

像这样较深的网络在只训练5个周期时通常不会显示出改进的效果，所以我们这次将它提高到20个周期，以充分利用更大的模型。而且为了获得更好的结果，我们也将使用更大的图像：

```
dls = get_data(URLs.IMAGENETTE_320, presize=320, resize=224)
```

我们不需要做任何事情来适应更大的224像素的图像；多亏了我们的全卷积网络，它就可以工作。这也是为什么我们之前能够做渐进式调整尺寸的原因——使用的模型都是全卷积的，所以甚至能够微调用不同尺寸训练的模型。我们现在可以训练模型并看到效果：

```
rn = ResNet(dls.c, [3,4,6,3], 4)

learn = get_learner(rn)
learn.fit_one_cycle(20, 3e-3)
```

epoch	train_loss	valid_loss	accuracy	time
0	1.613448	1.473355	0.514140	00:31
1	1.359604	2.050794	0.397452	00:31
2	1.253112	4.511735	0.387006	00:31
3	1.133450	2.575221	0.396178	00:31
4	1.054752	1.264525	0.613758	00:32
5	0.927930	2.670484	0.422675	00:32
6	0.838268	1.724588	0.528662	00:32

epoch	train_loss	valid_loss	accuracy	time
7	0.748289	1.180668	0.666497	00:31
8	0.688637	1.245039	0.650446	00:32
9	0.645530	1.053691	0.674904	00:31
10	0.593401	1.180786	0.676433	00:32
11	0.536634	0.879937	0.713885	00:32
12	0.479208	0.798356	0.741656	00:32
13	0.440071	0.600644	0.806879	00:32
14	0.402952	0.450296	0.858599	00:32
15	0.359117	0.486126	0.846369	00:32
16	0.313642	0.442215	0.861911	00:32
17	0.294050	0.485967	0.853503	00:32
18	0.270583	0.408566	0.875924	00:32
19	0.266003	0.411752	0.872611	00:33

现在我们取得了不错的成绩！尝试添加 Mixup，然后在午餐时训练 100 个周期。你就会拥有一个非常准确的图像分类器。

我们在这里展示的瓶颈设计通常只用在 ResNet-50、-101 和 -152 模型中。ResNet-18 和 -34 模型通常使用前一节中介绍的非瓶颈设计。然而，我们注意到，即使对于较浅的网络，瓶颈层通常也能表现得很好。这说明了论文中的一些细节往往会沿用多年，即使它们不是最好的设计！质疑假设和"人人都知道"的东西总是一个好主意，因为这仍然是一个新领域，而且很多细节并不总是做得很好。

结论

你现在已经看到了我们从第 1 章开始用于计算机视觉的模型是如何构建的，使用跳连可训练更深的模型。尽管有很多关于更好的架构的研究，但它们都或多或少使用了这项技巧或者其他的版本，来创建从输入到网络末端的直接路径。当使用迁移学习时，ResNet 就是预训练的模型。在下一章中，我们将研究如何通过预训练模型构建出最终部署模型的相关细节。

问题

1. 在前面的章节中用于 MNIST 的 CNN 是如何得到一个单一的激活向量的？为什么这对于 Imagenette 来说并不合适？

2. 对于 Imagenette 采取了什么方法?

3. 什么是自适应池化?

4. 什么是平均池化?

5. 为什么在自适应平均池化层后面需要 Flatten 层?

6. 什么是跳连?

7. 跳连为什么可以训练更深的模型?

8. 图 14-1 展示了什么? 它是如何引出跳连这个想法的?

9. 什么是恒等映射?

10. ResNet 块的基本方程式是什么(忽略批次归一化和 ReLU 层)?

11. ResNet 和残差有什么关系?

12. 当有步长为 2 的卷积时,如何处理跳连? 当过滤器的数量改变时又如何处理?

13. 如何用向量点积来表示一个 1 × 1 的卷积?

14. 使用 F.conv2d 或 nn.Conv2d 创建一个 1 × 1 的卷积,并将其应用到一张图像上。图像的形状会发生什么变化?

15. noop 函数会返回什么?

16. 解释图 14-3 展示了什么。

17. 在哪些情况下,top-5 准确率比 top-1 准确率更好?

18. CNN 的"主干"是什么意思?

19. 为什么在 CNN 主干中使用普通卷积而不是 ResNet 块呢?

20. 瓶颈块和普通 ResNet 块有什么区别?

21. 瓶颈块为什么更快?

22. 全卷积网络(以及一般带有自适应池化层的网络)如何实现渐进式调整尺寸?

深入研究

1. 尝试为 MNIST 创建一个带有自适应平均池化层的全卷积网络（注意，你需要较少的步长为 2 的层）。这个网络与没有这样一个池化层的网络相比，效果如何呢？

2. 在第 17 章中，我们介绍了爱因斯坦求和符号。提前看看它是如何工作的，然后使用 torch.einsum 写一个实现 1 × 1 卷积操作的代码。将它与使用 torch.conv2d 的相同操作进行比较。

3. 使用纯 PyTorch 或纯 Python 写一个计算 top-5 准确率的函数。

4. 在 Imagenette 上训练一个模型，分别使用和不使用标签平滑处理，并训练更多的周期。查看 Imagenette 排行榜，看看你能否接近展示出来的最佳结果。阅读相关链接的网页，了解目前最先进的方法和细节。

第 15 章

深入研究应用架构

现在我们已经到了一个令人兴奋且满意的阶段，我们已经可以完全理解一些架构了，已经在使用那些在计算机视觉、自然语言处理和表格分析中应用的最先进的模型架构了。在这一章中，我们会继续补充之前没讲过的 fastai 应用程序模型的运行原理的细节，还会向你展示如何构建这样的 fastai 应用程序模型。

通过在第 11 章中对 Siamese 神经网络的讲解，我们看到了自制数据预处理的传递途径，不过在这一章我们将重新讲解这个知识点，并向你展示如何完成新的任务，也就是如何使用 fastai 库中的组件构建自制预训练模型。

现在，我们先从计算机视觉开始学习吧!

计算机视觉

对于计算机视觉应用程序，我们会根据不同的任务来使用 cnn_learner 函数和 unet_learner 函数构建我们的模型。在这一节中，我们会和你一起探索构建 Learner 对象的方法（在本书的第 I 部分和第 II 部分中就使用过这些 Learner 对象）。

cnn_learner

我们观察一下使用 cnn_learner 函数时会发生什么。首先，我们将 cnn_learner 函数传递至架构中，以便在网络主体（body）上使用。在大多数时候，我们会用 ResNet（之前你已经了解过创建 ResNet 的方法，因此在这里不再赘述）。预训练的权重将根据需求进行下载，并加载至 ResNet 中。

然后，对于迁移学习，网络需要被切割。这里所说的网络切割指的是切割掉最后一层，而要被切割掉的最后这一层只负责在 ImageNet 上做特定的分类。实际上，我们不仅仅需要切割掉这一层，还需要切割掉从自适应平均池化层开始的所有东西。一会我们就会解释这样做的原因。由于不同的架构可能会使用不同类型的池化层，甚至可能使用完全不同的头（head），因此我们不只是搜索自适应池化层来决定在哪里切割预训练模型。我们有一个信息字典，它可以用在每个模型上，用来帮助确定主体的头和尾在哪里。我们称这个信息字典为 model_meta，它可以用在 resnet50 上：

```
model_meta[resnet50]

{'cut': -2,
 'split': <function fastai.vision.learner._resnet_split(m)>,
 'stats': ([0.485, 0.456, 0.406], [0.229, 0.224, 0.225])}
```

 术语：主体和头

神经网络的头（head）是专门用于特定任务的部分，用来执行目标任务的预测。对于一个 CNN 来说，头通常是自适应平均池化层之后的部分。主体（body）则是网络的其他部分，并且包括主干（stem）（在第 14 章做过相关介绍）。

如果获取的是在 -2 切割点之前的所有神经层，那么我们将得到这个模型中的一部分，fastai 将保留该部分用来进行迁移学习。现在，我们可以使用 create_head 函数来创建新的 head：

```
create_head(20,2)

Sequential(
  (0): AdaptiveConcatPool2d(
    (ap): AdaptiveAvgPool2d(output_size=1)
    (mp): AdaptiveMaxPool2d(output_size=1)
  )
  (1): Flatten()
  (2): BatchNorm1d(20, eps=1e-05, momentum=0.1, affine=True)
  (3): Dropout(p=0.25, inplace=False)
  (4): Linear(in_features=20, out_features=512, bias=False)
  (5): ReLU(inplace=True)
  (6): BatchNorm1d(512, eps=1e-05, momentum=0.1, affine=True)
  (7): Dropout(p=0.5, inplace=False)
  (8): Linear(in_features=512, out_features=2, bias=False)
)
```

使用 create_head 函数时，可以选择在最后添加多少个额外的线性层、在每个层之后使用多少 dropout 以及要使用哪种类型的池化。默认情况下，fastai 将同时应用平均池化和最大池化，并对主干网输出的特征分别使用 MaxPool() 和 AvgPool()，然后将所得特征拼接在一起，从而形成 AdaptiveConcatPool2d 层。这种方法并不是特别常见，但它是

fastai 和其他研究实验室近年来独立开发得出的，比起只使用平均池化，这种方法往往会使得最终效果更优一些。

fastai 与大多数库有点不同，这是因为在默认情况下，fastai 会在 CNN 的 head 中添加两个线性层，而不是一个线性层。之所以添加的是两个线性层，是因为哪怕我们将预训练的模型迁移到截然不同的领域，迁移学习依旧很有用。然而，在这些情况下，只使用一个线性层不足以产生两个线性层能实现的效果，所以在多数情况下会使用两个线性层，从而更快速、更方便地使用迁移学习。

最后一个 batchnorm

我们有必要看一看 create_head 的一个参数，也就是 bn_final。我们可以将这个参数设置为 True，从而将 batchnorm 层添加至模型的最后一层。这个设置可以有效帮助模型适当缩放你的输出激活值。目前我们还未看过其他地方应用过这个方法，但我们发现，无论在哪里使用这个方法，都可以在实际应用中有效地发挥作用。

现在，我们看一下 unet_learner 针对我们在第 1 章提到过的分割（segmentation）问题做了些什么吧!

unet_learner

深度学习中最有趣的架构之一是我们在第 1 章中用来做分割的架构。分割是一项很有挑战的任务，因为它所需的输出实际上是一张图像或一个像素格，其中包含了每个像素的预测标签。其他任务也有类似的基础设计，例如，提高图像的分辨率（超分辨率），为黑白图像添加颜色（着色）或将图像转换为艺术画作（风格转换）——本书的在线章节中（参见链接 9）对这些任务都有相关介绍，因此请你务必读完本章后去在线章节看看这些任务的细节。在每种情况下，我们都从一幅图像开始并将其转换为具有相同尺寸或长宽比的图像，但是也会以某种方式改变图像中的像素。我们将以上这些任务称为视觉生成模型（generative vision models）。

这个方法和我们在上一节中看到的构建 CNN 的 head 的方法完全一样。例如，从 ResNet 开始，切断自适应池化层及它后面的所有东西，然后用自制的 head 替换掉这些图，让这些自制 head 执行生成任务。

很多人都对最后一句话感到很疑惑! 到底怎样才能创建一个可以生成图像的 CNN head 呢? 假如我们从一个 224 像素的输入图像开始，那么在 ResNet 主体的末端会有一个 7×7 的卷积激活网格。如何才能将其转换为 224 像素的分割掩码呢?

通常来说，可以使用神经网络来实现! 因此，我们需要某种可以扩大 CNN 中网格尺寸的神经层。想要增加网格尺寸，一种简单的方法是用 2×2 正方形中的四个像素替换掉 7×7 网格中的每个像素。2×2 正方形中的这四个像素中的每个像素的值都相同——这些值指的是最近邻插值（nearest neighbor interpolation）。PyTorch 为我们提供了可以实现最近邻插值的神经层，其中一种方法是去构建一个 head，这个 head 包含 stride-1 卷积层（以及与往常一样的 batchnorm 和 ReLU 层），并散布着 2×2 最近邻插值的神经层。你现在就可以试试看！看看你是否可以构建像这样设计的自制 head，然后在 CamVid 的分割任务上尝试使用它。你应该会发现你得到了一些合理的结果，尽管这些结果不如第 1 章中所示的结果那么好。

另一种方法是用一个反卷积（transposed convolution）替代最近邻层和卷积的组合，这也被称为半步长卷积（stride half convolution）。这与普通卷积完全相同，但在输入中的所有像素中，第一个像素填充 padding=0。用一张图像很容易解释这一现象——图 15-1 所示的就是一张示意图，这张示意图来自我们在第 13 章中讨论过的优秀的卷积运算论文（参见链接 147），图中展示了如何将输入尺寸为 3×3 的反卷积应用在 3×3 输出尺寸的图像中。

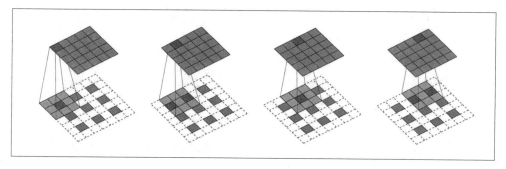

图15-1：一个反卷积（由Vincent Dumoulin和Francesco Visin提供）

如你所见，结果是扩大了输入的尺寸。你现在可以使用 fastai 的 ConvLayer 类进行尝试；传递参数 transpose = True 在自定义的 head 中创建反卷积，而不是普通卷积。

但是，这两种方法的效果都不太好。原因在于我们的 7×7 网格根本没有足够的信息来创建 224 像素 ×224 像素的输出。每个网格单元都需要大量的激活值才能够获取足够的信息来完全重新生成输出中的每个像素。

解决方案是像在 ResNet 中一样使用跳连，但是是从 ResNet 主体中的激活一直跳到体系结构另一侧的反卷积的激活。这种方法如图 15-2 所示，由奥拉夫·隆伯格（Olaf Ronneberger）等人开发，详情见 2015 年的论文 "U-Net: Convolutional Networks for Biomedical Image Segmentation"（参见链接 148）。尽管该论文专注于医疗应用，但 U-Net 彻底改变了各种视觉生成模型。

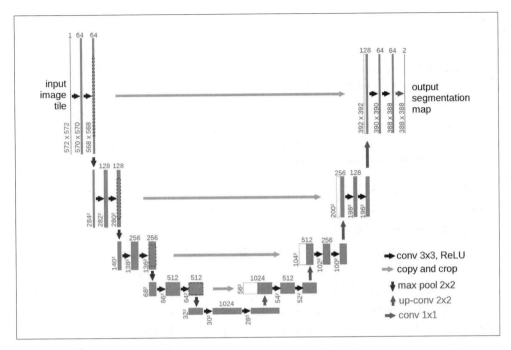

图15-2: U-Net架构（由奥拉夫·隆伯格、菲利普·菲舍尔和托马斯·布罗克斯提供）

这张图像显示了左侧的 CNN 主体（在这种情况下，它是普通的 CNN，而不是 ResNet，并且使用 2×2 最大池化而不是步长为 2 的普通卷积，因为本文是在 ResNet 出现之前编写的）和右侧的反卷积（"上采样"）层。多余的跳连显示为从左到右的灰色箭头（有时也称其为交叉连接）。看完这个架构，你就会知道为什么它被称为 U-Net！

通过这种体系结构，反卷积的输入不仅是前一层中分辨率较低的网格，也是 ResNet 头中的分辨率较高的网格。这样，U-Net 可以根据需要使用原始图像的所有信息。U-Net 的挑战之一是确切的体系结构取决于图像大小。fastai 具有一个独特的 DynamicUnet 类，该类根据提供的数据自动生成正确大小的体系结构。

现在，我们集中在一个利用 fastai 库编写的自定义模型示例上。

Siamese 网络

让我们回到第 11 章为 Siamese 网络建立的输入管道。你可能还记得，它由一对图像组成，那两张图像的标签为 True 或 False，具体取决于它们是否在同一个类中。

我们来使用刚刚学习到的知识，为该任务构建一个自定义模型并对其进行训练。如何操作呢？我们将使用预训练好的网络架构，并将两张图像传递给它。然后，可以将结果串联起来，并将其发送到自定义的模型的头模块，该模型的头模块将返回两个预测结果。就模块而言，如下所示：

```
class SiameseModel(Module):
    def __init__(self, encoder, head):
        self.encoder,self.head = encoder,head

    def forward(self, x1, x2):
        ftrs = torch.cat([self.encoder(x1), self.encoder(x2)], dim=1)
        return self.head(ftrs)
```

如前所述，要创建编码器，只需要获取一个预训练的模型并将其切割即可。函数 create_body 为我们做到了；只需将想要切割的地方传递给它即可。如上所述，根据预训练模型的元数据字典，ResNet 的 cut 的值为 –2：

```
encoder = create_body(resnet34, cut=-2)
```

然后，可以创建自定义的模型的头模块。看一下编码器，可以知道最后一层具有 512 个特征，因此这个头部模块需要接收的输入大小为 512 * 4。为什么是 4 ? 首先，我们有两张图像，所以必须乘以 2。然后，由于串接池化的技巧，需要再次乘以 2。因此，创建出如下的头部：

```
head = create_head(512*4, 2, ps=0.5)
```

现在，有了编码器和头模块，可以建立模型了：

```
model = SiameseModel(encoder, head)
```

在使用 Learner 之前，还要定义几个部分。首先，必须定义要使用的损失函数。它是常规的交叉熵，但是由于目标是布尔值，因此需要将其转换为整数，否则 PyTorch 会抛出错误：

```
def loss_func(out, targ):
    return nn.CrossEntropyLoss()(out, targ.long())
```

更重要的是，要充分利用迁移学习的优势，我们必须定义一个自定义的 *splitter*。splitter 是一种告诉 fastai 库如何将模型拆分为参数组的函数。当我们进行迁移学习时，会在后台用它们来训练模型的头部。

这里需要两个参数组：一个用于编码器，一个用于头部。因此，可以定义以下 splitter（params 是返回给定模块的所有参数的函数）：

```
def siamese_splitter(model):
    return [params(model.encoder), params(model.head)]
```

然后，可以通过传递数据、模型、损失函数、splitter 和所需的任何指标来定义 Learner。
由于没有使用 fastai 的便捷函数来进行迁移学习（例如 cnn_learner），因此必须手动调
用 learning.freeze。这将确保仅训练最后一个参数组（在这种情况下为头部）：

```
learn = Learner(dls, model, loss_func=loss_func,
                splitter=siamese_splitter, metrics=accuracy)
learn.freeze()
```

接下来，可以使用常规的训练方法直接训练模型：

```
learn.fit_one_cycle(4, 3e-3)
```

epoch	train_loss	valid_loss	accuracy	time
0	0.367015	0.281242	0.885656	00:26
1	0.307688	0.214721	0.915426	00:26
2	0.275221	0.170615	0.936401	00:26
3	0.223771	0.159633	0.943843	00:26

现在，我们使用不同的学习率（即，较低的主体学习率和较高的头部学习率）解冻和微
调整个模型：

```
learn.unfreeze()
learn.fit_one_cycle(4, slice(1e-6,1e-4))
```

epoch	train_loss	valid_loss	accuracy	time
0	0.212744	0.159033	0.944520	00:35
1	0.201893	0.159615	0.942490	00:35
2	0.204606	0.152338	0.945196	00:36
3	0.213203	0.148346	0.947903	00:36

之前以相同方式训练的分类器（不进行数据增强）的错误率为 7%，现在得到的结果是
94.79%，非常好。

我们已经了解了如何创建完整且先进的计算机视觉模型，可以看看 NLP 的任务了。

自然语言处理

就像我们在第 10 章中所做的那样，将 AWD-LSTM 语言模型转换为迁移学习分类器所遵
循的过程，与本章第一节中对 cnn_learner 所做的操作流程非常相似。在这种情况下，
不需要"元"字典，因为这个模型的主体并不需要多种架构进行支持。需要做的就是为
语言模型中的编码器选择堆叠的 RNN，这是一个单一的 PyTorch 模块。该编码器将为输
入的每个单词提供激活值，因为语言模型每次都需要为下一个单词输出预测结果。

要创建分类器，我们使用 ULMFiT 论文（参见链接 149）中描述的方法——用于文本分类的 BPTT（BPT3C）：

> 将文档分成大小为 b 的定长批次。在每个批次的开始，都使用前一个批次的最终状态来初始化模型；我们会跟踪平均池化和最大池化的隐藏状态；将梯度反向传播到其隐藏状态有助于最终预测的批次上去。实际上，我们可以使用可变长度反向传播序列。

换句话说，分类器包含一个 for 循环，该循环遍历序列的每个批次。跨批次维护状态，并存储每个批次的激活值。最后，我们使用与计算机视觉模型相同的平均池化和最大串接池化的技巧，但是这次，不是在 CNN 网格单元上进行处理，而是在 RNN 序列上。

对于这个 for 循环，需要分批收集数据，但是每个文本都需要被分别处理，因为它们每个都有自己的标签。然而，这些文本很可能不会全部具有相同的长度，这意味着将无法像使用语言模型那样将它们全部放在相同的数组中。

这就是填充的用处：当抓取一堆文本时，我们确定长度最大的文本；然后用称为 xxpad 的特殊语义单元填充较短的语义单元。为避免同一批数据中同时包含具有 2000 个语义单元的文本与只有 10 个语义单元的文本这样的极端情况（这样会产生大量的填充和大量的浪费计算），可以通过将大小相差不大的文本放在一起来更改随机性。对于训练集，文本仍将以某种随机顺序排列（对于验证集，可以简单地按长度顺序对其进行排序），但也不必完全如此。

在创建 Dataloaders 时，fastai 库会在后台自动完成此操作。

表格

最后，我们来看一下 fastai.tabular 模型。（由于这些模型只是表格模型或使用了点积方法，而我们之前从零开始实现过这些部分，因此不必单独将协作过滤分割出来进行讨论。）

这是 TabularModel 的 forward 方法：

```
if self.n_emb != 0:
    x = [e(x_cat[:,i]) for i,e in enumerate(self.embeds)]
    x = torch.cat(x, 1)
    x = self.emb_drop(x)
if self.n_cont != 0:
    x_cont = self.bn_cont(x_cont)
    x = torch.cat([x, x_cont], 1) if self.n_emb != 0 else x_cont
```

```
return self.layers(x)
```

我们不会在这里显示 __init__ 方法，因为它没有那么有趣，但是会依次解释以下的每一行代码。第一行只是用来测试是否有任意的嵌入要处理——如果只有连续变量，则可以跳过这一段：

```
if self.n_emb != 0:
```

self.embeds 包含嵌入矩阵，因此可以获取每个激活值：

```
x = [e(x_cat[:,i]) for i,e in enumerate(self.embeds)]
```

并将它们串联成一个张量：

```
x = torch.cat(x, 1)
```

然后应用 dropout。你可以将 emb_drop 传递给 __init__ 来更改此值：

```
x = self.emb_drop(x)
```

现在我们测试是否有任意连续变量要处理：

```
if self.n_cont != 0:
```

它们通过 batchnorm 层进行传递

```
x_cont = self.bn_cont(x_cont)
```

并与嵌入激活串联（如果存在的话）：

```
x = torch.cat([x, x_cont], 1) if self.n_emb != 0 else x_cont
```

最后，会把它传递给线性层（如果 use_bn 为 True，每一层就都会包含 batchnorm，如果 ps 被设置为某个值或一串值的列表的话，则会启用 dropout）：

```
return self.layers(x)
```

恭喜你！现在你已经对 fastai 库中所使用的网络架构的每一个部分都有所了解了！

结论

如你所见，深度学习架构的细节现在已经吓不到你了。你可以查看 fastai 和 PyTorch 的代码，看看事情的来龙去脉。更重要的是，可以试着了解为什么会出现这样的情况。查看代码参考的论文，并尝试对比代码如何与所描述的算法相匹配。

我们已经研究了模型所包含的每一个部分以及传递给模型的数据，现在可以考虑这对实际的深度学习意味着什么。如果有无限的数据、无限的内存和无限的时间，那么我们的建议很简单：使用很长的时间，针对你所有的数据训练一个庞大的模型。但是，深度学习并不简单的原因是你的数据、内存和时间通常都会受到限制。如果没有足够多的内存或时间，通常的解决方案是训练一个较小的模型。如果你没有因为训练了过长的时间而产生过拟合的话，你就还没有充分利用完这个模型的能力。

因此，第一步是达到过拟合的地步。然后下一个问题就是如何减少过拟合。图 15-3 显示了我们从此处开始，对之后的步骤进行优先级排序的建议。

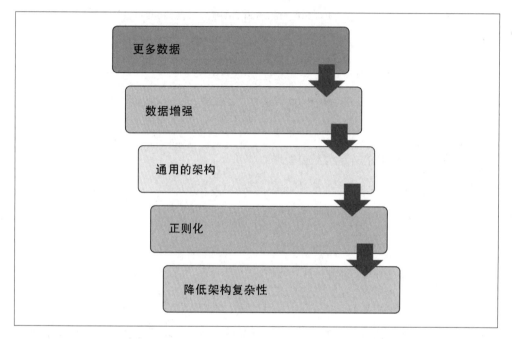

图15-3: 减少过拟合的步骤

当许多从业者面临过拟合的模型时，他们往往会从错误的方向开始做起。他们的第一步通常是使用较小的模型或更多的正则化方法。除非训练你的模型会占用过多的时间或内存，否则使用较小的模型应该是你采取的最后一步。减小模型的大小会降低模型学习数据中细微关系的能力。

与之相反，你的第一步应该是寻求创建更多数据的方法。这项任务包括，在现有的数据中添加更多的标签，寻找你的模型可以解决的其他任务（或者换句话说，识别你可以建模的不同类型的标签），或通过使用更多或不同的数据增强技术来产生额外的合成数据。归功于 Mixup 和其他类似的方法的出现，现在几乎各种数据都能够有比较高效的数据增强方法可以使用了。

一旦获得了你认为足够的数据，并且可以利用你找到的所有标签对这部分数据进行合理的使用及数据增强之后，你的模型还是出现了过拟合的现象的话，你就应该考虑使用更通用的网络架构了。例如，添加批次归一化可能可以改善模型的泛化能力。

如果你在数据的处理和使用上已经尽力了，并且你也对网络的架构进行了调整，但你的模型仍然处于过拟合状态的话，你就可以试试正则化这一操作了。一般而言，在最后一两层中添加 dropout 将可以很好地对模型进行正则化。但是，正如我们从开发 AWD-LSTM 的故事中学到的那样，在模型中添加不同类型的 dropout 通常可以提供更大的帮助。一般而言，正则化程度更高的大模型会更灵活，因此就能比具有较少正则化的小模型更加准确。

除非你已经考虑了以上所有的选项，否则不建议尝试使用更小版本的模型架构。

问题

1. 神经网络的头是什么？

2. 神经网络的主体是什么？

3. 什么是"切割"神经网络？为什么需要这样做才能进行迁移学习？

4. 什么是 model_meta？尝试把它打印出来以查看其中的内容。

5. 阅读 create_head 的源代码，并确保你了解每一行的作用。

6. 查看 create_head 的输出，并确保你了解为什么每一层会以相应的顺序出现，以及了解如何通过 create_head 源创建它。

7. 弄清楚如何更改 create_cnn 建立的层数、神经层的大小及 dropout 的设定，试着看看是否可以从宠物识别模型中找到可以提高准确性的值。

8. AdaptiveConcatPool2d 可以用来做什么？

9. 什么是最近邻插值？它是怎么被用于卷积的激活值而实现上采样的？

10. 什么是反卷积？它的别称是什么？

11. 使用 transpose = True 创建一个转换层并将其用于图像的处理。检查输出的形状。

12. 绘制 U-Net 的网络架构。

13. 什么是 BPTT 文本分类（BPT3C）？

14. 如何处理 BPT3C 中的不同长度的序列？

15. 尝试在 notebook 中分别运行 TabularModel.forward 的每一行，每个单元格一行，并查看每一步的输入和输出的形状。

16. 如何在 TabularModel 中定义 self.layers？

17. 防止过拟合的五个步骤是什么？

18. 为什么在尝试其他防止过拟合的方法之前，不应该降低架构复杂性？

深入研究

1. 编写你自己的自定义头部，然后尝试用它来训练宠物识别器。看看你是否可以获得比 fastai 的默认结果更好的结果。

2. 尝试在 CNN 的头中的 AdaptiveConcatPool2d 和 AdaptiveAvgPool2d 之间切换，看看有什么区别。

3. 编写自定义的 splitter，为每个 ResNet 块创建一个单独的参数组，并为主干创建一个单独的组。尝试使用它进行训练，看看它是否可以改善宠物识别模型。

4. 阅读有关图像生成模型的线上章节，并创建自己的上色模型、超分辨率模型或风格迁移模型。

5. 使用最近邻插值创建一个自定义头部，并使用它对 CamVid 进行分割。

第 16 章

训练过程

你现在已经知道如何为计算机视觉、自然图像处理、表格分析和协同过滤创建最先进的架构，并且知道如何快速训练它们了。我们的学习到这里就结束了吗？并没有。我们仍然需要探索更多的训练过程。

我们在第 4 章中介绍了随机梯度下降的基础知识：向模型传递小批次的数据，用损失函数将其与我们的目标进行比较，计算该损失函数关于每个权重的梯度，然后用公式更新权重：

```
new_weight = weight - lr * weight.grad
```

我们在一个训练循环中从头开始实现了这一点，并看到 PyTorch 提供了一个简单的 nn.SGD 类，它为我们执行每个参数的计算。在本章中，我们将使用弹性基础架构构建一些速度更快的优化器。但这并不是我们在训练过程中想要改变的全部。对于训练循环的任何调整，我们都需要一种方法来在 SGD 的基础上添加一些代码。fastai 库有一个回调系统来做到这一点，我们会教你所有相关知识。

让我们从标准 SGD 开始获得一个基线，然后我们将介绍最常用的优化器。

建立基线

首先，我们将使用普通 SGD 创建基线，并将其与 fastai 的默认优化器进行比较。我们将从获取 Imagenette 开始，其中的 get_data 与在第 14 章中使用的相同：

```
dls = get_data(URLs.IMAGENETTE_160, 160, 128)
```

我们将创建一个 ResNet-34，没有预先训练，并传递接收到的所有参数：

```
def get_learner(**kwargs):
    return cnn_learner(dls, resnet34, pretrained=False,
                       metrics=accuracy, **kwargs).to_fp16()
```

这是默认的 fastai 优化器，具有默认的 3e-3 学习率：

```
learn = get_learner()
learn.fit_one_cycle(3, 0.003)
```

epoch	train_loss	valid_loss	accuracy	time
0	2.571932	2.685040	0.322548	00:11
1	1.904674	1.852589	0.437452	00:11
2	1.586909	1.374908	0.594904	00:11

现在我们来试试普通 SGD。我们可以将 opt_func（优化函数）传递给 cnn_learner，让 fastai 使用任何优化器：

```
learn = get_learner(opt_func=SGD)
```

首先要看的是 lr_find：

```
learn.lr_find()
```

```
(0.017378008365631102, 3.019951861915615e-07)
```

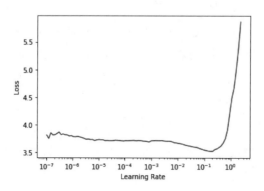

看样子我们需要使用比平时更高的学习率：

```
learn.fit_one_cycle(3, 0.03, moms=(0,0,0))
```

epoch	train_loss	valid_loss	accuracy	time
0	2.969412	2.214596	0.242038	00:09
1	2.442730	1.845950	0.362548	00:09
2	2.157159	1.741143	0.408917	00:09

因为用动量加速 SGD 是个好主意，fastai 在 `fit_one_cycle` 中默认这么做，所以我们用 `moms=(0,0,0)` 关闭它。我们将很快讨论动量。

显然，普通的 SGD 训练没有我们希望的那么快。所以让我们学习一些技巧来获得加速训练吧！

通用优化器

为了建立我们的加速 SGD 技巧，需要从一个良好的弹性优化基础架构开始。fastai 之前没有任何库提供这样的基础架构，但是在 fastai 的开发过程中我们意识到，我们在学术文献中看到的所有优化器改进都可以使用优化器回调来处理。这些是我们可以在优化器中编写、混合和匹配的小代码片段，可用于构建优化器步骤。它们由 fastai 的轻量级 `Optimizer` 类调用。以下是我们在本书中使用的两个关键方法在优化器中的定义：

```
def zero_grad(self):
    for p,*_ in self.all_params():
        p.grad.detach_()
        p.grad.zero_()

def step(self):
    for p,pg,state,hyper in self.all_params():
        for cb in self.cbs:
            state = _update(state, cb(p, **{**state, **hyper}))
        self.state[p] = state
```

正如我们从零开始训练 MNIST 模型时看到的，`zero_grad` 只是循环遍历模型的参数，可将梯度设置为零。它还调用 `detach_`，这删除了所有梯度计算的历史记录，因为在 `zero_grad` 之后将不再需要它。

更有趣的方法是 `step`，它遍历回调（cbs）并调用它们来更新参数（如果 cb 返回任何内容，则 `_update` 函数只调用 `state.update`）。如你所见，`Optimizer` 本身不执行任何 SGD 步骤。让我们看看如何将 SGD 添加到 `Optimizer` 中。

下面是一个优化器回调，它执行单个 SGD 步骤，方法是将 `-lr` 乘以梯度，然后将其添加到参数中（当向 PyTorch 中的 `Tensor.add_` 传递两个参数时，在相加之前将它们相乘）：

```
def sgd_cb(p, lr, **kwargs): p.data.add_(-lr, p.grad.data)
```

可以使用 cbs 参数将其传递给 `Optimizer`；我们需要使用 `partial`，因为稍后 `Learner` 将调用此函数来创建优化器：

```
opt_func = partial(Optimizer, cbs=[sgd_cb])
```

让我们看看它是不是有用：

```
learn = get_learner(opt_func=opt_func)
learn.fit(3, 0.03)
```

epoch	train_loss	valid_loss	accuracy	time
0	2.730918	2.009971	0.332739	00:09
1	2.204893	1.747202	0.441529	00:09
2	1.875621	1.684515	0.445350	00:09

它起作用了！这就是我们在 fastai 中从头开始创建 SGD 的方式。现在来看看这个"动量"是什么。

动量

正如第 4 章所描述的，我们可以认为 SGD 是站在山顶上，在每个时间点朝最陡峭的斜坡方向走一步，然后往下走。但是如果我们有一个球从山上滚下来呢？在每个给定点，它不会完全跟随梯度的方向，因为它有动量。一个动量更大的球（比如一个更重的球）会跳过小的突起和洞，到达山脚；而乒乓球这种动量小的球则很容易被卡在小缝隙里。

那么，如何将这一想法带到 SGD 中呢？可以使用移动平均线，而不仅仅是当前的梯度来完成我们的步骤：

```
weight.avg = beta * weight.avg + (1-beta) * weight.grad
new_weight = weight - lr * weight.avg
```

这里的 beta 是我们选择的一个数字，它定义了使用多少动量。如果 beta 为 0，则第一个方程式变为 weight.avg = weight.grad，我们最终得到的是普通的 SGD。但如果它是一个接近于 1 的数字，则选择的主要方向是前面步骤的平均值。（如果你具备一些统计知识，可能会在第一个方程式中认出这是指数加权移动平均数，它通常被用来对数据进行去噪，并获得潜在的趋势。）

请注意，我们写 weight.avg 是为了强调这样一个事实：需要存储模型中每个参数的移动平均线（它们都有自己独立的移动平均线）。

图 16-1 显示了单个参数的噪声数据的案例，动量曲线是中间的细线，参数梯度的数据以圆点绘制。梯度先增大后减小，动量很好地跟随了总体趋势，而不会受到噪声的太大影响。

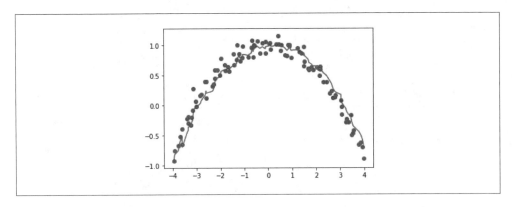

图16-1: 动量的例子

如果损失函数有我们需要通过的狭窄的谷点，有动量的 SGD 就特别有效：普通的 SGD 会让我们从一边跳到另一边，而有动量的 SGD 会让我们沿着一边平稳地滚动。参数 beta 决定了我们使用的动量的强度：在较小的 beta 下，可保持更接近实际的梯度值，而在较大的 beta 下，将主要沿着梯度平均值的方向前进，梯度的任何变化都需要一段时间才能使趋势移动。

对于一个大的 beta，我们可能会错过梯度改变方向，并滚动到一个局部最小值。这是一个副作用：直观地说，当我们向模型显示一个新的输入时，它看起来像训练集中的东西，但不会完全像。它将对应于损失函数中的一个点，该点接近我们在训练结束时得出的最小值，但并不完全在该最小值点上。因此，我们宁愿在最小范围内结束训练，在最小范围内，附近的点具有大致相同的损失（或者，如果你愿意，也可以选择一个损失尽可能小的点）。图 16-2 显示了当改变 beta 时，图 16-1 所示的图是如何变化的。

在这些例子中可以看到，过高的 beta 会导致梯度的整体变化被忽略。在有动量的 SGD 中，经常使用的 beta 值是 0.9。

fit_one_cycle 默认以 0.95 的 beta 值开始，逐渐调整到 0.85，然后在训练结束时逐渐移回 0.95。来看看我们的训练是如何与普通的 SGD 相结合的。

为了给优化器加上动量，首先需要追踪移动平均梯度，这可以通过另一个回调来实现。当优化器回调返回 dict 时，它用于更新优化器的状态，并在下一步传递回优化器。因此这个回调将追踪一个名为 grad_avg 的参数中的梯度平均值：

```
def average_grad(p, mom, grad_avg=None, **kwargs):
    if grad_avg is None: grad_avg = torch.zeros_like(p.grad.data)
    return {'grad_avg': grad_avg*mom + p.grad.data}
```

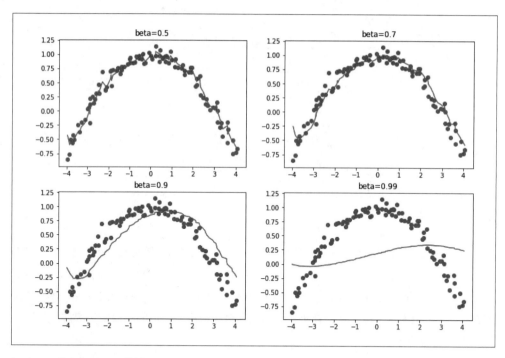

图16-2: 带有不同beta值的动量

要使用它，只需在步长函数中用 grad_avg 替换 p.grad.data：

```
def momentum_step(p, lr, grad_avg, **kwargs): p.data.add_(-lr, grad_avg)

opt_func = partial(Optimizer, cbs=[average_grad,momentum_step], mom=0.9)
```

Learner 将自动调整 mom 和 lr，因此 fit_one_cycle 甚至可以使用我们定制的 Optimizer：

```
learn = get_learner(opt_func=opt_func)
learn.fit_one_cycle(3, 0.03)
```

epoch	train_loss	valid_loss	accuracy	time
0	2.856000	2.493429	0.246115	00:10
1	2.504205	2.463813	0.348280	00:10
2	2.187387	1.755670	0.418853	00:10

```
learn.recorder.plot_sched()
```

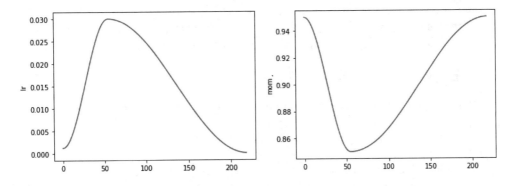

我们仍然没有得到很好的结果，所以让我们看看还能做些什么。

RMSProp

RMSProp 是 Geoffrey Hinton 在他的 Coursera 课程"Neural Networks for Machine Learning"第 6e 讲中介绍的 SGD 的另一个变种（参见链接 150）。与 SGD 的主要区别在于，它使用自适应学习率：不是对每个参数使用相同的学习率，而是每个参数都有自己的特定学习率，由全局学习率控制。这样，我们可以通过给需要改变很多的权重赋予更高的学习率来加快训练速度，而那些足够好的权重获得更低的学习率。

如何确定哪些参数的学习率应该较高，而哪些应该较低呢？我们可以通过观察梯度来得出一个想法。如果一个参数的梯度已经有一段时间接近零了，那么该参数将需要更高的学习率，因为损失是平坦的。另一方面，如果梯度到处都是，我们可能应该小心，选择一个低学习率，以避免发散。我们不能只求梯度的平均值，应看看它们是否变化很大，因为一个大正数和一个大负数的平均值接近零。我们通常可以使用一些技巧，要么取绝对值，要么取平方值（然后取平均值后的平方根）。

再一次地，为了确定噪声背后的一般趋势，我们将使用移动平均值，具体来说，是梯度平方的移动平均值。然后我们将使用当前梯度（对于方向）除以这个移动平均值的平方根来更新相应的权重（这样一来，如果结果低，有效学习率会更高，如果结果高，有效学习率会更低）：

```
w.square_avg = alpha * w.square_avg + (1-alpha) * (w.grad ** 2)
new_w = w - lr * w.grad / math.sqrt(w.square_avg + eps)
```

添加 eps（epsilon）是为了数值的稳定性（通常设置为 1e-8），alpha 的默认值通常为 0.99。

可以通过执行与 avg_grad 相同的操作将上述参数添加到 Optimizer 中，但增加了一个 **2：

```
def average_sqr_grad(p, sqr_mom, sqr_avg=None, **kwargs):
    if sqr_avg is None: sqr_avg = torch.zeros_like(p.grad.data)
    return {'sqr_avg': sqr_avg*sqr_mom + p.grad.data**2}
```

可以像前面一样定义步长函数和优化器：

```
def rms_prop_step(p, lr, sqr_avg, eps, grad_avg=None, **kwargs):
    denom = sqr_avg.sqrt().add_(eps)
    p.data.addcdiv_(-lr, p.grad, denom)

opt_func = partial(Optimizer, cbs=[average_sqr_grad,rms_prop_step],
                   sqr_mom=0.99, eps=1e-7)
```

让我们试试看：

```
learn = get_learner(opt_func=opt_func)
learn.fit_one_cycle(3, 0.003)
```

epoch	train_loss	valid_loss	accuracy	time
0	2.766912	1.845900	0.402548	00:11
1	2.194586	1.510269	0.504459	00:11
2	1.869099	1.447939	0.544968	00:11

好多了！现在只需要将这些想法结合在一起就有了 Adam，它是 fastai 的一个默认优化器。

Adam

Adam 将 SGD 的思想与动量、RMSProp 结合在一起：它使用梯度的移动平均值作为方向，除以梯度移动平均值的平方根，得到每个参数的自适应学习率。

Adam 计算移动平均值的方式还有一个不同之处，它采用无偏移动平均值，即

```
w.avg = beta * w.avg + (1-beta) * w.grad
unbias_avg = w.avg / (1 - (beta**(i+1)))
```

我们是第 i 次迭代（像 Python 一样从 0 开始）。这个除数 1-(beta**(i+1)) 确保无偏平均值看起来更像开始时的梯度（由于 beta < 1，分母很快接近 1）。

将所有内容放在一起，我们的更新步骤如下：

```
w.avg = beta1 * w.avg + (1-beta1) * w.grad
unbias_avg = w.avg / (1 - (beta1**(i+1)))
w.sqr_avg = beta2 * w.sqr_avg + (1-beta2) * (w.grad ** 2)
```

```
new_w = w - lr * unbias_avg / sqrt(w.sqr_avg + eps)
```

对于 RMSProp，eps 通常被设置为 1e-8，文献建议（beta1，beta2）的默认值为（0.9，0.999）。

在 fastai 中，Adam 是我们使用的默认优化器，因为它允许更快地进行训练，但是我们发现，beta2=0.99 更适合我们使用的调度类型。beta1 是动量参数，在 fit_one_cycle 调用中用参数 moms 来指定它。至于 eps，fastai 使用默认值 1e-5。eps 不仅对数值稳定性有用，较高的 eps 还限制了调整后学习率的最大值。举个极端的例子，如果 eps 为 1，那么调整后的学习率永远不会高于基础学习率。

我们将让你在链接 151 所示的网址中查看优化器 notebook（浏览 _nbs_ 文件夹并搜索名为 _optimizer_ 的 notebook），而不是在书中展示这方面的所有代码。你将看到我们到目前为止展示的所有代码、Adam 和其他优化器，以及许多案例和测试。

当从 SGD 变换到 Adam 时，有一件事发生了变化，那就是我们应用了权重衰减的方式，这可能会产生重要的后果。

解耦权重衰减

权重衰减（我们在第 8 章中讨论过）相当于（在普通 SGD 的情况下）使用以下内容更新参数：

```
new_weight = weight - lr*weight.grad - lr*wd*weight
```

公式的最后一部分解释了这项技术的名称：每个权重衰减 lr*wd。

权重衰减的另一个名称是 L2 正则化，它表现为对损失函数添加一个正则项，即权重参数中每个元素的平方和乘以权重衰减。正如我们在第 8 章中看到的，这可以直接用梯度来表示：

```
weight.grad += wd*weight
```

对于 SGD，这两个公式是等价的。然而，这种等价性只适用于标准 SGD，因为正如我们在动量、RMSProp 或 Adam 中看到的，在更新梯度信息的过程中，会有一些额外的方式进行处理。

大多数库使用第二个公式，但是在 Ilya Loshchilov 和 Frank Hutter 的"Decoupled Weight Decay Regularization"（参见链接 152）文章中指出，第一个公式是 Adam 优化器或动量的唯一正确方法，这就是为什么 fastai 将其设为默认值。

现在你知道了隐藏在 learn.fit_one_cycle 这条线后面的所有东西了！

然而，优化器只是训练过程的一部分。当你需要使用 fastai 更改训练循环时，不能直接更改库中的代码。我们设计了一个回调系统，允许你在独立的块中编写任何你喜欢的调整，然后可以混合和匹配。

回调

有时候你需要稍微改变一下事情的运作方式。事实上，我们已经看到了这样的例子：Mixup、fp16 训练、在训练 RNN 的每个周期之后重置模型，等等。如何对训练过程进行这样的调整呢？

我们已经看到了基本的训练循环，在 `Optimizer` 类的帮助下，在单个周期内看起来是这样的：

```
for xb,yb in dl:
    loss = loss_func(model(xb), yb)
    loss.backward()
    opt.step()
    opt.zero_grad()
```

图 16-3 展示了如何描绘这一点。

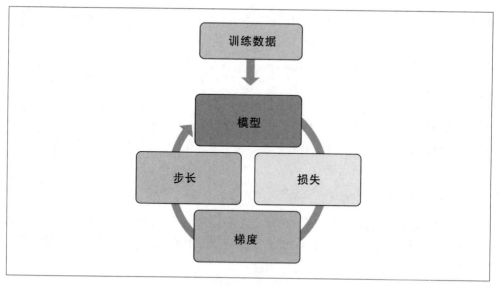

图16-3：基础训练循环

深度学习从业者定制训练循环的通常方式是复制现有的训练循环，然后将其特定更改所需的代码插入其中。这几乎就是在网上能找到的所有代码的外观，但它有严重的问题。

一些特殊的训练循环不可能满足你的特殊需求。一个训练循环可以做几百个改变，也就是说，有亿万个可能的排列。你不可能从这里的一个训练循环中复制一个调整，从那里的一个训练循环中复制另一个，然后期望它们一起工作。每种方法都基于对其工作环境的不同假设，使用不同的命名约定，并期望数据采用不同的格式。

我们需要一种方法来允许用户在训练循环的任何部分插入他们自己的代码，但是要以一致且定义良好的方式进行。计算机科学家已经想出了一个绝妙的解决方案：回调。回调是你在预定义的点处编写并注入另一段代码中的一段代码。事实上，回调与深度学习训练循环一起使用已经有很多年了。问题是，在以前的库中，可能只有一小部分地方需要注入代码，更重要的是，回调不能完成它们需要做的所有事情。

为了与手动复制和粘贴训练循环并直接向其中插入代码一样灵活，回调必须能够读取训练循环中可用的每一条可能的信息，根据需要修改所有信息，并完全控制何时应该终止一个批处理、周期甚至整个训练循环。fastai 是第一个提供所有这些功能的库。它修改了训练循环，使其看起来如图 16-4 所示。

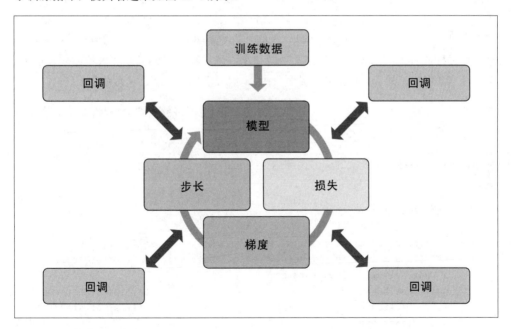

图16-4: 带回调的训练循环

这种方法的有效性已经在过去几年中得到了证明——通过使用 fastai 回调系统，我们能够对每一篇新论文中介绍的情况尝试复现，并满足每一位用户修改训练循环的请求。训练循环本身不需要被修改。图 16-5 仅显示了已添加的几个回调。

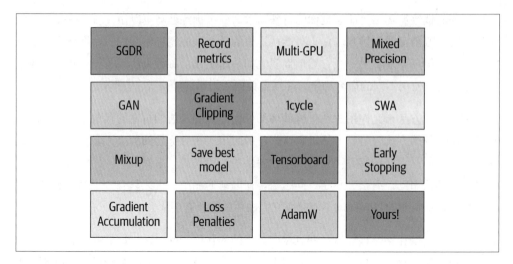

图16-5：一些fastai的回调

这很重要，因为这意味着无论我们头脑中有什么想法，都可以实现它们，永远不需要深入挖掘 PyTorch 或 fastai 的源代码，然后拼凑出一个一次性系统来尝试我们的想法。当实现自己的回调来开发自己的想法时，我们知道它们将与 fastai 提供的所有其他功能一起工作，因此我们将获得进度条显示功能（在训练过程中，或者在加载数据的过程中，会有进度条出现，展示你大概处在哪个阶段）、混合准确率训练、超参数退火等。

回调的另一个优点是，它使得逐渐移除或添加功能及执行消融实验变得容易。只需调整传递给你的函数的回调列表即可。

例如，下面是为每一个批次的训练循环运行的 fastai 源代码：

```
try:
    self._split(b);                                 self('begin_batch')
    self.pred =
    self.model(*self.xb);                           self('after_pred')
    self.loss = self.loss_func(self.pred, *self.yb); self('after_loss')
    if not self.training: return
    self.loss.backward();                           self('after_backward')
    self.opt.step();                                self('after_step')
    self.opt.zero_grad()
except CancelBatchException:                         self('after_cancel_batch')
finally:                                             self('after_batch')
```

形如 self('...') 的调用是对回调函数的调用。如你所见，这发生在每一个步骤之后。回调函数将接收整个训练状态，还可以对其进行修改。例如，输入数据和目标标签分别位于 self.xb 和 self.yb 中；回调函数可以修改它们以修改训练循环看到的数据。回调还可以修改 self.loss，甚至可以修改梯度。

让我们通过编写回调函数来看看这在实践中是如何工作的。

创建一个回调函数

当你想要编写自己的回调函数时，可用事件的完整列表如下所示。

begin_fit

在执行任何操作之前调用；非常适合初始设置。

begin_epoch

在每个周期开始时调用；对于在每个周期中需要重置的行为都很有用。

begin_train

在一个周期的训练部分开始时调用。

begin_batch

在每个批处理开始时调用，就在拉取所述批处理之后。它可以用来进行批处理所需的任何设置（如超参数调度），或者在进入模型之前改变输入 / 目标（例如，通过应用 Mixup）。

after_pred

在批处理上计算模型的输出后调用。它可以用来在输出被反馈到损失函数之前改变输出。

after_loss

在计算损失之后、反向传播之前调用。它可以用来增加损失的惩罚（例如，RNN 训练中的 AR 或 TAR）。

after_backward

在反向传播之后、更新参数之前调用。它可以用于在所述更新之前对梯度进行更改（例如，通过梯度裁剪）。

after_step

在一次迭代之后、梯度归零之前调用。

after_batch

在一个批处理结束时调用，以在下一个批处理之前执行所有所需的清理。

after_train

在一个周期的训练阶段结束时调用。

begin_validate

> 在一个周期的验证阶段开始时调用；对于任何验证所需的设置都有用。

after_validate

> 在一个周期的验证阶段结束时调用。

after_epoch

> 在一个周期结束时调用，用于在下一个周期之前执行所有所需的清理。

after_fit

> 在训练结束时调用，做最后的清理。

此列表中的元素可以作为特殊变量 event 的属性使用，因此只需键入 event 即可。然后按 notebook 中的 Tab 键可查看所有选项的列表。

让我们来看一个例子。你还记得在第 12 章中，我们需要如何确保在每个周期的训练和验证开始时调用特殊的 reset 方法吗？我们使用 fastai 提供的 ModelResetter 回调来完成此操作。但它到底是如何工作的呢？下面是该类的完整源代码：

```
class ModelResetter(Callback):
    def begin_train(self):self.model.reset()
    def begin_validate(self):self.model.reset()
```

是的，就是这样！它所做的就是我们在上一段中所说的：在完成一个周期的训练或验证之后，调用一个名为 reset 的方法。

回调通常是"简短而甜蜜的"，就像这样。让我们再来看一个例子。以下是添加了 RNN 正则化（AR 和 TAR）的回调的 fastai 源代码：

```
class RNNRegularizer(Callback):
    def __init__(self, alpha=0., beta=0.): self.alpha,self.beta = alpha,beta

    def after_pred(self):
        self.raw_out,self.out = self.pred[1],self.pred[2]
        self.learn.pred = self.pred[0]

    def after_loss(self):
        if not self.training: return
        if self.alpha != 0.:
            self.learn.loss += self.alpha * self.out[-1].float().pow(2).mean()
        if self.beta != 0.:
            h = self.raw_out[-1]
            if len(h)>1:
                self.learn.loss += self.beta * (h[:,1:] - h[:,:-1]
                                        ).float().pow(2).mean()
```

请自己进行编码

回过头来重读第 12 章的"激活单元正则化和时序激活单元正则化"一节，然后再看一下这里的代码。确保你了解它在做什么以及为什么这样做。

在这两个案例中，请注意我们是如何通过直接检查 self.model 或 self.pred 来访问训练循环属性的。Callback 总是试图获取在 Learner 中没有与其关联的属性。这些是 self.learn.model 或 self.learn.pred 的快捷方式。请注意，它们用于读取属性，而不是用于写入属性，这就是为什么当 RNNRegularizer 更改损失或预测时，你会看到 self.learn.oss= 或 self.learn.pred=。

在编写回调函数时，可以使用 Learner 的以下属性。

model
　　用于训练 / 验证的模型。

data
　　底层的 DataLoaders。

loss_func
　　所用的损失函数。

opt
　　更新模型参数的优化器。

opt_func
　　创建优化器的函数。

cbs
　　包含所有 Callback 的列表。

dl
　　当前用于迭代的 DataLoader。

x/xb
　　从 self.dl 提取的最后一个输入（可能被回调修改）。xb 总是一个元组（可能只有一个元素），x 是去元组化的。你只能给 xb 赋值。

y/yb
　　从 self.dl 提取的最后一个目标（可能被回调修改）。yb 总是一个元组（可能只有一个元素），y 是去元组化的。你只能给 yb 赋值。

pred

　　来自 self.model 的最后一个预测（可能被回调修改）。

loss

　　最后一次计算的损失（可能被回调修改）。

n_epoch

　　这次训练中的周期数。

n_iter

　　当前 self.dl 中的迭代次数。

epoch

　　当前的周期索引（从 0 到 n_epch-1）。

iter

　　self.dl 中的当前迭代索引（从 0 到 n_iter-1）。

以下属性由 TrainEvalCallback 添加，除非你特意删除该回调，否则这些属性应该可用：

train_iter

　　自本次训练开始以来完成的训练迭代次数。

pct_train

　　完成训练迭代的百分比（0 到 1 之间）。

training

　　指示我们是否处于训练模式的标志。

以下属性由 Recorder 添加，除非你特意删除该回调，否则这些属性应该可用：

smooth_loss

　　训练损失的指数平均版本。

回调也可以通过使用异常系统来中断训练循环的任何部分。

回调排序和异常

有时需要回调告诉 fastai 跳过一个批处理或一个周期，或者完全停止训练。例如，考虑 TerminateOnNaNCallback。这个方便的回调会在损失变成无穷大或 NaN（不是数字）时自动停止训练。以下是此次回调的 fastai 源代码：

```
class TerminateOnNaNCallback(Callback):
    run_before=Recorder
    def after_batch(self):
        if torch.isinf(self.loss) or torch.isnan(self.loss):
            raise CancelFitException
```

raise CancelFitException 告诉训练循环在此时中断训练。训练循环捕获此异常，并且不运行任何进一步的训练或验证。可用的回调控制流异常如下：

CancelFitException

跳过该批处理的其余部分，转到 after_batch。

CancelEpochException

跳过该周期的其余训练部分，转到 after_train。

CancelTrainException

跳过该周期的其余验证部分，转到 after_validate。

CancelValidException

跳过该周期的其余部分，转到 after_epoch。

CancelBatchException

中断训练，转到 after_fit。

你可以检测其中一个异常是否已经发生，并添加在以下事件之后立即执行的代码：

after_cancel_batch

在进入 after_batch 之前、CancelBatchException 之后到达

after_cancel_train

在进入 after_epoch 之前、CancelTrainException 之后到达

after_cancel_valid

在进入 after_epoch 之前、CancelValidException 之后到达

after_cancel_epoch

在进入 after_epoch 之前、CancelEpochException 之后到达

after_cancel_fit

在进入 after_fit 之前、CancelFitException 之后到达

有时需要按特定顺序调用回调。例如，在 TerminateOnNaNCallback 的情况下，Recorder 在此回调之后运行其 after_batch 非常重要，以避免记录一个 NaN 损失。你可以在你的

回调中指定 run_before（此回调必须在……之前运行）或 run_after（此回调必须在……之后运行），以确保你需要的顺序。

结论

在这一章中，我们仔细研究了训练循环，探索了 SGD 的变体以及为什么它们可以更强大。在撰写本文时，开发新的优化器是一个活跃的研究领域，所以当你阅读本章时，本书的网站上可能会有一个附录介绍新的优化器。请务必了解我们的通用优化器框架是如何帮助你快速实现新的优化器的。

我们还研究了功能强大的回调系统，该系统允许你在每个步骤之间检查和修改你感兴趣的任何参数，从而定制训练循环的每一个部分。

问题

1. 请问 SGD 的一个步骤在数学上或者代码上的（你感兴趣的）公式是什么？
2. 要使用非默认优化器，应该向 cnn_learner 传递什么？
3. 什么是优化器回调？
4. zero_grad 在优化器中做什么？
5. step 在优化器中做什么？它是如何在通用优化器中被实现的？
6. 使用 += 运算符而不是 add_ 重写 sgd_cb。
7. 什么是动量？请写出公式。
8. 动量在物理方面的类比是什么？它如何应用于模型训练设置？
9. 更大的动量值对梯度有什么影响？
10. 1 周期训练的动量的默认值是多少？
11. 什么是 RMSProp？请写出公式。
12. 梯度的平方值表示什么？
13. Adam 与动量及 RMSProp 有何不同？
14. 请写出 Adam 的公式。
15. 计算几个批处理的虚拟值的 unbias_avg 和 w.avg 的值。
16. Adam 的 eps 较高会有什么影响？
17. 通读 fastai 报告中的优化器 notebook，并执行其中的代码。
18. 像 Adam 这样的动态学习率方法在什么情况下会改变权重衰减的表现？
19. 训练循环的四个步骤是什么？

20. 为什么使用回调比为你想要添加的每个调整编写一个新的训练循环更好呢？

21. fastai 回调系统的设计有哪些方面让它像复制和粘贴代码一样灵活？

22. 如何在编写回调时获得可用的事件列表？

23. 编写 ModelResetter 回调（不要偷看）。

24. 如何在回调中访问训练循环的必要属性？什么时候可以使用或不使用与它们配套的快捷方式？

25. 回调如何影响训练循环的控制流？

26. 编写 TerminateOnNaN 回调（如果可能，不要偷看）。

27. 如何确保你的回调在另一个回调之后或之前运行？

深入研究

1. 浏览"Rectified Adam"一文，使用通用优化器框架实现它，并试用它。搜索其他最近在实践中工作得很好的优化器，并选择一个来实现。

2. 请看文档（参见链接 153）中的混合准确率回调，试着理解每个事件和代码行的作用。

3. 从头开始实现你自己的学习率查找器版本，将其与 fastai 的版本进行比较。

4. 请看 fastai 附带的回调的源代码。看看你是否能找到一个和你想做的事情相似的，以获得一些灵感。

深度学习基础：总结

恭喜你——你已经读完了本书"深度学习基础"部分！你现在了解了 fastai 的所有应用程序和最重要的体系结构是如何构建的，以及推荐的训练它们的方法，并且你已经掌握了从头开始构建这些应用程序所需的所有信息。例如，虽然你可能不需要创建自己的训练循环或 batchNorm 层，但了解幕后的情况对调试、分析和部署解决方案非常有帮助。

既然你现在已经了解了 fastai 应用程序的基础，那么一定要花点时间仔细研究一下源代码的 notebook，并对其中的一部分进行运行和试验，这将使你更好地了解 fastai 中的所有东西究竟是如何开发出来的。

在下一部分中，我们将更深入地研究：神经网络实际的前向传播和反向传播是如何完成的，可以使用哪些工具来获得更好的性能。然后，我们将继续进行一个项目，该项目汇集了书中的所有内容，我们将使用该项目来构建一个解释卷积神经网络的工具。最后但并非不重要的一点是，我们将从零开始构建 fastai 的 Learner 类。

从零开始学习深度学习

第 17 章

神经网络基础

本章将开启一段全新的旅程，在这段旅程中，我们会深入探索前几章中使用的模型的原理，讨论许多我们以前看到过的内容。但这次我们将更仔细地关注实现的细节，而不再关注于那些内容出现的原因以及是如何出现的。

我们将从零开始构建所有相关的部件，只使用基本的张量索引。我们将从头开始编写一个神经网络，然后人工实现反向传播，这样当调用 loss.backward 时，我们就可以确切地知道在 PyTorch 中发生了什么。还将看到如何用自定义的 *autograd* 函数来扩展 PyTorch，使我们可以指定自己的前向和反向计算。

从零开始构建神经网络层

让我们再来复习一下矩阵乘法是如何在基本的神经网络中使用的。接下来的一切内容都是从头开始构建的，所以我们在一开始只使用简单的 Python（除了 PyTorch 张量索引之外），在了解如何创建神经网络层之后，再用 PyTorch 自带的函数替换掉这些 Python 代码。

建立神经元模型

神经元接收特定数量的输入，在其内部，对每个输入都有一个权重。神经元将这些加权后的输入相加，产生一个输出，并增加一个内部偏差。在数学中，这可以写成

$$out = \sum_{i=1}^{n} x_i w_i + b$$

如果将输入命名为 $(x_1, \cdots, x_n)$，将权重命名为 $(w_1, \cdots, w_2)$，将偏差命名为 b，那么在代码中，可以把这一公式转换成以下形式：

```
output = sum([x*w for x,w in zip(inputs,weights)]) + bias
```

然后，该输出被传给一个称为激活函数的非线性函数，非线性函数再将它发送给另一个神经元。在深度学习中，最常见的非线性函数是修正线性单元（Rectified Linear Unit，ReLU），正如我们之前看到过的，这是一种比较复杂的说法：

```
def relu(x): return x if x >= 0 else 0
```

接下来，通过将大量这样的神经元一层一层地堆叠起来，进而构建深度学习模型。我们创建具有一定数量神经元（称为隐藏层大小）的第一层，并将所有输入链接到每一个神经元。这样的层通常被称为全连接层或稠密层（对连接较为紧密的部分而言），或线性层。

它要求你为每个 input 和具有给定 weight 的每个神经元计算点积：

```
sum([x*w for x,w in zip(input,weight)])
```

如果你学过一点线性代数，可能还记得，当进行矩阵乘法时，会有很多这样的点积。更准确地说，如果我们的输入在矩阵 x 中，其大小为 batch_size 乘以 n_inputs，并且如果已经将神经元的权重分组在一个矩阵 w 中，矩阵 w 的大小为 n_neurons 乘以 n_inputs（每个神经元必须具有与它的输入相同的权重数），所有的偏差项都在大小为 n_neurons 的向量 b 中，那么这个全连接层的输出是：

```
y = x @ w.t() + b
```

其中 @ 代表矩阵乘法，w.t() 是 w 的转置矩阵。输出 y 的大小是 batch_size 乘以 n_neurons，在位置 (i, j)，我们有（写给搞数学的人士看的）：

$$y_{i,j} = \sum_{k=1}^{n} x_{i,k} w_{k,j} + b_j$$

或以代码的形式表示为：

```
y[i,j] = sum([a * b for a,b in zip(x[i,:],w[j,:])]) + b[j]
```

转置是必要的，因为在矩阵乘法 m @ n 的数学定义中，系数 (i,j) 如下：

```
sum([a * b for a,b in zip(m[i,:],n[:,j])])
```

所以，我们需要的最基本的运算就是矩阵乘法，它是隐藏在神经网络核心中的东西。

从零开始进行矩阵乘法

在使用 PyTorch 之前，让我们先编写一个函数来计算两个张量的矩阵乘积。我们将仅使用 PyTorch 张量的索引：

```
import torch
from torch import tensor
```

我们需要三个嵌套的 for 循环：一个用于行索引，一个用于列索引，一个用于进行内部加和。ac 和 ar 分别代表 a 的列数和 a 的行数（b 遵循相同的约定），通过检查 a 的列数和 b 的行数来确保可以计算矩阵乘积：

```
def matmul(a,b):
    ar,ac = a.shape # n_rows * n_cols
    br,bc = b.shape
    assert ac==br
    c = torch.zeros(ar, bc)
    for i in range(ar):
        for j in range(bc):
            for k in range(ac): c[i,j] += a[i,k] * b[k,j]
    return c
```

为了验证这一点，我们假设（使用随机矩阵）正在处理一个包含 5 张 MNIST 图像的小批次，这些图像被展成 28*28 的向量，并使用线性模型将它们转换为维度为 10 的激活值：

```
m1 = torch.randn(5,28*28)
m2 = torch.randn(784,10)
```

让我们使用 Jupyter 的"魔法"命令 %time 对函数进行计时：

```
%time t1=matmul(m1, m2)

CPU times: user 1.15 s, sys: 4.09 ms, total: 1.15 s
Wall time: 1.15 s
```

看看这与 PyTorch 的内置的 @ 相比有什么不同？

```
%timeit -n 20 t2=m1@m2

14 µs ± 8.95 µs per loop (mean ± std. dev. of 7 runs, 20 loops each)
```

正如我们所看到的，在 Python 中，三层嵌套循环不是一个好主意！Python 是一种速度很慢的语言，这样做效率不高。我们在这里看到，PyTorch 比 Python 快大约 100 000 倍——而且那还是在我们开始使用 GPU 之前！

这种差异从何而来？PyTorch 没有用 Python 编写矩阵乘法，而是用 C++ 编写这一部分以提高速度。一般而言，每当我们对张量进行计算时，都需要将它们向量化，以便能够利用 PyTorch 的速度，通常使用两种技术：逐元素运算和广播机制。

逐元素运算

所有的基本运算符（+、-、*、/、>、<、==）都可以进行逐元素应用。也就是说，如果将尺寸相同的两个张量 a 和 b 写成 a+b，我们会得到一个由 a 和 b 的元素之和组成的张量：

```
a = tensor([10., 6, -4])
b = tensor([2., 8, 7])
a + b

tensor([12., 14.,  3.])
```

布尔运算符将返回布尔数组：

```
a < b

tensor([False,  True,  True])
```

如果想知道 a 的每个元素是否都小于 b 中的相应元素，或者两个张量是否相等，我们需要将这些基本操作与 torch.all 结合起来：

```
(a < b).all(), (a==b).all()

(tensor(False), tensor(False))
```

像 all、sum 和 mean 这样的缩减运算仅返回只有一个元素的张量，称为秩 -0 张量。如果要将其转换为纯 Python 布尔值或数字，则需要调用 .item：

```
(a + b).mean().item()

9.666666984558105
```

基本运算可以作用于任何秩的张量，只要它们具有相同的尺寸：

```
m = tensor([[1., 2, 3], [4,5,6], [7,8,9]])
m*m

tensor([[ 1.,  4.,  9.],
        [16., 25., 36.],
        [49., 64., 81.]])
```

但是，不能对尺寸不同的张量执行逐元素运算（除非它们是可广播的，下一节会对这个知识点进行讨论）：

```
n = tensor([[1., 2, 3], [4,5,6]])
m*n

RuntimeError: The size of tensor a (3) must match the size of tensor b (2) at
dimension 0
```

进行逐元素运算时，我们可以删除三个嵌套循环中的一个：在对所有元素求和之前，可以将对应于 a 的第 i 行和 b 的第 j 列的张量相乘，这将加快速度，因为 PyTorch 现在将以 C 语言的速度执行内部循环。

要访问一列或一行，我们可以简单地编写 a[i,:] 或 b[:,j]。: 的意思是把那个维度上的所有东西都取走。我们可以对此进行限制，通过传递一个范围而只获取该维度的一部分，如 1:5 而不只是 :。在这种情况下，我们将采用第 1 列到第 4 列中的元素（不包含第二个数字代表的索引）。

一种简化是，总是可以省略尾随的冒号，因此可以将 [i,:] 缩写为 [i]。考虑到所有以上提到过的内容，我们可以编写一个新版本的矩阵乘法：

```python
def matmul(a,b):
    ar,ac = a.shape
    br,bc = b.shape
    assert ac==br
    c = torch.zeros(ar, bc)
    for i in range(ar):
        for j in range(bc): c[i,j] = (a[i] * b[:,j]).sum()
    return c

%timeit -n 20 t3 = matmul(m1,m2)

1.7 ms ± 88.1 µs per loop (mean ± std. dev. of 7 runs, 20 loops each)
```

仅通过删除内部形成的 for 循环，已经快了约 700 倍！这只是开始——通过广播，可以消除另一个循环，获得更重要的加速。

广播

正如在第 4 章中所讨论的，广播是由 Numpy 库（参见链接 154）引入的一个术语，它描述了在算术运算过程中不同秩的张量是如何被处理的。举个例子，很明显，用 4 × 5 的矩阵加一个 3 × 3 的矩阵是不可能的，但是如果想用一个矩阵加一个标量（可以表示为 1 × 1 的张量）呢？或者是 3 × 4 的矩阵加长度为 3 的向量呢？在这两种情况下，我们都可以找到一种方法来理解这个操作。

当试图进行逐元素操作时，广播给出了特定的规则来确认形状是不是兼容的，以及如何扩展较小尺寸的张量以匹配较大尺寸的张量。如果你想写出执行速度很快的代码，掌握这些规则是很重要的。在这一节中，我们将扩展以前对广播的处理，来理解这些规则。

广播标量

广播标量是最简单的广播类型。当有一个张量 a 和一个标量时，我们只要想象一个与 a 形状相同的张量，用那个标量填充，并执行以下操作：

```
a = tensor([10., 6, -4])
a > 0

tensor([ True,  True, False])
```

如何进行这种比较呢？0 被广播为具有与 a 相同的维数。请注意，我们不会在内存中创建一个全零张量完成这个操作（因为这是很没有效率的做法）。

如果要通过从整个数据集（矩阵）中减去平均值（标量）并除以标准差（另一个标量）来规范化数据集的话，广播机制将非常有用：

```
m = tensor([[1., 2, 3], [4,5,6], [7,8,9]])
(m - 5) / 2.73

tensor([[-1.4652, -1.0989, -0.7326],
        [-0.3663,  0.0000,  0.3663],
        [ 0.7326,  1.0989,  1.4652]])
```

如果矩阵的每一行都有不同的平均值呢？在这种情况下，你需要将一个向量广播到矩阵。

将向量广播到矩阵

可以将向量广播到矩阵，如下所示：

```
c = tensor([10.,20,30])
m = tensor([[1., 2, 3], [4,5,6], [7,8,9]])
m.shape,c.shape

(torch.Size([3, 3]), torch.Size([3]))

m + c

tensor([[11., 22., 33.],
        [14., 25., 36.],
        [17., 28., 39.]])
```

这里，c 的元素被扩展为匹配的三行，从而使操作成为可能。同样，PyTorch 实际上并没有在内存中创建 c 的三个副本。这是在幕后由 expand_as 方法完成的：

```
c.expand_as(m)

tensor([[10., 20., 30.],
        [10., 20., 30.],
        [10., 20., 30.]])
```

当我们观察对应的张量时，可以读取它的 storage 属性（它显示了张量使用的内存所存储的实际内容）来检查是否存储了无用的数据：

```
t = c.expand_as(m)
t.storage()

  10.0
  20.0
  30.0
[torch.FloatStorage of size 3]
```

尽管张量有 9 个元素，内存中却只存储了 3 个标量。之所以能够这样做，多亏了一个精妙的技巧——给这个维度的步长设定为 0（这意味着当 PyTorch 通过增加步长来查找下一行时，它不会移动）：

```
t.stride(), t.shape

((0, 1), torch.Size([3, 3]))
```

由于 m 的大小为 3×3，所以有两种方式可以进行广播。实际上，它是在最后一个维度上做的，这是一种协议，来自广播规则，与我们对张量的排序方式无关。如果我们这样做，将得到相同的结果：

```
c + m

tensor([[11., 22., 33.],
        [14., 25., 36.],
        [17., 28., 39.]])
```

实际上，当矩阵的大小为 m × n 时，只有大小为 n 的向量才有可能被广播出去：

```
c = tensor([10.,20,30])
m = tensor([[1., 2, 3], [4,5,6]])
c+m

tensor([[11., 22., 33.],
        [14., 25., 36.]])
```

下面这样是无法进行广播的：

```
c = tensor([10.,20])
m = tensor([[1., 2, 3], [4,5,6]])
c+m

 RuntimeError: The size of tensor a (2) must match the size of tensor b (3) at
 dimension 1
```

如果我们想在另一个维度上广播，必须将向量的形状变成 3×1 的矩阵。这可以通过 PyTorch 中的 unsqueeze 方法实现：

```
c = tensor([10.,20,30])
m = tensor([[1., 2, 3], [4,5,6], [7,8,9]])
c = c.unsqueeze(1)
m.shape,c.shape

(torch.Size([3, 3]), torch.Size([3, 1]))
```

此时，c 按列展开：

```
c+m

tensor([[11., 12., 13.],
        [24., 25., 26.],
        [37., 38., 39.]])
```

和前面一样，内存中只存储了三个标量：

```
t = c.expand_as(m)
t.storage()

10.0
20.0
30.0
[torch.FloatStorage of size 3]
```

而且展开的张量有正确的形状，因为它的列维度的步长是 0：

```
t.stride(), t.shape

((1, 0), torch.Size([3, 3]))
```

对于使用广播来说，如果需要增加维度，它们会默认增加在开头的位置上。在进行广播之前，PyTorch 在后台执行 c.unsqueeze(0)：

```
c = tensor([10.,20,30])
c.shape, c.unsqueeze(0).shape,c.unsqueeze(1).shape

(torch.Size([3]), torch.Size([1, 3]), torch.Size([3, 1]))
```

unsqueeze 命令可以被替换为 None 索引：

```
c.shape, c[None,:].shape,c[:,None].shape

(torch.Size([3]), torch.Size([1, 3]), torch.Size([3, 1]))
```

随时可以省略后面的冒号，... 指上述所有维度：

c[None].shape,c[...,None].shape

(torch.Size([1, 3]), torch.Size([3, 1]))

有了这个，就可以在矩阵乘法函数中删除另一个 for 循环。现在，我们不用 a[i] 和 b[:,j]
相乘，可以利用广播把 a[i] 和整个矩阵 b 相乘，然后将结果求和：

```
def matmul(a,b):
    ar,ac = a.shape
    br,bc = b.shape
    assert ac==br
    c = torch.zeros(ar, bc)
    for i in range(ar):
#       c[i,j] = (a[i,:] * b[:,j]).sum() # 之前的代码
        c[i]   = (a[i ].unsqueeze(-1) * b).sum(dim=0)
    return c

%timeit -n 20 t4 = matmul(m1,m2)

357 µs ± 7.2 µs per loop (mean ± std. dev. of 7 runs, 20 loops each)
```

现在的实现方法比第一个实现快 3700 倍！在继续下面的内容之前，让我们更详细地讨论
一下广播规则。

广播的规则

当对两个张量进行操作时，PyTorch 会逐元素比较它们的形状。PyTorch 从最后一个维度
开始，然后往前走，当它遇到空维度时，自增 1。当满足以下条件之一时，两个维度是
兼容的：

- 它们是相等的。
- 其中一个是 1，在这种情况下，该维度被广播，使它看起来与另一个一模一样。

不同的数组不需要具有相同的维数。例如，如果你有一个 256×256×3 的 RGB 值数组，
并且你想用不同的值来缩放图像中的每种颜色，可以用一个有三个值的一维数组乘以这
张图像。根据广播规则，对比这些数组的最后一个轴的大小可以表明它们是兼容的：

```
Image (3d tensor): 256 x 256 x 3
Scale (1d tensor): (1) (1) 3
Result (3d tensor): 256 x 256 x 3
```

然而，一个大小为 256×256 的二维张量与我们的图像不兼容：

```
Image (3d tensor): 256 x 256 x 3
```

```
Scale (1d tensor): (1) 256 x 256
Error
```

在前面使用 3 × 3 矩阵和大小为 3 的向量的例子中，广播是在行上完成的：

```
Matrix (2d tensor): 3 x 3
Vector (1d tensor): (1) 3
Result (2d tensor): 3 x 3
```

作为练习，当需要用一个包含三个元素的向量（一个是均值，一个是标准差）对尺寸为 $64 × 3 × 256 × 256$ 的图像进行标准化时，尝试确定添加哪些维度（以及添加在哪里）。

另一种简化张量操作的有效方法是使用爱因斯坦求和约定。

爱因斯坦求和

在使用 PyTorch 操作 @ 或 torch.matmul 之前，我们还有最后一个办法实现矩阵乘法：爱因斯坦求和约定（einsum）。它可以用广义并且简洁的方式来表达积与和的结合。我们可以写出一个这样的公式：

```
ik,kj -> ij
```

左侧表示操作数的维数，用逗号分隔。这里有两个张量，每个张量都有两个维度（i,k 和 k,j）。右侧表示结果的维数，这里我们有一个二维张量 i,j。

爱因斯坦求和表示法的规则如下：

1. 重复指标隐式求和。

2. 每个索引在任何项中最多可以出现两次。

3. 每一项必须包含相同的非重复指标。

在我们的例子中，因为 k 是重复的，所以对这个索引求和。最后，公式表示了我们在 (i,j) 位置放入第一个张量中所有 (i,k) 系数与第二个张量中 (k,j) 系数乘积之和所得到的矩阵，这就是矩阵乘法！

下面所示的是如何在 PyTorch 中编写代码：

```
def matmul(a,b): return torch.einsum('ik,kj->ij', a, b)
```

爱因斯坦求和是一种非常实用的方法，涉及索引的运算方法和乘积的和。注意，左侧可以只有一个参数。例如，

```
torch.einsum('ij->ji', a)
```

返回矩阵 a 的转置。也可以设置三个甚至更多的参数：

```
torch.einsum('bi,ij,bj->b', a, b, c)
```

这将返回一个大小为 b 的向量，其中第 k 个元素的坐标是 a[k,i] b[i,j] c[k,j] 的和。当你因为使用多个批次而有更多维度时，这种表示法特别方便。例如，如果你有两批矩阵，想要计算每批的矩阵乘积，可以这样做：

```
torch.einsum('bik,bkj->bij', a, b)
```

让我们使用 einsum 对新的 matmul 进行实现，看看它的速度：

```
%timeit -n 20 t5 = matmul(m1,m2)

68.7 µs ± 4.06 µs per loop (mean ± std. dev. of 7 runs, 20 loops each)
```

正如你所看到的，它不仅实用，而且非常快。einsum 通常是 PyTorch 中进行自定义操作的最快方式，无须深入学习 C++ 和 CUDA。（但它通常不如精心优化的 CUDA 代码快，正如你在本章前面的"从零开始进行矩阵乘法"一节中看到的那样。）

现在，我们已经知道了如何从零开始实现矩阵乘法，就可以只使用矩阵乘法来构建我们的神经网络了——特别是它的前向和反向传播。

前向和反向传播

正如我们在第 4 章中看到的，为了训练一个模型，需要计算特定的损失与参数的所有梯度，这被称为反向传播。在前向传播中，我们根据矩阵乘法计算给定输入上的模型的输出。当我们定义第一个神经网络时，还将深入研究如何正确初始化权重的问题，这是训练顺利开始的关键。

定义神经网络层并对其初始化

我们将首先以一个两层神经网络为例。正如我们所见，一层可以表示为 y = x @ w + b，x 是输入，y 是输出，w 是权重层（如果不像之前那样转置，它的尺寸就是输入的数量乘以神经元的数量），b 是偏差向量：

```
def lin(x, w, b): return x @ w + b
```

我们可以把第二层叠加在第一层的上面，但是由于在数学上，两个线性运算的组合是另一个线性运算，因此只有在中间放一个非线性的东西才有意义，这个非线性的东西可以叫作激活函数。正如本章开头提到的，在深度学习应用中，最常用的激活函数是 ReLU，它返回 x 和 0 的最大值。

这一章还不会实际训练模型，所以我们将使用随机张量作为输入和目标。假设输入是 200 个大小为 100 的向量，把它们分组成一批，我们的目标是 200 个随机浮点数：

```
x = torch.randn(200, 100)
y = torch.randn(200)
```

对于我们的两层模型，将需要两个权重矩阵和两个偏差向量。假设我们有一个隐藏层，其大小为 50，输出层的大小为 1（对于我们的一个输入，在这个案例中对应的输出是一个浮点数）。我们随机初始化权重，并使偏差为零：

```
w1 = torch.randn(100,50)
b1 = torch.zeros(50)
w2 = torch.randn(50,1)
b2 = torch.zeros(1)
```

第一个神经网络层的结果是这样的：

```
l1 = lin(x, w1, b1)
l1.shape

torch.Size([200, 50])
```

注意，这个公式适用于我们的一批输入，并返回一批隐藏状态：l1 是一个大小为 200（批次的大小）× 50（隐藏层的大小）的矩阵。

但是，我们的模型初始化的方式有一个问题。为了理解它，需要看看 l1 的均值和标准差（std）：

```
l1.mean(), l1.std()

(tensor(0.0019), tensor(10.1058))
```

平均值接近于零，这是可以理解的，因为我们的输入和权重矩阵的平均值都接近于零。而标准差，表示激活值离均值的距离，从 1 变到了 10。这是一个非常严重的问题，因为到目前为止只经过了一个神经网络层。现代的神经网络可以有数百个神经网络层，所以如果每层都将激活规模乘以 10，到最后一层的末尾，我们得到的将是无法用计算机表示的数字。

实际上，如果我们在 x 和大小为 100 × 100 的随机矩阵之间做 50 次乘法，会得到：

```
x = torch.randn(200, 100)
for i in range(50): x = x @ torch.randn(100,100)
x[0:5,0:5]
```

```
tensor([[nan, nan, nan, nan, nan],
        [nan, nan, nan, nan, nan],
        [nan, nan, nan, nan, nan],
        [nan, nan, nan, nan, nan],
        [nan, nan, nan, nan, nan]])
```

结果就是到处都是 nan（这不是一个数字）。也许是我们的矩阵的取值范围太大了，需要更小的权重？但是如果使用的权重太小，就会遇到相反的问题——激活规模将从 1 到 0.1，在 100 层之后，我们会发现到处都是 0：

```
x = torch.randn(200, 100)
for i in range(50): x = x @ (torch.randn(100,100) * 0.01)
x[0:5,0:5]
```

```
tensor([[0., 0., 0., 0., 0.],
        [0., 0., 0., 0., 0.],
        [0., 0., 0., 0., 0.],
        [0., 0., 0., 0., 0.],
        [0., 0., 0., 0., 0.]])
```

所以，必须对权重矩阵进行精确的缩放，使得激活值的标准差保持在 1。我们运用由泽维尔·格洛特（Xavier Glorot）和约书亚·本吉奥（Yoshua Bengio）在 "Understanding the Difficulty of Training Deep Feedforward Neural Networks" 一文中阐述的数学方法，计算出精确的数值。对于特定的神经网络层，正确的缩放比例是 $1/\sqrt{n_{in}}$，其中 n_{in} 表示输入的数量。

在我们的例子中，如果有 100 个输入，应该将权重矩阵缩放比例设为 0.1：

```
x = torch.randn(200, 100)
for i in range(50): x = x @ (torch.randn(100,100) * 0.1)
x[0:5,0:5]
```

```
tensor([[ 0.7554,  0.6167, -0.1757, -1.5662,  0.5644],
        [-0.1987,  0.6292,  0.3283, -1.1538,  0.5416],
        [ 0.6106,  0.2556, -0.0618, -0.9463,  0.4445],
        [ 0.4484,  0.7144,  0.1164, -0.8626,  0.4413],
        [ 0.3463,  0.5930,  0.3375, -0.9486,  0.5643]])
```

最后，终于出现既不是 0 也不是 nan 的数字了！注意，我们的激活值的范围很稳定，即使在经过这 50 个伪造的神经网络层之后：

```
x.std()

tensor(0.7042)
```

如果你对缩放的值做一点小改动，会注意到即使对 0.1 稍作改变，也会得到非常小或非常大的数字，所以正确地初始化权重是非常重要的。

让我们回到神经网络本身上来。由于我们的输入有点混乱，所以需要重新定义它们：

```
x = torch.randn(200, 100)
y = torch.randn(200)
```

对于权重而言，我们会使用正确的比例，这被称为 Xavier 初始化（或者 Glorot 初始化）：

```
from math import sqrt
w1 = torch.randn(100,50) / sqrt(100)
b1 = torch.zeros(50)
w2 = torch.randn(50,1) / sqrt(50)
b2 = torch.zeros(1)
```

现在如果我们计算第一层的结果，可以检查均值和标准差是否得到了控制：

```
l1 = lin(x, w1, b1)
l1.mean(),l1.std()

(tensor(-0.0050), tensor(1.0000))
```

非常好。现在我们需要按照 ReLU 的思路来定义一个激活函数。ReLU 会去掉负数，并用 0 进行代替，也就是说，它将张量裁剪在 0 处：

```
def relu(x): return x.clamp_min(0.)
```

我们通过以下方式传递激活函数：

```
l2 = relu(l1)
l2.mean(),l2.std()

(tensor(0.3961), tensor(0.5783))
```

又回到了起点：激活函数的平均值变成了 0.4（这是可以理解的，因为去掉了负数），而 std 下降到了 0.58。所以像之前一样，在几层之后，可能会得到 0：

```
x = torch.randn(200, 100)
for i in range(50): x = relu(x @ (torch.randn(100,100) * 0.1))
x[0:5,0:5]
```

```
tensor([[0.0000e+00, 1.9689e-08, 4.2820e-08, 0.0000e+00, 0.0000e+00],
        [0.0000e+00, 1.6701e-08, 4.3501e-08, 0.0000e+00, 0.0000e+00],
        [0.0000e+00, 1.0976e-08, 3.0411e-08, 0.0000e+00, 0.0000e+00],
        [0.0000e+00, 1.8457e-08, 4.9469e-08, 0.0000e+00, 0.0000e+00],
        [0.0000e+00, 1.9949e-08, 4.1643e-08, 0.0000e+00, 0.0000e+00]])
```

这意味着我们的初始化不正确。为什么？当时 Glorot 和 Bengio 在他们的文章中写道，神经网络中最受欢迎的激活函数是双曲正切函数（他们使用的也是这一函数，tanh），那个初始化没有考虑到我们的 ReLU（Rectified Linear Unit）。幸运的是，其他人已经帮我们做了计算，计算出了正确的比例供我们使用。Kaiming He 等人在 "Delving Deep into Rectifiers：Surpassing Human-Level Performance"（参见链接 155）（我们之前已经见过了——这是介绍 ResNet 的文章）中指出，我们应该使用以下这个比例：$\sqrt{2/n_{in}}$，其中 n_{in} 是模型的输入数量。让我们看看这能带来了什么：

```
x = torch.randn(200, 100)
for i in range(50): x = relu(x @ (torch.randn(100,100) * sqrt(2/100)))
x[0:5,0:5]

tensor([[0.2871, 0.0000, 0.0000, 0.0000, 0.0026],
        [0.4546, 0.0000, 0.0000, 0.0000, 0.0015],
        [0.6178, 0.0000, 0.0000, 0.0180, 0.0079],
        [0.3333, 0.0000, 0.0000, 0.0545, 0.0000],
        [0.1940, 0.0000, 0.0000, 0.0000, 0.0096]])
```

这样好多了：这次的数据不全是零。让我们回到神经网络的定义，并使用这个初始化（称为 Kaiming 初始化或 He 初始化）：

```
x = torch.randn(200, 100)
y = torch.randn(200)

w1 = torch.randn(100,50) * sqrt(2 / 100)
b1 = torch.zeros(50)
w2 = torch.randn(50,1) * sqrt(2 / 50)
b2 = torch.zeros(1)
```

让我们看看通过第一个线性层和 ReLU 后激活函数的取值范围：

```
l1 = lin(x, w1, b1)
l2 = relu(l1)
l2.mean(), l2.std()

(tensor(0.5661), tensor(0.8339))
```

很好！现在我们的权重已经被正确地初始化，可以定义整个模型了：

```
def model(x):
    l1 = lin(x, w1, b1)
    l2 = relu(l1)
    l3 = lin(l2, w2, b2)
    return l3
```

这就是前向传播。现在剩下要做的就是用损失函数去比较我们的输出和标签（在本例中是随机数）之间的差异。在这种情况下，我们将使用均方差。（这是一个玩具问题，并且均方差是最简单的损失函数，可以在接下来的工作中用于计算梯度。）

唯一的细节在于，我们的输出和目标并没有完全相同的形状——在经过模型之后，我们得到了这样的输出：

```
out = model(x)
out.shape

torch.Size([200, 1])
```

为了去掉后面的 1 维，我们使用 squeeze 函数：

```
def mse(output, targ): return (output.squeeze(-1) - targ).pow(2).mean()
```

现在来计算一下损失：

```
loss = mse(out, y)
```

以上就是前向传播的全部内容——现在让我们看看梯度。

梯度和反向传播

我们已经看到，PyTorch 通过一个神奇的调用 `loss.backward` 来计算我们需要的所有梯度的损失。但让我们探索一下这一操作背后发生了什么。

接下来，我们需要计算损失对应到模型的所有权重的梯度，所以要使用到 w1、b1、w2 和 b2 中的所有浮点数。对此，需要用到一点数学知识——特别是链式法则。这是微积分中告诉我们如何计算复合函数的导数的法则：

$$(g \circ f)'(x)=g'(f(x))f'(x)$$

杰里米说

我觉得这个符号很难理解，所以我喜欢这样想：如果 y=g(u) 和 u=f(x)，那么 dy/dx=dy /du* du/dx。这两个符号的意思是一样的，你只需使用你需要的那个。

我们的损失是由不同函数组成的：均方差（均值和2的幂组合），第二个线性层，ReLU，以及第一个线性层。例如，如果我们想知道损失对于b2的梯度，则需要定义如下的损失函数：

```
loss = mse(out,y) = mse(lin(l2, w2, b2), y)
```

链式法则告诉我们：

$$\frac{\mathrm{d}loss}{\mathrm{d}b_2} = \frac{\mathrm{d}loss}{\mathrm{d}out} \times \frac{\mathrm{d}out}{\mathrm{d}b_2} = \frac{\mathrm{d}}{\mathrm{d}out}mse(out, y) \times \frac{\mathrm{d}}{\mathrm{d}b_2}lin(l_2, w_2, b_2)$$

为了计算损失对于 b_2 的梯度，我们首先需要计算出损失对于输出 out 的梯度。如果想知道损失对于 w_2 的梯度也是一样的。然后，为了得到损失对于 b_1 或 w_1 的梯度，我们需要得到损失对于 l_1 的梯度，而对于 l_1 的梯度又需要得到损失对于 l_2 的梯度，这则需要损失对于 out 的梯度。

为了计算出我们需要更新的所有梯度，要从模型的输出开始，一层接一层地反向进行处理——这就是为什么这一步被称为反向传播的原因。我们可以通过让每个函数（relu、mse、lin）提供它的反向步骤来实现自动化，即如何从损失对输出的梯度中推导出损失相对于输入的梯度。

在这里，我们将这些梯度作为属性填充到这些张量中，这有点像在 PyTorch 中使用 .grad 的做法。

第一个计算的是损失对模型的输出（即损失函数的输入）的梯度。我们取消曾经在 mse 中所做的 squeeze 操作，然后使用公式得到 x^2 的导数 $2x$。均值的导数是 $1/n$，其中 n 是输入中元素的个数：

```
def mse_grad(inp, targ):
    # 损失对前一层的输出的梯度
    inp.g = 2. * (inp.squeeze() - targ).unsqueeze(-1) / inp.shape[0]
```

对于 ReLU 和线性层的梯度，我们使用损失对输出的梯度（在 out.g 中），并应用链式法则计算损失对于输入的梯度（在 inp.g 里面）。链式法则告诉我们，inp.g =relu'(inp)*out.g。relu 的导数为 0（当输入为负）或 1（输入为正时），因此我们得到以下结果：

```
def relu_grad(inp, out):
    # 激活函数 ReLU 对于输入的梯度
    inp.g = (inp>0).float() * out.g
```

在线性层中的损失对于输入、权重和偏差的梯度计算方法也是一样的：

```
def lin_grad(inp, out, w, b):
    # matmul 对输入的梯度
    inp.g = out.g @ w.t()
    w.g = inp.t() @ out.g
    b.g = out.g.sum(0)
```

我们不会花太多时间在定义它们的数学公式上，因为这对我们的目的而言并不重要，但是如果你对这个话题感兴趣，请查看 Khan 学院中优秀的微积分课程。

SymPy

SymPy 是一个用于符号计算的库，在处理微积分时非常有用。根据文档（参见链接 156）中表达的：

> 符号计算是以数学符号为对象的计算。这意味着数学对象会被精确地表示，而不是被近似地表示，并且带有未求值变量的数学表达式被保留为符号形式。

要进行符号计算，我们先定义一个符号，然后再进行计算，就像下面这样：

```
from sympy import symbols,diff
sx,sy = symbols('sx sy')
diff(sx**2, sx)

2*sx
```

这里，SymPy 求了 x**2 的导数！它可以对复杂的复合表达式求导，简化和分解方程等。现在已经没有什么理由让任何人手动做微积分了——为了计算梯度，PyTorch 帮我们做了微积分，而如果要显示公式的话，SymPy 可以帮我们实现！

一旦定义了这些函数，就可以使用它们编写反向传播。因为每个梯度都被自动填充在正确的张量中，所以不需要将这些 _grad 函数的结果存储在任何地方——只需按照前向传播的相反顺序执行它们，以确保在每个函数中都有 out.g 存在即可：

```
def forward_and_backward(inp, targ):
    # 前向传播：
    l1 = inp @ w1 + b1
    l2 = relu(l1)
    out = l2 @ w2 + b2
    # 我们其实并不真正需要反向传播的损失！
    loss = mse(out, targ)

    # 反向传播：
    mse_grad(out, targ)
```

```
lin_grad(l2, out, w2, b2)
relu_grad(l1, l2)
lin_grad(inp, l1, w1, b1)
```

现在我们可以从 w1.g、b1.g、w2.g 和 b2.g 中读取模型参数的梯度了。我们已经成功地定义了模型——现在让我们使它更像一个 PyTorch 模块。

重构模型

我们刚才使用的三个函数中有两个相关联的功能：前向传播和反向传播。可以创建一个类将它们封装在一起，而不是单独编写它们。该类还可以存储反向传播的输入和输出。这样，只需调用 backward 即可：

```
class Relu():
    def __call__(self, inp):
        self.inp = inp
        self.out = inp.clamp_min(0.)
        return self.out

    def backward(self): self.inp.g = (self.inp>0).float() * self.out.g
```

__call__ 在 Python 中是一个魔法名称（magic name），它将使我们的类变成可调用的（callable）。这就是当我们输入 y = Relu()(x) 时将执行的操作。可以对线性层和 MSE 损失做同样的处理：

```
class Lin():
    def __init__(self, w, b): self.w,self.b = w,b

    def __call__(self, inp):
        self.inp = inp
        self.out = inp@self.w + self.b
        return self.out

    def backward(self):
        self.inp.g = self.out.g @ self.w.t()
        self.w.g = self.inp.t() @ self.out.g
        self.b.g = self.out.g.sum(0)

class Mse():
    def __call__(self, inp, targ):
        self.inp = inp
        self.targ = targ
        self.out = (inp.squeeze() - targ).pow(2).mean()
        return self.out
```

```
def backward(self):
    x = (self.inp.squeeze()-self.targ).unsqueeze(-1)
    self.inp.g = 2.*x/self.targ.shape[0]
```

然后，可以把所有东西放到一个模型中，用张量 w1、b1、w2 和 b2 来初始化：

```
class Model():
    def __init__(self, w1, b1, w2, b2):
        self.layers = [Lin(w1,b1), Relu(), Lin(w2,b2)]
        self.loss = Mse()

    def __call__(self, x, targ):
        for l in self.layers: x = l(x)
        return self.loss(x, targ)

    def backward(self):
        self.loss.backward()
        for l in reversed(self.layers): l.backward()
```

这种重构和将这些内容记录到模型的神经层的好处在于，前向和反向传播的代码会变得很容易编写。如果我们想实例化模型，只需要这样写：

```
model = Model(w1, b1, w2, b2)
```

前向传播可以按如下方式执行：

```
loss = model(x, y)
```

反向传播如下：

```
model.backward()
```

迈向 PyTorch

我们编写的 Lin、Mse 和 Relu 类之间有很多共通之处，所以可以让它们都继承同一个基类：

```
class LayerFunction():
    def __call__(self, *args):
        self.args = args
        self.out = self.forward(*args)
        return self.out

    def forward(self): raise Exception('not implemented')
    def bwd(self):     raise Exception('not implemented')
    def backward(self): self.bwd(self.out, *self.args)
```

然后只需要在每个子类中实现 forward 和 bwd 即可：

```
class Relu(LayerFunction):
    def forward(self, inp): return inp.clamp_min(0.)
    def bwd(self, out, inp): inp.g = (inp>0).float() * out.g

class Lin(LayerFunction):
    def __init__(self, w, b): self.w,self.b = w,b

    def forward(self, inp): return inp@self.w + self.b

    def bwd(self, out, inp):
        inp.g = out.g @ self.w.t()
        self.w.g = self.inp.t() @ self.out.g
        self.b.g = out.g.sum(0)

class Mse(LayerFunction):
    def forward (self, inp, targ): return (inp.squeeze() - targ).pow(2).mean()
    def bwd(self, out, inp, targ):
        inp.g = 2*(inp.squeeze()-targ).unsqueeze(-1) / targ.shape[0]
```

模型的其余部分可以和以前一样。这已经越来越接近 PyTorch 所做的事情了。我们需要微分的每个基本函数都被写成一个 torch.autograd.Function 对象，它有一个 forward 方法和一个 backward 方法。PyTorch 随后将追踪我们所做的任何计算，以便能够正确地运行反向传播，除非我们将张量的 requires_grad 属性设置为 False。

编写其中一个类（几乎）与编写原始类一样容易。不同之处在于，我们选择存储什么和把什么放入上下文变量中（这样就可以确保不存储任何不需要的东西），并且在反向传播 backward 中回传梯度。其实你几乎不需要编写自己的函数，但如果需要一些特殊的东西，或者想要搞乱一个常规函数的梯度，可以像下面这样写：

```
from torch.autograd import Function

class MyRelu(Function):
    @staticmethod
    def forward(ctx, i):
        result = i.clamp_min(0.)
        ctx.save_for_backward(i)
        return result

    @staticmethod
    def backward(ctx, grad_output):
        i, = ctx.saved_tensors
        return grad_output * (i>0).float()
```

构建更复杂的模型可以使用 torch.nn.Module 模块，可以比较方便地使用这些 Function

的架构。这是所有模型的基本架构，到目前为止我们看到的所有神经网络都来自这个类。它能提供的最大帮助就是注册好所有可训练的参数，正如我们已经知道的，它可以在循环训练中使用。

你只需做以下事情就可以实现 nn.Module 了：

1. 首先确保在初始化时能调用超类的 __init__。

2. 使用 nn.Parameter 将模型的任何参数都定义为属性。

3. 定义一个返回模型输出的前向传播 forward 函数。

举个例子，这是从零开始制作的线性层：

```python
import torch.nn as nn

class LinearLayer(nn.Module):
    def __init__(self, n_in, n_out):
        super().__init__()
        self.weight = nn.Parameter(torch.randn(n_out, n_in) * sqrt(2/n_in))
        self.bias = nn.Parameter(torch.zeros(n_out))

    def forward(self, x): return x @ self.weight.t() + self.bias
```

如你所见，这个类会自动追踪已经被定义好的参数：

```python
lin = LinearLayer(10,2)
p1,p2 = lin.parameters()
p1.shape,p2.shape

(torch.Size([2, 10]), torch.Size([2]))
```

正是由于 nn.Module 的这一特性，我们只需使用 opt.step，就可让优化器循环遍历参数并更新每个参数。

注意，在 PyTorch 中，权重被存储为一个 n_out x n_in 的矩阵，这就是我们在前向传播中使用转置的原因。

通过使用 PyTorch 的线性层（有时也使用 Kaiming 初始化），我们在本章中建立的模型可以写成这样：

```python
class Model(nn.Module):
    def __init__(self, n_in, nh, n_out):
        super().__init__()
        self.layers = nn.Sequential(
```

```
                nn.Linear(n_in,nh), nn.ReLU(), nn.Linear(nh,n_out))
        self.loss = mse

    def forward(self, x, targ): return self.loss(self.layers(x).squeeze(), targ)
```

fastai 提供了与 nn.Module 相同的 Module 变体，但不要求你调用 super().__init__()（它会自动为你做这个）：

```
class Model(Module):
    def __init__(self, n_in, nh, n_out):
        self.layers = nn.Sequential(
                nn.Linear(n_in,nh), nn.ReLU(), nn.Linear(nh,n_out))
        self.loss = mse

    def forward(self, x, targ): return self.loss(self.layers(x).squeeze(), targ)
```

在第 19 章中，我们将从这样一个模型开始，看看如何从零开始构建一个训练循环，并将其重构成我们在前面章节中所使用的那样。

结论

在本章中，我们探索了深度学习的基础，从矩阵乘法开始，然后从头开始实现了神经网络的前向和反向传播。然后，我们重构了代码以展示 PyTorch 是如何在底层进行相应的工作的。

以下是一些需要记住的事情：

- 神经网络基本上是一堆矩阵乘法，其中夹杂着一些非线性层。
- Python 执行速度很慢，所以为了编写运行速度更快的代码，必须对它进行向量化，并利用逐元素运算和广播之类的技术。
- 如果两个张量的维度从结尾开始向前都是匹配的（维度相同，或者其中一个是 1），则这两个张量是可广播的。为了使张量可广播，可能需要使用 unsqueeze 以添加大小为 1 的维度，或添加 None 索引。
- 正确初始化一个神经网络是让训练得以开始的关键。当使用 ReLU 作为非线性层时，应采用 Kaiming 初始化。
- 反向传播应用了多次链式法则，从模型的输出开始计算梯度，然后反向计算，一次一层。
- 当继承 nn.Module（如果不使用 fastai 的 Module）时，必须在 __init__ 方法中调用超类的 __init__ 方法，并且必须定义一个接受输入并返回所需结果的前向 forward 函数。

问题

1. 编写 Python 代码来实现单个神经元。

2. 编写 Python 代码来实现 ReLU。

3. 用 Python 以矩阵乘法的形式编写出一个稠密层。

4. 用简单的 Python 编写稠密层的代码(即使用递推式构造列表和 Python 中内置的函数)。

5. 什么是一个神经网络的"隐藏层大小"?

6. t 方法在 PyTorch 中是用来做什么的?

7. 为什么用简单的 Python 代码写的矩阵乘法很慢?

8. 在 matmul 中,为什么要保证 ac==br?

9. 在 Jupyter notebook 中,如何测量单个单元格执行的时间?

10. 什么是逐元素运算?

11. 编写 PyTorch 代码来测试 a 的每个元素是否都大于 b 的对应元素。

12. 0 阶张量是什么?如何将其转换为纯 Python 的数据类型?

13. 以下这段代码的返回值是什么,为什么?

        tensor([1,2]) + tensor([1])

14. 以下这段代码的返回值是什么,为什么?

        tensor([1,2]) + tensor([1,2,3])

15. 逐元素运算如何帮助加快 matmul 的运行速度?

16. 广播规则是什么?

17. expand_as 是什么?举个例子说明如何使用它来匹配广播的结果。

18. unsqueeze 如何帮助解决某些广播问题?

19. 如何使用索引来执行与 unsqueeze 相同的操作?

20. 如何显示一个张量实际占用的内存容量?

21. 当将一个大小为 3 的向量添加到一个大小为 3 × 3 的矩阵中时,向量的元素是否应添加到矩阵的每一行或每一列?(请务必在 notebook 上运行此代码来检查你的答案。)

22. 广播和 expand_as 会导致内存使用的增加吗?为什么会或为什么不会呢?

23. 使用爱因斯坦求和实现 matmul。

24. 在 einsum 的左边,一个重复的索引字母代表什么?

25. 爱因斯坦求和的三个规则是什么?为什么?

26. 神经网络的前向传播和反向传播是什么？

27. 为什么需要在前向传播中存储一些为中间层计算的激活值？

28. 激活值的标准差离 1 太远有什么坏处呢？

29. 加权初始化如何帮助避免问题 28 所述的情形？

30. 让一个普通线性层及在 ReLU 之后的一个线性层的标准偏差为 1 的权重初始化公式是什么？

31. 为什么有时要在损失函数中使用 squeeze 方法？

32. 传递给 squeeze 方法的索引是做什么的？为什么这个索引很重要，即使 PyTorch 不需要它？

33. 链式法则是什么？用本章给出的两种形式中的任何一种来表示这个方程。

34. 演示如何使用链式法则计算 mse(lin(l2, w2, b2)，y) 的梯度。

35. ReLU 的梯度是多少？用数学或代码表现出来。（你不需要把它记在心里——试着用你对函数形状的知识来计算它。）

36. 在反向传播中，需要按什么顺序调用 *_grad 函数？为什么？

37. __call__ 是什么？

38. 编写 torch.autograd.Function 时必须实现哪些方法？

39. 从头编写 nn.Linear 并测试它是否有效。

40. nn.Module 和 fastai 的 Module 的区别是什么？

深入研究

1. 将 ReLU 写成 torch.autograde.Function 的形式，并用它训练一个模型。

2. 如果你是数学爱好者，就用数学符号确定线性层的梯度。将其映射到本章中的实现。

3. 了解 PyTorch 中的 unfold 方法，并将其与矩阵乘法一起使用来实现你自己的 2D 卷积函数。然后使用它来训练 CNN。

4. 使用 NumPy 代替 PyTorch 来实现本章的所有内容。

第 18 章

用CAM做CNN的解释

既然已经知道如何从零开始构建任何我们所需要的东西了，接着要使用这些知识来创建全新的（并且非常有用的）功能：类激活图。这个功能可以让我们对 CNN 做出预测的原因有一些了解。

在这个过程中，我们将学习 PyTorch 中的一个以前没有见过的便捷特性——hook，并且将应用本书其余部分介绍过的许多概念。如果想测试一下你对本书的理解程度，那么在学完成这一章之后，试着把书放在一边，自己从头开始重建并实现一下这些概念（不要偷看哦！）

CAM 和 hook

类激活图（CAM）是由 Bolei Zhou 等人在 "Learning Deep Features for Discriminative Localization"（参见链接 157）论文中引入的。它使用最后一个卷积层（也就是在平均池化层之前）的输出和预测，为我们提供一个说明模型为什么做出这样的决策的可视化的热力图。这是一个有用的解释工具。

更准确地说，在最后一个卷积层的每个位置上，我们有和最后一个线性层一样多的过滤器。因此，可以计算这些激活值与最终权重的点积，以得到特征图上的每个位置用于做出决策的特征的得分。

我们需要一种在模型训练时访问它内部激活值的方法。在 PyTorch 中，这可以通过一个 hook 来完成。hook 在 PyTorch 中与 fastai 的回调等价。然而，hook 并不允许像 fastai 中的 Learner 回调那样将代码输入训练循环，而要求将代码插入前向和反向计算中。我们可以将 hook 附加到模型的任何层中，它将在计算输出时（前向 hook）或在反向传播期间（反向 hook）执行。前向 hook 是接收三样东西的函数——模块、模块的输入和模块的输出——它可以执行你想要实现的任何行为。（fastai 还提供了一个方便的 HookCallback，我们不在这里进行介绍，你可以看一下 fastai 文档；它使得用 hook 运行更加容易。）

为了说明这一点，我们将使用在第 1 章中训练过的猫狗模型：

```
path = untar_data(URLs.PETS)/'images'
def is_cat(x): return x[0].isupper()
dls = ImageDataLoaders.from_name_func(
    path, get_image_files(path), valid_pct=0.2, seed=21,
    label_func=is_cat, item_tfms=Resize(224))
learn = cnn_learner(dls, resnet34, metrics=error_rate)
learn.fine_tune(1)
```

epoch	train_loss	valid_loss	error_rate	time
0	0.141987	0.018823	0.007442	00:16

epoch	train_loss	valid_loss	error_rate	time
0	0.050934	0.015366	0.006766	00:21

首先，我们将抓取一张猫的图像和一批数据：

```
img = PILImage.create('images/chapter1_cat_example.jpg')
x, = first(dls.test_dl([img]))
```

对于 CAM，我们希望存储最后一个卷积层的激活值。我们把 hook 函数放在一个类中，这样它就有了一个状态，之后可以对这个状态进行读取，并且可以存储输出的副本：

```
class Hook():
    def hook_func(self, m, i, o): self.stored = o.detach().clone()
```

然后，可以实例化一个 Hook，并将它附加到我们想要的层，也就是 CNN 主体的最后一层：

```
hook_output = Hook()
hook = learn.model[0].register_forward_hook(hook_output.hook_func)
```

现在我们可以获取一批数据，并将其输入模型：

```
with torch.no_grad(): output = learn.model.eval()(x)
```

可以读取我们存储的激活值：

```
act = hook_output.stored[0]
```

再验证一下我们的预测：

```
F.softmax(output, dim=-1)

tensor([[7.3566e-07, 1.0000e+00]], device='cuda:0')
```

我们知道 0（表示 False）是"dog"，虽然类是在 fastai 中被自动排序的，但是仍然可以通过查看 dls.vocab 来再次检查：

```
dls.vocab

(#2) [False,True]
```

所以，我们的模型非常确定这是一只猫的照片。

为了能够执行权重矩阵(2 * 激活数)和激活值(批大小 × 激活数 × 行数 × 列数)的点积，我们使用自定义的 einsum：

```
x.shape

torch.Size([1, 3, 224, 224])

cam_map = torch.einsum('ck,kij->cij', learn.model[1][-1].weight, act)
cam_map.shape

torch.Size([2, 7, 7])
```

对于批处理中的每张图像和每个类，我们会得到一个 7×7 的特征图，它告诉我们哪里的激活率较高，哪里的激活率较低。这将让我们看到图像的哪些区域影响了模型的决策。

比如，我们可以找出哪些区域使模型认为这个动物是一只猫（注意，需要 decode 输入 x，因为这已经被 DataLoader 规范化了，所以需要将这个数据转换成 TensorImage，在写这本书的时候，PyTorch 在索引时不保持类型——可能在你阅读到这里的时候，这个问题已经被修复了）：

```
x_dec = TensorImage(dls.train.decode((x,))[0][0])
_,ax = plt.subplots()
x_dec.show(ctx=ax)
ax.imshow(cam_map[1].detach().cpu(), alpha=0.6, extent=(0,224,224,0),
          interpolation='bilinear', cmap='magma');
```

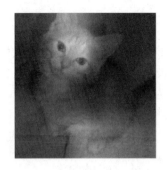

在这种情况下，亮黄色部分对应激活率较高的区域，紫色部分对应激活率较低的区域（彩色图见"参考链接.pdf"文件中的图3）。在这个例子中，可以看到，头部和前爪是让模型认为这是一只猫的两个主要区域。

用完了 hook 之后，你应该删除它，否则它可能会泄漏一些内存：

```
hook.remove()
```

这就是为什么最好把 Hook 类写成上下文管理器（context manager）的原因，这样在你进入 hook 时注册它，在退出时删除它。上下文管理器是一种 Python 架构，当对象在 with 子句中创建时调用 __enter__，并在 with 子句末尾调用 __exit__。例如，这就是 Python 处理 with open(…)as f：架构的方法，你会经常看到它用于打开文件而不需要在末尾显式地关闭 close(f)。

如果我们这样定义 Hook：

```
class Hook():
    def __init__(self, m):
        self.hook = m.register_forward_hook(self.hook_func)
    def hook_func(self, m, i, o): self.stored = o.detach().clone()
    def __enter__(self, *args): return self
    def __exit__(self, *args): self.hook.remove()
```

就可以这样安全地使用它：

```
with Hook(learn.model[0]) as hook:
    with torch.no_grad(): output = learn.model.eval()(x.cuda())
        act = hook.stored
```

fastai 为你提供了这个 Hook 类，以及其他一些方便的类，使得使用 hook 更容易。

这个方法很有用，但只适用于最后一层。梯度 CAM 就是解决这个问题的变种。

梯度 CAM

上面提到的方法只允许我们计算最后的激活值所表示的热力图，因为一旦有相应的特征时，我们必须将它们乘以最后的权重矩阵。但是这一方法不适用于网络的内部层。Ramprasaath R. Selvaraju 等人在 2016 年的论文"Grad-CAM: Why Did You Say That?"（参见链接158）中使用了目标类最终激活值的梯度。如果你还记得一点有关反向传播的知识，那应该知道由于最后一层是一个线性层，所以最后一层的输出和输入的梯度之间的关系与这一层的权重相等。

对于更深的层，我们仍然想要得到相应的梯度，但它们不再等于权重了，因此不得不对它们进行计算。PyTorch 在反向传播期间会为我们计算出每一层的梯度，但是它们没有被存储下来（除了 require_grad 被设置为 True 的张量）。不过，我们可以在反向传播上注册一个 hook，PyTorch 将把梯度作为参数提供给它，这样就可以把每一层的梯度存储在那里。为此，我们将使用一个类似 Hook 的 HookBwd 类，但它只会拦截和存储梯度，而不是激活值：

```
class HookBwd():
    def __init__(self, m):
        self.hook = m.register_backward_hook(self.hook_func)
    def hook_func(self, m, gi, go): self.stored = go[0].detach().clone()
    def __enter__(self, *args): return self
    def __exit__(self, *args): self.hook.remove()
```

然后对于类别索引 1（代表 True，即"猫"），我们像前面一样截取最后一个卷积层的特征，并计算类别的输出激活值的梯度。我们不能直接调用 output.backward，因为梯度只对标量有意义（这通常是我们的损失），但是 output 是一个二阶张量。不过，如果我们选择一个单独的图像（将使用 0）和一个单独的类（将使用 1），就可以使用 output[0,cls].backward 来计算任何权重或激活值对应的那个值的梯度。我们的 hook 会截取那些将用作权重的梯度：

```
cls = 1
with HookBwd(learn.model[0]) as hookg:
    with Hook(learn.model[0]) as hook:
        output = learn.model.eval()(x.cuda())
        act = hook.stored
    output[0,cls].backward()
    grad = hookg.stored
```

Grad-CAM 的权重是由特征图上的梯度的平均值给出的，那就和之前完全一样了：

```
w = grad[0].mean(dim=[1,2], keepdim=True)
cam_map = (w * act[0]).sum(0)
```

```
_,ax = plt.subplots()
x_dec.show(ctx=ax)
ax.imshow(cam_map.detach().cpu(), alpha=0.6, extent=(0,224,224,0),
          interpolation='bilinear', cmap='magma');
```

Grad-CAM 的新颖之处在于，可以在任何一层使用它。例如，这里我们将它用于倒数第
二个 ResNet 组的输出：

```
with HookBwd(learn.model[0][-2]) as hookg:
    with Hook(learn.model[0][-2]) as hook:
        output = learn.model.eval()(x.cuda())
        act = hook.stored
    output[0,cls].backward()
    grad = hookg.stored

w = grad[0].mean(dim=[1,2], keepdim=True)
cam_map = (w * act[0]).sum(0)
```

现在可以查看这一层的激活图：

```
_,ax = plt.subplots()
x_dec.show(ctx=ax)
ax.imshow(cam_map.detach().cpu(), alpha=0.6, extent=(0,224,224,0),
          interpolation='bilinear', cmap='magma')
```

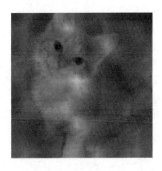

结论

模型解释是一个热门的研究领域，在这一简短的章节中，我们只是粗略地了解了一些这个领域的工作。类激活图通过显示与给定预测最相关的图像区域，让我们深入了解为什么一个模型能预测出特定的结果。这可以帮助我们分析假阳性，并帮助找出在训练中缺失了哪些数据才能避免它们。

问题

1. PyTorch 中的 hook 是什么？

2. CAM 使用哪一层的输出？

3. CAM 为什么需要 hook?

4. 查看 ActivationStats 类的源代码，看看它是如何使用 hook 的。

5. 写一个 hook 来存储模型中给定层的激活函数（如果可能的话，不要偷看）。

6. 为什么在获得激活函数之前要调用 eval? 为什么要使用 no_grad？

7. 使用 torch.einsum 来计算模型主体在最后一个激活中每个位置对应于"狗"或"猫"的得分。

8. 如何检查类别的顺序（即对应的索引→类别的关系）？

9. 为什么要在显示输入图像时使用 decode?

10. 什么是上下文管理器？创建它需要定义哪些特殊方法？

11. 为什么不能在网络的内部层中使用普通的 CAM 呢？

12. 为了做 Grad-CAM，为什么需要对反向传播注册一个 hook 呢？

13. 为什么当 output 是类别图像的一个二阶输出激活张量时，不能调用 output.backward?

深入研究

1. 尝试删除 keepdim，看看会发生什么，并在 PyTorch 文档中查找这个参数。为什么要把它写在这个 notebook 中？

2. 建立一个和这一章很像的 notebook，但是是用于 NLP 的，然后用它来找出影评中哪些词对评估某一影评的情绪来说是最重要的。

第 19 章

从零开始构建fastai Learner

除了第 20 章和在线章节以外，本章就是本书的最后一章，看起来会与前面的章节有所不同。相比于前几章，本章会有更多代码实操，更少的文字描述内容。我们将介绍新的 Python 关键词和相关的库，但不对这些内容进行过多讨论。学习本章，意味着你可以开始着手重要的研究项目了。我们将从头开始实现 fastai 和 PyTorch API 的关键部分，专注于构建第 17 章中开发的组件！学习本章的主要目标是创建自己的 Learner 类和一些回调，帮助你足以在 Imagenette 上训练模型，其中包括训练我们已经研究过的各种关键技术的示例。在构建 Learner 的过程中，我们将创建自己的 Module、Parameter 和并行的 DataLoader 版本，因此你将会变得非常了解这些 PyTorch 类的作用。

我们会在本章结束的问题部分，为你提供许多有趣的方向，你可以从中找到自己感兴趣的起点，因此这部分内容尤为重要。我们也建议你在学习本章时，同时使用电脑进行实操，去做大量的试验，遇到问题时就用网络搜索找答案，以及通过各种方式去理解实践背后的原理。经历过前面 18 章的学习，你已经掌握了一定的技术和专业知识，相信你将会在这一章得到不错的结果！

首先，我们先（亲手操作）收集一些数据。

数据

我们一起看一看 untar_data 的源代码，查看源代码有助于大家了解其工作原理。我们现在可以使用 untar_data 来读取 160 像素版本的 Imagenette，以供本章使用：

```
path = untar_data(URLs.IMAGENETTE_160)
```

要读取图像文件，可以使用 get_image_files：

```
t = get_image_files(path)
t[0]
```

```
Path('/home/jhoward/.fastai/data/imagenette2-160/val/n03417042/n03417042_3752.JP
> EG')
```

也可以只使用 Python 的标准库 glob 得到同样的结果（读取图像文件）：

```
from glob import glob
files = L(glob(f'{path}/**/*.JPEG', recursive=True)).map(Path)
files[0]
```

```
Path('/home/jhoward/.fastai/data/imagenette2-160/val/n03417042/n03417042_3752.JP
 > EG')
```

如果你看了 get_image_files 的源代码，就会发现它使用了 Python 的 os.walk；os.walk 比 glob 库更快也更灵活，你一定要去试着用用它！

我们可以使用 Python 的 Imaging 库的 Image 类来打开一张图像：

```
im = Image.open(files[0])
im
```

```
im_t = tensor(im)
im_t.shape
```

```
torch.Size([160, 213, 3])
```

这将成为我们的自变量的基础。可以使用 pathlib 模块中的 Path.parent 获得因变量。首先，需要定义好 vocab：

```
lbls = files.map(Self.parent.name()).unique(); lbls
```

```
(#10) ['n03417042','n03445777','n03888257','n03394916','n02979186','n03000684','
 > n03425413','n01440764','n03028079','n02102040']
```

然后，使用 L.val2idx 对 vocab 做反向映射：

```
v2i = lbls.val2idx(); v2i
```

```
{'n03417042': 0,
 'n03445777': 1,
 'n03888257': 2,
 'n03394916': 3,
 'n02979186': 4,
 'n03000684': 5,
 'n03425413': 6,
 'n01440764': 7,
 'n03028079': 8,
 'n02102040': 9}
```

这就是我们整合数据集（Dataset）所需的全部组件。

数据集

PyTorch 中的 Dataset 是一种由数据组成的集合，支持获取整数索引（__getitem__）和返回数据集大小（len）：

```
class Dataset:
    def __init__(self, fns): self.fns=fns
    def __len__(self): return len(self.fns)
    def __getitem__(self, i):
        im = Image.open(self.fns[i]).resize((64,64)).convert('RGB')
        y = v2i[self.fns[i].parent.name]
        return tensor(im).float()/255, tensor(y)
```

我们需要一系列训练和验证文件名的列表，将其传输给 Dataset.__init__：

```
train_filt = L(o.parent.parent.name=='train' for o in files)
train,valid = files[train_filt],files[~train_filt]
len(train),len(valid)

(9469, 3925)
```

现在可以试一试：

```
train_ds,valid_ds = Dataset(train),Dataset(valid)
x,y = train_ds[0]
x.shape,y

(torch.Size([64, 64, 3]), tensor(0))

show_image(x, title=lbls[y]);
```

n03417042

如你所见，数据集将以一个元组的形式返回自变量和因变量的值，这正是我们需要实现的结果。通常情况下，我们需要用 torch.stack 方法来整理这些值，并把它们分成小批次。以下是使用 torch.stack 的示例：

```
def collate(idxs, ds):
    xb,yb = zip(*[ds[i] for i in idxs])
    return torch.stack(xb),torch.stack(yb)
```

以下是包含两个项目的小批次，可以用来测试 collate 函数（针对整个数据库更改排序规则的函数）：

```
x,y = collate([1,2], train_ds)
x.shape,y

(torch.Size([2, 64, 64, 3]), tensor([0, 0]))
```

现在有了数据集和 collation 函数，我们可以开始创建 DataLoader 了。还需要加入两样东西：1. 用于训练集的可选的 shuffle 函数；2. 用于并行预处理的 ProcessPoolExecutor。由于读取和解码 JPEG 格式的图像的进程很慢，因此并行的数据加载器就变得非常重要，它会对多个线程进行并行加载从而缩短加载时间。一个 CPU 的核心不足以快速解码图像，这就会致使 GPU 协同进行解码。以下演示了 DataLoader 类：

```
class DataLoader:
    def __init__(self,  ds, bs=128, shuffle=False, n_workers=1):
        self.ds,self.bs,self.shuffle,self.n_workers = ds,bs,shuffle,n_workers

    def __len__(self): return (len(self.ds)-1)//self.bs+1

    def __iter__(self):
        idxs = L.range(self.ds)
        if self.shuffle: idxs = idxs.shuffle()
        chunks = [idxs[n:n+self.bs] for n in range(0, len(self.ds), self.bs)]
        with ProcessPoolExecutor(self.n_workers) as ex:
            yield from ex.map(collate, chunks, ds=self.ds)
```

让我们再体验一下训练数据集和验证数据集：

```
n_workers = min(16, defaults.cpus)
train_dl = DataLoader(train_ds, bs=128, shuffle=True, n_workers=n_workers)
valid_dl = DataLoader(valid_ds, bs=256, shuffle=False, n_workers=n_workers)
xb,yb = first(train_dl)
xb.shape,yb.shape,len(train_dl)
```

```
(torch.Size([128, 64, 64, 3]), torch.Size([128]), 74)
```

这种数据加载器的运行速度并不会比 PyTorch 慢很多，但可比它要简单多了！因此，如果你要优化复杂的数据加载过程，可以大胆地上手实践，摸索清楚背后的原理。

为了使处理后的数据被限定在一定的范围内，应实现数据的标准化，我们首先需要获取图像数据。一般情况下，因为这类数据的精度不是重点，因此最好用一个训练小批次计算这些图像数据：

```
stats = [xb.mean((0,1,2)),xb.std((0,1,2))]
stats
```

```
[tensor([0.4544, 0.4453, 0.4141]), tensor([0.2812, 0.2766, 0.2981])]
```

我们的 Normalize 类只需要存储这些数据并应用它们即可（倘若你想知道为什么需要 to_device，可以将它改成注释并运行其所在的这个 notebook，看一看运行后的结果）：

```
class Normalize:
    def __init__(self,  stats): self.stats=stats
    def __call__(self, x):
        if x.device != self.stats[0].device:
            self.stats = to_device(self.stats, x.device)
        return (x-self.stats[0])/self.stats[1]
```

我们总是喜欢在创建 notebook 后，立即对写入的内容进行测试：

```
norm = Normalize(stats)
def tfm_x(x): return  norm(x).permute((0,3,1,2))

t = tfm_x(x)
t.mean((0,2,3)),t.std((0,2,3))
```

```
(tensor([0.3732, 0.4907, 0.5633]), tensor([1.0212, 1.0311, 1.0131]))
```

上面示例中的 tfm_x，不仅运行了 Normalize，而且还重新调换了不同维度的数据，将 NHWC 重新排列成了 NCHW（第 13 章介绍了这些首字母缩略词的内容）。PIL 使用了 HWC 轴顺序，但是我们不能在 PyTorch 中使用这样的维度顺序，因此需要使用 permute 函数重新调换为新的维度顺序。

以上介绍的就是创建模型所需要的数据。现在，我们需要回归模型本身!

Module 和 Parameter

创建模型需要使用 Module。而构建 Module 则需要 Parameter，因此我们先从 Parameter 上手学习吧。在第8章中就介绍过 Parameter 类(除了可以自动调用 require_grad_ 方法，不会添加任何功能性函数。它仅仅是一个"标记"，用来显示 Parameter 中包含的内容。)以下示例解释了 Parameter 的定义:

```
class Parameter(Tensor):
    def __new__(self, x): return  Tensor._make_subclass(Parameter, x, True)
    def __init__(self, *args, **kwargs): self.requires_grad_()
```

这里代码的实现结果有点尴尬:我们之所以必须定义特殊的 Python 的 __new__ 方法，并使用 PyTorch 中的 _make_subclass 类方法，是因为在撰写此书时，PyTorch 只能使用这种子类正常运行，而且不支持官网提供的 API 来运行。也许在你此刻阅读时，我们已经解决了这个问题，你可以去本书相关的网站上看看是否有更新了的相应日志信息。

如愿以偿的是，我们的 Parameter 现在表现得如同张量:

```
Parameter(tensor(3.))
```

```
tensor(3., requires_grad=True)
```

有了这个结果之后，我们就可以定义 Module:

```
class Module:
    def __init__(self):
        self.hook,self.params,self.children,self._training = None,[],[],False

    def register_parameters(self, *ps): self.params += ps
    def register_modules   (self, *ms): self.children += ms

    @property
    def training(self): return  self._training
    @training.setter
    def training(self,v):
        self._training = v
        for m in self.children: m.training=v

    def parameters(self):
        return  self.params + sum([m.parameters() for m in self.children], [])

    def __setattr__(self,k,v):
```

```
            super().__setattr__(k,v)
            if isinstance(v,Parameter): self.register_parameters(v)
            if isinstance(v,Module):  self.register_modules(v)

    def __call__(self,  *args, **kwargs):
        res = self.forward(*args, **kwargs)
        if self.hook is not None: self.hook(res, args)
        return res

    def cuda(self):
        for p in self.parameters(): p.data = p.data.cuda()
```

关键的功能在于 Parameter 的定义：

```
self.params + sum([m.parameters() for m in self.children], [])
```

这意味着我们可以查询任何 Module 的参数，并且 Module 会返回这些参数，包括（递归地）返回所有子模块。但是 Module 是如何知道它的参数是什么的呢？使用实现 Python 的特殊的 __setattr__ 方法，随时都可以在 Python 中给类设置属性。我们的实现代码包括以下这一行：

```
if isinstance(v,Parameter): self.register_parameters(v)
```

就像上方展示的代码一样，这就是我们将新的 Parameter 类用作"标记"的地方，这个类中的所有内容均已被加入 Params 中。

Python 中的 __call__ 函数可以让我们定义使对象具有类似函数的功能所产生的效果；我们只是在 __call__ 函数中调用 forward 函数（此处不存在，因此需要由子类添加）。每次调用 forward 函数计算输出时，一个（已被定义的）hook 也会被调用。现在你可以看到，PyTorch 中的 hooks（钩子们）完全没有做任何奇怪的事情，它们只是在调用已被注册的 hook。

除了这些功能，Module 还提供了 cuda 和 training 函数，我们很快就会使用这两个函数。

现在，可以创建第一个 Module 了，也就是创建我们的 ConvLayer：

```
class ConvLayer(Module):
    def __init__(self,  ni, nf, stride=1, bias=True, act=True):
        super().__init__()
        self.w = Parameter(torch.zeros(nf,ni,3,3))
        self.b = Parameter(torch.zeros(nf)) if bias else None
        self.act,self.stride = act,stride
        init = nn.init.kaiming_normal_ if act else  nn.init.xavier_normal_
        init(self.w)
```

```
def forward(self, x):
    x = F.conv2d(x, self.w, self.b, stride=self.stride, padding=1)
    if self.act: x = F.relu(x)
    return x
```

我们不会从零开始操作 F.conv2d，因为你应该已经在第 17 章最后的问题中（使用 unfold）操作过了。我们只是创建一个小类，将这个小类与偏差和权重初始化整合在一起。我们检查一下它是否可以与 Module.parameters 一起正常使用：

```
l = ConvLayer(3, 4)
len(l.parameters())
```

```
2
```

同时我们可以调用它（这个操作将同时调用 forward）：

```
xbt = tfm_x(xb)
r = l(xbt)
r.shape
```

```
torch.Size([128, 4, 64, 64])
```

通过同样的方式，可以操作 Linear：

```
class Linear(Module):
    def __init__(self,  ni, nf):
        super().__init__()
        self.w = Parameter(torch.zeros(nf,ni))
        self.b = Parameter(torch.zeros(nf))
        nn.init.xavier_normal_(self.w)

    def forward(self, x): return  x@self.w.t() + self.b
```

并测试它是否有效：

```
l = Linear(4,2)
r = l(torch.ones(3,4))
r.shape
```

```
torch.Size([3, 2])
```

还可以创建一个测试模块，检查是否加入了多个参数作为属性，并且是否成功注册了这些属性：

```
class T(Module):
```

```
    def __init__(self):
        super().__init__()
        self.c,self.l = ConvLayer(3,4),Linear(4,2)
```

由于我们有一个卷积（conv）层和一个线性（Linear）层，而每种层都有权重和偏差，
因此我们预期共有 4 个参数：

```
t = T()
len(t.parameters())

4
```

应该还会发现，在这个类上调用 cuda 会将所有这些参数传递给 GPU：

```
t.cuda()
t.l.w.device

device(type='cuda', index=5)
```

现在，可以使用这些组件来创建 CNN 模型了！

简单的 CNN

正如我们所见，使用 Sequential 类可以让许多体系结构更易于实现，那我们也用这种方
法来做一个：

```
class Sequential(Module):
    def __init__(self, *layers):
        super().__init__()
        self.layers = layers
        self.register_modules(*layers)

    def forward(self, x):
        for l in self.layers: x = l(x)
        return x
```

这里的 forward 方法只是依次调用每一层。请注意，必须使用在 Module 中定义的
register_modules 方法，否则 layers 的内容将不会出现在 Parameter 中。

所有代码都在这里

请记住，我们在这里并未对使用任何 PyTorch 功能来构建模块，而是自行定义
了所有内容。因此，如果你不确定 register_modules 能实现什么，或者不清
楚为什么需要它，那可以看一看我们在 Module 中编译的代码！

我们可以创建一个简化的 AdaptivePool，仅使用 mean 方法就可以让它池化为 1×1 的输出，并对其展平：

```
class AdaptivePool(Module):
    def forward(self, x): return x.mean((2,3))
```

这就足以让我们创建一个 CNN 模型了！

```
def simple_cnn():
    return Sequential(
        ConvLayer(3 ,16 ,stride=2), #32
        ConvLayer(16,32 ,stride=2), #16
        ConvLayer(32,64 ,stride=2), # 8
        ConvLayer(64,128,stride=2), # 4
        AdaptivePool(),
        Linear(128, 10)
    )
```

我们看一下是否已经正确注册了参数：

```
m = simple_cnn()
len(m.parameters())
```

```
10
```

现在可以尝试加入一个 hook。请注意，我们在 Module 中只保留了一个 hook 的位置；你可以将它设为一个列表，或使用类似 Pipeline 函数的方式当作单个函数运行：

```
def print_stats(outp, inp): print (outp.mean().item(),outp.std().item())
for i in range(4): m.layers[i].hook = print_stats

r = m(xbt)
r.shape
```

```
0.5239089727401733 0.8776043057441711
0.43470510840415955 0.8347987532615662
0.4357188045978546 0.7621666193008423
0.46562111377716064 0.7416611313819885
torch.Size([128, 10])
```

现在我们已经有数据和模型了，还需要一个损失函数。

损失

我们已经了解了"负对数似然（negative log likelihood）"的定义：

```
def nll(input, target): return  -input[range(target.shape[0]), target].mean()
```

实际上，这里没有 log，因为我们使用的是与 PyTorch 相同的定义。这意味着需要将 log 与 softmax 放在一起：

```
def log_softmax(x): return  (x.exp()/(x.exp().sum(-1,keepdim=True))).log()
sm = log_softmax(r); sm[0][0]

tensor(-1.2790, grad_fn=<SelectBackward>)
```

将 log 和 softmax 放在一起后，就得到了交叉熵损失：

```
loss = nll(sm, yb)
loss

tensor(2.5666, grad_fn=<NegBackward>)
```

注意下面的这个公式：

$$\log\left(\frac{a}{b}\right) = \log(a) - \log(b)$$

我们在计算 log softmax 时做了简化，简化前的定义为 (x.exp()/(x.exp()。sum(-1))).log()：

```
def log_softmax(x): return  x - x.exp().sum(-1,keepdim=True).log()
sm = log_softmax(r); sm[0][0]

tensor(-1.2790, grad_fn=<SelectBackward>)
```

而现在，我们发现了一种更稳定的方式，可以用来计算指数总和的对数，这种方式被称为 *LogSumExp*（参见链接 159）。它使用的公式如下：

$$\log\left(\sum_{j=1}^{n} e^{x_j}\right) = \log\left(e^a \sum_{j=1}^{n} e^{x_j-a}\right) = a + \log\left(\sum_{j=1}^{n} e^{x_j-a}\right)$$

其中 a 是 x_j 的最大值。

用代码呈现是这样的：

```
x = torch.rand(5)
a = x.max()
x.exp().sum().log() == a + (x-a).exp().sum().log()

tensor(True)
```

我们将它放入一个函数:

```
def logsumexp(x):
    m = x.max(-1)[0]
    return  m + (x-m[:,None]).exp().sum(-1).log()
```

```
logsumexp(r)[0]
```

```
tensor(3.9784, grad_fn=<SelectBackward>)
```

这样操作之后，也可以将它用于 log_softmax 函数:

```
def log_softmax(x): return x - x.logsumexp(-1,keepdim=True)
```

这个函数运行之后会得出与之前相同的结果:

```
sm = log_softmax(r); sm[0][0]
```

```
tensor(-1.2790, grad_fn=<SelectBackward>)
```

我们可以使用它们来创建 cross_entropy:

```
def cross_entropy(preds, yb): return nll(log_softmax(preds), yb).mean()
```

现在，我们可以结合所有组件来创建一个 Leaner。

Learner

我们有数据、一个模型和一个损失函数；要拟合一个模型，还需要做一件事，就是去创建一个优化器！这里用的是 SGD（随机梯度下降）:

```
class SGD:
    def __init__(self,  params, lr, wd=0.): store_attr(self, 'params,lr,wd')
    def step(self):
        for p in self.params:
            p.data -= (p.grad.data + p.data*self.wd) * self.lr
            p.grad.data.zero_()
```

正如我们在本书中所看到的，使用 Learner 可以让我们的学习变得更轻松。Learner 需要知道训练集和验证集，这意味着我们需要用 DataLoaders 来存储它们。我们不需要任何其他功能，只需要一个存储和访问位置的功能即可:

```
class DataLoaders:
    def __init__(self,  *dls): self.train,self.valid = dls
```

```
dls = DataLoaders(train_dl,valid_dl)
```

现在，我们准备创建 Learner 类：

```python
class Learner:
    def __init__(self, model, dls, loss_func, lr, cbs, opt_func=SGD):
        store_attr(self, 'model,dls,loss_func,lr,cbs,opt_func')
        for cb in cbs: cb.learner = self

    def one_batch(self):
        self('before_batch')
        xb,yb = self.batch
        self.preds = self.model(xb)
        self.loss = self.loss_func(self.preds, yb)
        if self.model.training:
            self.loss.backward()
            self.opt.step()
        self('after_batch')

    def one_epoch(self, train):
        self.model.training = train
        self('before_epoch')
        dl = self.dls.train if train else  self.dls.valid
        for self.num,self.batch in enumerate(progress_bar(dl, leave=False)):
            self.one_batch()
        self('after_epoch')

    def fit(self, n_epochs):
        self('before_fit')
        self.opt = self.opt_func(self.model.parameters(), self.lr)
        self.n_epochs = n_epochs
        try:
            for self.epoch in range(n_epochs):
                self.one_epoch(True)
                self.one_epoch(False)
        except CancelFitException: pass
        self('after_fit')

    def __call__(self,name):
        for cb in self.cbs: getattr(cb,name,noop)()
```

这是我们在本书中创建的最大的类，但是每个方法都非常小，因此依次查看每个方法，应该很容易了解所发生的事情。

我们将要调用的主要方法是 fit。它有以下循环：

```python
for self.epoch in range(n_epochs)
```

并且在每个周期中调用 self.one_epoch，依次将参数 train 赋值为 True 和 False。紧接着 self.one_epoch 会根据情况（将 DataLoader 包在 fastprogress.progress_bar 中之后），对 dls.train 或 dls.valid 中的每个批次调用 self.one_batch。最后，self.one_batch 会按照常规步骤拟合一个小批次，这种形式就和我们在本书中看到的一样。

在每个步骤的前后，Learner 都会调用 self，self 会调用 __call__ 函数（__call__ 是标准的 Python 功能性函数）。__call__ 会在 self.cbs 中的每个回调中使用 Python 的内置函数 getattr(cb,name)，这个函数会返回具有所请求名称的属性(此处可理解为方法)。举例而言，self('before_fit') 将会对定义 cb.before_fit() 方法的每个回调进行调用。

你会发现，Learner 实际上只是在使用我们的标准训练循环，只不过它会在适当的时候调用回调。那现在我们一起定义一些回调吧!

回调

在 Learner.__init__ 中，我们有

```
for cb in cbs: cb.learner = self
```

换句话说,每个回调需要知道自己是被哪个 Learner 所调用的、所属于谁。这一点很重要,不然的话，回调将无法从 Learner 中获取信息，也无法更改 Learner 中的内容。由于从 Learner 中获取信息非常普遍，因此我们通过将 Callback 定义为具有 Learner 默认属性的 GetAttr 的子类会变得更简单：

```
class Callback(GetAttr): _default='learner'
```

GetAttr 是 fastai 类,可以帮你操作 Python 的标准的 __getattr__ 和 __dir__ 方法。因此，每当你尝试访问不存在的属性时，它都会将请求传给你定义为 _default 的内容。

例如，我们想在 fit 开始时将所有模型参数自动传输到 GPU 中。虽然可以将 before_fit 定义为 self.learner.model.cuda 来实现，但是，由于 learner 是默认属性，并且有继承 Callback 回调函数的 SetupLearnerCB 函数（Callback 函数继承自 GetAttr），因此，我们可以移除 .learner 并仅调用 self.model.cuda：

```
class SetupLearnerCB(Callback):
    def before_batch(self):
        xb,yb = to_device(self.batch)
        self.learner.batch = tfm_x(xb),yb

    def before_fit(self): self.model.cuda()
```

在 SetupLearnerCB 中，我们还通过调用 to_device(self.batch) 将每个小批次传输至 GPU（也可以调用更长的 to_device(self.learner.batch)）。但是请注意，在 self.learner.batch = tfm_x(xb), yb 这一行中，我们不能删除 .learner，因为我们是在这里设置属性，不是获取它。

在尝试使用 Learner 之前，可以先创建一个回调来跟踪和打印进度。只有这样，我们才能知道回调是否能正常运作：

```
class TrackResults(Callback):
    def before_epoch(self): self.accs,self.losses,self.ns = [],[],[]

    def after_epoch(self):
        n = sum(self.ns)
        print(self.epoch, self.model.training,
              sum(self.losses).item()/n, sum(self.accs).item()/n)

    def after_batch(self):
        xb,yb = self.batch
        acc = (self.preds.argmax(dim=1)==yb).float().sum()
        self.accs.append(acc)
        n = len(xb)
        self.losses.append(self.loss*n)
        self.ns.append(n)
```

现在是我们第一次使用 Learner！

```
cbs = [SetupLearnerCB(),TrackResults()]
learn = Learner(simple_cnn(), dls, cross_entropy, lr=0.1, cbs=cbs)
learn.fit(1)

0 True 2.1275552130636814 0.2314922378287042

0 False 1.9942575636942674 0.2991082802547771
```

使用 fastai 的 Learner 里的如此少的代码就可以实现我们的想法，真的很棒很神奇！现在我们继续补充学习率安排表。

调整学习率安排表

如果想要得到最适合当前状态的学习率，需要利用 LR finder 和 1 周期训练。这些都是退火（annealing）回调，也就是说，这些退火回调会在训练时逐渐调整超参数。以下就是 LRFinder 寻找合适的学习率的方法：

```python
class LRFinder(Callback):
    def before_fit(self):
        self.losses,self.lrs = [],[]
        self.learner.lr = 1e-6

    def before_batch(self):
        if not self.model.training: return
        self.opt.lr *= 1.2

    def after_batch(self):
        if not self.model.training: return
        if self.opt.lr>10 or torch.isnan(self.loss): raise CancelFitException
        self.losses.append(self.loss.item())
        self.lrs.append(self.opt.lr)
```

以上代码展示了我们使用 CancelFitException 的方式，CancelFitException 本身是一个空类，仅用于表示异常的类型。你可以在 Learner 中看到已抓取此异常。（后续最好再自行添加 CancelBatchException、CancelEpochException 等并测试它们，看看这些函数的运行结果）现在我们一起试一试，将 CancelFitException 添加至回调列表中：

```python
lrfind = LRFinder()
learn = Learner(simple_cnn(), dls, cross_entropy, lr=0.1, cbs=cbs+[lrfind])
learn.fit(2)

0 True 2.6336045582954903 0.11014890695955222

0 False 2.230653363853503 0.18318471337579617
```

看一下运行后的结果：

```python
plt.plot(lrfind.lrs[:-2],lrfind.losses[:-2])
plt.xscale('log')
```

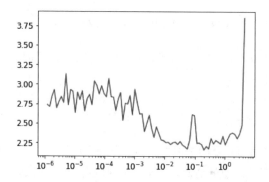

现在，可以定义我们的 OneCycle 训练回调了：

```python
class OneCycle(Callback):
    def __init__(self, base_lr): self.base_lr = base_lr
    def before_fit(self): self.lrs = []

    def before_batch(self):
        if not self.model.training: return
        n = len(self.dls.train)
        bn = self.epoch*n + self.num
        mn = self.n_epochs*n
        pct = bn/mn
        pct_start,div_start = 0.25,10
        if pct<pct_start:
            pct /= pct_start
            lr = (1-pct)*self.base_lr/div_start + pct*self.base_lr
        else:
            pct = (pct-pct_start)/(1-pct_start)
            lr = (1-pct)*self.base_lr
        self.opt.lr = lr
        self.lrs.append(lr)
```

可以试一下 LR 为 0.1 时的情形：

```python
onecyc = OneCycle(0.1)
learn = Learner(simple_cnn(), dls, cross_entropy, lr=0.1, cbs=cbs+[onecyc])
```

可以拟合一段时间，再看看它的运行结果（本书中不会演示所有输出结果，请你在自己的 notebook 中试着运行并查看最终结果）：

```python
learn.fit(8)
```

最后，我们可以检查学习率是否通过我们预定义的安排表进行了调整（就像你看到的，此处我们并未使用余弦退火）：

```python
plt.plot(onecyc.lrs);
```

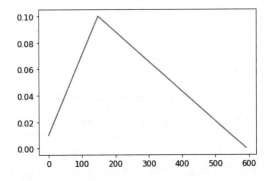

结论

我们在本章中通过实践操作探索了 fastai 库的关键概念的运作原理。由于本章中的大部分内容都是代码，因此你一定要去查看本书关联的网站，并打开相应的 notebook 去做代码实践。现在，你已经知道了 Learner 的构建方式，下一步，请务必查看 fastai 文档中的中级和高级教程，以帮助你学习并掌握自定义库的每一个细节。

问题

实验
对于此处要求你解释什么是函数或类的问题，你还应该完成自己的代码实验。

1. 什么是 glob？

2. 如何使用 Python 的 imageing 库打开图像？

3. L.map 的作用是什么？

4. Self 的作用是什么？

5. 什么是 L.val2idx？

6. 要创建自己的 Dataset，需要用哪些方法去操作？

7. 为什么从 Imagenette 打开图像时，需要调用 convert？

8. ~ 的作用是什么？怎样用 ~ 有效拆分训练集和验证集？

9. ~ 可以和 L 或 Tensor 类一起使用吗？ NumPy 数组、Python 列表或 Pandas DataFrames 可以一起使用吗？

10. 什么是 ProcessPoolExecutor？

11. L.range(self.ds) 是怎么运作的？

12. __iter__ 是什么？

13. first 是什么？

14. permute 是什么？为什么需要使用它？

15. 什么是递归函数？它是如何帮助定义 Parameter 方法的？

16. 编写一个回传斐波那契数列（Fibonacci sequence）前 20 个数值的递归函数。

17. super 是什么？

18. 为什么 Module 的子类需要覆盖 forward 而不是定义 __call__？

---

19. 在 ConvLayer 中，为什么 init 依赖于 act？

20. 为什么 Sequential 需要调用 register_modules？

21. 编写一个能打印每一个激活层形状的 hook。

22. LogSumExp 是什么？

23. 为什么 log_softmax 有用？

24. GetAttr 是什么？它对回调有什么帮助？

25. 重新操作本章中的一个回调，且不继承自 Callback 或 GetAttr。

26. Learner.__Call__ 有什么作用？

27. getattr 是什么？（请注意它与 GetAttr 的大小写方式不同！）

28. 为什么 fit 里有一个 try 块？

29. 为什么要在 one_batch 中检查 model.training？

30. store_attr 是什么？

31. TrackResults.before_epoch 的用途是什么？

32. model.cuda 有什么作用？它是如何工作的？它是怎样运作的？

33. 为什么需要在 LRFinder 和 OneCycle 中检查 model.training？

34. 在 OneCycle 中使用余弦退火。

深入研究

1. 从零开始编写 resnet18（可以参考第 14 章），并用本章创建的 Learner 一起训练它。

2. 从零开始执行 batchnorm 层，并在你的 resnet18 中使用它。

3. 写一个 Mixup 回调供本章使用。

4. 对 SGD 加入动量。

5. 从 fastai（或任何其他库）中选择一些你感兴趣的特征，并使用本章中创建的对象来实现这些特征。

6. 选一篇没有使用 fastai 或 PyTorch 实现的研究论文，并使用你在本章中创建的对象去实现并得出结果。然后：

   • 将论文移入 fastai。
   • 向 fastai 提交拉取请求，或创建你自己的扩展模块，然后进行发表。

   温馨提示：使用 nbdev（参见链接 160）创建和部署程序包可能会对你有所帮助。

第 20 章

总结

恭喜你！你真的做到了！如果你跟着本书操作了所有的 notebook，到目前为止，其实你已经加入了一个虽小但不断成长的集体，这个集体中的所有成员都能够借助深度学习的能力去解决实际问题。你也许还没有这样的感受。我们已经不止一次发现，完成 fastai课程的这些学生总是远远低估了他们上手深度学习的能力。我们也发现那些有着典型的学术背景的人会低估这些普通人。因此，如果要想超过你自己和他人的预期，读完本书后请开始重视之后的规划，之后要做的远比你此刻已完成的事情更加重要。

最重要的事情是保持你持续不断的动力。事实上，你在学习优化器时，就已经知道动力有时候可以建立在自己的基础上！因此请你想一想现在做什么可以继续并深入你的深度学习之旅？图 20-1 能给你提供一些灵感。

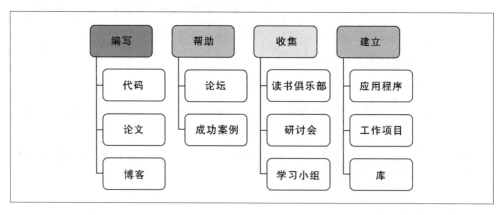

图20-1：接下来做点什么好呢

我们在本书中聊过很多关于写作的价值，不管是编译代码还是去写作与技术相关的文字。但也许你的写作量远远没有达到你的预期目标。这完全没问题！现在就是改变现状的好机会。想必此时你有很多想要表达的内容，或许你已经在数据集上尝试过一些和其他人不一样的实验。快把你的想法向全世界的读者表达出来！又或者你在阅读时产生了一些尝试性的想法，不用空想，现在正是用代码去实现想法的好时机！

如果你喜欢分享你的各种想法，可以上 fast.ai 论坛尽情分享。论坛中的社群会积极为你提供支持和帮助，我们热情地欢迎你即刻加入，和我们分享你的近期动态。或者你可以在网站上看看是否能回答成员们发出的提问。

倘若你在此次深度学习之旅中获得了一些或大或小的成功，请务必与我们分享！在论坛上分享你的成就非常有意义，因为那些正在学习深度学习的小伙伴们看到这些分享会变得更有动力！

也许对很多人来说，最重要的事情是与一起学习深度学习的小伙伴组成一个群体。比如，你可以在你的社区中举行一个小的深度学习聚会，或者组建一个学习小组，甚至可以在自己本地的聚会里，介绍你现在学习到的内容和你感兴趣的点。我想和你说的是，你现在不是行业领袖专家没关系，最重要的是要记住，你知道很多人不知道的东西，这些人很可能会很欣赏你的分享。

另一个很多人觉得有用的社群活动是定期参加读书俱乐部和阅读社。你可能可以在你家附近找到一些这样的俱乐部和社团，如果没找到的话，不妨自己创建一个小组织。哪怕这个组织里只有一个人，都会给你莫大的支持和鼓励，这可以帮你不断深入学习下去！

如果在你住的地方不容易找到和你志同道合的朋友，那你可以去逛一逛论坛，很多人都会在论坛上创建实时的学习小组。小组里的人通常会聚在一起，大概一周一次视频聊天，互相讨论一个深度学习的主题。

希望到目前为止，你已经做了一些小项目并进行了一些实验。我们建议你下一步可以选择其中一个项目，并对这个项目进行优化，尽自己所能把它做到完美，让这个项目成为你最自豪的优秀作品。这样做会督促你继续深入主题，测试你是否完全理解了某个主题，让你体会自己全心投入时能做出的成就。

你还可以看一看和本书内容一致的 fast.ai 的免费线上课程。有时候结合视频和书本两种学习方式看相同的材料真的能帮你融会贯通。在实际学习过程中，人类学习的研究员就已经发现学习的最好方式，那就是从不同的角度和以不同的形式去学习。

如果你愿意的话，你的最后一项任务就是将这本书介绍给你认识的人，让他们也走上深度学习之旅。

创建一个博客

在第 2 章，我们建议你试着写博客，你可以在博客中记录你正在读的和练习的内容，从而更好地消化这些内容。但是你是不是还没有写过博客呢？用哪个平台去写博客会更好呢？

说到写博客就有点头疼，写博客需要做一些很艰难的决定：可以直接选用一个现成的平台，但是这样的平台会影响你和读者的体验，因为这些平台通常有广告、付费专区及收费信息；也可以花一些时间自己建造一个网站，但是需要花上好几周时间学习如何实现各种各样设计的细节。自己建网站最大的好处就是你完全拥有内容的所有权，不会受其他服务网站供应商的影响，将来可用你的内容向你的读者收费。

很幸运的是，现在有两全其美的方式来写博客了！

部署 GitHub 博客

上述两种方式各有各的弊端和好处。倘若你既不想自己创建网站，又想完全拥有自己内容的读写权限，那么可以在 GitHub 网页上（参见链接 161）写博客！ GitHub 是一个免费的远程仓库，它没有广告也无须付费，并且它会用一种开源的方式存储你的数据，也就是说，你可以随时把你的博客转移到其他系统文件中，你可以创建自己的项目并备份，代码不需要保存在本地或者服务器。不过，我们看到，使用 GitHub 的所有方法都要求你对命令行（command line）和 arcane 工具有一定的了解，而这些东西通常只有软件开发者们才更熟悉。例如，GitHub 官方在设置博客这个文档中（参见链接 162）就介绍了一长串指令，包括安装 Ruby 编程语言、使用 git 命令行工具、复制版本号等共 17 个步骤。

为了减少这些麻烦事，我们创建了一种更简单的方法，可以让你通过使用浏览器界面就能满足你写博客的所有需求。你只需花不到 5 分钟的时间就可以创建并运行你的新博客，按照你自己的想法轻松地将你的自制内容添加至博客中即可。在这一节中，我们会告诉你创建博客的具体步骤，在创建过程中你会用到我们创建的 fast_template 模版。（特别注意，因为总是有新工具出现，所以请你务必访问本书的网站看看有没有推送相关的新的博客内容。）

创建仓库（repository）

首先，你需要有一个自己的 GitHub 账号。如果还没有的话，现在就可以在网站中注册一个新账号。软件开发者们通常会使用 GitHub 来写代码，他们会用一些复杂的命令行工具来操作 GitHub。但是，我们会告诉你如何不使用命令行来使用 GitHub！

首先，你需要在浏览器中访问链接 163 所示的网址，并确保已经登录了自己的账号。这个网页可以让你创建一个存储博客的地方，也就是所谓的仓库，如图 A-1 所示。请注意，必须使用页面上提示的完整格式来输入你的仓库名称（Repository name），完整的名称格式应该是"你的 GitHub 用户名 .github.io"。

图A-1：创建你的仓库

输入好仓库名称，并写好自定义的仓库描述后，按下"Create repository from template"

按钮，就可以选择将仓库设为 Private（仅自己可见）。但是，因为现在你需要创建一个人人可见的博客，所以需要公开博客中的文件并将它们设为开源的（Public）。

现在，我们一起来设置你的主页吧!

设置你的主页

读者在看你的博客时，他们第一眼看到的就是 *index.md* 这个文件中的内容。*index.md* 是一个 Markdown 格式的文件（参见链接 164）。Markdown 这种文件格式简单但很强大，它可以创建一些格式化的文字，比如创建 bullet points（用项目符号标注的关键内容）、斜体字、超链接等特殊格式的文字。大家也都在各种场景下使用 Markdown 来写东西，包括 Jupyter notebook 的所有格式化、GitHub 网站中几乎每一个部分及网络上的许多地方都会用到 Markdown。要创建一个 Markdown 文件，你只需输入正常的英文，然后加入一些特殊的字符来添加一些特殊行为。打个比方，如果在一个单词或词组的前面和后面输入 *，相应的单词或词组就会变成斜体。现在试试看吧!

要打开一个文件，你可以单击 GitHub 中的文件名。要编辑这个文件，可以单击界面右方这个"笔"图标，如图 A-2 所示。

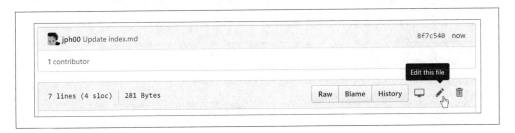

图A-2: 编辑相应的文件

你可以添加、编辑或者替换你看到的文本。单击"Preview changes"按钮（见图 A-3），即可看到 Markdown 文件在你的博客中的展示样式。你加入或更改的那几行文字会有特殊标准。

图A-3: 单击"Preview changes"会显示修改的内容

要保存所做的修改，需要滑动到页面底端，然后单击"Commit changes"按钮（见图A-4）。在 GitHub 上，*commit* 这个操作指的是将相应内容提交到 GitHub 服务器。

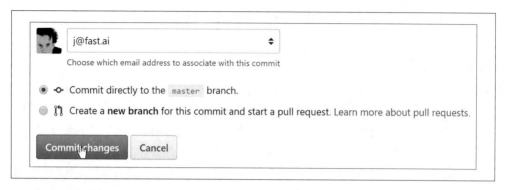

图A-4: 提交你所做的修改并存储它们

接下来，就可以设置博客内容了。首先可以单击名称为 *_config.yml* 的文件，然后单击编辑按钮（和之前操作 *index* 文件的步骤一样）。可更改它的 title（标题）、description（描述）和 GitHub 上用户名的值（见图 A-5）。不要修改冒号前面的名称，只需在冒号后的空格处输入你想展示的新值。也可以在你的主页中加入邮件地址和推特账号，但是请注意，如果你把它们写在主页上，它们就会在公开的博客上展示哦!

```
1   # Welcome to Jekyll!
2   #
3   # This config file is meant for settings that affect your whole blog.
4   #
5   # If you need help with YAML syntax, here are some quick references for you:
6   # https://learn-the-web.algonquindesign.ca/topics/markdown-yaml-cheat-sheet/#yaml
7   # https://learnxinyminutes.com/docs/yaml/
8
9   title: Edit _config.yml to set your title!
10  description: This is where the description of your site will go. You should change it by editing the _config.yml file.
11  github_username: jph00
```

图A-5: 填写你的配置文件

填写完这些资料后，需要像操作 *index* 文件一样去提交你所做的修改。等待 1 分钟左右，GitHub 就会更新好你的博客。可以通过浏览器网页去访问 *<username>.github.io*，将 *<username>* 替换为你的 GitHub 的用户名。现在就能看见你的博客变成了图 A-6 所示的样子。

图A-6: 你的博客已上线

可以写文章了

现在，你可以开始写你的第一篇博客文章了！你所写的文章都会放在 _posts 文件夹中。单击这个文件夹，然后再单击"Create file"按钮。在给文件命名的时候，请小心使用"年 - 月 - 日 - 名称 .md"这个格式，如图 A-7 所示。其中"年"要设置成四位数，"月"和"日"都要设置成两位数。名称用来帮助你记忆文章内容，.md 扩展名代表这是一个 Markdown 文件。

图A-7: 给你的文章命名

接下来，就可以开始写你的第一篇博客文章了！写博客唯一需要注意的规则就是文章中的第一行必须使用 Markdown 格式的标题。在第一行的开头使用 #，文章就能自动生成 Markdown 格式的标题，如图 A-8 所示（这样的操作可以生成一级标题，每篇文章只能在最开始使用一次一级标题。同理，使用 ## 生成二级标题，用 ### 生成三级标题，以此类推）。

图A-8: 生成符合Markdown语法的标题

在生成标题之前，也可以单击"Preview"按钮来预览 Markdown 生成的标题样式（见图 A-9）。

图A-9： 预览Markdown文件

按下"Commit new file"按钮存储你所写的 Markdown 文件，见图 A-10 展示的操作。

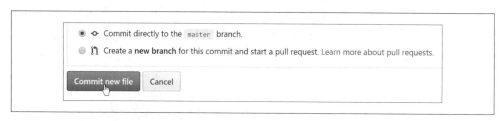

图A-10： 提交你的修改并存储它们

回到博客首页，你会发现这篇文章已经显示在你的主页上了——图 A-11 展示了刚刚新建的样本文章的显示结果。特别提示，通常需要等待大约 1 分钟左右，因为 GitHub 需要处理请求，然后文件才会出现在博客首页。

图A-11： 你的第一篇文章出现在博客首页了！

也许你已经注意到，我们已经为你提供了一个博客文章样本，不过你现在就可以删除它。和之前的操作一样，需要前往 *_posts* 文件夹，然后单击 *2020-01-14-welcome.md.*，再单击右边的"垃圾桶"图标，如图 A-12 所示。

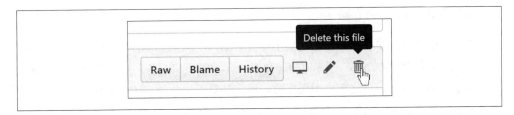

图A-12: 删除样本博客文章

在 GitHub 上，只有你提交了各种操作后它们才会生效，包括删除文件！所以，单击"垃圾桶"图标后，还需要用鼠标将页面拉到最下方，提交所做的修改，这样才能成功删除文件。

添加下方这一行 Markdown 代码，可以在文章中添加图像：

```
![Image description](images/filename.jpg)
```

要使之生效，需要把图像放到 *image* 文件夹中才行。因此，需要单击 *image* 文件夹，然后再单击"Upload files"按钮，如图 A-13 所示。

图A-13: 从你的电脑中上传文件

现在，我们一起看看如何在你的电脑中做以上所有的事情吧。

让 GitHub 和你的电脑保持同步

因为种种原因，你可能想将 GitHub 上的博客内容复制到自己的电脑上，比如需要在没有网络的情况下阅读和编辑文章，或者想时不时地备份文章，防止 GitHub 的仓库突然出现异常情况。

GitHub 不仅可以让你将仓库中的文件复制到电脑中，还可以让仓库中的文件和电脑保持实时同步。也就是说，当你在 GitHub 上做了修改后，这些修改都会被复制到你的本地电脑中；你也可以直接在本地电脑中进行修改，在本地电脑中所做的修改也会被同步复制到 GitHub 上。你甚至可以让其他人进入并修改你的博客，他们的修改记录和你的修改记录会在下一次同步时自动合并。

要实现这样的实时同步，你必须在电脑上安装 GitHub Desktop 的应用程序（参见链接 165）。这个应用程序在 Mac、Windows 和 Linux 中都可以运行。按照指导步骤就可以成功安装，并且在你运行这个应用程序时，程序会要求你登录 GitHub 账号，并且选择需要同步的仓库。你可以单击"Clone a repository from the Internet"，如图 A-14 所示。

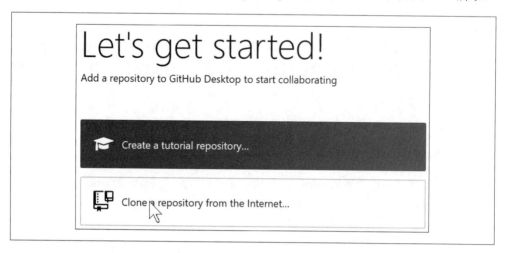

图A-14：在GitHub Desktop上复制你的仓库

GitHub 与你的仓库同步后，你可以单击"View the files of your repository in Explorer"（或 Finder），如图 A-15 所示，就可以看到在本地电脑中存储的博客副本了！现在你可以试试在你的电脑上编辑文件，然后返回 GitHub Desktop，你会看到待单击的"Sync"按钮。按下"Sync"按钮后，你在本地所做的修改都会被复制到 GitHub 上，并且和在线网页保持同步。

图A-15：在本地查看你的文件

如果你还没有用过 git，那使用 GitHub Desktop 是个很好的起点。你会发现，大多数数据科学家都会把 GitHub Desktop 当成一个基础工具。另外一个我们希望你会喜欢的基础工具是 Jupyter notebook，你也可以直接用它来写博客！

用 Jupyter 写博客

你也可以用 Jupyter notebook 来写博客！所有你写的 Markdown 单元格、代码单元格，还有所有其他的内容都会被显示在博客中。现在你已经读到附录这个部分了，也许你写博客的最佳方式和我们所介绍的并不一样。你可以访问本书的网站来获取最新资讯。我们写到附录这里的时候，用 notebook 写博客最简单的方式是使用 fastpages，它是进阶版的 fast_template。

如果你在一个 notebook 中写博客，那么只需将这个 notebook 上传到博客仓库的 _notebooks 文件夹里即可，这样一来，这个 notebook 就会显示在你的博客文章列表中了。你可以在编辑 notebook 时，备注好你想让读者看到的内容。因为大部分的文档编辑平台都不能正常显示代码和输出结果，所以很多人都尽量不写原本应该加入的范例，但是使用 notebook 可以协助你养成写作时加入范例的好习惯。

通常来说，你会想隐藏 import 之类的代码。你可以在任意一个单元格中加入 #hide，不让这些代码显示在输出中。Jupyter 会显示单元格最后一行的运行结果，所以你不需要使用 print。（加入非必需的代码反而会让读者难以理解，所以写博客的时候不需要加入非必要的代码！）

附录 B

数据科学项目的检查表

相比于只是训练一个准确的模型，创建有用的数据科学项目有更多的注意事项。杰里米以前在做咨询的时候，他总是会根据以下各种考虑因素来反推组织研发数据科学项目的背景，这些考虑因素总结如图 B-1 所示。

战略

组织要实现什么目标，以及组织如何做能让结果变得更好？

数据

组织是否准确把握并合理运用了最关键的数据？

分析

用怎样的视角来分析对组织来说最有用？

实施

组织需要怎样的能力？

运维

有哪些系统可以追踪运营市场环境下的改变？

障碍

在上述的每一个领域中，需要考虑哪些限制？

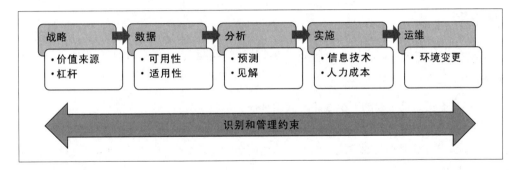

图B-1：分析价值链

杰里米总结设计了一份问卷，他在提供咨询服务之前，让顾客填写这份问卷，然后在实施整改项目的过程中，协助顾客完善答案。这份问卷是杰里米根据他十年以来服务各类行业的项目而设计的，他服务过的行业包括农业、矿业、银行、酒业、电信业、零售业等。

在开始分析价值链之前，问卷的第一个部分是关注数据科学项目中最重要的人员：数据科学家。

数据科学家

对于数据科学家而言，他们应该有一条清晰的升职路径来成为高级主管，并且组织内应该有合适的招聘计划，可以让数据科学家直接担任高级主管。在以一个数据驱动的组织中，数据科学家应该是工资最高的员工。公司的整个运作系统应该让组织内部的数据科学家们可以协同工作且相互学习。

- 现阶段，在组织内部所需的数据科学技能有哪些？
- 组织是怎么招聘数据科学家的呢？
- 在组织里，这些有数据科学技能的人具有怎样的身份呢？
- 这些人有什么样的技能呢？怎么评判他们的技能呢？这些技能是否被看得很重要呢？
- 目前在使用什么样的数据科学咨询呢？在什么场景下，会使用外包的数据科学呢？这些技能又会以怎样的方式转移到组织内部呢？
- 数据科学家的薪水怎么样？他们通常向谁汇报工作呢？他们怎么保持自己的技能最新呢？
- 数据科学家的职业发展路径是怎样的？
- 有多少主管有优秀的数据分析专家背景？
- 数据科学家如何被选择和被分配工作呢？
- 数据科学家通常接触什么软件和硬件呢？

战略

所有的数据科学项目都应该基于解决重要的战略性问题上。因此，我们首先要理解商业战略。

- 当今组织最重要的五个战略性问题是什么？
- 有哪些数据对处理这些战略性问题有用？
- 是否有数据驱动的方法可以解决这些问题？有数据科学家在处理这些战略性问题吗？
- 组织最有可能受到哪些利润因素驱动的影响呢？（见图 B-2。）

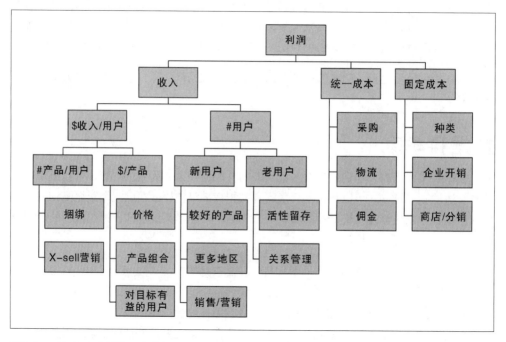

图B-2: 对组织而言可能重要的利润驱动因素

- 对于每一个已经发现的利润驱动因素，组织可以采取哪些特定的措施和决定来影响这些驱动因素呢？包括采取运营措施（例如，和顾客保持联系）和战略决策（例如，发布新产品）？
- 对于每一个重要的措施和决定，怎样的数据最有可能对优化最终结果有用呢（不管是对组织内部有用的数据，还是对供应商有用的数据，或者是未来应该需要被收集的数据，都可能对优化最终结果有用）？
- 基于先前的分析，组织内部数据驱动最大的机会有哪些？

- 对于每个机会：
  - 我们需要设计什么样的价值驱动来影响这些机会？
  - 每个机会会驱动什么样的特定措施和决定？
  - 这些措施和决定会和项目的最终结果有怎样的关联？
  - 项目预估的 ROI 是多少？
  - 项目限制的时间和最终期限是什么？如果是任意一个时间，会对每个机会产生不同的影响吗？

数据

没有数据，就不能训练出模型！数据应该可用、能被整合并且可被验证！

- 组织有怎样的数据平台？这些平台可能包括数据集市、OLAP cubes、数据仓库、Hadoop 集群、OLTP 系统、部门电子表格等。
- 提供所有收集好的信息，这些信息可以说明组织内的数据的可用性、构建数据平台的当前工作情况和未来工作计划。
- 有什么工具和流程可用于在不同的系统和格式之间传输数据？
- 不同组的用户和管理员如何互相访问数据源？
- 组织内的数据科学家和系统管理员可以使用哪些数据访问工具（如数据库客户端、OLAP 客户端、内部软件、SAS）？每个工具有多少人在使用，这些人在组织中的职位是什么？
- 如何告知用户新系统是什么、系统做了什么更改、新增了什么类型的数据及对哪些类型的数据做了更改等？请提供相应的示例。
- 如何制定与数据访问权限相关的决策？如何管理访问安全数据的请求？谁来管理呢？基于什么标准来管理呢？访问回应的平均时长是多少呢？访问请求被接受的比例是多少？数据科学家们如何追踪这些数据？
- 组织怎样决定何时收集额外的数据或者何时需要购买外部数据？请提供相应的示例。
- 到目前为止，哪些数据被用于分析最近的数据驱动项目？你发现什么样的数据是最有用的？什么样的数据没有用呢？你是怎样判断出数据有用还是没用的呢？
- 哪些额外的内部数据能对做项目的数据驱动决策提供有效的参考价值呢？又有哪些外部数据对做决策有用呢？
- 在访问或合并数据时，你可能会遇到哪些限制或挑战？
- 在过去的两年中，数据收集、编码和整合等方面发生了哪些变化，这些变化可能影响收集到的数据的解释性或可用性吗？

分析

数据科学家必须会使用适合他们特殊需求的最新工具，因此，应该定期体验新工具，看看用它们会不会比用之前的那些工具更有效。

- 组织中哪些人会使用哪些分析工具？他们是如何选择、配置和维护这些分析工具的呢？
- 在客户端的电脑上设置额外的分析工具的过程是怎样的呢？完成设置的平均时长是多少？这样的设置请求大概有多少比例的用户会接受？
- 如何在组织内高效使用外部顾问建立的分析系统？组织是否会对外部承包商所使用的系统有一定的限制，以确保结果符合内部基础设施？
- 在什么场景下需要使用云端来做数据处理？是否有上云的计划？
- 在什么场景下会让外部专家专门来做专家分析？如何管理这些外部专家？怎么识别和选择合适的外部专家呢？
- 在最近的项目中使用了哪些分析工具？
- 哪些分析工具有效，哪些无效？为什么有些有效，有些无效呢？
- 提供这些项目到目前为止所有可用的产出。
- 如何判断分析的结果是好还是不好？通过什么指标来评判结果？与什么基准来比较结果是好还是不好？你如何知道一个模型是否"足够好"？
- 在什么场景下组织会使用可视化、表格报告、预测建模(和类似的机器学习工具)？还有一些更高级的建模方法，这些方法又是怎样优化和测试模型的呢？应提供相应的示例。

实施

IT 上的限制往往是数据项目失败的原因。你可以在项目失败的时候优先考虑 IT 上的限制！

- 提供一些过去成功和不成功的数据驱动项目的例子，并提供 IT 整合人力资源的挑战，以及如何面对这些挑战的详细信息。
- 在项目实施前如何确认分析模型的有效性？如何评测它们？
- 如何定义分析项目实施的性能要求（在速度和准确性方面需要怎样的性能）？
- 对于已提议的项目，请提供以下信息：
  - 将使用怎样的 IT 系统来支持数据驱动的决策和行动。
  - 如何完成 IT 集成。
  - 有哪些可能需要较少 IT 集成的替代方案。

—— 数据驱动方法会影响到哪些工作。

—— 如何培训、监督和支持员工。

—— 项目实施过程中可能会出现哪些挑战。

—— 需要哪些利益相关者来确保项目能成功实施，以及这些利益相关者是如何看待这些项目及项目的潜在影响的。

运维

如果你没有仔细地跟踪分析你的模型，那很有可能会发现它们会引发灾难。

- 如何运维第三方创建的分析系统？这类分析系统什么时候会被内部团队采纳？
- 如何跟踪模型的有效性？组织何时决定重建模型？
- 如何在内部沟通数据变化，如何管理相应的数据变化？
- 数据科学家如何与软件工程师合作，才能确保合理正确地实施算法？
- 什么时候开发测试用例，应该怎样维护测试用例？
- 什么时候需要重写代码？在重构代码的过程中，如何运维和验证模型的正确性和性能？
- 如何记录运维和支持需要的日志？如何使用这些日志？

限制

对于每个正在考虑中的项目，请列举可能影响项目成功的潜在限制因素。

- 需要修改或开发新的 IT 系统来使用项目的成果吗？是否有更简单的实现方式可以避免重大的 IT 修改变动？如果是这样，如何使用一个简化的实施方法来显著降低影响？
- 在数据收集、分析或实施方面存在哪些监管和约束？最近是否对相关法规和先例进行了审查？可能存在什么解决方案？
- 有哪些组织约束，包括文化、技能或结构约束？
- 有哪些管理约束？
- 有没有过往的分析项目可能影响企业对数据驱动方法的看法？

作者介绍

杰里米·霍华德是一名企业家、商业战略家、开发人员，也是一位教育家。杰里米是 fast.ai 的创始研究员，fast.ai 致力于让每个人都能上手深度学习。同时，他还是旧金山大学杰出的研究科学家、奇点大学的讲师和世界经济论坛的全球青年领袖。

杰里米最近创办的公司，Enlitic，是第一家将深度学习应用于医学的公司，并且在 2015 年和 2016 年连续被麻省理工科技评论（*MIT Technology Review*）评选为全球最聪明的 50 家公司之一。杰里米曾经是数据科学平台 Kaggle 的总裁和首席科学家，在那里他连续两年成为国际机器学习竞赛中排名第一的参赛者。

当初，杰里米曾是两家成功的澳大利亚初创公司——FastMail 和 ODG（Optimal Decisions Group，于 2006 年被 Lexis-Nexis 美国信息服务公司收购，成为其全资子公司）的创始首席执行官。在此之前，他在麦肯锡和 AT Kearney 管理咨询公司工作了八年。杰里米不仅曾投资、指导了许多初创公司，还为许多开源项目做出了贡献。

此外，他还是澳大利亚收视率最高的早间新闻节目的常驻嘉宾，并在 TED.com 上发表了一次热门演讲。除此之外，他还制作了许多关于数据科学和 Web 开发的教程，并对其展开了讨论。

西尔文·古格是 Hugging Face 的一名研究工程师。他以前是 fast.ai 的研究科学家，主要致力于研究并改进技术，使得在资源有限的情况下，让深度学习模型的训练速度更快，以使更多的人使用深度学习。

在此之前，他在法国的一个叫作 CPGE 的计算机科学和数学项目中教授了七年的课程，CPGE 包含一系列高度精选的课程，只有完成高中学业并通过严格考试的学生才能学习此课程，以备战法国最顶尖的工程和商学院的入学考试。西尔文还写了几本书，书里的内容涵盖了他所教授的所有课程，这些书由 Éditions Dunod 出版。

西尔文毕业于法国巴黎高等师范学校，在那里他主修数学，并获得了巴黎第十一大学的数学硕士学位。

致谢

我们特别感谢 Alexis Gallagher 和 Rachel Thomas 所做的杰出工作。对于 Alexis，他不仅是一位技术编辑，而且他在本书中撰写了许多深刻的见解和有说服力且引人入胜的解释。值得一提的是，他还深入洞察了 fastai 库的设计，尤其是数据块 API 接口。对于 Rachel，她为本书的第 3 章提供了大部分材料，并在整本书中提供了有关伦理问题的意见。

感谢 fast.ai 社区，包括 forums.fast.ai 的三万名成员、fastai 库的五百名贡献者及数十万名 course.fast.ai 的学生。还要特别感谢 fastai 的贡献者，他们不遗余力地为项目做出了贡献，包括 Zachary Muller、Radek Osmulski、Andrew Shaw、Stas Bekman、Lucas Vasquez 和 Boris Dayma。另外，还要感谢那些使用 fastai 进行开创性研究的研究人员，如 Sebastian Ruder、Piotr Czapla、Marcin Kardas、Julian Eisenschlos、Nils Strodthoff、Patrick Wagner、Markus Wenzel、Wojciech Samek、Paul Maragakis、Hunter Nisonoff、Brian Cole 和 David E. Shaw。同时，感谢 Hamel Hussain，他用 fastai 创建了一些颇具启发性的项目，并成为 fastpages 博客平台背后的推动力。除此之外，还要特别感谢 Chris Lattner，他的灵感来源于 Swift，他在编程语言设计方面具有非常深厚的知识，这些都在我们的许多讨论中对 fastai 的设计产生了极大的影响。

感谢 O'Reilly 的所有工作人员，他们的工作使得这本书比我们想象中要好得多，包括 Rebecca Novak，她确保了本书的所有 notebook 都能够被免费获取；还有 Rachel Head，通过她的批注我们优化了书中的很多地方；以及 Melissa Potter，她确保了我们在整个图书撰写过程不断向前推进。

感谢我们所有的技术审阅者，他们是一群富有洞察力且会深入思考并给出反馈的非凡人才：Aurélien Géron 是我们读过的最好的机器学习图书的作者之一，他非常慷慨地帮助我们优化本书；Joe Spisak 是 PyTorch 的产品经理；Miguel De Icaza 是 Gnome、Xamarian 等项目的创始人；Ross Wightman 是我们最喜欢的 PyTorch 模型库的创建者；Radek Osmulski 是我们认识的最聪明的 fast.ai 校友之一；Dmytro Mishkin 是 Kornia 项目的联合创始人。

封面动物

本书封面上展示的是方鲷鱼（Capros aper）。这种鱼主要栖息在东大西洋海域，它们生活在挪威到塞内加尔、爱琴海和地中海等地的水域中。方鲷一般在海洋中层水域中生活，深度在 130~1968 英尺之间。这个海域被称为中层水域，不靠近海床也不靠近海岸，是地球上最大的水生栖息地之一。

方鲷的体型较小，身体呈红橙色，眼睛很大，嘴巴可以伸缩。它们的身体扁平、宽厚且为菱形，宽度和高度几乎相等。方鲷通常长约 5 英寸，但作为一种性别二态的物种，雌鱼往往要比雄鱼大，有的身长可达 11 英寸。由于它们体型较小且容易被捕食，所以通常结成群体生活，这有助于它们抵御捕食者的攻击，也更容易找到食物和伴侣。方鲷的近亲有短棘菱鲷（Antigonia combatia）和高菱鲷（Antigonia capros），短棘菱鲷是热带和亚热带水域的本地物种，高菱鲷生活在相邻的西大西洋水域。

虽然方鲷现在被评估为"无危物种"，但 O'Reilly 出版社出版的图书的封面上的许多动物都处于濒危状态，它们对世界很重要。

这本书的封面插图是 Karen Montgomery 设计完成的，她参考了 *Johnson's Natural History* 中的一张黑白雕刻。